中国国家标准汇编

454

GB 24981～25020

（2010 年制定）

中国标准出版社　编

中国质检出版社
中国标准出版社
北　京

图书在版编目（CIP）数据

中国国家标准汇编：2010 年制定. 454：GB 24981～25020/中国标准出版社编. —北京：中国标准出版社，2011
ISBN 978-7-5066-6482-0

Ⅰ. ①中… Ⅱ. ①中… Ⅲ. ①国家标准-汇编-中国-2010
Ⅳ. ①T-652.1

中国版本图书馆 CIP 数据核字(2011)第 187914 号

中国质检出版社
中国标准出版社 出版发行
北京市朝阳区和平里西街甲 2 号(100013)
北京市西城区三里河北街 16 号(100045)
网址：www.spc.net.cn
总编室：(010)64275323 发行中心：(010)51780235
读者服务部：(010)68523946
中国标准出版社秦皇岛印刷厂印刷
各地新华书店经销
*
开本 880×1230 1/16 印张 36.5 字数 930 千字
2011 年 12 月第一版 2011 年 12 月第一次印刷
*
定价 220.00 元

出 版 说 明

1.《中国国家标准汇编》是一部大型综合性国家标准全集。自1983年起，按国家标准顺序号以精装本、平装本两种装帧形式陆续分册汇编出版。它在一定程度上反映了我国建国以来标准化事业发展的基本情况和主要成就，是各级标准化管理机构，工矿企事业单位，农林牧副渔系统，科研、设计、教学等部门必不可少的工具书。

2.《中国国家标准汇编》收入我国每年正式发布的全部国家标准，分为"制定"卷和"修订"卷两种编辑版本。

"制定"卷收入上一年度我国发布的、新制定的国家标准，顺延前年度标准编号分成若干分册，封面和书脊上注明"20××年制定"字样及分册号，分册号一直连续。各分册中的标准是按照标准编号顺序连续排列的，如有标准顺序号缺号的，除特殊情况注明外，暂为空号。

"修订"卷收入上一年度我国发布的、修订的国家标准，视篇幅分设若干分册，但与"制定"卷分册号无关联，仅在封面和书脊上注明"20××年修订-1，-2，-3，……"字样。"修订"卷各分册中的标准，仍按标准编号顺序排列（但不连续）；如有遗漏的，均在当年最后一分册中补齐。需提请读者注意的是，个别非顺延前年度标准编号的新制定的国家标准没有收入在"制定"卷中，而是收入在"修订"卷中。

读者配套购买《中国国家标准汇编》"制定"卷和"修订"卷则可收齐上一年度我国制定和修订的全部国家标准。

3.由于读者需求的变化，自1996年起，《中国国家标准汇编》仅出版精装本。

4.2010年我国制修订国家标准共2846项。本分册为"2010年制定"卷第454分册，收入国家标准GB 24981～25020的最新版本。

中国标准出版社
2011年8月

目　　录

ICS 77.120.99
H 14

中华人民共和国国家标准

GB/T 24981.1—2010

稀土长余辉荧光粉试验方法 第1部分:发射主峰和色品坐标的测定

Test methods of long afterglow phosphors activated by rare earths—Part 1:Determination of emission dominantpeak and chromaticity coordinates

2010-08-09 发布

2011-05-01 实施

中华人民共和国国家质量监督检验检疫总局
中国国家标准化管理委员会 发布

前 言

GB/T 24981《稀土长余辉荧光粉试验方法》共分 2 个部分：

——第 1 部分：发射主峰和色品坐标的测定；

——第 2 部分：相对亮度的测定。

本部分为第 1 部分。

本部分由全国稀土标准化技术委员会提出并归口。

本部分负责起草单位：大连路明发光科技股份有限公司。

本部分参加起草单位：杭州远方光电信息有限公司、上海跃龙新材料股份有限公司、四川新力光源有限公司、广州有色金属研究院、常州市鑫源稀土发光材料有限公司。

本部分主要起草人：曹英凌、夏威、曲智博、肖志国、张宏伟、于晶杰。

本部分参加起草人：潘建根、陈惠新、张立、倪海勇、王宏。

稀土长余辉荧光粉试验方法
第1部分:发射主峰和色品坐标的测定

1 范围

GB/T 24981的本部分规定了稀土长余辉荧光粉发射主峰和色品坐标的测定方法。

本部分适用于稀土长余辉荧光粉发射主峰和色品坐标的测定。

2 规范性引用文件

下列文件中的条款通过本部分的引用而成为本部分的条款。凡是注日期的引用文件,其随后所有的修改单(不包括勘误的内容)或修订版均不适用于本部分,然而,鼓励根据木部分达成协议的各方研究是否可使用这些文件的最新版本。凡是不注日期的引用文件,其最新版本适用于本部分。

CIE 1931 标准色度观察者

3 方法原理

使用氙灯作为激发光源,以规定的照度直接照射试样,在规定的时间激发后关闭氙灯,测量试样在整个可见光波段内(380 nm～780 nm)所发出的余辉荧光的相对光谱功率分布,获得试样的发射主峰峰值波长;根据CIE色度学公式,由所测得的相对光谱功率分布计算出试样所发出的余辉荧光的色品坐标以表征发光颜色。

4 仪器与装置

4.1 照度测试装置

4.1.1 测量范围:10 lx～1×10^5 lx,精度满足国家一级照度计要求。

4.1.2 测光探头感光灵敏面直径:8 mm～12 mm。

4.1.3 照度:照射在试样测试表面上任一位置的照度均在1 000 lx±5 lx范围内。

4.2 激发光源

色温5 500 K～6 500 K,显色指数大于95的石英玻壳氙灯,在紫外B波段,A波段和可见光区有连续光谱,每10 min光输出稳定度优于1%,在整个寿命期内满足上述要求。

4.3 发射主峰和色品坐标测试装置

4.3.1 色品坐标准确性:±0.003。

4.3.2 光谱范围:380 nm～780 nm。

4.3.3 波长精度:±0.5 nm。

4.4 样品盘

样品盘为黑色,直径为45 mm±5 mm,深度为5 mm±2 mm。材质不能影响激发光源的光谱特性及稀土长余辉荧光粉的光谱特性。

5 测试步骤

5.1 测试条件

5.1.1 环境温度:22 ℃～27 ℃。

5.1.2 相对湿度:≤70%。

5.1.3 测量过程中,除规定的激发时间内的激发光源照射外,不允许有可见光或紫外光等杂散光干扰。

5.2 仪器校正

开启氙灯,根据仪器要求稳定 10 min～30 min。参照仪器使用说明书进行仪器的校正。

5.3 测试

5.3.1 将试样装入样品盘中,压实并使表面平整。

5.3.2 将样品盘置于样品室中待激发处,使试样受氙灯激发,试样测试表面的激发光照度满足 4.1.3 的要求。

5.3.3 试样受激发 10 min 后,关闭氙灯,使用发射主峰和色品坐标测试装置测量试样余辉荧光的相对光谱功率分布和发射主峰峰值波长。发射主峰以峰值波长(λ)表示。

5.3.4 根据测得的相对光谱功率分布,按照 CIE 1931 计算色品坐标(x,y)。

5.3.5 一个试样重复测试 3 次,取其平均值。

6 精密度

6.1 重复性

在重复性条件下获得的两次独立测试结果的测定值,在以下给出的平均值范围内,这两个测试结果的绝对差值不超过重复性限(r),超过重复性限(r)的情况不超过 5%,发射主峰和色品坐标的重复性限分别按表 1 和表 2 数据采用线性内插法求得。

表 1

试样牌号	发射主峰(λ)/nm	重复性限(r)/nm
207001A	520	3
207001D	490	3
207004A	520	3
207005A	520	3
207101A	467	3
207201	626	1

注：重复性限(r)为 2.8×Sr,Sr 为重复性标准差。

表 2

试样牌号	色品坐标 x	色品坐标 x 的重复性限(r)	色品坐标 y	色品坐标 y 的重复性限(r)
207001A	0.275	0.001	0.575	0.001
207001D	0.140	0.001	0.372	0.001
207004A	0.274	0.001	0.574	0.001
207005A	0.280	0.001	0.587	0.001
207101A	0.133	0.001	0.163	0.001
207201	0.559	0.001	0.434	0.001

注：重复性限(r)为 2.8×Sr,Sr 为重复性标准差。

6.2 允许差

实验室之间发射主峰分析结果的允许差应不大于 10 nm;色品坐标分析结果的允许差应分别不大于 0.005。

ICS 77.120.99
H 14

中华人民共和国国家标准

GB/T 24981.2—2010

稀土长余辉荧光粉试验方法 第2部分:相对亮度的测定

Test methods of long afterglow phosphors activated by rare earths—Part 2: Determination of relative brightness

2010-08-09 发布 2011-05-01 实施

中华人民共和国国家质量监督检验检疫总局
中国国家标准化管理委员会 发布

前　言

GB/T 24981《稀土长余辉荧光粉试验方法》共分 2 个部分：

——第 1 部分：发射主峰和色品坐标的测定；

——第 2 部分：相对亮度的测定。

本部分为第 2 部分。

本部分由全国稀土标准化技术委员会提出并归口。

本部分负责起草单位：大连路明发光科技股份有限公司。

本部分参加起草单位：上海跃龙新材料股份有限公司、四川新力光源有限公司、广州有色金属研究院、常州市鑫源稀土发光材料有限公司、内蒙古天彩稀土发光材料有限责任公司、有研稀土新材料股份有限公司。

本部分主要起草人：曲智博、曹英凌、夏威、肖志国、张宏伟、于晶杰。

本部分参加起草人：陈惠新、张立、倪海勇、王宏、李文彪、胡运生。

稀土长余辉荧光粉试验方法
第2部分：相对亮度的测定

1 范围

GB/T 24981 的本部分规定了稀土长余辉荧光粉相对亮度的测定方法。

本部分适用于稀土长余辉荧光粉相对亮度的测定。

2 方法原理

使用氙灯作为激发光源，以规定的照度直接照射试样，在规定的时间激发后关闭氙灯，通过亮度计测量，并以规定的时间间隔点记录试样余辉荧光的亮度值，与相同分类的稀土蓄光型(长余辉)荧光粉相对亮度国家标准样品在相同测试条件下的亮度值比较，得到试样的相对亮度。

3 仪器与装置

3.1 照度测试装置

3.1.1 测量范围：10 lx～1×10^5 lx，精度满足国家一级照度计要求。

3.1.2 测光探头感光灵敏面直径：8 mm～12 mm。

3.1.3 照度：照射在弱光型荧光粉待测试样测试表面上任一位置的照度均在 25 lx±0.5 lx 范围内；照射在其他荧光粉待测试样测试表面上任一位置的照度均在 1 000 lx±5 lx 范围内。

3.2 发光亮度测试装置

3.2.1 测量范围：1.0×10^{-5} cd/m^2～1.0×10^2 cd/m^2。

3.2.2 显示数值最少4位数，精度要求达到国家一级亮度计要求。

3.2.3 具备测试被测面积所发出的平均亮度的能力。

3.3 激发光源

色温 5 500 K～6 500 K，显色指数大于 95 的石英玻壳氙灯，在紫外 B 波段，A 波段和可见光区有连续光谱，每 10 min 光输出稳定度优于 1%，在整个寿命期内满足上述要求。

3.4 样品盘

样品盘为黑色，内径为 45 mm±5 mm，深度为 5 mm±2 mm。材质不能影响激发光源的光谱特性及稀土长余辉荧光粉的光谱特性。

4 试样准备

4.1 按照表1的规定，选择与待测试样相对应的稀土蓄光型(长余辉)荧光粉相对亮度国家标准样品。

表 1

化学成分组成体系	类别	待测试样荧光粉牌号	国家标准样品编号及名称
碱土铝酸盐	常规黄绿色碱土铝酸盐	207001A、207001B、207001C、207002A、207002B、207002C、207003A、207003B	稀土蓄光型(长余辉)荧光粉相对亮度国家标准样品 GSB 04-2534—2009
	常规蓝绿色碱土铝酸盐	207001D、207001E、207002D、207002E	
	颗粒型黄绿色碱土铝酸盐	207004A、207004B、207004C	

表 1（续）

化学成分组成体系	类别	待测试样荧光粉牌号	国家标准样品编号及名称
碱土铝酸盐	弱光型黄绿色碱土铝酸盐	207005A、207005B	稀土蓄光型（长余辉）荧光粉相对亮度国家标准样品 GSB 04-2534—2009
硅酸盐	常规蓝色硅酸盐	207101A、207101B	
硫氧化物	常规橙红色硫氧化物	207201	

4.2 测量前，将待测试样和对应的稀土（蓄光型）长余辉荧光粉相对亮度国家标准样品放置在不透光的黑色容器中，避光保存 24 h。

5 测试步骤

5.1 测试条件

5.1.1 环境温度：22 ℃～27 ℃。

5.1.2 相对湿度：45%～65%。

5.1.3 测量过程中，除规定的激发时间内的激发光源照射外，不允许有可见光或紫外光等杂散光干扰。

5.2 照度校正

开启氙灯，根据仪器要求稳定 10 min～30 min。将照度测试装置的测光探头置于试样待激发处，调整氙灯，保证照射在被测物体上的平均照度稳定在 1 000 lx±5 lx 或 25 lx±0.5 lx。

5.3 相对亮度测试

5.3.1 将试样装入样品盘中，压实并使表面平整。

5.3.2 将样品盘置于待激发处，使试样受氙灯激发，试样测试表面的激发光照度满足 3.1.3 的要求。

5.3.3 激发照射时间：弱光型荧光粉试样激发时间为 15 min；其他荧光粉试样激发时间为 10 min。

5.3.4 关闭氙灯，立即用发光亮度测试装置测试试样的余辉发光亮度，并在规定时间间隔点记录余辉荧光的亮度值。

5.3.5 重复测试 3 次，计算其平均值。测试结果的相对偏差不超过 5%。

5.3.6 按照上述方法对相同分类的稀土蓄光型（长余辉）荧光粉相对亮度国家标准样品进行测试，记录数值。重复测试 3 次，计算其平均值。测试结果的相对偏差不超过 5%。

5.3.7 计算试样与稀土蓄光型（长余辉）荧光粉相对亮度国家标准样品的余辉荧光亮度的平均值之比，得出相对亮度。

6 精密度

6.1 重复性

在重复性条件下获得的两次独立测试相对亮度的测定值，在以下给出的平均值范围内，这两个测试结果的绝对差值不超过重复性限（r），超过重复性限（r）的情况不超过 5%，重复性限（r）按表 2 数据采用线性内插法求得。

表 2

试样牌号	测试时间/min	相对亮度/%	重复性限（r）/%
207001A	10	91.1	5.6
	60	98.3	7.6
207001D	10	70.5	5.9
	60	69.6	6.7
207004A	10	98.3	6.7
	60	95.5	6.2

表 2（续）

试样牌号	测试时间/min	相对亮度/%	重复性限(r)/%
207005A	10	107.2	7.6
	60	128.0	9.2
207101B	10	50.1	3.4
	60	48.2	3.9
207201	1	77.0	4.8
	10	78.3	6.9
注：重复性限(r)为 2.8×Sr，Sr 为重复性标准差。			

6.2 允许差

实验室之间稀土长余辉荧光粉相对亮度分析结果的相对允许差应不大于15%。

ICS 77.120.99
H 65

中华人民共和国国家标准

GB/T 24982—2010

白光LED灯用稀土黄色荧光粉

Rare earth yellow phosphor for white LED lamps

2010-08-09 发布　　2011-05-01 实施

中华人民共和国国家质量监督检验检疫总局
中国国家标准化管理委员会　发布

前　言

本标准由全国稀土标准化技术委员会提出并归口。

本标准负责起草单位:厦门通士达新材料有限公司。

本标准参加起草单位;大连路明发光科技股份有限公司、杭州大明荧光材料有限公司。

本标准主要起草人:魏岚、韩钧祥、戴茜玲、张宏伟。

白光 LED 灯用稀土黄色荧光粉

1 范围

本标准规定了白光 LED 灯用稀土黄色荧光粉(简称黄粉)的要求、试验方法、检验规则及标志、包装、运输、贮存。

本标准适用于经高温反应制得的铝酸盐及相关体系的荧光粉,该荧光粉在 440 nm～480 nm 蓝光激发下发出黄光,黄光与激发源蓝光形成白光,主要用于由蓝光 LED 芯片激发的白光 LED 灯。

2 规范性引用文件

下列文件中的条款通过本标准的引用而成为本标准的条款。凡是注日期的引用文件,其随后所有的修改单(不包括勘误的内容)或修订版均不适用于本标准,然而,鼓励根据本标准达成协议的各方研究是否可使用这些文件的最新版本。凡是不注日期的引用文件,其最新版本适用于本标准。

GB/T 5838 荧光粉名词术语

GB/T 8170 数值修约规则与极限数值的表示和判定

GB/T 14634.5 灯用稀土三基色荧光粉试验方法 第 5 部分:密度的测定

GB/T 20170.1 稀土金属及其化合物物理性能测试方法 稀土化合物粒度分布的测定

GB/T 23595(所有部分) 白光 LED 灯用稀土黄色荧光粉试验方法

3 术语

GB/T 5838 确立的以及下列术语和定义适用于本标准。

3.1

标准荧光粉 standard phosphors

按指定牌号及一定要求制得的、并经过性能标定的、用于产品性能相对测量用的荧光粉。

注:本标准采用白光 LED 灯用稀土黄色荧光粉国家标准样品为标准荧光粉。

3.2

相对亮度 relative brightness

在规定的激发条件下,荧光粉试样与对应的标准荧光粉的亮度之比。符号:Br。

3.3

激发波长 excitation wavelength

用来激发荧光粉的光波波长。符号:λ_{ex}。

3.4

发射波长 emission wavelength

受激荧光粉发射的荧光波长。符号:λ_{em}。

3.5

发射主峰波长 emission dominant peak wavelength

发射光谱中强度最大的谱峰的波长。单位:nm。

3.6

热稳定性 thermostability

器件制造工艺中,荧光粉对热处理的稳定性。

注:本标准中包含相对亮度的热稳定性 ΔB_h,以及色品坐标的热稳定性 Δx_h、Δy_h。

3.7

热猝灭性(温度猝灭)　temperature quenching

由温度升高引起的发光性能变化,当温度恢复时,发光性能随之恢复的现象。

注:本标准中包含相对亮度的热猝灭性(ΔB_q)以及色品坐标的热猝灭性(Δx_q、Δy_q)。

4　要求

4.1　产品的主要性能指标应符合表1的规定,其中热稳定性、热猝灭性、pH值和电导率为参考值,不作验收依据;中心粒径只规定偏差值。需方如对产品有特殊要求,由供需双方协商确定。

4.2　产品为黄色粉末,应洁净,无目视可见的夹杂物。

表1

牌　号		200500
光谱性能	激发波长范围(λ_{ex})/nm	440～480
	发射主峰波长范围(λ_{em})/nm	520～580
相对亮度(Br)/%		≥98.0
色品坐标	x	0.340 0～0.510 0
	y	0.600 0～0.480 0
热稳定性(180 ℃,8 h)	ΔB_h/%	<3.0
	Δx_h	<0.001 0
	Δy_h	<0.001 0
热猝灭性(180 ℃,20 min)	$\lvert\Delta B_q\rvert$/%	<25
	$\lvert\Delta x_q\rvert$	<0.020 0
	$\lvert\Delta y_q\rvert$	<0.020 0
密度/(g/cm^3)		4.5±0.3
中心粒径($D[V,50]$)/μm		$D[V,50]$±1.00
pH值		7.0±1.0
电导率/(μS/cm)		<15.0
参考化学组成		$(Y,Gd)_3(Al,Ga)_5O_{12}:Ce$

5　试验方法

5.1　光谱性能、相对亮度、色品坐标、热稳定性、热猝灭性、pH值、电导率的测定按GB/T 23595的规定进行。

5.2　密度的测定按GB/T 14634.5的规定进行。

5.3　中心粒径的测定按GB/T 20170.1中方法2的规定进行。

5.4　数值修约按GB/T 8170的规定进行。

5.5　外观检查时,采用牛角勺从不同部位约取2 g试样,均匀地平摊在白色瓷板或白色油光纸上,其摊开面积不小于40 cm^2,在日光下用目视法观察。

6　检验规则

6.1　检查和验收

6.1.1　产品应由供方技术监督部门进行检验,保证产品质量符合本标准(或订货合同)的规定,并填写质量证明书。

6.1.2 需方可对收到的产品按本标准的规定进行检验。如检验结果与本标准规定不符时，可在收到产品之日起三个月内向供方提出，由供需双方协商解决。如需仲裁，可委托双方认可的单位进行，并在需方共同取样。

6.2 组批

产品应成批提交检验，每批应由同一牌号的产品组成。

6.3 检验项目

每批产品应进行光谱性能、相对亮度、色品坐标、中心粒径、密度及外观的检验。若用户需要其他性能指标的检测结果，应在合同中注明。

6.4 取样和制样

仲裁取样按表2的规定进行。每件(袋)取样量不少于5 g。取出后，用四分法迅速缩分至试样所需数量。

表 2

件(袋)数	1～5	6～49	50～100	＞100
取样件(袋)数	件(袋)数的100%	5	件(袋)数的10%	件(袋)数的平方根取正整数

6.5 检验结果判定

除外观外，产品仲裁分析结果与本标准规定不符时，则从该批产品中取双倍试样对不合格项目进行重复试验，如仍有一项结果不合格，则该批产品为不合格。

外观检验结果与本标准规定不符时，则直接判定该批产品不合格。

7 标志、包装、运输、贮存

7.1 标志、包装

7.1.1 产品外包装应注明：供方名称、产品名称、牌号、批号、净重、出厂日期及“防潮”、“防晒”标志或字样。

7.1.2 产品应防潮包装，分装于双层塑料袋或塑料瓶中，每袋(瓶)净重分别为100 g、500 g、1 kg。袋(瓶)置于塑料桶或纸桶(箱)中。

7.2 运输、贮存

产品运输时严防受潮，存放在清洁干燥处，不得露天放置。

7.3 质量证明书

每批产品应附质量证明书，注明：

a) 供方名称；

b) 产品名称和牌号；

c) 批号；

d) 净重和件数；

e) 分析检验结果和技术监督部门印记；

f) 本标准编号；

g) 出厂日期。

ICS 59.080.60
W 56

GB

中华人民共和国国家标准

GB/T 24983—2010

船用环保阻燃地毯

Environmental and fire resisting carpet for marine equipment

2010-08-09 发布　　2010-12-01 实施

中华人民共和国国家质量监督检验检疫总局
中国国家标准化管理委员会　发布

前　言

本标准主要依据国际海事组织 IMO FTPC《国际耐火试验应用规则》第 2 部分、第 5 部分，IMO A653(16)《舱壁、天花板和甲板饰面材料表面燃烧性的耐火试验程序的修改建议》，IMO 决议 MSC 61(67)：1996《火灾检测程序应用的国际规则》附录 1　第 2 部分《烟雾与毒性检测》等文件制定。

本标准由中国轻工业联合会提出。

本标准由全国地毯标准化技术委员会归口。

本标准负责起草单位：常州环球地毯制造有限公司、中国工艺美术协会地毯专业委员会。

本标准参加起草单位：浙江美术地毯制造有限公司、威海海马地毯有限公司、威海市山花地毯集团有限公司。

本标准主要起草人：王本贤、梅莉明、孙祖法、陈桂生、张波、马志军。

船用环保阻燃地毯

1 范围

本标准规定了船用环保阻燃地毯的产品分类、要求、试验方法、检验规则、标志、包装、运输、贮存。

本标准适用于羊毛及羊毛锦纶(尼龙)或其他纤维为绒头原料,经织造加工和阻燃工艺处理制成的船用环保阻燃地毯,其他工艺制造的船用地毯可参照使用。

2 规范性引用文件

下列文件中的条款通过本标准的引用而成为本标准的条款。凡是注日期的引用文件,其随后所有的修改单(不包括勘误的内容)或修订版均不适用于本标准,然而,鼓励根据本标准达成协议的各方研究是否可使用这些文件的最新版本。凡是不注日期的引用文件,其最新版本适用于本标准。

GB/T 14252 机织地毯

ISO 5659-2 塑料 烟雾生成 第2部分:用独立检测舱法试验测定光密度

ISO/TR 9122 燃烧废气的毒性试验 第3部分:燃烧废气中气体和蒸汽的分析

IMO FTPC 第2部分、第5部分 国际耐火试验程序应用规则

IMO A653(16) 舱壁、天花板和甲板饰面材料表面燃烧性的耐火试验程序的修改建议

IMO 决议 MSC 61(67):1996 火灾检测程序应用的国际规则 附录1 第2部分:烟雾与毒性检测

3 产品分类

船用环保阻燃地毯按织造方法不同分为:

a) 船用环保阻燃阿克明斯特地毯;

b) 船用环保阻燃威尔顿地毯;

c) 船用环保阻燃其他地毯。

4 要求

4.1 内在质量

应符合 GB/T 14252 的规定(耐燃性、水平法除外)。

4.2 外观质量

应符合 GB/T 14252 的外观质量分等规定。

4.3 阻燃性能

燃烧性能应符合表1规定。

表1 燃烧性能技术要求

序号	测试项目	单位	指标	试验方法
1	CHF(熄灭时临界辐射通量)	kW/m^2	≥7.0	IMO FTPC 第2部分、第5部分 IMO A653(16)
2	Qsb(持续燃烧热量)	MJ/m^2	≥0.25	
3	Qt(热释放总值)	MJ	≤2.0	
4	Qp(热释放峰值)	kW	≤10.0	

4.4 燃烧废气有害气体排放和烟雾光密度

有害气体排放和烟雾光密度限值应符合表2规定。

表2 有害气体排放和烟雾光密度技术要求

序号	有害气体名称	限值(10^{-6})	试验方法
1	一氧化碳 CO	<1 450	IMO 决议 MSC 61(67):1996 附录1 第2部分
2	盐酸 HCl	<600	
3	溴化氢 HBr	<600	
4	氟化氢 HF	<600	
5	氰化氢 HCN	<140	
6	亚硝烟 NO_x	<350	
7	二氧化硫 SO_2(IC)[a]	<120[c]	
8	二氧化硫 SO_2(CT)[b]		
9	特定平均光密度[d]	<500	ISO 5659-2

a IC为离子色谱法。

b CT为比色管法。

c 用于地板材料的 SO_2 毒性指标质量分数限值为 200×10^{-6}。

d 试样三次测量的特定光学密度最大值Ds的平均值。

5 试验方法

5.1 内在质量及外观质量

按 GB/T 14252 的规定进行检验。

5.2 阻燃性能

按照 IMO FTPC 第2部分、第5部分和 IMO A653(16)进行。

5.3 燃烧废气有害气体排放限值

按 ISO/TR 9122 的方法进行试验。

5.4 烟雾光密度

按 ISO 5659-2 的方法进行试验。

6 检验规则

6.1 检验分类

产品检验分为出厂检验和型式检验。

6.1.1 出厂检验

产品出厂前，须检验合格后方可出厂。

a) 外观质量和地毯尺寸进行全数检验；

b) 内在质量按 GB/T 14252 规定抽验；

c) 阻燃性能、燃烧时产烟毒性及烟雾排放指标由生产厂商提供同批或同材质、同工艺参数的近期测试合格报告。

6.1.2 型式检验

有下列情况之一时，应进行型式检验：

a) 停产后复产或产品结构、原料、工艺条件有较大改变；

b) 正式生产后，产品定期或积累一定产量后，应周期性进行一次型式检验；

c) 国家质量监督机构提出进行型式检验的要求时；

d) 合同规定。

6.2 检验项目

6.2.1 出厂检验项目应按6.1.1的规定或按合同规定进行。

6.2.2 型式检验项目应符合下述规定：

a) 外观质量和内在质量应按GB/T 14252进行检验(燃烧性能水平法试验除外)；

b) 阻燃性能按表1规定进行检验；

c) 燃烧时产烟毒性及烟雾按表2规定进行检验。

6.3 抽样规定

抽样按批以块或卷为单位随机抽取，其批量数和样本数量分别见表3和表4。

表3 抽样方案(Ⅰ)

单位为块

批量数	1 000以下	1 000～2 000	2 001～4 000	4 000以上
样本数量	1	2	3	4

表4 抽样方案(Ⅱ)

单位为卷

批量数	100以下	100～200	201～400	400以上
样本数量	1	2	3	4

6.4 判定规则

6.4.1 品等规定

6.4.1.1 船用环保阻燃地毯的品等分为优等品、一等品和合格品。

6.4.1.2 内在质量评定以批为单位，符合4.1、4.3、4.4要求的判定为内在质量合格。

6.4.1.3 外观质量评等以卷或块为单位，符合4.2要求的判定为外观质量合格。

6.4.1.4 内在质量和外观质量都合格时，以外观质量的品等定为该批产品的等级；内在质量和/或外观质量不合格时，则判该批产品不合格。

6.5 复验规则

6.5.1 内在质量检验如有一项技术指标不合格时，允许对该批产品的不合格项加倍抽样复验，如复验合格，则判该批产品内在质量合格；若仍有一个样品不合格，则判该批产品不合格。

6.5.2 外观质量检验，如只有一项指标不合格时，允许对该批产品加倍复验，全部指标复验合格或优于合格品时，则判该批产品为合格；如仍有一项不合格，则判该批产品为不合格。

7 标志、包装、运输、贮存

7.1 产品标签需要标明的内容

a) 生产企业名称和详细地址、商标；

b) 地毯型号和产品名称、品种；

c) 毯面纤维类型及含量；

d) 地毯尺寸；

e) 产品主要规格(毯基上绒头质量、单位面积总质量和毯基上绒头厚度、绒头高度等)；

f) 产品执行的标准编号；

g) 产品质量等级、检验合格证明；

h) 使用建议，生产企业应指明该产品按其性能水平适用于使用的场所。

7.2 包装标志需要标明的内容

a) 生产企业名称；

b) 地毯型号和产品名称、品种；

c) 地毯尺寸规格、色别；

d) 产品质量等级；

e) 成包日期；

f) 提示语："不准用钩"、"防潮"、"勿重压"等。

7.3 地毯标签标识及提供

地毯标签应缝合、粘贴或附在地毯产品上。在销售地毯时，至少随每块地毯或每卷地毯向消费者提供地毯标签。

7.4 包装

地毯包装应保证产品不受损伤，能防污、防潮，便于贮存和运输。

7.5 运输、贮存

地毯在运输和储存时不得重压，应避免雨淋、长期曝晒，注意防潮、防火等。

参 考 文 献

[1] International Maritime Organization Resolution MSC 61(67)1996;The International Code for Application of Fire Test Procedures,Annex 1,Part 2:Smoke and Toxicity Test.

[2] ISO 5659-2:1994 Plastics—Smoke Generation—Part 2:Determination of Optical Density by a Single Chamber Test.

[3] ISO/TR 9122 Toxicity Testing of Fire Effluents—Part 3:Methods for the Analysis of Gases and Vapors in Fire Effluents.

[4] IMO FTPC 第2部分、第5部分 国际耐火试验程序应用规则

[5] IMO A653(16) 舱壁、天花板和甲板饰面材料表面燃烧性的耐火试验程序的修改建议

ICS 83.140.01
Y 28

中华人民共和国国家标准

GB/T 24984—2010

日用塑料袋

Plastic commodity bags

2010-08-09 发布　　　　2010-12-01 实施

中华人民共和国国家质量监督检验检疫总局
中国国家标准化管理委员会　发布

前　言

本标准的附录A为规范性附录。

本标准由中国轻工业联合会提出。

本标准由全国塑料制品标准化技术委员会(SAC/TC 48)归口。

本标准由惠州俊豪塑料发展有限公司、深圳市万达杰塑料制品有限公司、深圳市佳发塑料制品有限公司、浙江华发生态科技有限公司、深圳市正旺塑胶制品有限公司、轻工业塑料加工应用研究所、国家塑料制品质量监督检验中心(北京)起草。

本标准主要起草人:翁云宣、陈家琪、陈倩、苏俊铭、魏文昌、郑洪标、沈华峰、张坚洪、刘丕刚、袁威。

日用塑料袋

1 范围

本标准规定了日用塑料袋的术语和定义、要求、试验方法、检验规则及标志、包装、运输、贮存。

本标准适用于以树脂为主要原料的薄膜,经热合或粘合等工艺制成的连卷袋(也称撕裂袋或点断袋)、平口塑料袋等。

本标准不适用于塑料购物袋。

2 规范性引用文件

下列文件中的条款通过本标准的引用而成为本标准的条款。凡是注日期的引用文件,其随后所有的修改单(不包括勘误的内容)或修订版均不适用于本标准,然而,鼓励根据本标准达成协议的各方研究是否可使用这些文件的最新版本。凡是不注日期的引用文件,其最新版本适用于本标准。

GB/T 682—2002 化学试剂 三氯甲烷(neq ISO 6353-2:1983)

GB/T 1037—1988 塑料薄膜和片材透水蒸气性试验方法 杯式法

GB/T 1038—2000 塑料薄膜和薄片气体透过性试验方法 压差法

GB/T 2828.1—2003 计数抽样检验程序 第1部分:按接收质量限(AQL)检索的逐批检验抽样计划(ISO 2859-1:1999,IDT)

GB/T 2918—1998 塑料试样状态调节和试验的标准环境(idt ISO 291:1997)

GB/T 5009.60 食品包装用聚乙烯、聚苯乙烯、聚丙烯成型品卫生标准的分析方法

GB/T 5009.156—2003 食品用包装材料及其制品的浸泡试验方法通则

GB/T 6672—2001 塑料薄膜和薄片厚度测定 机械测量法(idt ISO 4593:1993)

GB/T 9639.1—2008 塑料薄膜和薄片 抗冲击性能试验方法 自由落镖法 第1部分:梯级法(ISO 7765:1988,IDT)

GB 9685 食品容器、包装材料用添加剂使用卫生标准

GB 9687 食品包装用聚乙烯成型品卫生标准

GB 9688 食品包装用聚丙烯成型品卫生标准

GB/T 16288—2008 塑料制品的标志

QB/T 2358—1998 塑料薄膜包装袋热合强度试验方法

3 术语和定义

下列术语和定义适用于本标准。

3.1

日用塑料袋 plastic commodity bags

以树脂为主要原料的薄膜,经热合或粘合等工艺制成的连卷袋、平口袋等无提口的袋制品,外形见图1。

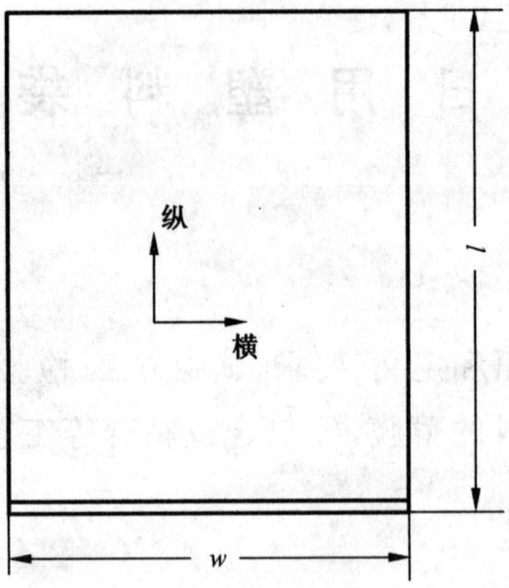

l——长度；

w——宽度。

图 1 日用塑料袋外形图

4 要求

4.1 尺寸偏差

4.1.1 厚度及偏差

厚度极限偏差及平均偏差应符合表 1 的规定。

表 1 厚度偏差

标称厚度 e/mm	厚度极限偏差/mm	厚度平均偏差/%
0.010≤e<0.020	+0.005 −0.005	±15
0.020≤e<0.030	+0.006 −0.006	±10
0.030≤e<0.040	+0.008 −0.008	±9
e≥0.040	+0.010 −0.010	±9

4.1.2 宽度偏差

宽度偏差应符合表 2 的规定。

表 2 宽度偏差 单位为毫米

标称宽度 w	极限偏差
w≤150	±10
150<w<250	±15
w≥250	±20

4.1.3 长度偏差

长度偏差应符合表 3 的规定。

表 3 长度偏差 单位为毫米

标称长度 l	极限偏差
l≤200	±10
200<l<400	±15
l≥400	±20

4.2 感官

4.2.1 颜色

一般为树脂本色或白色。

4.2.2 异嗅和异味

不应有异嗅和异味。

4.2.3 外观

日用塑料袋的表面不印刷。

袋膜应均匀、平整，不应存在有碍使用的气泡、穿孔（不包括透气孔）、塑化不良、鱼眼僵块、丝纹、挂料线、皱折（不包括折边等正常折叠引起的折痕）等瑕疵。

4.3 物理力学性能

物理力学性能应符合表4和表5要求。

表4 物理力学性能要求

序号	项目		指标
1	跌落试验		三个袋均无破裂
2	抗渗漏性		三个袋均不漏水
3	封合强度		见表5
4	落镖冲击		不破裂数≥6个
5	气体透过率偏差	氧气/%	±20
		二氧化碳/%	
6	透湿量偏差/%		±20
注：序号5和6项仅对宣称有食品保鲜的日用塑料袋要求，对其他日用塑料袋不要求。			

表5 封合强度要求

标称承重 m/kg	封合强度/(N/15 mm)
$m \leq 3$	2.0
$3 < m \leq 6$	6.0
$6 < m \leq 10$	8.0
$m > 10$	10.0

4.4 卫生性能

日用塑料袋接触或包装直接入口食物时，其原料应为食品级且添加剂应符合GB 9685的规定，其卫生性能应符合其材质相关卫生标准要求，聚乙烯材质日用塑料袋应符合GB 9687规定，聚丙烯材质日用塑料袋应符合GB 9688规定，淀粉基日用塑料袋按共混树脂的相应卫生标准要求。

其他材质日用塑料袋接触或用于直接入口食物时，应符合相应材质成型品卫生标准规定。

5 试验方法

5.1 取样

取足够数量的试样，进行试验。

5.2 试样状态调节和试验的环境

按GB/T 2918—1998中规定的标准环境（温度23 ℃±2 ℃，湿度50%±10%）进行，并在此条件下进行试验。状态调节时间应不小于4 h。

5.3 厚度偏差

将日用塑料袋打开,将其剖开后,单面铺开,用测厚仪测量单面薄膜厚度。按 GB/T 6672—2001 的规定进行测量,沿日用塑料袋的宽度方向均匀测量 8 点,将记录的数据按式(1)、式(2)计算厚度极限偏差和厚度平均偏差。日用塑料袋有压花或压纹时,应将压花或压纹平整地压平后测定压平处厚度。

$$\Delta e = e_{\text{min或max}} - e_0 \qquad (1)$$

式中:

Δe——厚度极限偏差,单位为毫米(mm);

$e_{\text{min或max}}$——实测最小或最大厚度,单位为毫米(mm);

e_0——标称厚度,单位为毫米(mm)。

$$\Delta\bar{e} = \frac{\bar{e} - e_0}{e_0} \times 100\% \qquad (2)$$

式中:

$\Delta\bar{e}$——厚度平均偏差,%;

$\bar{e}$——平均厚度,单位为毫米(mm);

e_0——标称厚度,单位为毫米(mm)。

5.4 宽度和长度偏差

将日用塑料袋平整地铺在水平面上(有折边时将折边打开),用刻度分度为 1 mm 的直尺,分别沿样品长度和宽度方向以相等间隔测量塑料袋的宽度和长度,至少测量 4 次。

日用塑料袋有折边时将折边打开,并将袋水平铺平,测量袋总体宽度。

将记录的数据按式(3)计算宽度极限偏差,按式(4)计算长度极限偏差。

$$\Delta w = w_{\text{min或max}} - w_0 \qquad (3)$$

式中:

Δw——宽度极限偏差,单位为毫米(mm);

$w_{\text{min或max}}$——实测最小或最大宽度,单位为毫米(mm);

w_0——标称宽度,单位为毫米(mm)。

$$\Delta l = l_{\text{min或max}} - l_0 \qquad (4)$$

式中:

Δl——长度极限偏差,单位为毫米(mm);

$l_{\text{min或max}}$——实测最小或最大长度,单位为毫米(mm);

l_0——标称长度,单位为毫米(mm)。

5.5 感官

5.5.1 外观

在自然光线下目测。

5.5.2 异嗅和异味

在室内正常条件下进行。

5.6 物理力学性能

5.6.1 跌落试验

将相当于标称承重的模拟物(如沙子、米粒等)装入袋中,用手轻轻从模拟物处捏拢袋子排除空气,然后用胶粘带或绳子等将袋口封上,袋底从离地 0.5 m 高处自由落下,试验地面应为平整硬地面,观察袋体是否损坏。试验数量三个。

5.6.2 抗渗漏性试验

将日用塑料袋装入五分之一容积的清水,水温 23 ℃±2 ℃,保持静置 1 min 后观察日用塑料袋底部是否有滴落水珠,并记录所观察现象。试验数量三个。

5.6.3 封合强度试验

封合强度按 QB/T 2358—1998 进行，试验速度为 300 mm/min±50 mm/min。

5.6.4 落镖冲击试验

按 GB/T 9639.1—2008 中的 A 法规定进行落镖质量冲击试验，采用单片试样，落镖质量见表 6。样品数量为 10 片。

表 6 落镖质量

标称承重 m_1/kg	落镖质量 m_2/g
$m \leqslant 3$	30
$3 < m \leqslant 6$	45
$6 < m \leqslant 10$	60
$m > 10$	80

5.6.5 气体透过率偏差

气体透过率按 GB/T 1038—2000 的规定进行，按式(5)计算氧气透过率偏差。

$$\Delta Y = \frac{Y - Y_0}{Y_0} \times 100\% \qquad \cdots\cdots(5)$$

式中：

ΔY——氧气透过率偏差，%；

Y——实测氧气透过率，单位为立方厘米每平方米·24 小时·大气压[cm^3/(m^2·24 h·atm)]；

Y_0——标称氧气透过率，单位为立方厘米每平方米·24 小时·大气压[cm^3/(m^2·24 h·atm)]。

按式(6)计算二氧化碳透过率偏差。

$$\Delta R = \frac{R - R_0}{R_0} \times 100\% \qquad \cdots\cdots(6)$$

式中：

ΔR——二氧化碳透过率偏差，%；

R——实测二氧化碳透过率，单位为立方厘米每平方米·24 小时·大气压[cm^3/(m^2·24 h·atm)]；

R_0——标称二氧化碳透过率，单位为立方厘米每平方米·24 小时·大气压[cm^3/(m^2·24 h·atm)]。

5.6.6 透湿量偏差

按 GB/T 1037—1988 的规定进行，按式(7)计算透湿量偏差。

$$\Delta H = \frac{H - H_0}{H_0} \times 100\% \qquad \cdots\cdots(7)$$

式中：

ΔH——透湿量偏差，%；

H——实测透湿量，单位为克每平方米·24 小时[g/(m^2·24 h)]；

H_0——标称透湿量，单位为克每平方米·24 小时[g/(m^2·24 h)]。

5.7 卫生性能

直接接触食品日用塑料袋的卫生性能试验方法按各自材质的卫生标准分析方法进行。

聚乙烯、聚丙烯日用塑料袋按 GB/T 5009.60 规定进行，淀粉基日用塑料袋按 GB/T 5009.60，但蒸发残渣试验方法按附录 A，结果取不含植物纤维或淀粉的蒸发残渣值；其他材质直接接触食品的日用塑料袋，按相应材质成型品卫生标准分析方法规定进行，如没有时参照 GB/T 5009.60 进行。

6 检验规则

6.1 组批

产品以批为单位进行验收。同一牌号原料、同一规格、同一配方、同一工艺连续生产的产品,以不超过 5 t 为一批。

6.2 检验分类

6.2.1 出厂检验

出厂检验项目为外观、厚度、宽度、长度、跌落和抗渗漏试验。

6.2.2 型式检验

型式检验项目为要求中的全部项目,有下列情况之一时应进行型式检验。

a) 新产品或老产品转厂生产的试制定型鉴定;

b) 正式生产后,如结构、材料、工艺有较大改变时;

c) 正常生产后,每年至少一次;

d) 产品停产半年后,恢复生产时;

e) 出厂检验结果与上次型式检验有较大差异时;

f) 国家质量监督检验机构提出进行型式检验要求时。

6.3 抽样方案

6.3.1 尺寸偏差、感官

出厂检验执行 GB/T 2828.1—2003 的计数抽样检验程序。采用检验水平(IL)为一般检验水平 II、接收质量限(AQL)为 6.5 的二次正常抽样,其批量、样本量、判定数组见表 7。每一单位包装作为一样本单位,单位包装可以是箱、卷、盒、捆、包、个等。试验时从每一单位包装中随机取一个袋样品检验。

表 7 抽样方案

单位为单位包装

批　量	样　本	样本大小	累计样本大小	接收数 Ac	拒收数 Re
26～50	第一	5	5	0	2
	第二	5	10	1	2
51～90	第一	8	8	0	3
	第二	8	16	3	4
91～150	第一	13	13	1	3
	第二	13	26	4	5
151～280	第一	20	20	2	5
	第二	20	40	6	7
281～500	第一	32	32	3	6
	第二	32	64	9	10
501～1 200	第一	50	50	5	9
	第二	50	100	12	13
1 201～3 200	第一	80	80	7	11
	第二	80	160	18	19
≥3 201	第一	125	125	11	16
	第二	125	250	26	27

6.3.2 物理力学性能

从抽取的样本中随机取足够数量样品进行。

6.4 判定规则

6.4.1 合格项的判定

6.4.1.1 尺寸偏差、感官

尺寸偏差、感官样本单位的判定，按 4.1、4.2、4.3 进行。

样本单位的检验结果若符合表 7 的规定，则判标识、尺寸偏差、感官合格，否则判该项不合格。

6.4.1.2 物理力学性能

物理力学性能若有不合格项目时，应在原批中抽取双倍样品分别对不合格项目进行复检，复检结果全部合格则判该项合格，否则判该项不合格。

6.4.1.3 卫生性能

直接接触食品日用塑料袋卫生性能有不合格项时，则判卫生性能不合格。

6.4.2 合格批的判定

所有检验项目检验结果全部合格，则判该批合格，否则判该批不合格。

7 标志、包装、运输、贮存

7.1 标志

日用塑料袋的外包装和最小销售包装应标识有：

a) 本国家标准编号；
b) 产品名称、标称承重；
c) 产品数量、规格(长度、宽度、厚度)；
d) 制造厂名；
e) 生产日期和贮存期；
f) 产品材质或种类，产品材质应按 GB/T 16288—2008 进行标识；
g) 附有质量检验合格证；
h) 对宣称有保鲜功能的日用塑料袋，应在其包装上明确标识产品的标称气体透过率(氧气和二氧化碳)和标称透湿量。

7.2 包装

日用塑料袋一般用塑料薄膜包装或纸箱包装，也可以供需双方协商确定。

7.3 运输

日用塑料袋在运输时，防止机械碰撞及日晒雨淋，在搬运过程中要保持包装完好。

7.4 贮存

产品应放在通风、阴凉、干燥的库房内贮存，避免阳光曝晒及雨淋，并远离污染源、热源，防潮、防鼠、防虫。应根据日用塑料袋性能确定合理贮存期。

附　录　A
（规范性附录）
淀粉基日用塑料袋蒸发残渣测试方法

A.1　采样

按 GB/T 5009.156—2003 第 3 章规定的方法采样。采样数量应符合 GB/T 5009.156—2003 附录 A 表 A.1 中的“塑料成型品及复合食品包装袋塑料薄膜袋”的规定。

A.2　样品的清洗

按 GB/T 5009.156—2003 第 5 章规定的方法清洗样品的接触食品面。

A.3　样品的浸泡

浸泡液、浸泡时间、检测条件按照 GB/T 5009.60。

向日用塑料袋内注入相应的浸泡液，一般注入量为样品容积的三分之二至五分之四，浸泡相应的时间。

A.4　分析步骤

A.4.1　含植物纤维或淀粉的蒸发残渣

取相应浸泡液 200.00 mL，分别置于经(105±5)℃加热至恒重的玻璃蒸发皿或玻璃杯中，在水浴器上蒸干后置于(105±5)℃的电热恒温干燥箱中，加热 2 h。取出，在干燥器内冷却 0.5 h，称量。再于(105±5)℃加热 1 h，置于干燥器内冷却 0.5 h，称量。

A.4.2　不含植物纤维或淀粉的蒸发残渣

在干燥、称量后的残渣(A.4.1)中加入 50 mL 三氯甲烷(GB/T 682—2002，分析纯，经重蒸馏)，置于水浴上小心加热(用玻璃棒搅拌，取出玻璃棒时用少量三氯甲烷冲洗)10 min。用玻璃漏斗和无灰定量滤纸[经(105±5)℃加热至恒重]将溶液过滤，再用少量三氯甲烷冲洗 3 次滤纸上的残渣。将滤纸连同残渣置于经(105±5)℃加热至恒重的瓷坩埚内，于(105±5)℃的电热恒温干燥箱内加热 2 h，在干燥器内冷却 0.5 h，称量。重复加热 1 h，冷却 0.5 h，称量。

将瓷坩埚连同滤纸、残渣置于电炉上灰化至无烟，在(550±5)℃高温电炉内灼烧 2 h，取出坩埚，置于干燥器内冷却 0.5 h，称量。重复灼烧 1 h，冷却 0.5 h，称量，直至两次称量不超过 0.002 g。

注：应对无灰定量滤纸做(550±5)℃灼烧试验，从分析结果中扣除滤纸灼烧残留物。

A.5　结果计算

A.5.1　含植物纤维或淀粉蒸发残渣按式(A.1)计算。

$$X_1=\frac{(m_1-m_2)}{200}\times 1\ 000 \qquad \cdots\cdots(\text{A.1})$$

式中：

X_1——样品浸泡液(不同浸泡液)蒸发残渣(含纤维或淀粉)，单位为毫克每升(mg/L)；

m_1——样品浸泡液蒸发残渣的质量，单位为毫克(mg)；

m_2——空白浸泡液蒸发后的质量，单位为毫克(mg)。

A.5.2　不含纤维或淀粉蒸发残渣按式(A.2)计算。

$$X_2=X_1-\frac{(m_3-m_4)-(m_5-m_6)}{200}\times 1\ 000 \qquad \cdots\cdots(\text{A.2})$$

式中：

X_2——样品浸泡液(不同浸泡液)蒸发残渣(不含纤维或淀粉)，单位为毫克每升(mg/L)；

m_3——经三氯甲烷萃取，加热后的残渣、坩埚和滤纸质量，单位为毫克(mg)；

m_4——坩埚和滤纸的质量，单位为毫克(mg)；

m_5——灼烧后的残渣和坩埚质量，单位为毫克(mg)；

m_6——坩埚质量，单位为毫克(mg)。

报告结果时，取平均值的三位有效数字。

A.6 允许差

同一样品的两次测定结果之差，不得超过平均值的10%。

ICS 97.040.30
Y 61

中华人民共和国国家标准

GB/T 24985—2010

家用和类似用途房间空气调节器可靠性试验方法

Test methods for reliability on household and similar room air conditioners

2010-08-09 发布　　2010-12-01 实施

中华人民共和国国家质量监督检验检疫总局
中国国家标准化管理委员会　发布

前言

本标准由中国轻工业联合会提出。

本标准由全国家用电器标准化技术委员会(SAC/TC 46)归口。

本标准负责起草单位:海尔集团公司。

本标准主要参与起草单位:中国家用电器研究院、珠海格力电器股份有限公司、美的集团有限公司、广东志高空调有限公司、江苏春兰制冷设备股份有限公司、海信科龙空调器有限公司、广州威凯认证检测有限公司、宁波奥克斯空调有限公司、四川长虹空调有限公司、广州松下空调器有限公司、沈阳三洋空调有限公司、中国赛宝实验室、青岛市产品质量监督检验所。

本标准主要起草人:李文东、祁冰、国德防、王海军、谭成斌、李旝、栾爱东、冯利峰、张琦波、刘本健、白韦、钟明、吴雄华、潘岩、张志刚、尚鹏。

本标准为首次发布。

引　言

目前，可靠性技术已被广泛应用到汽车、医疗、军事与航空等领域。可靠性技术已成为衡量产品质量的重要手段，长期的实践证明，可靠性技术的应用对于提高产品的质量意义重大。

中国家用电器行业已是一个成熟的产业，我国目前已成为全球家用电器的生产、消费与出口大国。目前，国内众多空调器生产企业都在进行空调器可靠性方面的研究，特别是进行空调器可靠性试验方法的研究。针对这种现状，有必要制定《家用和类似用途房间空气调节器可靠性试验方法》国家标准，进而对行业内空调器的可靠性测试方法进行规范和指导。

家用和类似用途房间空气调节器 可靠性试验方法

1 范围

本标准规定了家用和类似用途房间空气调节器(以下简称空调器)可靠性鉴定和可靠性验收试验的试验要求、试验实施、故障分析处理及统计、试验结果的判定、试验的记录和试验报告等。

本标准适用于采用风冷冷凝器、全封闭型电动机-压缩机,家用和类似用途房间空气调节器。

其他类似产品的可靠性试验方法可参照执行。

2 规范性引用文件

下列文件中的条款通过本标准的引用而成为本标准的条款。凡是注日期的引用文件,其随后所有的修改单(不包括勘误的内容)或修订版均不适用于本标准,然而,鼓励根据本标准达成协议的各方研究是否可使用这些文件的最新版本。凡是不注日期的引用文件,其最新版本适用于本标准。

GB/T 2422 电工电子产品环境试验 术语(GB/T 2422—1995,eqv IEC 60068-5-2:1990)

GB/T 2900.13 电工术语 可信性与服务质量(GB/T 2900.13—2008,IEC 60050(191):1990、Amend.1:1999 And Amend.2:2002,IDT)

GB/T 5080.1 设备可靠性试验 总要求(GB/T 5080.1—1986,IEC 60605-1:1978,IDT)

GB/T 5080.7—1986 设备可靠性试验 恒定失效率假设下的失效率与平均无故障时间的验证试验方案(IEC 60605-7:1978,IDT)

3 术语、定义和符号

GB/T 2900.13、GB/T 2422 和 GB/T 5080.1 中确立的以及下列术语、定义和符号适用于本标准。

3.1 术语和定义

3.1.1

平均无故障工作时间 mean operating time between failures;MTBF

θ

相邻两次故障之间的平均工作时间,称为平均无故障时间。它仅适用于可修复的产品。

3.1.2

MTBF 的验证区间 demonstrated MTBF interval

θ_L,θ_U

在试验条件下,真实 MTBF 的可能范围,即在规定的置信度下对 MTBF 的区间估计。θ_U 称为置信上限;θ_L 称为置信下限 。

3.1.3

MTBF 试验上限值 upper test MTBF

θ_0

可接收的 MTBF 值。当产品的平均无故障时间的真值接近 θ_0 时,试验方案以高概率接收产品。

3.1.4

MTBF 试验下限值 lower test MTBF

θ_1

不可接收的 MTBF 值。当产品的平均无故障时间的真值接近 θ_1 时,试验方案以高概率拒收产品。

3.1.5

鉴别比　discrimination ratio

Dm

验证 MTBF 统计试验方案的参数之一,它说明 θ_0 和 θ_1 差别的大小,$Dm=\theta_0/\theta_1$。

3.1.6

生产方风险　producer's risk

α

产品 MTBF 的真值等于 MTBF 试验上限值 θ_0 时,产品被拒收的概率。

3.1.7

购买方风险　consumer's risk

β

产品 MTBF 的真值等于 MTBF 试验下限值 θ_1 时,产品被接收的概率。

3.1.8　**故障**

3.1.8.1

故障　fault

产品不能执行规定功能的状态。

3.1.8.2

独立故障　independent fault

不是由产品另外一个故障引起的故障 。亦称原发故障。

3.1.8.3

从属故障　dependent fault

由产品另外一个故障引起的故障。亦称诱发故障。

3.1.8.4

反复故障　pattern fault

凡是在同一部位和在不同部位而用途相同的同一种零件(元件)或相同种类和相同制造商的零件(元件)或在试验周期的同一点但不是同时出现的两次或两次以上的故障。

3.1.8.5

关联故障　relevant fault

在解释试验结果或计算可靠性特征量时必须计入的故障。

3.1.8.6

非关联故障　non-relevant fault

在解释试验结果或计算可靠性特征量时不应计入的故障。

3.1.8.7

间歇故障　intermittent fault

产品未经任何修复性维修而在有限的持续时间内自行恢复执行规定功能的故障。这种故障往往是反复出现的。

3.1.9

累积时间　accumulated time

在给定时间区间内的具有给定条件的持续时间之和。

3.1.10

相关试验时间　relevant test time

指与试验样品关联故障数有关的用来验证可靠性要求或用来计算可靠性特征值的时间。

3.2 符号

n——试验的样品数。

T——累积相关试验时间(单位：h)。

t——规定的每台试验持续时间(单位：h)。

r——试验中实际累积关联故障数。

4 一般说明

可靠性试验分为工程试验和统计试验两大类。统计试验包括可靠性测定试验和可靠性验证试验。可靠性鉴定试验和可靠性验收试验都属于可靠性验证试验。

4.1 可靠性鉴定试验

可靠性鉴定试验的目的是验证产品的设计是否达到了规定的最低可接收的可靠性要求。试验的结果作为验收定型产品的依据之一。下列情况之一的产品适合进行可靠性鉴定试验：

a) 设计定型：产品设计完成，不再进行更改，可以进行小批样机制造。

b) 生产定型：产品通过性能、安全等测试，不再进行任何改变，可以大批量生产。

c) 设计、工艺有重大变更的产品。产品结构、关键元件、生产工艺、设备等改变，对产品的可靠性有较大影响的变更。

4.2 可靠性验收试验

可靠性验收试验的目的是验证批量生产的产品是否能在规定的条件下满足可靠性的要求。试验的结果作为验收产品的依据之一。

4.3 验证参数

规定 θ_1 作为可靠性试验要验证的参数。本标准中所采用的单位为：h。

5 试验要求

5.1 试验样品

5.1.1 试验样品状态

试验样品为生产合格的产品。

5.1.2 样品抽样

从生产合格的产品中随机抽取。

5.1.3 试验样品的数量

试验样品数 n 推荐选择：6、10、12、16、20 台。

若无规定，产品至少应有 2 台接受试验。

5.2 试验条件

5.2.1 环境温度

分为制冷和制热两种模式下的环境温度：

a) 制冷模式运行：试验环境温度不低于 32 ℃。

b) 制热模式运行：试验环境温度不低于 20 ℃。

5.2.2 试验电压

试验电压为额定电压，偏差±10%。

5.2.3 试验频率

试验频率为额定频率，偏差±1 Hz。

5.3 试验设备和测量仪器

5.3.1 试验设备

试验设备能提供满足本标准要求的试验条件。

5.3.2 测量仪器

a) 温度测量仪器准确度±1 ℃。

b) 电气测量仪器准确度应不低于0.5级。

5.4 试验方案

本标准假定器具的故障分布符合指数分布规律。

试验方案有两种类型：定时(定数)截尾试验方案和截尾序贯试验方案。

5.4.1 定时(定数)截尾试验方案

在试验期间，对试验空调器进行连续地或短间隔地监测，累积相关试验时间直至或超过预定的相关试验时间(接收)或发生了预定的相关失效数(拒收)。

推荐使用GB/T 5080.7—1986标准中规定的部分定时(定数)截尾试验方案，见表1。

表1 定时(定数)截尾试验方案

试验方案序号	方案的特征			截尾时间(θ_0)的倍数 D	截尾失效数	
	风险标称值/%		鉴别比 $Dm=\theta_0/\theta_1$		拒收数 ≥	接收数 ≤
	α	β				
1	10	10	3.00	3.1	6	5
2	10	10	5.00	1.10	3	2
3	20	20	3.00	1.46	3	2
4	30	30	1.50	5.3	7	6
5	30	30	2.00	1.84	3	2
注：其他试验方案可参考GB/T 5080.7—1986表12。						

5.4.2 序贯试验方案

在试验期间，对试验样品进行连续地或短间隔地监测并将累积的相关试验时间和相关故障数与确定是否接收、拒收或继续试验的判据进行比较。

推荐使用GB/T 5080.7—1986标准中规定的部分序贯试验方案，见表2。

表2 序贯试验方案

试验方案序号	方案的特征			当 $\theta=\theta_0$ 时作出判定的期望时间
	风险标称值/%		鉴别比 $Dm=\theta_0/\theta_1$	θ_0 的倍数
	α	β		
1	10.00	10.00	2.00	5.1
2	10.00	10.00	3.00	2.0
3	10.00	10.00	5.00	0.6
4	20.00	20.00	2.00	2.4
5	20.00	20.00	3.00	1.1
6	30.00	30.00	1.50	3.4
7	30.00	30.00	2.00	1.3
8	35.00	40.00	1.25	5.0
注：其他试验方案可参考GB/T 5080.7—1986表1。				

5.4.3 试验方案的选择原则

a) 当要求通过试验对产品的平均无故障时间的真值作出估计时，推荐选用定时(定数)截尾试验方案；

b) 当仅需要以预定的判别风险率（α、β）和鉴别比（Dm）对产品作接收或拒绝的判决，并且不需要试验前确定总试验时间和经费时，推荐选用序贯试验方案。

5.5 试验时间

如果选择定时截尾试验时，需对累积相关试验时间 T 及单台试验持续时间做出预算。

5.5.1 累积相关试验时间 T（单位：h）

由规定的 Dm、α、β 数值，根据表 1 或表 2 查出 θ_0 的倍数 D，由式(1)求得累积相关试验时间（总台时数）：

$$T = DDm\theta_1 \qquad \cdots\cdots(1)$$

注 1：θ_1 作为可靠性特征量参数进行确定；

注 2：θ_0 作为计算参数使用。

5.5.2 单台试验持续时间 t（单位：h）

当确定样品数 n 之后，单台试验持续时间 t 可从式(2)求得：

$$t = T/n \qquad \cdots\cdots(2)$$

实际单台试验持续时间在保证试验总时间的前提下，可以作一定的调整，但必须保证单台最短累计相关试验时间不得少于 $t/2$，否则不能作出接收判定。

注：有制冷和制热功能的空调器制冷模式与制热模式试验运行时间按 1∶1 比例进行分配。

5.6 试验终止

5.6.1 采用定时（定数）截尾试验方案时，试验进行到规定的截尾试验时间或截尾相关故障数时，试验终止。

5.6.2 采用序贯试验方案时，如果在最大累积相关试验时间内可以做出判决，试验终止；或试验进行到最大累积相关试验时间时，试验终止。

5.7 试验中断

本标准规定的试验为不可间断试验。若因设备故障、样机故障修复或其他不可抗因素导致试验中断，待消除了故障，使得试验得以继续进行时，试验时间可以进行累计。

但应遵循下述原则：

a) 发生故障的试验程序应重新设置后开始试验，进行时间累计；或

b) 从故障发生前的试验时间进行时间累计；

c) 样机不可以用作其他用途。

6 试验实施

6.1 试验前的检查

在进行试验之前，确认投入试验的样品处于合格的状态。

6.2 试验前的准备工作

6.2.1 试验样品的安置

试验样品应按照制造厂规定的要求进行安装。

6.2.2 试验样品内的附件及配件

试验开始时，试验样品内各种附件和配件应处于产品说明书中规定位置。

6.2.3 建议布置温度测量热电偶传感器。便于对空调器运行状态进行监控和故障原因分析和维修。

6.2.4 空调器的设定

空调器制冷时，空调器的温度设定在最低温度，空调器制热时，空调器的温度设定在最高温度。风扇转速设定在最大风量状态，空调器以最严酷工作状态运行。

6.2.5 其他功能设定

在空调器运行中可能工作的部件、辅助功能等要设定在工作状态。

6.3 试验实施条件

试验条件按5.2的规定进行设定，当温度到达标准要求时开始记录试验时间，并记录试验样机的状态。

6.4 试验实施中操作

a) 按照说明书对空调器进行操作。

b) 每24 h对空调器开关机至少3次。操作时关机后再立即开机运行。

6.5 试验过程中检查

试验过程中按照表3要求，每4 h进行一次检查。

表3 试验过程中检查项目

序号	检查项目	故障及分类
1	试验样品是否处于正常制冷/制热运行状态	参考附录B
2	试验样品运行时是否有与正常运行明显区别的异常噪音	
3	试验样品运行时是否有漏水、漏油现象	
4	试验样品的显示功能是否正常	
5	说明书、遥控器的其他各项功能是否正常	

6.6 试验过程中的维护

试验开始后，可以按照说明书提示进行维护措施，正常维护不视作修理，不计入故障。

6.7 试验后的检查

试验运行到预定的时间后，按照表3和附录B规定项目进行检查并确认样品状态和数据。

7 故障的分析处理及统计

7.1 故障的分析处理

试验中一旦出现故障后，应及时对故障进行原因分析、排除，故障的处理结果按照9.1.3进行详细记录。

7.2 故障的统计

7.2.1 对试验中试验样品出现的故障，如果不能证明是由于测量错误或外部测试设备故障而导致的试验样品故障，每针对一个故障原因进行的更换或修理就记为一次关联故障。

7.2.2 同时发生两个或两个以上的独立故障，应记为两个或两个以上关联故障。

7.2.3 修理、更换元器件后，若在后续的试验中仍不能消除原来的故障现象，又不能证实更换的元器件有问题，则视为维修无效，不再重复记入关联故障。

7.2.4 由于独立故障引起的从属故障按非关联故障处理。

7.2.5 反复故障的每次故障都应记为关联故障。

7.2.6 间歇故障只在第一次出现故障时计入关联故障。

8 试验结果的判定

8.1 选择定时(定数)实验方案时

8.1.1 如果试验时间尚未达到预先选定的试验持续时间 T，但产生的故障数量已经大于或等于方案中拒收故障数量，则判定此批产品的可靠性要求不符合本标准的规定，试验可以终止。

8.1.2 如果试验时间达到预先选定的试验持续时间 T，试验中产生的故障数量小于或等于方案中的接收数量，则判定此批产品的可靠性要求符合本标准的规定要求。

8.2 选择序贯试验方案时，则参照GB/T 5080.7—1986第4章进行判定。

8.3 MTBF 置信下限 θ_L 的计算可参照附录 A 中公式计算，计算结果可与 θ_1 进行比较判断。

8.4 出现致命故障时试验终止。

9 试验的记录和试验报告

9.1 试验记录

在试验过程中，数据记录应不中断，记录包括以下内容。

9.1.1 试验信息

产品名称、批量、型号，产品的顺序号，生产或制造日期。

9.1.2 观察结果的顺序记录

观察的年、月、日和时间，环境条件和工作条件，有关功能参数的检测结果和功能状态的观察记录，超出规定条件的结果说明，操作者，观察者姓名。

9.1.3 故障记录

9.1.3.1 故障情况记录（由试验人员填写）

故障情况记录包括以下四点：

a) 故障概况，包括：故障发生日期和时间，试验样品的顺序号，故障发生情况和故障现象说明，故障时的工作条件和环境条件，单项试验时间和（或）累计试验时间，试验人员姓名；
b) 故障的性质；
c) 产品性能上的故障特征，例如：故障参数的实测值和该项参数的最低要求值等；
d) 判定故障依据的主要标准。

9.1.3.2 故障修理记录（由修理人员填写）

故障修理记录包括以下三点：

a) 故障核实，包括：使用的仪表和方法，观察结果说明；
b) 修理说明，包括：采取的措施，修理过程中产品的工作时间，修理日期、时间及维修持续时间，维修人员姓名；
c) 被更换的元器件说明，包括：所在产品位置，元器件名称、型号，元器件故障的主要特征和确定元器件故障时所采用的试验，供货单位，故障原因和分类意见，修理中所采取的措施。

9.1.3.3 故障分析记录（由故障分析人员填写）

故障分析记录包括以下四点：

a) 故障元器件分析与产品的设计分析，包括：目检和初始测量情况，元器件分析说明，产品的设计分析说明，分析结果，分析日期，分析用设备，分析人员姓名；
b) 影响故障条件的分析；
c) 故障原因与分类；
d) 有关故障的分析意见及纠正措施的建议。

9.2 试验报告

试验结束时形成试验报告，试验报告应包含 9.1 试验记录内容。

附 录 A
（规范性附录）
MTBF 置信下限 θ_L 的计算公式

A.1 推荐置信度为：1－α。

A.2 对于置信度 1－α，平均无故障时间（MTBF）的单侧置信下限 θ_L 按下列公式计算：

定时截尾试验见式（A.1）：

$$\theta_L = \frac{2T}{\chi^2_{1-\alpha}(2r+2)} \qquad \cdots\cdots(A.1)$$

定数截尾试验见式（A.2）：

$$\theta_L = \frac{2T}{\chi^2_{1-\alpha}(2r)} \qquad \cdots\cdots(A.2)$$

其中：

θ_L——MTBF 的单侧置信下限；

α——生产方风险；

$1-\alpha$——推荐的置信度；

T——累计相关试验时间；

r——试验中累积故障数。

注 1：上述公式引自 GB/T 5080.4《设备可靠性试验 可靠性测定试验的点估计和区间估计方法（指数分布）》。

注 2：公式中 χ^2 的分布数值表见 GB/T 4086.2《统计分布数值表 χ^2 分布》。

附　录　B
（资料性附录）
典型故障及分类

B.1　典型故障及分类见表B.1。

表B.1　典型故障及分类

故障性质	序号	故　　障	故障分类
功能类故障	1	产品说明书中规定的辅助功能不能实现的故障	B
性能类故障	2	运行时出现异常噪音	B
	3	导致产品丧失主要功能，出现不制冷、不制热的故障	A
安全类故障	4	导致漏电、火灾危险、机械危险的故障	致命性
	5	电气强度、泄漏电流、接地电阻不符合GB 4706.32的规定	致命性

注1：故障分类说明

致命故障：可能导致人员伤亡、重要物件损坏或其他不可容忍后果的故障；

A类故障：引起产品丧失主要功能的故障；

B类故障：影响产品主要功能以外的故障。

注2：此附录作为统计故障数使用。

参 考 文 献

[1] GB/T 4086.2 统计分布数值表 χ^2 分布
[2] GB 4706.32 家用和类似用途电器的安全 热泵、空调器和除湿机的特殊要求
[3] GB/T 5080.4 设备可靠性试验 可靠性测定试验的点估计和区间估计方法(指数分布)

ICS 13.120
Y 60

中华人民共和国国家标准

GB/T 24986.1—2010

家用和类似用途电器可靠性评价方法 第1部分:通用要求

Evaluation methods for reliability on household and similar electrical appliances—Part 1: General requirements

2010-08-09 发布 2010-12-01 实施

中华人民共和国国家质量监督检验检疫总局
中国国家标准化管理委员会 发布

前　言

GB/T 24986《家用和类似用途电器可靠性评价方法》分为若干部分：

第1部分：通用要求；

第2部分：电冰箱(电冰柜)的特殊要求；

第3部分：洗衣机的特殊要求；

……

本部分是GB/T 24986的第1部分。

本部分的附录A为规范性附录。

本部分由中国轻工业联合会提出。

本部分由全国家用电器标准化技术委员会(SAC/TC 46)归口。

本标准参与起草单位：中国家用电器研究院、海尔集团公司、美的集团有限公司、广东万和新电气有限公司、广州威凯认证检测有限公司、广东志高空调有限公司、海信科龙电器股份有限公司、广州松下空调器有限公司、博西华电器(江苏)有限公司、江苏白雪电器股份有限公司、九阳股份有限公司、中国赛宝实验室、青岛市产品质量监督检验所。

本标准主要起草人：马德军、杨玉斋、王军、刘国荣、黄逊青、王海军、郑崇开、李翛、冯利峰、刘兆祥、吴雄华、高益宏、宋新洲、吕全彬、杨林、吴如军。

本部分为首次发布。

引　言

目前,可靠性技术已经在许多领域得到广泛应用,比如军事领域、航空航天领域、医疗行业及汽车行业等。可靠性技术的应用,在提高产品质量、更好地满足消费者需求等方面取得了很大成效。

中国已经成为全球家电的生产、消费和出口大国。可靠性作为衡量产品质量的重要特性之一,在产品的设计、生产等阶段也逐步得到应用。家用电器可靠性评价方法国家标准的出台,对于提高产品质量、更好地保障消费者利益具有重要意义。

依据家用电器产品的特点,GB/T 24986 的本部分规定了家用和类似用途电器可靠性评价方法的通用要求;GB/T 24986 规定的可靠性评价方法可用于家用和类似用途电器的设计和开发过程中对其输出进行验证,以及在生产过程中对产品的特性进行监控和检验。

家用和类似用途电器可靠性评价方法
第1部分:通用要求

1 范围

GB/T 24986的本部分规定了家用和类似用途电器(以下简称电器)可靠性评价方法的通用要求。

本部分适用于在电器的设计和开发过程中对其输出进行验证,以及在生产过程中对电器的特性进行监控和检测,本部分由电器生产企业或其他相应检验机构实施。

本部分规定了可靠性评价方法的通用要求,在对具体电器进行评价时,评价方法需要结合具体电器特点进行实施。而且,评价方法不限于本部分规定的内容,建议生产企业和相关方根据实际情况采用本部分,并以本部分以外的其他方法予以补充、完善可靠性评价措施。

2 规范性引用文件

下列文件中的条款通过GB/T 24986的本部分的引用而成为本部分的条款。凡是注日期的引用文件,其随后所有的修改单(不包括勘误的内容)或修订版均不适用于本部分,然而,鼓励根据本部分达成协议的各方研究是否可使用这些文件的最新版本。凡是不注日期的引用文件,其最新版本适用于本部分。

GB/T 2900.13—2008 电工术语 可信性与服务质量(IEC 60050(191):1990、Amend.1:1999 and Amend.2:2002,IDT)

JB/T 7518 机电产品可靠性评价导则

3 术语和定义

GB/T 2900.13—2008、JB/T 7518确立的以及下列术语和定义适用于GB/T 24986的本部分。

3.1

家用和类似用途电器 household and similar electrical appliance

在家庭、寓所及类似用途(例如:商店、轻工业和农场等)场合,由非专业人员使用的电子和电器装置。

3.2

故障 fault

电器不能执行规定功能的状态。

3.3

致命故障 critical fault

可能导致人员伤亡、重要物件损坏或其他不可容忍后果的故障。

3.4

关联故障 relevant fault

在解释试验结果或计算可靠性特征量时必须计入的故障。

3.5

非关联故障 non-relevant fault

在解释试验结果或计算可靠性特征量时不应计入的故障。

3.6

间歇故障 intermittent fault

电器未经任何修复性维修而在有限的持续时间内自行恢复执行规定功能的故障。

这种故障往往是反复出现的。

3.7

早期故障 early life fault

电器在其寿命的早期，因设计、制造、装配的缺陷等原因引起的故障，其故障率随着寿命单位数的增加而降低。

3.8

偶然故障 accident fault

电器在寿命周期中由偶然因素引起的故障，其故障率不随寿命单位数的增加而变化。

3.9

耗损故障 wearout fault

电器在其寿命周期中因疲劳、磨损、松动、腐蚀、老化等原因引起的故障，其故障率随寿命单位数的增加而增加。

3.10

从属故障 dependent fault

由另外一个产品故障引起的故障。

3.11

可靠性分析 reliability analysis

运用可靠性分析方法对电器及其零部件的可靠性指标，如故障率、MTBF、可靠度等进行定性或定量描述。

3.12

可靠性评价 reliability evaluation

对电器可靠性进行分析、预计和验证，以确定电器可靠性要求是否得到满足。

3.13

故障模式与影响分析 fault modes and effects analysis;FMEA

研究电器的每个组成部分可能存在的故障模式并确定各个故障模式对电器其他组成部分和电器要求功能的影响的一种定性的可靠性分析方法。

3.14

故障模式与影响与危害度分析 fault modes and effects and criticality analysis;FMECA

同时考虑故障发生概率与故障危害度等级的故障模式与影响分析。

3.15

故障树分析 fault tree analysis;FTA

以故障树的形式进行分析的方法。它用于确定哪些组成部分的故障模式或外界事件或它们的组合可能导致电器的一种已给定的故障模式。

3.16

平均无故障工作时间 mean operating time between faults;MTBF

$\boldsymbol{\theta}$

相邻两次故障之间的平均工作时间。它仅适用于可修复的产品。

3.17

平均首次故障前工作时间 mean time to first fault;MTTFF

首次故障前工作时间的期望。

3.18

MTBF 的验证区间 demonstrated MTBF interval

$\boldsymbol{\theta_L}$,$\boldsymbol{\theta_U}$

在试验条件下，真实 MTBF 的可能范围。即在规定的置信度下对 MTBF 的区间估计。θ_U 称为置信上限；θ_L 称为置信下限。

3.19

MTBF 试验上限值　upper test MTBF

$\boldsymbol{\theta_0}$

可接收的 MTBF 值。当电器的平均无故障工作时间的真值接近 θ_0 时，试验方案以高概率接收电器。

3.20

MTBF 试验下限值　lower test MTBF

$\boldsymbol{\theta_1}$

不可接收的 MTBF 值。当电器的平均无故障工作时间的真值接近 θ_1 时，试验方案以高概率拒收电器。

3.21

鉴别比　discrimination ratio

$\boldsymbol{D_m}$

验证 MTBF 统计试验方案的参数之一，它说明 θ_0 和 θ_1 差别的大小，$D_m=\theta_0/\theta_1$。

3.22

购买方风险　consumer's risk

$\boldsymbol{\beta}$

电器 MTBF 的真值等于 MTBF 试验下限值 θ_1 时，电器被接收的概率。

3.23

生产方风险　producer's risk

$\boldsymbol{\alpha}$

电器 MTBF 的真值等于 MTBF 试验上限值 θ_0 时，电器被拒收的概率。

3.24

可靠度　reliability

$\boldsymbol{R(t)}$

电器在规定的条件下和规定的时间区间内完成规定功能的概率。

3.25

累积故障概率　accumulated fault rate

$\boldsymbol{F(t)}$

电器在规定的条件下和规定的时间内，丧失规定功能的概率称为累积故障概率。

3.26

故障概率密度　fault probability density

$\boldsymbol{f(t)}$

电器在 t 时刻的单位时间内发生故障的概率，说明电器在各个时刻发生故障的可能性。

3.27

故障率　fault rate

$\boldsymbol{\lambda(t)}$

在时刻 t 尚未发生故障的电器在单位时间内发生故障的概率，用来描述在各个时刻仍在正常工作的电器发生故障的可能性。

3.28

可靠寿命　reliable life

电器在规定的条件下，给定的可靠度所对应的电器工作时间。

3.29

使用寿命 useful life

电器在规定的条件下，从规定时刻开始，到失效密度变到不可接受或电器的故障被认为不可修理时为止的时间区间。

3.30

基本可靠性 basic reliability

电器在规定的条件下，无故障的持续时间或概率。

3.31

任务可靠性(度) task reliability

电器在规定的任务剖面中完成规定功能的能力(概率)。

3.32

耐久性 endurance test

产品在规定的使用与维修条件下，直到极限状态前完成规定功能的能力。

产品的极限状态可以由使用寿命的终止、经济和技术上已不适宜等来表征。

3.33

点估计 dot estimate

用一个统计量的单一值去估计一个未知参数的数值。

3.34

概念和定义阶段 concept and definition phase

电器寿命周期中确定产品需求和(通常)规定产品规范的阶段。

3.35

设计和开发阶段 design and development phase

电器寿命周期中形成电器硬件和/或软件以及编制硬件的详细制造规范、软件的编写规范和其他电器文件(如使用和维修说明书)的阶段。

3.36

制造阶段 manufacturing phase

在电器寿命周期中生产电器、配置软件和装配电器的阶段。

3.37

运行和维修阶段 operation and maintenance phase

在电器寿命周期中使用电器并进行维修和保障的阶段。

4 可靠性评价的意义和目的

4.1 可靠性评价的意义

可靠性是家用电器产品最重要的质量特性之一，可靠性管理体系通常是在参考 GB/T 19001 质量管理体系的框架内建立的子体系，可靠性管理体系的策划，可参照 GB/T 19000.4 和 GB/T 6992.2、IEC 60300 等标准的要求。对电器实施可靠性评价是可靠性管理工作的主要内容，其意义在于保证电器可靠性满足消费者预期要求，从而促进家用电器生产企业实现预期经营目标。

4.2 可靠性评价的目的

可靠性评价的目的在于确定规定的可靠性要求是否得到满足，在电器产品实现的各个主要阶段，可靠性评价目的分别体现为：

a) 在概念和定义阶段可以对收集的同类电器的可靠性数据进行评价和分析，在此基础上确定出最优的电器可靠性设计方案；

b) 在设计和开发阶段进行可靠性增长试验时，根据试验数据对所出现的故障进行分析和改进，使电器可靠性得到逐步增长；

c) 在定型和生产时，可以根据可靠性鉴定或验收试验数据进行评价，评价是否符合要求；

d) 在运行和维修阶段，可以根据收集的现场数据进行评价，为开展新电器的可靠性设计和改进原电器设计提供有益的参考。

5 可靠性评价的参数和指标

家用和类似用途电器的可靠性评价分为定性分析和定量评价。

5.1 定性分析

主要对家用和类似用途电器本身设计和开发过程中所采取的设计、分析、试验结果是否满足规定可靠性要求作出定性评价。

5.2 定量评价

定量评价主要是综合利用各种相关信息，据此扩大、补充样本量，作出是否满足规定可靠性要求的具有一定量化指标的评价。

5.3 可靠性评价参数的选定

a) 基本可靠性反映了电器对维修人力费用和后勤保障资源的需求，确定基本可靠性指标时应统计电器的所有寿命单位和所有的故障，常见的基本可靠性参数为平均无故障工作时间。

b) 确定任务可靠性指标时仅考虑在任务期间那些影响任务完成的故障，常见的任务可靠性参数有任务可靠度。

c) 对于要求控制故障次数的电器选用故障率，平均无故障工作时间，可靠度参数。

d) 对于具有耗损故障的电器可以用可靠寿命、使用寿命对其寿命特征进行描述。

5.4 可靠性评价指标的确定

可靠性评价指标是可靠性参数要求的量值。

要根据用户的调查和数据的积累，根据以下因素权衡：

a) 用户需求；

b) 现有电器的水平；

c) 在技术、经济实施方面的可行性。

6 分布假设

6.1 对于尚无充分数据验证和确定故障分布特性的电器，采用以下假设：

a) 由较多的零部件组成，具有多种故障模式的整机设备、复杂部件以及由电子元器件为主构成的整机电器的故障间隔时间，采用指数分布假设；

b) 由少数零部件组成，以某种或少数几种故障模式为主的机械零部件可采用威布尔分布假设。

6.2 若有充分数据，可进行验证后再确定。

7 可靠性评价的方法

可靠性评价方法即可靠性评价手段或途径，主要是定性分析与定量评价相结合。

可靠性评价通常可采用 FMEA、FTA、同类电器可靠性水平对比分析、可靠性试验数据分析等方法，评价电器的可靠性水平。

7.1 定性分析

定性分析的目的如下：

a) 说明电器的继承性情况，电器的设计和工艺是否尽可能采用成熟技术，评价电器的继承性对于可靠性的贡献；

b) 说明电器是否按照使用任务剖面进行了环境适应性设计(抗振动、冲击设计；热设计和低温防

护设计;防潮、防盐雾设计;电磁兼容设计等),并评价设计效果以及对电器固有可靠性的影响;

c) 说明电器是否进行了最不利情况分析,分析电器各组成单元或基本因素的特性参数变化范围设计的合理性,评价电器处在不利条件下的稳定性;

d) 电器在设计和开发过程中是否同步开展 FMEA 或 FMECA,分析通过 FMEA 找到的故障模式有无遗漏,对于故障模式采取的针对性纠正或预防措施是否有效,根据 FMEA 或 FMECA 结果,评价电器可靠性是否满足要求;

e) 说明电器设计和开发过程过程中可靠性管理情况,是否建立可靠性管理体系;是否认真制定、实施、监督可靠性工作计划;是否切实进行电器各相应步骤的可靠性设计评审,并对评审中的遗留问题进行评审。

7.2 定量评价

定量评价主要包括专家评分法、相似产品法、元器件计数法、图估法和统计分析法。

专家评分法、相似产品法、元器件计数法主要在产品设计阶段用来进行可靠性预计。

7.2.1 统计分析法

统计方法能够为数学分析的不确定性提供度量,通常用正态分布、威布尔分布、指数分布进行计算。

7.2.2 专家评分法

专家评分法是依靠有经验的技术人员,按照几种因素进行评分。评分考虑的因素可按电器的特点而定,常用的四种评分因素为:复杂度、技术发展水平、工作时间、环境条件。按评分结果,由已知的某单元故障率根据评分系数算出其余单元的故障率。

7.2.3 相似产品法

相似产品法是利用有关相似电器所得到的特定经验的预计方法。估计可靠性的最快方法是将正在设计和开发过程的电器与一个相似电器进行比较,而后者的可靠性已经用某种方法确定,并且经过了评价。相似电器之间的比较主要包括以下方面:

a) 电器的结构和性能比较;

b) 设计的相似性;

c) 制造的相似性。

7.2.4 元器件计数法

元器件计数法是在初步设计阶段所使用的预计方法,在这个阶段,每种通用元件的数量已经基本确定,在以后的设计和开发、制造阶段,整个设计的复杂程度预期不会有明显的变化。元器件计数法认定元器件的寿命是指数分布的。

元器件计数法所希望的信息有:

a) 通用的元器件种类;

b) 元器件数量;

c) 元器件质量等级;

d) 电器的工作环境。

7.2.5 图估法

图估法是利用专门的概率标图纸,在概率纸上被研究的累积分布函数能描成直线,最终确定分布的参数。概率绘图时采用累计百分比的平均和中位秩。平均秩适用于对称分布,如正态分布,中位秩适用于不对称分布,如威布尔分布。

8 试验

8.1 电器产品可靠性试验安排

在对电器产品进行可靠性试验安排时应考虑:

a) 能够为评价和改进电器可靠性提供信息的所有试验,尽可能利用这些试验的可用信息或与这

些试验结合进行,如性能试验等,以充分利用资源,减少重复费用,提高试验效率,并保证不会漏掉在单独试验中经常忽略的缺陷;

b) 电器的可靠性试验可与电器的耐久性试验结合进行,环境应力和工作应力的种类和量值应模拟预期使用的环境条件和工作条件。

8.2 电器产品可靠性试验条件

确定可靠性试验条件时应注意:

a) 设计和开发过程中确定可靠性的试验条件时,应考虑能暴露电器中存在的设计、材料和工艺等方面的缺陷;

b) 进行可靠性鉴定、验收试验和可靠性增长试验时,首先要考虑试验的真实性,模拟电器的实际使用环境,使电器经受在使用中经历的应力类型、水平和持续时间。选用的应力既能充分暴露实际使用中出现的故障,又不会诱发出实际使用中不会出现的故障。

9 故障的判据和统计

9.1 故障的判据

试验故障判据根据所评价的可靠性参数不同而不同,对于基本可靠性参数,凡是关联故障都应记入,对于任务可靠性参数,只记入导致任务失败的关联故障。

9.1.1 关联故障

以下故障应记为关联故障:

a) 设计缺陷或制造工艺缺陷造成的故障;

b) 元器件缺陷造成的故障;

c) 耗损件在寿命期发生的故障;

d) 原因不明的故障。

9.1.2 非关联故障

以下故障应记为非关联故障:

a) 试验过程中,由于安装不当造成的故障;

b) 超过设计要求的过应力造成的故障。

9.2 故障的统计

按照下列原则对关联故障进行统计:

a) 同一部件或电器的间歇故障只计为一次故障;

b) 当可证实多个故障模式是由同一故障引起的时候,整个事件计为一次故障;

c) 在有多个零件或单元同时发生故障的情况下,当不能证明是一个故障引起了另一些故障时,每个元器件的故障均计为一次独立故障;

d) 已经报告过的故障由于未能真正修复而又再次出现的,应和原来报告过的故障合计为一次故障;

e) 由于独立故障引起的从属故障不计入故障次数;

f) 已确认为非关联故障不计入故障次数。

10 数据处理

10.1 点估计

以了解电器的可靠性水平和相对增长为目的的评价,可采用点估计分析方法。

一个点估计值是单个数值,用于表示一个统计参数的未知真值。

故障率的点估计见式(1):

$$\hat{\lambda}=r/T \qquad \cdots\cdots(1)$$

平均无故障工作时间见式(2)：

$$\hat{\theta}=T/r \quad \cdots\cdots\cdots\cdots\cdots\cdots\cdots\cdots (2)$$

其中：

$\hat{\lambda}$——故障率的点估计；

$\hat{\theta}$——平均寿命的点估计；

T——累计相关试验时间；

r——试验中累积故障数。

10.2 区间估计

置信限规定了在估计值周围的置信区间，这个区间以确定的置信水平包含着被估计参数的真值。

指数分布的区间估计计算见附录A。

附 录 A
(规范性附录)
指数分布 MTBF 的计算公式

A.1 定数截尾试验样本

A.1.1 双侧置信区间

对于置信度 $1-\alpha$,平均无故障工作时间(MTBF)的双侧置信区间的计算见式(A.1)和式(A.2)。

$$\theta_L = \frac{2T}{\chi^2_{1-\alpha/2}(2r)} \quad \cdots\cdots(A.1)$$

$$\theta_U = \frac{2T}{\chi^2_{\alpha/2}(2r)} \quad \cdots\cdots(A.2)$$

A.1.2 单侧置信下限

单侧置信下限的计算见式(A.3):

$$\theta_L = \frac{2T}{\chi^2_{1-\alpha}(2r)} \quad \cdots\cdots(A.3)$$

A.2 定时截尾试验样本

A.2.1 双侧置信区间

对于置信度 $1-\alpha$,平均无故障工作时间(MTBF)的双侧置信区间的计算见式(A.4)和式(A.5)。

$$\theta_L = \frac{2T}{\chi^2_{1-\alpha/2}(2r+2)} \quad \cdots\cdots(A.4)$$

$$\theta_U = \frac{2T}{\chi^2_{\alpha/2}(2r)} \quad \cdots\cdots(A.5)$$

A.2.2 单侧置信下限

单侧置信下限的计算见式(A.6)

$$\theta_L = \frac{2T}{\chi^2_{1-\alpha}(2r+2)} \quad \cdots\cdots(A.6)$$

其中:

θ_L——MTBF 的置信下限;

θ_U——MTBF 的置信上限;

α——生产方风险;

$1-\alpha$——推荐的置信度;

T——累计相关试验时间;

r——试验中累积故障数。

注:上述公式中 χ^2 的分布数值表见 GB/T 4086.2《统计分布数值表 χ^2 分布》。

参 考 文 献

[1] GB/T 19001　质量管理体系　要求(GB/T 19001—2008，ISO 9001:2008,IDT)

[2] GB/T 19000　质量管理体系　基础和术语(GB/T 19000—2008,ISO 9000:2005,IDT)

[3] GB/T 6992.2　可信性管理　第 2 部分:可信性大纲要素和工作项目(GB/T 6992.2—1997，IEC 60300-2:1995,IDT)

[4] GB/T 5080.4　设备可靠性试验　可靠性测定试验的点估计和区间估计方法(指数分布)(GB/T 5080.4—1985，neq IEC 60605-4:1978)

[5] GB/T 21097.1　家用和类似用途电器的安全使用年限和再生利用通则(GB/T 21097.1—2007)

[6] GJB 450A　装备可靠性工作通用要求

[7] IEC 60300-3-1　可信性管理　第 3-1 部分:可信性分析技术:方法指南

[8] IEC 60300-3-2　可信性管理　第 3-2 部分:现场可信性数据的收集

[9] IEC 60300-3-3　可信性管理　第 3-3 部分:寿命周期费用

[10] IEC 60300-3-4　可信性管理　第 3-4 部分:制定可信性要求规范的指南

[11] IEC 60300-3-5　可信性管理　第 3-5 部分:可靠性试验条件和统计试验原则

[12] 龚庆祥,赵宇,顾长鸿,等.型号可靠性工程手册.北京:国防工业出版社,2007

[13]《可靠性设计大全》编撰委员会.可靠性设计大全.北京:中国标准出版社,2006

ICS 97.040.30
Y 61

中华人民共和国国家标准

GB/T 24986.2—2010

家用和类似用途电器可靠性评价方法 第2部分：电冰箱（电冰柜）的特殊要求

Evaluation methods for reliability on household and similar electrical appliances—
Part 2: Particular requirements for refrigerators (freezers)

2010-08-09 发布　　2010-12-01 实施

中华人民共和国国家质量监督检验检疫总局
中国国家标准化管理委员会　发布

前 言

GB/T 24986《家用和类似用途电器可靠性评价方法》分为若干部分：

第1部分：通用要求；

第2部分：电冰箱(电冰柜)的特殊要求；

第3部分：洗衣机的特殊要求；

……

本部分是GB/T 24986的第2部分。本部分应与GB/T 24986.1配合使用。

本部分中写明“适用”的部分，表示GB/T 24986.1中的相应条款适用于本部分。

本部分的附录A、附录B、附录C、附录D、附录E均为资料性附录。

本部分由中国轻工业联合会提出。

本部分由全国家用电器标准化技术委员会(SAC/TC 46)归口。

本部分负责起草单位：海尔集团公司。

本部分主要参与起草单位：中国家用电器研究院、广州威凯认证检测有限公司、广东志高空调有限公司、海信科龙电器股份有限公司、博西华家用电器有限公司、六安索伊电器制造有限公司、河南新飞电器有限公司、江苏白雪电器股份有限公司、中国赛宝实验室、青岛市产品质量监督检验所。

本部分主要起草人：何胜涛、蔡宁、王滨后、王袭、陈伟升、李翛、刘兆祥、林志刚、许必锋、翟洪轩、吴如军、宋新洲、陈军。

本部分为首次发布。

引　言

目前，可靠性技术已经广泛地应用到了各个领域，比如汽车行业，医疗行业，军事领域，航空领域。长时间的实践已证明，可靠性技术在各领域的应用，有效地促进了产品质量的快速提升，从而更好地满足了消费者的需求。

我国目前已是世界电冰箱（电冰柜）主要的生产、消费国。但是就目前我国的电冰箱（电冰柜）行业的发展现状来看，全行业还缺乏一个统一的标准来衡量各生产企业的产品质量水平。而可靠性技术作为衡量产品质量的重要方法，已在世界各主要的电冰箱（电冰柜）生产国广泛运用，并取得了显著的成效。因此，对我国的电冰箱（电冰柜）产业来说，制定一个统一的电冰箱（电冰柜）可靠性评价的国家标准已迫在眉睫。

本部分结合电冰箱（电冰柜）行业的特点，并借鉴相关行业的可靠性标准范本，运用数理统计知识并综合电冰箱（电冰柜）行业各企业意见，确定科学、有效的评价方案。本部分是GB/T 24986.1《家用和类似用途电器可靠性评价方法　第1部分：通用要求》在电冰箱（电冰柜）可靠性评价方面的应用，其中明确了标准适用的产品类型，规定了电冰箱（电冰柜）可靠性评价方法为定量评价的统计分析法，确定了电冰箱（电冰柜）可靠性评价所选用的参数、可靠性试验方法及方案等。

家用和类似用途电器可靠性评价方法 第2部分：电冰箱(电冰柜)的特殊要求

1 范围

GB/T 24986的本部分规定了家用电冰箱(电冰柜)(以下简称电冰箱)可靠性定量评价的常用参数及其评价方法。

本部分适用于封闭式电机驱动压缩式家用冷藏箱、冷藏冷冻箱、冷冻箱及无霜冷藏箱、无霜冷藏冷冻箱、无霜冷冻箱，其他家用和类似用途制冷器具可靠性评价可参照本部分。

本部分适用的评价对象是合格的电冰箱产品。

2 规范性引用文件

下列文件中的条款通过GB/T 24986的本部分的引用而成为本部分的条款。凡是注日期的引用文件，其随后所有的修改单(不包括勘误的内容)或修订版均不适用于本部分，然而，鼓励根据本部分达成协议的各方研究是否可使用这些文件的最新版本。凡是不注日期的引用文件，其最新版本适用于本部分。

GB/T 8059　家用和类似用途制冷器具

GB/T 5080.7—1986　设备可靠性试验　恒定失效率假设下的失效率与平均无故障时间的验证试验方案(IEC 60605-7:1978,IDT)

GB/T 24986.1　家用和类似用途电器可靠性评价方法　第1部分：通用要求

3 术语和定义

GB/T 24986.1确立的以及下列术语和定义适用于本部分。

3.1

MTTFF的验证区间　demonstrated MTTFF interval

$(MTTFF)_L$,$(MTTFF)_U$

在试验条件下，真实MTTFF的可能范围。即在规定的置信度下对MTTFF的区间估计。$(MTTFF)_U$称为置信上限；$(MTTFF)_L$称为置信下限 。

3.2

耐久性　durability

在规定的使用与维修条件下，直到极限状态前完成规定功能的能力。

3.3

置信度　confidence level

随机的置信区间包含参数真值的概率。

4 可靠性评价的意义和目的

GB/T 24986.1中的该章适用。

5 可靠性评价的参数和指标

5.1 可靠性参数的选定

电冰箱选用的可靠性参数包括：平均首次故障前工作时间(MTTFF)、平均无故障工作时间

(MTBF)、使用寿命。

5.1.1 为监测和验证电冰箱较早出现的故障,选用平均首次故障前工作时间(MTTFF)作为评价参数。

5.1.2 为监测和验证电冰箱使用寿命期内的故障情况,选用平均无故障工作时间(MTBF)作为评价参数。

5.1.3 为监测和验证电冰箱的耐久性,选用使用寿命作为评价参数。

5.2 指标值的确定

5.2.1 平均首次故障前工作时间(MTTFF)

除非另有规定,电冰箱各类产品的 MTTFF 值参考附录 A 进行确定。

5.2.2 平均无故障工作时间(MTBF)

除非另有规定,电冰箱各类产品的 MTBF 值参考附录 B 进行确定。

5.2.3 使用寿命

本部分中,电冰箱各类产品的使用寿命不作规定,但可参考电冰箱使用寿命的设计值或合同约定值。

6 分布假设

6.1 评价电冰箱的平均首次故障前工作时间和平均无故障工作时间时,假设故障时间的分布是服从指数分布的。

6.2 评价电冰箱的使用寿命时,假设故障时间的分布是服从威布尔分布的。

注:本部分中,推荐采用工程经验法进行使用寿命的定量评价,在附录 D 的数据处理过程中不需要使用分布假设,但附录 D 提供的理论修正系数是在假设故障时间的分布是服从威布尔分布的基础上通过数字仿真得到的。

7 可靠性评价的方法

电冰箱采用定量统计分析法进行可靠性评价。

8 试验

8.1 平均首次故障前工作时间和平均无故障工作时间评价的试验要求

8.1.1 试验要求

8.1.1.1 试验样品

8.1.1.1.1 抽样方法

从合格的电冰箱中随机抽取。

8.1.1.1.2 样品数量

试验样品数 n 优选为:6、10、12、16、20 台。

8.1.1.2 试验条件

a) 环境温度:43 ℃±2 ℃,环境温度测量点所在垂线上距地 50 mm 处与距地 2 m 处的温差在 3 ℃以下;

b) 相对湿度:45%～75%;

c) 电压:额定电压±3%;

d) 频率:额定频率±1 Hz。

8.1.1.3 测量仪器

8.1.1.3.1 温度测量仪器

温度测量采用热电偶(T 型或 K 型)。

感温部分应插入镀锡铜质圆柱或黄铜圆柱中心内。圆柱的质量为 25 g,直径和高均约为15.2 mm。

8.1.1.3.2 **电气测量仪器**

电气测量仪器准确度应不低于0.5级。

8.1.1.4 **试验方案**

本部分采用定时截尾试验方案。

具体试验方案参考GB/T 5080.7—1986表12中方案5:3进行。

8.1.1.5 **试验时间**

试验开始前，需确定累积相关试验时间及单台试验持续时间。

8.1.1.5.1 **累积相关试验时间**

累计相关试验时间 T 由式(1)求得：

$$T = DDm\theta_1 \qquad \cdots\cdots(1)$$

其中，θ_0 的倍数 D 取3.1，鉴别比 Dm 取3.0。

8.1.1.5.2 **单台试验持续时间**

当确定试验的样品数 n 之后，单台试验持续时间 t 可从式(2)求得：

$$t = T/na \qquad \cdots\cdots(2)$$

实际单台试验持续时间在保证试验总时间的前提下，可以作一定的调整，但必须保证单台最短累计相关试验时间不得少于 $t/2$，且单台最长累计相关试验时间不应大于该产品的使用寿命，否则影响试验结果。

注：a 为时间加速系数，通常按照经验确定。

8.1.1.6 **试验终止**

当试验进行到截尾试验时间时，试验终止。

8.1.1.7 **试验中断**

但若因设备故障、样品重大故障或其他不可抗因素导致的试验中断，若消除故障后试验得以继续进行，则试验时间可以进行累计。

8.1.2 **试验**

8.1.2.1 **试验前检查**

在进行试验之前，为避免将从生产现场到试验室运输过程中造成损坏的试验样品投入试验，先对所有试验品外观进行检查，并按照产品说明书要求进行试运行，以确认投入试验的样品处于合格的状态。

8.1.2.2 **试验前准备**

8.1.2.2.1 **试验样品的安置**

试验样品应按照制造厂的说明和GB/T 8059要求进行放置。

8.1.2.2.2 **试验样品内的附件及配件**

试验开始时，试验样品内各种附件和配件应处于产品说明书中规定位置。

8.1.2.2.3 **温度测量点的布置**

冷藏室、冷冻室、冰温室、变温室等各间室的温度应在铜质圆柱内测定。铜质圆柱悬挂或安放在该室内侧壁之间及内壁和门内壁之间中心(冷藏室侧壁或后板凹凸不平时，取平均宽度和平均深度)，从室内底面到顶面的三分之一高度位置上。铜质圆柱悬挂或安放，不能干扰各间室的空气循环，铜质圆柱应离开任何导热表面至少25 mm的空间距离。

环境温度应在铜质圆柱内测定，它是指距地面1 m处并距器具两侧壁垂直中心线350 mm处的2个测点上测得的积分温度的算术平均值。

箱内的测温元件与测量仪器连接的引线应尽可能地不影响器具的气密性。

其他事项按照电冰箱使用说明书要求准备就绪后，开始运行。

8.1.2.2.4 **控制装置设置**

温控器应调至最冷的位置。

无霜型器具的风门应调节至最大位置。

如果产品装有防凝露电加热丝，电加热丝应接通，如电加热丝为可调时，应调至最大加热位置处。

8.1.2.3 试验实施

准备完毕的试验样品放置在试验室内至少 6 h(打开箱门)，试验条件按 8.1.1.2 规定进行，箱内空载；待箱内温度与环境温度达到平衡(温差±2 K 以内)后，关闭箱门，以额定电压和额定频率通电，使其连续运行至稳定，记录各室内温度为测得的基准温度(该基准温度作为以后的比较温度)，试验中连续记录各间室内温度。

8.1.2.4 试验过程中检查

试验过程中按照表 1 要求，每 4 h 进行一次巡检。

8.1.2.5 试验过程中的维护

表 1 试验过程中检查项目

序号	检查项目	典型故障
1	产品是否处于正常运行状态	参考附录 E
2	产品运行时是否有异常噪音	
3	连续运行稳定时各间室测得温度是否超过基准温度的 4 K	
4	产品各种显示是否正常	

试验开始后，可以按照说明书提示进行维护措施，正常维护不视作修理，不计入故障。直冷型器具，如因结霜过厚影响室内温度，应进行手动除霜，手动除霜时间不计入试验时间内。

8.1.2.6 试验结束后检查

试验结束后，参考附录 E 对产品规定的功能和主要性能等进行检查。

8.2 使用寿命评价的试验要求

使用寿命评价的试验要求参考附录 C 进行。

9 故障的判据和统计

9.1 故障的统计

9.1.1 对试验中出现的故障，如果不能证明是试验过程中施加的应力不当或试验设备等非产品本身问题时，不应对产品进行更换或修理，否则，每更换或修理一次就计为一次关联故障。

9.1.2 同时发生两个或两个以上的独立故障，应记录两个或两个以上关联故障。

9.1.3 修理、更换元器件后，若在后续的试验中仍不能消除原来的故障现象，又不能证实换上的元器件有问题，则视为维修无效，不再重复计入关联故障。

9.1.4 由于独立故障引起的从属故障按非关联故障处理。

9.1.5 反复故障的每次故障都应计入故障数中。

9.1.6 间歇故障只将第一次故障计入故障总数。

9.2 各评价参数对应关联故障的判据说明

9.2.1 平均首次故障前工作时间 MTTFF 的评价时对应的关联故障：凡符合 9.1 且发生在使用寿命期内，电冰箱出现的第一个故障。

9.2.2 平均无故障工作时间 MTBF 的评价时对应的关联故障：凡符合 9.1 且发生在使用寿命期内的故障。

9.2.3 使用寿命的评价时对应的关联故障：电冰箱测试过程中出现的第一个耗损性故障。

10 数据处理

10.1 平均首次故障前工作时间 MTTFF

MTTFF 区间估计置信下限值按式(3)计算：

$$(\mathrm{MTTFF})_{\mathrm{L}}=\frac{2(\sum t_{\mathrm{s}}+\sum t_{0})}{\chi^{2}_{1-\alpha}(2r_{\mathrm{s}}+2)} \qquad \cdots\cdots (3)$$

式中：

$(\mathrm{MTTFF})_{\mathrm{L}}$——平均首次故障前工作时间(单侧置信区间下限)，单位为小时(h)；

$\sum t_{\mathrm{s}}$——各受试电冰箱首次出现故障的工作时间之和，单位为小时(h)；

$\sum t_{0}$——未出现故障的各受试电冰箱工作时间之和，单位为小时(h)；

α——生产方风险；

$1-\alpha$——置信度，除非另有规定，推荐的置信度取 90%；

r_{s}——试验期间，发生首次故障的受试电冰箱台数。

10.2 平均无故障工作时间 MTBF

区间估计置信下限值按式(4)计算：

$$\theta_{\mathrm{L}}=\frac{2T}{\chi^{2}_{1-\alpha}(2r+2)} \qquad \cdots\cdots (4)$$

式中：

θ_{L}——平均无故障工作时间(单侧置信区间下限值)，单位为小时(h)；

T——各受试电冰箱工作时间之和，单位为小时(h)；

α——生产方风险；

$1-\alpha$——置信度，除非另有规定，推荐的置信度取 90%；

r——各受试电冰箱的故障总数。

10.3 使用寿命

使用寿命数据处理参考附录 D。

附 录 A
（资料性附录）
电冰箱推荐的 MTTFF 值

A.1 家用电冰箱推荐的 MTTFF 值

A.1.1 家用电冰箱推荐的 MTTFF 值见表 A.1。

A.1.2 表 A.1 中数值为电冰箱 15 天的可靠度等于 0.99、加速系数为 16 时，对应 MTTFF 值的近似值。

表 A.1 家用电冰箱推荐的 MTTFF 值

产品类别	MTTFF 值 h
冷藏箱	>70 000
无霜冷藏箱	>60 000
冷藏冷冻箱	>36 000
无霜冷藏冷冻箱	>36 000
冷冻箱	>70 000
无霜冷冻箱	>60 000

附 录 B
（资料性附录）
电冰箱推荐的 MTBF 值

B.1 电冰箱推荐的 MTBF 值

B.1.1 电冰箱推荐的 MTBF 值见表 B.1。

B.1.2 表 B.1 中数值为电冰箱 1 年的可靠度等于 0.90、加速系数为 16 时，对应 MTBF 值的近似值。

表 B.1 电冰箱 MTBF 值

产品类别	MTBF 值 h
冷藏箱	>83 000
无霜冷藏箱	>78 000
冷藏冷冻箱	>78 000
无霜冷藏冷冻箱	>75 000
冷冻箱	>83 000
无霜冷冻箱	>78 000

附 录 C
（资料性附录）
使用寿命评价的试验要求

电冰箱的耐久性可通过使用寿命、可靠寿命等多种寿命参数来评价，此处采用使用寿命参数来评价电冰箱的耐久性。

C.1 使用寿命指标的验证方法

使用寿命指标的验证方法一般分工程经验法和分析法，电冰箱使用寿命指标的验证采取工程经验法。

C.2 试验条件

电冰箱耐久性试验的试验条件依据 8.1.1.2 和 8.1.2.2 进行。

C.3 试验时间

电冰箱耐久性试验的单台试验时间效果应相当于额定使用寿命或待验证值的 1.2～1.5 倍。

最少的试验总时间 $T_L \geqslant n \times K \times T_0$，其中 n 为受试产品数量、T_0 为受试产品规定的寿命、K 为工程经验系数，具体数值可由承制方和订购方视产品的重要度及相似产品的经验等因素共同商定。

C.4 受试样品的数量

电冰箱耐久性试验样本数量规定为 3～5 台。

C.5 受试样品的选择

根据实际情况，样品的选择方式可以是下述方式中的任意一种。

C.5.1 待验证产品同时需要进行可靠性指标评价时，在电冰箱 MTBF 评价试验开始前，随机指定其中的 n 台作为耐久性试验样品。

C.5.2 其他情况，从合格的产品中随机抽取。

附　录　D
（资料性附录）
使用寿命评价的数据处理

D.1　故障判据

被指定的试验样品整个试验过程中，凡符合 9.2.3 的故障，均作为关联故障。

D.2　电冰箱使用寿命的评估公式

D.2.1　无关联故障时

如果受试电冰箱寿命试验到 T 截止时，全部产品均未发生关联故障时，应按式(D.1)评估电冰箱的使用寿命 T_0。

$$T_0=\frac{T}{nK} \qquad \cdots\cdots\cdots\cdots\cdots\cdots(D.1)$$

式中：

T——各受试电冰箱工作时间之和，单位为小时(h)；

n——受试电冰箱数量；

K——经验修正系数，具体数值可由承制方和订购方共同商定；或用理论修正系数，例如 $n=3$ 时可参考表 D.1～表 D.3。

D.2.2　部分样品出现关联故障时

如果受试电冰箱寿命试验到 t_0 截止时，有 r 个关联故障发生，则应按式(D.2)评估电冰箱的使用寿命 T_{0r}：

$$T_{0r}=\frac{\sum_{i=1}^{r}t_i+(n-r)t_0}{nK_0} \qquad \cdots\cdots\cdots\cdots\cdots\cdots(D.2)$$

式中：

t_0——未发生关联故障的电冰箱单台试验持续时间，单位为小时(h)；

t_i——第 i 个受试电冰箱发生关联故障的时间，单位为小时(h)；

n——受试电冰箱数量；

r——发生的关联故障总数；

K_0——经验修正系数，具体数值可由承制方和订购方共同商定；或用理论修正系数，例如 $n=3$ 时可参考表 D.1～表 D.3。

D.2.3　所有样品均出现关联故障时

如果受试电冰箱试验到 t_n 截止时，全部受试样品先后发生关联故障，则应按式(D.3)评估电冰箱的使用寿命 T_{on}：

$$T_{on}=\frac{\sum_{i=1}^{n}t_i}{nK_1} \qquad \cdots\cdots\cdots\cdots\cdots\cdots(D.3)$$

式中：

t_i——第 i 个受试电冰箱发生关联故障的时间，单位为小时(h)；

K_1——经验修正系数，具体数值可由承制方和订购方共同商定；或用理论修正系数，例如 $n=3$ 时可参考表 D.1～表 D.3。

表 D.1 理论修正系数 $K,K_0,K_1(n=3,m=2.5)$

$R(t)$	取值 a / 理论修正系数	0.1	0.2	0.3	0.4
0.9	K	2.21	1.92	1.71	1.53
	K_0	2.46	2.20	2.02	1.86
	K_1	2.91	2.68	2.45	2.31
0.8	K	1.64	1.42	1.27	1.13
	K_0	1.82	1.63	1.49	1.39
	K_1	2.14	1.96	1.81	1.72
0.7	K	1.36	1.18	1.05	0.94
	K_0	1.51	1.34	1.23	1.14
	K_1	1.78	1.61	1.50	1.41
0.6	K	1.18	1.02	0.91	0.81
	K_0	1.30	1.17	1.07	0.99
	K_1	1.53	1.40	1.32	1.24

表 D.2 理论修正系数 $K,K_0,K_1(n=3,m=3)$

$R(t)$	取值 a / 理论修正系数	0.1	0.2	0.3	0.4
0.9	K	1.94	1.72	1.56	1.43
	K_0	2.10	1.91	1.77	1.67
	K_1	2.41	2.24	2.10	1.99
0.8	K	1.51	1.34	1.22	1.11
	K_0	1.65	1.49	1.38	1.29
	K_1	1.89	1.75	1.63	1.55
0.7	K	1.29	1.15	1.04	0.95
	K_0	1.40	1.27	1.18	1.11
	K_1	1.61	1.49	1.39	1.34
0.6	K	1.15	1.02	0.92	0.84
	K_0	1.25	1.14	1.05	0.98
	K_1	1.43	1.32	1.25	1.18

表 D.3　理论修正系数 K, K_0, K_1($n=3, m=4$)

$R(t)$	取值 a / 理论修正系数	0.1	0.2	0.3	0.4
0.9	K	1.64	1.50	1.40	1.30
	K_0	1.76	1.62	1.53	1.44
	K_1	1.93	1.81	1.73	1.66
0.8	K	1.36	1.25	1.16	1.08
	K_0	1.46	1.35	1.27	1.20
	K_1	1.60	1.52	1.44	1.37
0.7	K	1.21	1.11	1.03	0.96
	K_0	1.29	1.20	1.13	1.06
	K_1	1.42	1.35	1.28	1.23
0.6	K	1.11	1.01	0.94	0.88
	K_0	1.20	1.09	1.03	1.00
	K_1	1.32	1.23	1.18	1.12

对表 D.1～表 D.3 的使用说明：

当已知受试产品的威布尔分布形状参数 m 时，则应按规定的受试产品数量 n，显著性水平 a 和可靠度 $R(t)$ 从表 D.1～表 D.3 中选取 K, K_0, K_1 的数值。

考虑试验时间、费用等方面的限制，建议按下列情况选取 a 和 $R(t)$ 值：

- 关键类产品(A 类)：$R(t)=80\%$　$a=0.2$
- 重要类产品(B 类)：$R(t)=70\%$　$a=0.2$
- 一般类产品(C 类)：$R(t)=70\%$　$a=0.3$

附　录　E
（资料性附录）
电冰箱典型故障

E.1　电冰箱典型故障见表E.1。

表E.1　电冰箱典型故障

故障性质	序号	故障	故障分类
功能类故障	1	产品说明书中规定的功能不能实现	A
性能类故障	2	运行时出现异常噪音	B
	3	连续运行稳定时各间室测得温度超过基准温度的4 K	B
安全类故障	4	元器件损坏导致漏电、火灾危险、机械危险	致命性
	5	电气强度、泄漏电流、接地电阻不符合GB 4706.13的规定	致命性
故障分类说明： 致命故障：可能导致人员伤亡、重要物件损坏或其他不可容忍后果的故障； A类故障：引起产品丧失功能的故障； B类故障：影响产品主要功能的故障。			

参 考 文 献

[1] GB 4706.13 家用和类似用途电器的安全 制冷器具、冰淇淋机和制冰机的特殊要求(GB 4706.13—2008,IEC 60335-2-24:2007,IDT)

ICS 97.060
Y 62

中华人民共和国国家标准

GB/T 24986.3—2010

家用和类似用途电器可靠性评价方法 第3部分:洗衣机的特殊要求

Evaluation methods for reliability on household and similar electrical appliances—

Part 3: Particular requirements for washing machines

2010-08-09 发布 2010-12-01 实施

中华人民共和国国家质量监督检验检疫总局
中国国家标准化管理委员会 发布

前　言

GB/T 24986《家用和类似用途电器可靠性评价方法》分为若干部分：

第 1 部分：通用要求；

第 2 部分：电冰箱(电冰柜)的特殊要求；

第 3 部分：洗衣机的特殊要求；

……

本部分是 GB/T 24986 的第 3 部分。本部分应与 GB/T 24986.1 配合使用。

本部分中写明“适用”的部分，表示 GB/T 24986.1 中的相应条文适用于本部分。

本部分由中国轻工业联合会提出。

本部分由全国家用电器标准化技术委员会(SAC/TC 46)归口。

本部分负责起草单位：海尔集团公司。

本部分主要参与起草单位：中国家用电器研究院、广州威凯认证检测有限公司、美的集团有限公司、博西华电器(江苏)有限公司、宁波新乐电器有限公司、宁波乐士实业有限公司、青岛市产品质量监督检验所、宁波南方电器制造有限公司。

本部分主要起草人：金利明、宋力强、张序星、王袭、张明、王喜雨、丁旭东、龚建孟、吴如军、林海滨、时妍玲、杨飞波。

本部分为首次发布。

引　言

目前,可靠性技术已经广泛的应用到了各个领域,比如汽车行业,医疗行业,军事领域,航空领域。经过长时间的实践验证已证明,可靠性技术的应用,在提高产品质量、满足消费者需求等方面取得了很大的成效。

中国家电业目前已是一个成熟产业,成为全球家电的生产、消费和出口大国。如今,中国已经是全球最大的洗衣机生产国和出口国。可靠性技术作为提高产品质量的重要手段,已经在产品的设计、生产和使用等阶段得到了广泛运用。运用可靠性评价方法来对洗衣机的关键技术进行评价,进而有效保证产品质量的提高,保障产品使用者的利益显得非常必要。

本部分结合洗衣机行业的特点,并借鉴相关行业的可靠性标准范本,运用数理统计知识并综合洗衣机行业各企业的实际情况,确定了科学、有效的评价方法。本部分是 GB/T 24986.1《家用和类似用途电器可靠性评价方法　第1部分:通用要求》在洗衣机可靠性评价方面的应用,其中明确了标准适用的产品类型,规定了洗衣机可靠性评价方法为定量评价的统计分析方法,确定了洗衣机可靠性评价所选用的参数、可靠性试验方法及方案等。

家用和类似用途电器可靠性评价方法 第3部分:洗衣机的特殊要求

1 范围

GB/T 24986 的本部分规定了家用电动洗衣机(以下简称洗衣机)可靠性定量评价的常用参数及其评价方法。

本部分适用于洗衣机(包括脱水机,不包括干衣机),对于洗衣干衣机可仅评价其洗衣功能部分的可靠性。

本部分适用的评价对象是合格的洗衣机产品。

2 规范性引用文件

下列文件中的条款通过 GB/T 24986 的本部分的引用而成为本部分的条款。凡是注日期的引用文件,其随后所有的修改单(不包括勘误的内容)或修订版均不适用于本部分,然而,鼓励根据本部分达成协议的各方研究是否可使用这些文件的最新版本。凡是不注日期的引用文件,其最新版本适用于本部分。

GB/T 4288—2008 家用和类似用途电动洗衣机

GB/T 24986.1 家用和类似用途电器可靠性评价方法 第1部分:通用要求

3 术语和定义

GB/T 24986.1 界定的以及下列术语和定义适用于本文件。

3.1

MTTFF 的验证区间 demonstrated MTTFF interval

$(\mathbf{MTTFF})_L$,$(\mathbf{MTTFF})_U$

在试验条件下,真实 MTTFF 的可能范围。即在规定的置信度下对 MTTFF 的区间估计。$(MTTFF)_U$ 称为置信上限;$(MTTFF)_L$ 称为置信下限。

3.2

耐久性 durability

在规定的使用与维修条件下,直到极限状态前完成规定功能的能力。

3.3

置信度 confidence level

随机的置信区间包含参数真值的概率。

4 可靠性评价的意义和目的

GB/T 24986.1 中的该章适用。

5 可靠性评价的参数和指标

5.1 可靠性参数的选定

洗衣机选用的可靠性参数包括:平均首次故障前工作时间(MTTFF)、平均无故障时间(MTBF)、使用寿命。

5.1.1 为监测和验证洗衣机较早出现的故障，选用平均首次故障前工作时间(MTTFF)作为评价参数。

5.1.2 为监测和验证洗衣机使用寿命期内的故障情况，选用平均无故障时间(MTBF)作为评价参数。

5.1.3 为监测和验证洗衣机的耐久性，选用使用寿命作为评价参数。

5.2 指标值的确定

5.2.1 平均首次故障前工作时间(MTTFF)

除非另有规定，洗衣机各类产品的MTTFF值参考附录A进行确定。

5.2.2 平均无故障时间(MTBF)

除非另有规定，洗衣机各类产品的MTBF值参考附录B进行确定。

5.2.3 使用寿命

本部分中，洗衣机各类产品的使用寿命不作规定，但可参考洗衣机使用寿命的设计值或合同约定值。

6 分布假设

6.1 评价洗衣机的平均首次故障前工作时间和平均无故障时间时，假设故障时间的分布是服从指数分布的。

6.2 评价洗衣机的使用寿命时，假设故障时间的分布是服从威布尔分布的。

注：本部分中，推荐采用工程经验法进行使用寿命的定量评价，在附录D的数据处理过程中不需要使用分布假设，但附录D提供的理论修正系数是在假设故障时间的分布是服从威布尔分布的基础上通过数字仿真得到的。

7 可靠性评价的方法

洗衣机采用定量统计分析法进行可靠性评价。

8 试验

8.1 平均首次故障前时间和平均无故障时间评价的试验要求

8.1.1 试验要求

8.1.1.1 试验样品

8.1.1.1.1 试验样品状态

可靠性试验的样品应是合格的洗衣机。

8.1.1.1.2 抽样方法及样品数量

从合格的洗衣机中随机抽取。

试验样品数 n 优选为：6、10、12、16、20 台。

8.1.1.2 试验条件

a) 环境温度：0 ℃～40 ℃；

b) 环境湿度：95%以下；

c) 电压：额定电压±10%；

d) 频率：额定频率±1 Hz；

e) 水压：0.20 MPa～0.50 Mpa；

f) 进水硬度：自来水硬度；

g) 进水温度：自来水水温(需要进热水的产品按照说明书要求水温试验)；

h) 负载：推荐使用GB/T 4288标准规定的标准洗涤物；

i) 洗涤剂：常用的适用于机洗的洗衣粉。

8.1.1.3　试验用仪器仪表

8.1.1.3.1　试验所用的电工测量仪表，其精度应不低于 0.5 级。

8.1.1.3.2　测量质量的衡器以千克(kg)计，精确至 5 克(g)。

8.1.1.3.3　压力计以帕(Pa)计，精确至 0.02 兆帕(MPa)。

8.1.1.4　试验方案

本部分采用定时截尾试验方案。

具体试验方案参考 GB/T 5080.7—1986 表 12 中方案 5:3 进行。

8.1.1.5　试验时间

试验开始前，需确定累积相关试验时间及单台试验持续时间。

8.1.1.5.1　累积相关试验时间

8.1.1.5.2　累计相关试验时间 T 由式(1)求得：

$$T = DDm\theta_1 \tag{1}$$

本部分中，θ_0 的倍数 D 取 3.1，鉴别比 Dm 取 3.0。

8.1.1.5.3　单台试验持续时间

当确定试验的样品数 n 之后，单台试验持续时间 t 可从式(2)求得：

$$t = T/n \tag{2}$$

实际单台试验持续时间在保证试验总时间的前提下，可以作一定的调整，但必须保证单台最短累计相关试验时间不得少于 $t/2$，且单台最长累计相关试验时间不应大于该产品的使用寿命，否则影响试验结果。

8.1.1.6　试验终止

当试验进行到截尾试验时间时，试验终止。

8.1.1.7　试验中断

8.1.1.7.1　本部分规定的试验为不可间断试验，但若因设备故障、样品重大故障或其他不可抗因素导致的试验中断，则本周期程序应从头开始，重新进行试验。

8.1.1.7.2　试验开始后，不允许进行正常的维护(8.1.2.5 规定)以外的维护措施，正常维护不视作修理，不计入故障。

8.1.2　试验

8.1.2.1　试验前检查

在进行可靠性试验之前，为避免将从生产现场到实验室运输过程中造成损坏的洗衣机投入试验，先对所有试验样品外观进行检查，并按照使用说明书要求进行一个标准程序的试运行，以确认洗衣机处于合格状态。

8.1.2.2　试验

8.1.2.2.1　程序选择

选择说明书中规定的标准程序或开机默认程序。

对于洗涤桶不能自动进、排水的洗衣机和脱水机的运行操作按 GB/T 4288—2008 中 6.11 要求进行。

8.1.2.2.2　负载加入

加入额定洗涤容量的 0.8 倍的负载。

8.1.2.2.3　洗涤剂添加

按洗涤剂说明书要求量投放洗涤剂，至少每 5 个周期添加一次。

8.1.2.2.4　运行

其他事项按照洗衣机使用说明书要求准备就绪后，开始运行。

8.1.2.3 试验过程中检查

试验过程中按照表1要求，每4 h进行一次巡检。

表1 试验过程中检查项目

序号	检查项目	典型故障
1	产品是否处于正常运行状态	参考附录E
2	产品运行时是否有异常噪音	
3	产品运行时是否有异常振动或移位	
4	产品各种显示是否正常	
5	产品是否有漏水、漏油等现象	

8.1.2.4 试验结束后检查

试验结束后，对产品规定的功能和主要性能(附录E中涉及到的)进行检查。洗衣机典型故障参考附录E。

8.1.2.5 试验过程中的维护

试验过程中维护注意：

a) 周期间隔时间为5 min，间隔时间内整理一次负载，避免衣物缠绕，影响试验效果；

b) 每天清理一次线屑过滤器；

c) 每运行200 h所在周期结束后，对试验所用的负载进行一次检查：剔除已经磨破的负载，补充新的负载，并保证总重量达到试验规定的负载重量；

d) 每周对进水阀过滤网清理一次，避免堵塞，进水不畅。

8.2 使用寿命评价的试验要求

使用寿命评价的试验要求参考附录C进行。

9 故障的判据和统计

9.1 故障的统计

9.1.1 对试验中出现的故障，如果不能证明是试验过程中施加的应力不当或试验设备等非产品本身问题时，不应对产品进行更换或修理，否则，每更换或修理一次就计为一次关联故障。

9.1.2 同时发生两个或两个以上的独立故障，应记录两个或两个以上关联故障。

9.1.3 修理、更换元器件后，若在后续的试验中仍不能消除原来的故障现象，又不能证实换上的元器件有问题，则视为维修无效，不再重复计入关联故障。

9.1.4 由于独立故障引起的从属故障按非关联故障处理。

9.1.5 反复故障的每次故障都应计入故障数中。

9.1.6 间歇故障只将第一次故障计入故障总数。

9.2 各评价参数对应关联故障的判据说明

9.2.1 平均首次故障前工作时间MTTFF的评价时对应的关联故障：凡符合9.1且发生在使用寿命期内，洗衣机出现的第一个故障。

9.2.2 平均无故障时间MTBF的评价时对应的关联故障：凡符合9.1且发生在使用寿命期内的故障。

9.2.3 使用寿命的评价时对应的关联故障：洗衣机测试过程中出现的第一个耗损性故障。

10 数据处理

10.1 平均首次故障前工作时间MTTFF

MTTFF区间估计置信下限值按式(3)计算：

$$(\mathrm{MTTFF})_{\mathrm{L}}=\frac{2(\sum t_{\mathrm{s}}+\sum t_0)}{\chi^2_{1-\alpha}(2r_{\mathrm{s}}+2)} \quad \cdots\cdots(3)$$

式中：

$(\mathrm{MTTFF})_{\mathrm{L}}$——平均首次故障前时间(单侧置信区间下限),周期；

$\sum t_{\mathrm{s}}$——各受试洗衣机首次出现故障的工作时间之和,周期；

$\sum t_0$——未出现故障的各受试洗衣机工作时间之和,周期；

α——生产方风险；

$1-\alpha$——置信度,除非另有规定,推荐的置信度取 90%；

r_{s}——试验期间,发生首次故障的受试洗衣机台数。

10.2 平均无故障时间 MTBF

区间估计置信下限值按式(4)计算：

$$\theta_{\mathrm{L}}=\frac{2T}{\chi^2_{1-\alpha}(2r+2)} \quad \cdots\cdots(4)$$

式中：

θ_{L}——平均无故障时间(单侧置信区间下限值),周期；

T——各受试洗衣机工作时间之和,周期；

α——生产方风险；

$1-\alpha$——置信度,除非另有规定,推荐的置信度取 90%；

r——各受试洗衣机的故障总数。

10.3 使用寿命

使用寿命数据处理参考附录 D。

附 录 A
（资料性附录）
家用电动洗衣机推荐的 MTTFF 值

A.1 家用电动洗衣机推荐的 MTTFF 值

A.1.1 家用电动洗衣机推荐的 MTTFF 值见表 A.1。

A.1.2 表 A.1 中数值为洗衣机 15 天的可靠度等于 0.99 时对应 MTTFF 值的近似值，其中假设双桶洗衣机的洗涤部分每年平均使用 400 周期，双桶洗衣机的脱水部分以及离心式脱水机平均每年使用 600 周期，其他产品平均每年使用 200 周期。

表 A.1 家用电动洗衣机推荐的 MTTFF 值

产品类别	MTTFF 值 周期
双桶波轮式洗衣机	>2 000（洗涤）
	>3 000（脱水）
全自动波轮式洗衣机	>1 000
全自动搅拌式洗衣机	>1 000
有加热装置全自动滚筒式洗衣机	>1 000
无加热装置全自动滚筒式洗衣机	>1 000
离心式脱水机	>3 000

附 录 B
（资料性附录）
家用电动洗衣机推荐的 MTBF 值

B.1 家用电动洗衣机推荐的 MTBF 值

B.1.1 家用电动洗衣机推荐的 MTBF 值见表 B.1。

B.1.2 表 B.1 中数值为洗衣机 1 年的可靠度等于 0.90 时对应 MTBF 值的近似值，其中假设双桶洗衣机的洗涤部分每年平均使用 400 周期，双桶洗衣机的脱水部分以及离心式脱水机平均每年使用 600 周期，其他产品平均每年使用 200 周期。

表 B.1 家用电动洗衣机推荐的 MTBF 值

产品名称	MTBF 值 周期
双桶波轮式洗衣机	>4 000（洗涤）
	>6 000（脱水）
全自动波轮式洗衣机	>2 000
全自动搅拌式洗衣机	>2 000
有加热装置全自动滚筒式洗衣机	>2 000
无加热装置全自动滚筒式洗衣机	>2 000
离心式脱水机	>6 000

附 录 C
（资料性附录）
使用寿命评价的试验要求

洗衣机的耐久性可通过使用寿命、可靠寿命等多种寿命参数来评价，此处采用使用寿命参数来评价洗衣机的耐久性。

C.1 使用寿命指标的验证方法

使用寿命指标的验证方法一般分工程经验法和分析法，洗衣机使用寿命指标的验证采取工程经验法。

C.2 试验条件

洗衣机耐久性试验的试验条件依据 8.1.1.2 和 8.1.2.2 进行。

C.3 试验时间

洗衣机耐久性试验的单台试验时间选取额定使用寿命或待验证值的 1.2～1.5 倍。

最少的试验总时间 $T_L \geqslant n \times K \times T_0$，其中 n 为受试产品数量、T_0 为受试产品规定的寿命、K 为工程经验系数，具体数值可由承制方和订购方视产品的重要度及相似产品的经验等因素共同商定。

C.4 受试样品的数量

洗衣机耐久性试验样本数量规定为 3～5 台。

C.5 受试样品的选择

根据实际情况，样品的选择方式可以是下述方式中的任意一种。

C.5.1 待验证产品同时需要进行可靠性指标评价时，在洗衣机 MTBF 评价试验开始前，随机指定其中的 n 台作为耐久性试验样品。

C.5.2 其他情况，从定型状态产品或批生产合格的产品中随机抽取。

附 录 D
（资料性附录）
使用寿命评价的数据处理

D.1 故障判据

被指定的试验样品整个试验过程中，凡符合 9.2.3 的故障，均作为关联故障。

D.2 洗衣机使用寿命的评估公式

D.2.1 无关联故障时

如果受试洗衣机寿命试验到 T 截止时，全部产品均未发生关联故障时，应按式(D.1)评估洗衣机的使用寿命 T_0

$$T_0=\frac{T}{nK} \quad \cdots\cdots(\text{D.1})$$

式中：

T——各受试洗衣机工作时间之和，周期；

n——受试洗衣机数量；

K——经验修正系数，具体数值可由承制方和订购方共同商定；或用理论修正系数，例如 $n=3$ 时可参考表 D.1～表 D.3。

D.2.2 部分样品出现关联故障时

如果受试洗衣机寿命试验到 t_0 截止时，有 r 个关联故障发生，则应按公式(D.2)评估洗衣机的使用寿命 T_{0r}

$$T_{0r}=\frac{\sum_{i=1}^{r}t_i+(n-r)t_0}{nK_0} \quad \cdots\cdots(\text{D.2})$$

式中：

t_i——第 i 个受试洗衣机发生关联故障的时间，周期；

t_0——未发生关联故障的洗衣机单台试验持续时间，周期；

n——受试洗衣机数量；

r——发生的关联故障总数；

K_0——经验修正系数，具体数值可由承制方和订购方共同商定；或用理论修正系数，例如 $n=3$ 时可参考表 D.1～表 D.3。

D.2.3 所有样品均出现关联故障时

如果受试洗衣机试验到 t_n 截止时，全部受试样品先后发生关联故障，则应按式(D.3)评估洗衣机的使用寿命 T_{on}。

$$T_{on}=\frac{\sum_{i=1}^{n}t_i}{nK_1} \quad \cdots\cdots(\text{D.3})$$

式中：

t_i——第 i 个受试洗衣机发生关联故障的时间，周期；

K_1——经验修正系数，具体数值可由承制方和订购方共同商定；或用理论修正系数，例如 $n=3$ 时可参考表 D.1～表 D.3。

表 D.1 理论修正系数 K,K_0,K_1($n=3$,$m=2.5$)

$R(t)$	取值 a / 理论修正系数	0.1	0.2	0.3	0.4
0.9	K	2.21	1.92	1.71	1.53
	K_0	2.46	2.20	2.02	1.86
	K_1	2.91	2.68	2.45	2.31
0.8	K	1.64	1.42	1.27	1.13
	K_0	1.82	1.63	1.49	1.39
	K_1	2.14	1.96	1.81	1.72
0.7	K	1.36	1.18	1.05	0.94
	K_0	1.51	1.34	1.23	1.14
	K_1	1.78	1.61	1.50	1.41
0.6	K	1.18	1.02	0.91	0.81
	K_0	1.30	1.17	1.07	0.99
	K_1	1.53	1.40	1.32	1.24

表 D.2 理论修正系数 K,K_0,K_1($n=3$,$m=3$)

$R(t)$	取值 a / 理论修正系数	0.1	0.2	0.3	0.4
0.9	K	1.94	1.72	1.56	1.43
	K_0	2.10	1.91	1.77	1.67
	K_1	2.41	2.24	2.10	1.99
0.8	K	1.51	1.34	1.22	1.11
	K_0	1.65	1.49	1.38	1.29
	K_1	1.89	1.75	1.63	1.55
0.7	K	1.29	1.15	1.04	0.95
	K_0	1.40	1.27	1.18	1.11
	K_1	1.61	1.49	1.39	1.34
0.6	K	1.15	1.02	0.92	0.84
	K_0	1.25	1.14	1.05	0.98
	K_1	1.43	1.32	1.25	1.18

表 D.3 理论修正系数 K, K_0, K_1 ($n=3, m=4$)

R(t)	取值 a / 理论修正系数	0.1	0.2	0.3	0.4
0.9	K	1.64	1.50	1.40	1.30
	K_0	1.76	1.62	1.53	1.44
	K_1	1.93	1.81	1.73	1.66
0.8	K	1.36	1.25	1.16	1.08
	K_0	1.46	1.35	1.27	1.20
	K_1	1.60	1.52	1.44	1.37
0.7	K	1.21	1.11	1.03	0.96
	K_0	1.29	1.20	1.13	1.06
	K_1	1.42	1.35	1.28	1.23
0.6	K	1.11	1.01	0.94	0.88
	K_0	1.20	1.09	1.03	1.00
	K_1	1.32	1.23	1.18	1.12

对表 D.1～表 D.3 的使用说明：

当已知受试产品的威布尔分布形状参数 m 时，则应按规定的受试产品数量 n，显著性水平 a 和可靠度 $R(t)$ 从表 D.1～表 D.3 中选取 K, K_0, K_1 的数值。

考虑试验时间、费用等方面的限制，建议按下列情况选取 a 和 $R(t)$ 值：

- 关键类产品(A 类)：$R(t)=80\%$　$a=0.2$
- 重要类产品(B 类)：$R(t)=70\%$　$a=0.2$
- 一般类产品(C 类)：$R(t)=70\%$　$a=0.3$

附 录 E
（资料性附录）
洗衣机典型故障

E.1 洗衣机典型故障见表 E.1。

表 E.1 洗衣机典型故障

故障性质	序 号	故 障
性能故障	1	洗涤和脱水时出现异常噪音
	2	洗涤和脱水时出现异常振动或移位
安全故障	3	接地电阻、泄漏电流、电气强度不符合 GB 4706.24 或 GB 4706.26 的规定
	4	电器或元器件控制失效导致产品存在安全隐患
	5	机门或机盖的关闭和联锁不符合 GB 4706.24 和 GB 4706.26 的规定
	6	内部布线发生断裂、磨损或接线端子松动脱落等，导致触电隐患
	7	因带电部件温升过高，引起本身或周边部件烧焦、发黑等现象，存在安全隐患
电器故障	8	自动控制器类元件失灵，包括程控器、定时器、温控器、限温器、水位传感器等
	9	开关类元件失灵，包括电源开关、转换开关、门开关、安全开关等
	10	各类电动机停转或转动失常，包括洗涤电机、脱水电机、排水电机、排水泵和循环泵等
	11	各类电磁阀不动作
	12	各类加热器件不能正常加热
元器件故障	13	隔离变压器开路或短路
	14	电容开路或短路
	15	电子电路失灵或误动作
	16	显示灯不能正常显示
机械故障	17	离合器故障造成不洗涤、不脱水或洗涤/脱水不能转换
	18	外观件出现破、裂、变形现象
	19	各类按键旋钮卡滞，导致无法正常操作
	20	各类密封圈失效，造成主要部件进水
	21	各种阀类开合不到位，导致常导通或关闭状态
	22	水路系统漏水
	23	传动皮带松脱或断裂
	24	进水或排水管断裂
	25	各种固定装置松动，洗涤、脱水桶松动、脱落
其他故障	26	产品说明书中规定的功能不能实现

参 考 文 献

[1] GB 4706.24—2008 家用和类似用途电器的安全 洗衣机的特殊要求(IEC 60335-2-7:2008,MOD)

[2] GB 4706.26—2008 家用和类似用途电器的安全 离心式脱水机的特殊要求(IEC 60335-2-4:2006(Ed 5.2),IDT)

[3] GB/T 5080.7—1986 设备可靠性试验 恒定失效率假设下的失效率与平均无故障时间的验证试验方案(idt IEC 60605-7:1978)

ICS 85-010
Y 30

中华人民共和国国家标准化指导性技术文件

GB/Z 24987—2010/ISO/TR 24498:2006

纸、纸板和纸浆 测试方法不确定度的评定

Paper, board and pulps—Estimation of uncertainty for test methods

(ISO/TR 24498:2006, IDT)

2010-08-09 发布

2010-12-01 实施

中华人民共和国国家质量监督检验检疫总局
中国国家标准化管理委员会 发布

前　言

本指导性技术文件等同采用 ISO/TR 24498:2006《纸、纸板和纸浆　测试方法不确定度的评定》(英文版)。

本指导性技术文件在技术内容上与 ISO/TR 24498:2006 完全相同,仅作如下编辑性修改:

——增加规范性引用文件;

——术语和定义提至第 3 章;

——2.1、2.2、2.3 的内容分别作为第 4 章、第 5 章、第 6 章内容;

——保留第 4 章、第 5 章、第 6 章作为单独的一章内容;

——增加参考文献。

本指导性技术文件由中国轻工业联合会提出。

本指导性技术文件由全国造纸工业标准化技术委员会(SAC/TC 141)归口。

本指导性技术文件起草单位:中华人民共和国广东出入境检验检疫局、中国制浆造纸研究院。

本指导性技术文件主要起草人:郭仁宏、彭智蓉。

本指导性技术文件由全国造纸工业标准化技术委员会负责解释。

注:本指导性技术文件仅供参考。有关对本指导性技术文件的建议和意见,请向国务院标准化行政主管部门反映。

引　　言

起草任何新的测试方法标准的一个步骤是评定该方法的不确定度。这种评定一般通过精密度试验来完成。精密度试验是将样品发送给多个实验室进行测试并对测试结果进行比较。这种精密度试验通常称为“实验室间比对测试”。

指导精密度试验的程序由 ISO 5725 的各部分给出，ISO 5725 的各部分具有普遍性，但不能涵盖纸、纸板和纸浆测试过程中的特殊条件。

然而，有许多不同的标准和出版物阐述评定纸、纸板和纸浆测试方法的精密度。这些标准依照测试目的不同，评定的关注点也不一样。

按照测试方法，有三个主要目的：

——研究，主要是研究两份试样是否存在不同，例如，纸是否用不同的纸浆混合抄造；

——测试，是为了确定试样是否符合规定的指标要求，这种测试可以在生产企业进行，也可以在独立的实验室进行；

——评价一个新的测试方法，其目的是确定测试方法的精密度是否可以接受。

纸、纸板和纸浆
测试方法不确定度的评定

1 范围

本指导性技术文件规定了选择评定纸、纸板和纸浆测试方法精密度最佳方法的指南。

本指导性技术文件适用于纸、纸板和纸浆测试方法。

2 规范性引用文件

下列文件中的条款通过本指导性技术文件的引用而成为本指导性技术文件的条款。凡是注日期的引用文件,其随后所有的修改单(不包括勘误的内容)或修订版均不适用于本指导性技术文件,然而,鼓励根据本指导性技术文件达成协议的各方研究是否可使用这些文件的最新版本。凡是不注日期的引用文件,其最新版本适用于本指导性技术文件。

GB/T 6379.1 测量方法与结果的准确度(正确度与精密度) 第1部分:总则与定义(GB/T 6379.1—2004,ISO 5725-1:1994,IDT)

GB/T 6379.2 测量方法与结果的准确度(正确度与精密度) 第2部分:确定标准测量方法重复性与再现性的基本方法(GB/T 6379.2—2004,ISO 5725-2:1994,IDT)

GB/T 6379.4 测量方法与结果的准确度(正确度与精密度) 第4部分:确定标准测量方法正确度的基本方法(GB/T 6379.4—2006,ISO 5725-4:1994,IDT)

GB/T 6379.5 测量方法与结果的准确度(正确度与精密度) 第5部分:确定标准测量方法精密度的可替代方法(GB/T 6379.5—2006,ISO 5725-5:1998,IDT)

GB/T 27025 检测和校准实验室能力的通用要求(GB/T 27025—2008,ISO/IEC 17025:2005,IDT)

ISO 3534-1 统计学 词汇和符号 第1部分:通用统计术语和概率中的术语

ISO 3534-2 统计学 词汇和符号 第2部分:应用统计学

ISO 5725-3 测量方法与结果的准确度(正确度和精密度) 第3部分:测试方法精密度的中间性度量

ISO 5725-6 测量方法与结果的准确度(正确度和精密度) 第6部分:准确度值的实际应用

TAPPI T 1200 在实验室间评定TAPPI重复性和复现性的试验方法

SCAN-G 6:00 纸浆、纸和纸板 物理测试结果的不确定度

AS/NZS 1301.460s:1998 纸浆和纸的测试方法 460s:用于纸和纸浆测试的统计原理

3 术语和定义

下列术语和定义适用于本指导性技术文件。

3.1

方差 variance

r阶矩阵当r等于2时随机变量的中心概率分布。

3.2

标准差 standard deviation

方差的正平方根。

3.3

双侧置信区间　two-sided confidence interval

T_1 和 T_2 是观测值的两个函数，θ 是待估计的总体参数，概率 $P_R(T_1<\theta<T_2)$ 大于等于$(1-\alpha)$(此处 $1-\alpha$ 为固定值，大于 0 小于 1 的正数)，则 T_1 和 T_2 之间的区间称为 θ 的双侧$(1-\alpha)$置信区间。

3.4

重复性条件　repeatability conditions

在一个很短时间间隔内按照相同的测试人员、相同的测试程序、在相同条件下在相同的实验室(地点)使用相同的测量仪器对同一被测对象相互独立进行的测试条件。

3.5

重复性标准差　repeatability standard deviation

在重复性条件下得到测试结果的标准差。

3.6

重复性限　repeatability limit

一个数值，在重复性条件下两个试验结果之差的绝对值不超过此数的概率为 95%。

3.7

再现性条件　reproducibility conditions

用相同的测试方法在不同的实验室(地点)、不同的测试者使用不同的测量仪器对同一被测对象相互独立进行的测定条件。

3.8

再现性标准差　reproducibility standard deviation

在再现性测试条件下得到的测试结果的标准差。

3.9

再现性限　reproducibility limit

一个数值，在再现性条件下两个试验结果之差的绝对值不超过此数的概率为 95%。

4　总则

精密度的定义在纸、纸板和纸浆的大部分 ISO 测试方法中都有描述。这里的精密度通常由各个实验室间协同合作完成的同一试验得到。

GB/T 6379 的各部分描述了实验室间协同合作完成的同一试验的数量和过程。然而，GB/T 6379 不能涵盖纸、纸板和纸浆测试过程中的特殊情况。

5　纸、纸板和纸浆测试过程中的特殊情况

纸和纸板是对环境的温度和湿度十分敏感的材料。另外，纸和纸板的试样尺寸减小会引起其性能指标差异大幅增加，例如，试样平均面积从 1 m^2 减少到 1 mm^2，定量(单位面积的质量)的变异系数相应从 1%增加到 10%。

此外，纸、纸板和纸浆的很多测试方法是破坏性试验。

对多数纸、纸板和纸浆的性能来说，它们没有绝对的“真值”。一个简单的例子是试样厚度，其测试值取决于测试时对试样的压力、施加压力的速度、空气的湿度以及试样在测试环境中放置的时间等因素。这就意味着只有在规定的环境条件下才能确定纸张厚度的唯一值。由于纸张性能的复杂性，所有的环境变化情况不可能在本指导性技术文件中一一描述，因此，对纸张来说，厚度是没有绝对的真值。

由于大试样量比小试样量能减少测试结果的变化，因此在实践中，为了取得满意的精密度，通常需要加大试样数量。大多数的测试方法需要 10 个或 10 个以上的重复测试，并将这些测试数据进行简单的平均作为测试结果。

另一个特殊性在于，纸张的表面性能对印刷结果的影响非常重要，而且简单的触摸也能明显改变其性能。

这些因素决定纸、纸板和纸浆需要有特别的方法来进行精密度试验。

6 纸、纸板和纸浆关于精密度评定的标准

评定纸、纸板和纸浆测试精密度的国外标准有三个：

a) TAPPI T 1200 描述了进行实验室间协同试验的程序。

b) SCAN-G 6:00 描述了鼓励测试实验室在完成测试后对测试结果进行测量不确定度评定的方法。实验室对测试结果进行不确定度评定是 GB/T 27025 认可所必需的。

c) AS/NZS 1301.460s:1998 涵盖了纸浆和纸的通用统计原理，同时在"实验室间试验的组织"一节中描述。

7 定义的讨论

7.1 当要表示测试方法的不确定度时，应考虑下列因素：

a) 测试条件是否尽可能相同，或尽可能不同；

b) 不确定度可以表达为不同的统计测量值，如标准差或者置信区间；

c) 不确定度可以表达为测试结果本身的变化、或两个测量结果的绝对差。

7.2 测试条件

测试条件应选择与 ISO 3534-1 规定的相同，即重复性和再现性条件。

7.3 不确定度用不同的统计测量值表示

标准差是测试数据离散性的最基本表达方式。从标准差(假定变量呈正态分布)得到的置信区间是测试结果不确定度的最基本的表达方式。置信区间除非和置信概率一起表达，否则就不完整。例如在定义重复性限和再现性限时，这种置信概率一般选择为 95%。95%的置信区间表示 20 个数据中有 19 个落在该区间内。95%的置信区间即$\pm 1.96\sigma$，此处 σ 为估计标准差。假定变量呈正态分布而且标准差是已知的，或者通过足够的测试数据来消除标准差中的不确定度从而估算出标准差。

7.4 不确定度用测试结果的变化表示

测试方法的不确定度可以表达为测试结果本身的变化，也可以表达为两个测试结果之差的绝对值。

假设测试结果呈正态分布，两个测试结果的差也呈正态分布，期望平均值为 0，两个测试结果的差的标准差则比测试结果的标准差增加$\sqrt{2}=1.41$ 倍。

因此，当测试结果呈正态分布和标准差 σ 是基于大量的测试数据得到的情况下，重复性限和再现性限可以计算为$\pm 1.96\times 1.41\sigma=\pm 2.77\sigma$。

8 分析

测试方法标准中精密度的表达首要目的是表明该测试方法能有效地发展成为标准方法，其次是估计该测试方法用于不同测试实验室时测试结果的差异。

GB/T 6379.1 中，重复性条件和再现性条件可以选择作为评定测试方法精密度的条件。GB/T 6379.2 建议协同实验室间的测试结果应表示为重复性条件和再现性条件下的标准差。重复性限和再现性限不用计算。

TAPPI T 1200 和 AS/NZS 1301.460s:1998 描述了在纸、纸板及其制品的测试中如何实施协同实验室间的试验的特殊要求。这两项标准均引用了 ISO 5725-1 中的条件和定义，即重复性条件和再现性条件。

然而，TAPPI T 1200 和 AS/NZS 1301.460s:1998 都建议用重复性限和再现性限作为报告的最终结果。这就意味着标准方差要乘以一个系数，该系数在 TAPPI T 1200 中为 2.77，而在 AS/NZS 1301.460s:

1998 取近似为 2.8。

SCAN-G 6:00 给出了独立实验室在提交测试结果中如何评估不确定度。不确定度可以是在同一实验室中与其他测试结果进行比较，也可以是与其他不同实验室的结果进行比较。不确定度的评估是基于协同实验室试验的基础上得到的，但 SCAN-G 6:00 没有给出关于这些实验室如何实施的说明。

TAPPI T 1200 包含了下列信息：

a） 定义与 ISO 3534-1 相同，尽管在某些情况下存在表述上的差异，如用“TAPPI 重复性”代替“重复性限”；

b） 术语多来自于多次测试的结果，如纸张和纸板的规格、样品、观察、测试过程、测试结果等；

c） 实验室间试验的研究策划，测试方法的确定和测试实验室的选择；

d） 实验室间试验的研究实施，选择材料、样品的准备、样品的制作；

e） 计算结果的重复性条件和再现性条件，包括标准差和重复性限和再现性限；

f） 用一致性评价来确定数据是否存在离群值、数据的总体趋势和异常模式；

g） 描述如何撰写“试验方法精密度报告”；

h） 示例；

i） 说明实施实验室内部测试。

9 建议

建议本指导性技术文件引用 TAPPI T 1200 的现行版本的内容来表述精密度。

除下列例外情况外，TAPPI T 1200 的全部内容可以引用。

a） 用恰当的 ISO 术语来表述精密度。即在 ISO 标准中，TAPPI 重复性和再现性应当报告为重复性限和再现性限。

b） TAPPI T 1200 建议的说明应当包含在本标准中，表述为“报告的重复性限和再现性限作为评定测试结果的最大差异，当在相似的测试条件下比较两个测试结果时，该最大差异预期 20 个结果中有 19 个相符（概率为 95%）。但这种评定在不同测试材料或不同的测试条件下不一定有效。”

c） 说明“重复性限和再现性限的计算方法是用 2.77 乘以重复性标准差和再现性标准差”，同时应加上备注：$2.77 = 1.96\sqrt{2}$。

d） 为了得到包括重复性条件和再现性条件的精密度表述，需要实验室间的协同试验，因此 TAPPI T 1200 关于实验室内部的测试部分是次要的。

参考文献

[1] ISO 3534-1:2006 Statistics—Vocabulary and symbols—Part 1:General statistical terms and terms used in probability

[2] ISO 3534-2:2006 Statistics—Vocabulary and symbols—Part 2:Applied statistics

[3] ISO 5725(Part 1 to 6) Accuracy (trueness and precision) of measurement methods and results

[4] ISO/IEC 17025:2005 General requirements for the competence of testing and calibration laboratories

[5] TAPPI T 1200 Interlaboratory evaluation of test methods to determine TAPPI repeatability and reproducibility

[6] SCAN-G 6:00 Pulp,paper and board—Uncertainty of results from physical testing

[7] AS/NZS 1301. 460s:1998 Methods of test for pulp and paper. Method 460s:Statistical concepts used in pulp and paper testing

ICS 85.060
Y 32

中华人民共和国国家标准

GB/T 24988—2010

复印纸

Copy paper

2010-08-09 发布　　2010-12-01 实施

中华人民共和国国家质量监督检验检疫总局
中国国家标准化管理委员会　发布

前　言

本标准由中国轻工业联合会提出。

本标准由全国造纸工业标准化技术委员会归口。

本标准负责起草单位：山东太阳纸业股份有限公司、中国制浆造纸研究院、国家纸张质量监督检验中心。

本标准参加起草单位：芬欧汇川（常熟）纸业有限公司、金华胜纸业（苏州工业园区）有限公司、中冶纸业银河有限公司。

本标准主要起草人：牛丽、李树伦、邱小艳。

复　印　纸

1　范围

本标准规定了复印纸和复印纸原纸的分类、要求、试验方法、检验规则和标志、包装、运输、贮存等。

本标准适用于复印机、打印机和传真机使用的纸张。

2　规范性引用文件

下列文件中的条款通过本标准的引用而成为本标准的条款。凡是注日期的引用文件，其随后所有的修改单(不包括勘误的内容)或修订版均不适用于本标准，然而，鼓励根据本标准达成协议的各方研究是否可使用这些文件的最新版本。凡是不注日期的引用文件，其最新版本适用于本标准。

GB/T 450　纸和纸板　试样的采取及试样纵横向、正反面的测定(GB/T 450—2008,ISO 186:2002,MOD)

GB/T 451.1　纸和纸板尺寸及偏斜度的测定

GB/T 451.2　纸和纸板定量的测定(GB/T 451.2—2002,eqv ISO 536:1995)

GB/T 451.3　纸和纸板厚度的测定(GB/T 451.3—2002,idt ISO 534:1998)

GB/T 456　纸和纸板平滑度的测定(别克法)(GB/T 456—2002,idt ISO 5627:1995)

GB/T 460　纸　施胶度的测定

GB/T 462　纸、纸板和纸浆　分析试样水分的测定(GB/T 462—2008;ISO 287:1985,MOD;ISO 638:1978,MOD)

GB/T 1541　纸和纸板　尘埃度的测定法

GB/T 1543　纸和纸板　不透明度(纸背衬)的测定(漫反射法)(GB/T 1543—2005,ISO 2471:1998,MOD)

GB/T 2828.1　计数抽样检验程序　第1部分:按接收质量限(AQL)检索的逐批检验抽样计划(GB/T 2828.1—2003,ISO 2859-1:1999,IDT)

GB/T 7974　纸、纸板和纸浆亮度(白度)的测定　漫射/垂直法(GB/T 7974—2002,neq ISO 2470:1999)

GB/T 10342　纸张的包装和标志

GB/T 10739　纸、纸板和纸浆试样处理和试验的标准大气条件(GB/T 10739—2002,eqv ISO 187:1990)

GB/T 22364　纸和纸板　弯曲挺度的测定(GB/T 22364—2008;ISO 2493:1992,MOD;ISO 5629:1983,MOD)

3　分类

3.1　复印纸原纸和复印纸按质量分为优等品和合格品。

3.2　复印纸为平板纸，复印纸原纸为平板纸或卷筒纸。

3.3　复印纸原纸尺寸应符合表1或订货合同的规定。

3.4　复印纸尺寸应符合表2或订货合同的规定。

表 1　复印纸原纸尺寸

单位为毫米

名　称	规　格	基本尺寸
卷筒纸宽度	A0	920
	A1	620
	A2	450
	A3	310
平板纸尺寸	—	846×1 194
	—	780×1 100

表 2　复印纸尺寸

单位为毫米

名　称	规　格	基本尺寸
平板纸尺寸	A3	297×420
	A4	210×297
	A5	148×210
	B4	257×364
	B5	182×257
	B6	128×182

4　要求

4.1　复印纸及复印纸原纸的技术指标应符合表 3 或订货合同的规定。

表 3　技术指标

指标名称				单　位	规　定			
					优等品		合格品	
定量[a]				g/m^2	70.0	80.0	70.0	80.0
定量偏差				%	±4			
厚度			≥	μm	90	100	88	98
挺度[b]	共振法	纵向	≥	mN·m	0.250	0.450	0.200	0.350
		横向	≥		0.120	0.170	0.100	0.150
	弯曲法	纵向	≥	mN	70	90	65	80
		横向	≥		30	40	26	35
平滑度(两面均)			≥	s	18		15	
不透明度			≥	%	90.0		85.0	
亮度(白度)			≤	%	95.0			
施胶度			≥	mm	1.00			
尘埃度	$0.3\ mm^2 \sim 1.5\ mm^2$		≤	个/m^2	60		80	
	$>1.5\ mm^2$				不应有			
交货水分				%	4.0～7.0			
内装量偏差				%	±1			

[a] 也可根据订货合同生产其他定量的纸，其他定量复印纸的技术指标按插入法计算。

[b] 任一方法的测定结果合格即判为合格。

4.2 复印纸尺寸的允许偏差为±1 mm，偏斜度应不大于2 mm。

4.3 复印纸原纸为平板纸时，尺寸偏差应不超过±3 mm，偏斜度应不大于3 mm；复印纸原纸为卷筒纸时，宽度尺寸偏差应不大于±3 mm。

4.4 复印纸的切边应整齐、洁净，不应有裂口和纸粉。

4.5 复印纸张的纤维组织应均匀。纸面应平整，不应有褶子、皱纹、残缺、破洞、砂子、硬质块和其他影响使用的纸病。

4.6 每批纸色泽应一致，不应有明显的色差。

5 试验方法

5.1 试样的采取和处理按GB/T 450和GB/T 10739进行。

5.2 尺寸偏差及偏斜度按GB/T 451.1测定。

5.3 定量按GB/T 451.2测定。

5.4 厚度按GB/T 451.3测定。

5.5 挺度按GB/T 22364测定。按弯曲法测定时，弯曲角为15°，弯曲长度为10 mm，测试结果以mN为单位。

5.6 平滑度按GB/T 456测定。

5.7 不透明度按GB/T 1543测定。

5.8 亮度(白度)按GB/T 7974测定。

5.9 施胶度按GB/T 460测定。

5.10 尘埃度按GB/T 1541测定。

5.11 交货水分按GB/T 462测定。

5.12 内装量偏差按式(1)计算。

$$\text{内装量偏差} = \frac{\text{每包中实际张数} - \text{外包装上注明的张数}}{\text{外包装上注明的张数}} \times 100\% \quad \cdots\cdots\cdots\cdots\cdots (1)$$

5.13 外观质量采用目测检验。

6 检验规则

6.1 以一次交货数量为一批，复印纸每批应不多于150箱，复印纸原纸应不多于30 t。

6.2 供方应保证生产的产品质量符合本标准的要求，每件纸交货时应附有一份合格证。

6.3 计数抽样检验程序按GB/T 2828.1规定进行，样本单位为箱(件、卷)。接收质量限(AQL)：厚度、不透明度AQL=4.0；定量、定量偏差、挺度、亮度、平滑度、施胶度、尘埃度、交货水分、尺寸偏差、外观质量、内装量偏差AQL=6.5。抽样方案采用正常检验二次抽样方案，检验水平为特殊检验水平S-2(见表4)。

表4 抽样方案

批量/箱(件、卷)	正常检验二次抽样方案 特殊检验水平S-2				
	样本量	AQL=4.0		AQL=6.5	
		Ac	Re	Ac	Re
2～150	3	0	1	—	—
	2	—	—	0	1
151～500	3	0	1	—	—
	5	—	—	0	2
	5(10)	—	—	1	2

6.4 可接收性的确定:第一次检验的样品数量应等于该方案给出的第一样本量。如果第一样本中发现的不合格品数小于或等于第一接收数,应认为该批是可接收的;如果第一样本中发现的不合格品数大于或等于第一拒收数,应认为该批是不可接收的。如果第一样本中发现的不合格品数介于第一接收数与第一拒收数之间,应检验由方案给出样本量的第二样本并累计在第一样本和第二样本中发现的不合格数。如果不合格品累计数小于或等于第二接收数,则判定该批是可接收的;如果不合格品累计数大于或等于第二拒收数,则判定该批是不可接收的。

6.5 需方若对产品质量有异议,应在到货后三个月内通知供方共同复验,或委托共同商定的检验部门进行复验。复验结果如不符合本标准或订货合同的规定,则判为批不可接收,由供方负责处理;如符合本标准或订货合同的规定,则判为批可接收,由需方负责处理。

7 标志、包装、运输、贮存

7.1 产品的包装与标志应按7.2、7.3进行,或符合订货合同的规定。

7.2 每包(件、卷)纸的外包装应明显标出产品名称、产品标准编号、商标、规格、张数、定量、等级和生产企业名称、地址等。每箱(件、卷)内应放一张产品合格证。

7.3 复印纸应用具有防潮性能的纸或其他材料包好,封牢。

7.4 产品运输时,应使用具有防护措施的洁净的运输工具,不应与有污染的物质共同运输。搬运和堆垛产品时,不应将产品从高处扔下。

7.5 产品应妥善保管,严防雨、雪和地面湿气的影响。

ICS 85.060
Y 32

中华人民共和国国家标准

GB/T 24989—2010

装　饰　原　纸

Decorative bese paper

2010-08-09 发布　　2010-12-01 实施

中华人民共和国国家质量监督检验检疫总局
中国国家标准化管理委员会　发布

前 言

本标准由中国轻工业联合会提出。

本标准由全国造纸工业标准化技术委员会归口。

本标准起草单位:山东齐峰特种纸业股份有限公司、中国制浆造纸研究院、国家纸张质量监督检验中心。

本标准主要起草人:李学峰、李安东、王镭、朱洪升。

装 饰 原 纸

1 范围

本标准规定了装饰原纸的分类、要求、试验方法、检验规则和标志、包装、运输、贮存。

本标准适用于直接浸渍或印刷后浸渍，经热压层合加工，用于人造板饰面的原纸。

2 规范性引用文件

下列文件中的条款通过本标准的引用而成为本标准的条款。凡是注日期的引用文件，其随后所有的修改单（不包括勘误的内容）或修订版均不适用于本标准，然而，鼓励根据本标准达成协议的各方研究是否可使用这些文件的最新版本。凡是不注日期的引用文件，其最新版本适用于本标准。

GB/T 450 纸和纸板 试样的采取及试样纵横向、正反面的测定(GB/T 450—2008，ISO 186:2002，MOD)

GB/T 451.1 纸和纸板尺寸及偏斜度的测定

GB/T 451.2 纸和纸板定量的测定(GB/T 451.2—2002，eqv ISO 536:1995)

GB/T 451.3 纸和纸板厚度的测定(GB/T 451.3—2002，eqv ISO 534:1988)

GB/T 456 纸和纸板平滑度的测定(别克法)(GB/T 456—2002，idt ISO 5627:1995)

GB/T 458 纸和纸板 透气度的测定(GB/T 458—2008；ISO 5636-2:1984，MOD；ISO 5636-3:1992，MOD；ISO 5636-5:2003，MOD)

GB/T 459 纸和纸板伸缩性的测定

GB/T 461.1 纸和纸板毛细吸液高度的测定(克列姆法)(GB/T 461.1—2002，eqv ISO 8787:1989)

GB/T 462 纸、纸板和纸浆 分析试样水分的测定(GB/T 462—2008；ISO 287:1985，MOD；ISO 638:1978，MOD)

GB/T 465.2 纸和纸板 浸水后抗张强度的测定(GB/T 465.2—2008，ISO 3781:1983，MOD)

GB/T 742 造纸原料、纸浆、纸和纸板 灰分的测定 (GB/T 742—2008，ISO 2144:1997，MOD)

GB/T 1540 纸和纸板吸水性的测定(可勃法)(GB/T 1540—2002，neq ISO 535:1991)

GB/T 1541 纸和纸板 尘埃度的测定

GB/T 10342 纸张的包装和标志

GB/T 10739 纸、纸板和纸浆试样处理和试验的标准大气条件(GB/T 10739—2002，eqv ISO 187:1990)

GB/T 12914 纸和纸板 抗张强度的测定(GB/T 12914—2008；ISO 1924-1:1992，MOD；ISO 1924-2:1992，MOD)

GB/T 13528 纸和纸板表面 pH 值的测定法

3 分类

3.1 装饰原纸按用途分为Ⅰ型和Ⅱ型两种型号。

Ⅰ型—用于直接浸渍的装饰原纸；

Ⅱ型—用于印刷后浸渍的装饰原纸。

3.2 装饰原纸按质量分为优等品和合格品两个等级。

3.3 装饰原纸为卷筒纸。

3.4 根据订货合同规定可以生产不同颜色的装饰原纸。

4 要求

4.1 装饰原纸的技术指标应符合表1或订货合同的规定。

表 1

技术指标			单位	规定			
				Ⅰ型		Ⅱ型	
				优等品	合格品	优等品	合格品
定量			g/m²	60.0～135		50.0～110	
定量偏差			%	±3	±5	±3	±5
紧度			g/cm³	0.65～0.90		0.65～0.90	
抗张力(纵向)		≥	N/15 mm	25.0	15.0	25.0	15.0
湿抗张力(纵向)		≥	N/15 mm	6.0	5.0	6.0	5.0
平滑度(正面)		≥	s	17		100	
灰分			%	12～50		12～50	
吸水高度(纵向)		≥	mm/10 min	20	18	20	18
透气度		≤	s/100 mL	25	27	25	27
表面吸收性			%	90～130		90～130	
伸缩性	纵向		%	0.3～1.5		0.3～1.5	
	横向			1.0～4.0		1.0～4.0	
尘埃度			个/m²				
0.15 mm²～0.3 mm²		≤		10		10	
>0.3 mm²～0.5 mm²		≤		5		5	
>0.5 mm²～2.5 mm²		≤		1		1	
>2.5 mm²				不应有		不应有	
水分		≤	%	4.0		4.0	
pH				6.5～7.5		6.5～7.5	

4.2 装饰原纸幅宽尺寸为1 230 mm、1 250 mm或按合同规定，偏斜度应不超过3 mm，卷筒纸幅宽尺寸偏差应不超过±3 mm，卷筒直径为500 mm～1 200 mm。

4.3 在复卷过程中不应有硬质块、折子、皱纹及裂口、显著毛布痕等影响使用的纸病。

4.4 同批纸的颜色不应有明显差异，即同批纸的色差 ΔE^* 应不大于2.0。

4.5 每卷纸接头应不超过1个，且接头处应粘接牢固、洁净，不应有粘连现象。

5 试验方法

5.1 试样的处理和测定按GB/T 10739进行。

5.2 试样的采取按GB/T 450进行。

5.3 尺寸、偏斜度、定量和横幅定量差按GB/T 451.1和GB/T 451.2进行测定。

5.4 紧度按GB/T 451.3规定进行测定。

5.5 抗张力按GB/T 12914规定进行测定，仲裁时采用横速拉伸法进行测定。

5.6 湿抗张力按GB/T 465.2规定进行测定，仲裁时采用横速拉伸法进行测定。

5.7 平滑度按GB/T 456规定进行测定。

5.8 灰分按 GB/T 742 规定进行测定。

5.9 吸水高度按 GB/T 461.1 规定进行测定。

5.10 透气度按 GB/T 458 规定进行测定。

5.11 表面吸收性按 GB/T 1540 规定进行测定。

5.12 伸缩性按 GB/T 459 规定进行测定。

5.13 尘埃度按 GB/T 1541 规定进行测定。

5.14 水分按 GB/T 462 规定进行测定。

5.15 pH 值按 GB/T 13528 规定进行测定。

6 检验规则

6.1 以一次交货为一批，但应不多于 50 t。

6.2 供方应保证所生产的纸张符合本标准或订货合同的规定，每卷纸交货时应附一份产品质量合格证。

6.3 计数抽样检验程序按 GB/T 2828.1 规定进行，样本单位为卷(件)。装饰原纸接收质量限(AQL)：定量、灰分、湿抗张力、透气度为 4.0；紧度、抗张力、平滑度、尘埃度、吸水高度、表面吸收性、伸缩性、水分、pH、色差 ΔE^*、尺寸偏差、外观为 6.5。抽样方案采用正常检验二次抽样方案，检查水平为特殊检查水平 S-2，抽样方案见表 2。

表 2

批量/卷	正常检验二次抽样方案　特殊检验水平 S-2				
	样本量	AQL=4.0		AQL=6.5	
		Ac	Re	Ac	Re
2～150	3	0	1	—	—
	2	—	—	0	1
151～1 200	3	0	1	—	—
	5	—	—	0	2
	5(10)	—	—	1	2

6.4 可接收性的确定：第一次检验的样品数量应等于该方案给出的第一样本数量。如果第一样本中发现的不合格品数小于或等于第一接收数，应认为该批是可以接收的；如果第一样本中发现的不合格品数大于或等于第一接收数，应认为该批是不可以接收的；如果第一样本中发现的不合格品数介于第一接收数与第一拒收数之间，应检验由方案给出样本量的第二样本并累积在第一样本和第二样本中发现的不合格品数。如果不合格品累积数小于或等于第二接收数，则判定该批是可以接收的；如果不合格品累积数大于或等于第二接收数，则判定该批是不可以接收的。

6.5 需方若对产品质量有异议，应在到货 3 个月内通知供方对该产品进行共同检验，如不符合本标准或合同规定，则判为该批不合格，由供方负责处理；如符合本标准的规定，则判为该批合格，由需方负责处理。

6.6 供需双方在质量上发生争议时，应由产品质量监督机构进行仲裁检验。

7 标志、包装、运输、贮存

7.1 装饰原纸的包装和标志按照 GB/T 10342 规定进行或按订货合同的要求进行。

7.2 运输时应用防雨、防潮、洁净的运输工具，并不应与有污染的物质及易燃物放在一起。

7.3 搬运时不应将纸卷从高处扔下或就地翻滚移动。

7.4 贮存时应防止雨、雪和地面潮湿的影响，并严禁大型物品挤压。

7.5 由于贮存和运输不符合本标准要求，致使装饰原纸发生变质或其他损坏，应由造成损失的责任方负责。

ICS 85-010
Y 30

中华人民共和国国家标准

GB/T 24990—2010

纸、纸板和纸浆 铬含量的测定

Paper, board and pulps—Determination of chromium

2010-08-09 发布　　2010-12-01 实施

中华人民共和国国家质量监督检验检疫总局
中国国家标准化管理委员会　发布

前言

本标准的附录 A、附录 B 为资料性附录。

本标准由中国轻工业联合会提出。

本标准由全国造纸工业标准化技术委员会(SAC/TC 141)归口。

本标准起草单位:深圳出入境检验检疫局工业品检测技术中心、中国制浆造纸研究院、深圳市检验检疫科学研究院、国家纸张质量监督检验中心。

本标准主要起草人:徐嵘、陈旭辉、顾浩飞、杨左军、魏东。

纸、纸板和纸浆　铬含量的测定

1　范围

本标准规定了纸、纸板和纸浆中微量的铬含量的测定方法。

本标准适用于各种可用干法消解或硝酸湿法消解以检测样品中铬含量的纸、纸板及纸浆。

方法的检出限取决于所采用的仪器，用火焰法原子吸收测定，一般约为 10 mg/kg，用石墨炉法原子吸收测定，一般约为 50 μg/kg。

2　规范性引用文件

下列文件中的条款通过本标准的引用而成为本标准的条款。凡是注日期的引用文件，其随后所有的修改单(不包括勘误的内容)或修订版均不适用于本标准，然而，鼓励根据本标准达成协议的各方研究是否可使用这些文件的最新版本。凡是不注日期的引用文件，其最新版本适用于本标准。

GB/T 450　纸和纸板　试样的采取及试样纵横向、正反面的测定(GB/T 450—2002，ISO 186：1994，MOD)

GB/T 462　纸、纸板和纸浆　分析试样水分的测定(GB/T 462—2008；ISO 287：1985，MOD；ISO 638：1978，MOD)

GB/T 740　纸浆　试样的采取(GB/T 740—2003，ISO 7213：1981，IDT)

GB/T 6682　分析实验室用水规格和试验方法(GB/T 6682—2008，ISO 3696：1987，NEQ)

3　原理

3.1　干法消解

将试样高温灼烧灰化后，溶于硝酸，采用标准曲线法火焰原子吸收测定铬的含量。

注：因高温灼烧后不溶于硝酸的高岭土或瓷土等无机物，会对样品中的铬产生吸附，故本方法仅适用于采用火焰法进行铬含量测定的纸浆或未涂布高岭土及无机填料较少的纸和纸板。可在测试过程中同时进行加标回收试验以判断方法的适用性。

3.2　密闭湿法消解

在密闭容器中，用硝酸在高温高压条件下消解试样，稀释后得到待测样品，根据检验的限量要求，选择标准曲线法火焰原子吸收或标准加入法石墨炉原子吸收测定铬的含量。

3.3　常压湿法消解

用浓硫酸将试样炭化，加入硝酸加热消解，得到澄清的待测样品，根据检验的限量要求，选择标准曲线法火焰原子吸收或标准加入法石墨炉原子吸收测定铬的含量。

注：因不溶于加热的混合酸的高岭土或瓷土等无机物，会对样品中的铬产生吸附，故本方法仅适用于纸浆，可在测试过程中同时进行加标回收试验以判断方法的适用性。

4　试剂

除非另有说明，在分析中仅使用确认为优级纯的试剂。

4.1　水，符合 GB/T 6682 的二级水。

4.2　浓硝酸(HNO_3)，1.40 g/mL，质量分数是 65%～68%。

4.3　硫酸(H_2SO_4)，1.83 g/mL，质量分数约 95%～98%。

4.4　过氧化氢(H_2O_2)，1.11 g/mL，质量分数大于等于 30%。

4.5 基体改进剂:选用何种基体改进剂可通过空白试验来确定,推荐以下几种基体改进剂。

4.5.1 硝酸钯储备溶液,0.4%,取 2.0 g 的 $Pd(NO_3)_2$ 溶解于 10 mL 的浓硝酸(4.2)中,再用水在容量瓶中将其稀释至 500 mL。有效期半年。

4.5.2 硝酸钯工作溶液,200 mg/L,取 5 mL 硝酸钯储备溶液(4.5.1),用水稀释至 100 mL。溶液即配即用。

4.5.3 磷酸二氢铵+硝酸镁溶液,1%+0.06%,取 1.0 g 的 $NH_4H_2PO_4$ 和 0.06 g 的 $Mg(NO_3)_2 \cdot 6H_2O$ 溶于水,稀释至 100 mL。溶液即配即用。

4.6 铬标准储备溶液,100 mg/L,称取 0.373 4 g 于 105 ℃干燥至恒重的铬酸钾(K_2CrO_4)于烧杯中,用少量水溶解,再加入 20 mL 浓硝酸(4.2),用水稀释至 1 L。溶液保存在密闭聚乙烯容器中。有效期半年。

5 仪器

常规实验室仪器及以下各项。

5.1 马弗炉,温度能达到 550 ℃,允许偏差±25 ℃。

5.2 陶瓷坩埚,100 mL,内表面洁白、平滑。

5.3 高温烘箱,控温范围:常温~200 ℃,控温精度:±2 ℃。

5.4 压力溶弹,配 100 mL 聚四氟乙烯的内罐。

5.5 微波消解仪,配 100 mL 聚四氟乙烯内罐的全密闭消解容器。

5.6 可调温电热套,配套圆底烧瓶及冷凝装置;或消化炉,配套消化管及冷凝装置。

5.7 火焰法原子吸收光谱仪,配铬空心阴极灯。

5.8 石墨炉法原子吸收光谱仪,配铬空心阴极灯。

注:根据所采用的消解方法及分析方法选择相应的仪器。

6 取样与试样的制备

6.1 取样

试样的采取按照 GB/T 450 或 GB/T 740 的有关规定进行。

6.2 试样的制备

将样品剪成约 5 mm×5 mm 的小块。彻底混匀,防止污染。试样称量前在天平附近至少平衡 20 min。

6.3 水分含量的测定

按照 GB/T 462 测定试样的水分,用以计算试样的绝干物含量。

警告:使用本标准的人员应有正规实验室工作的实践经验。本标准未指出所有可能的安全问题,使用者有责任采取适当的安全和健康措施,并保证符合国家有关法规规定的条件。

7 分析步骤

7.1 方法一:干法消解

7.1.1 空白试验

与试样的测定平行进行,取相同量的所有试剂,采用相同的分析步骤,但不加试样。

7.1.2 试验

做两份试样的平行测定。

称取约 1 g 风干试样,精确至 0.001 g,放入坩埚(5.2),如样品的铬含量超出了测试范围,则根据检测值对试样量进行调整。同时称取两份试样按照 GB/T 462 测定样品的水分,用以计算样品的绝干物含量。

将坩埚放入马弗炉(5.1)中，升温至200 ℃±25 ℃，保持1 h；继续升温至550 ℃±25 ℃，保持4 h。盖上坩埚盖，取出坩埚，自然降温至室温。

仔细地沿壁向坩埚中滴入少量的水以浸润灼烧后的残余物，加入2.5 mL浓硝酸(4.2)，稀释、过滤，移入50 mL的容量瓶中，用水洗涤坩埚、滤纸数次，洗涤液一并移入容量瓶，然后用水定容至刻度。

7.2 方法二：高压湿式消解法

7.2.1 空白试验

与试样的测定平行进行，取相同量的所有试剂，采用相同的分析步骤，但不加试样。

7.2.2 试验

做两份试样的平行测定。

称取约0.4 g的风干试样，精确至0.001 g，放入压力溶弹(5.4)的聚四氟乙烯内罐中，加入4 mL的浓硝酸(4.2)，1 mL的过氧化氢(4.4)，1 mL的水，将压力溶弹放入烘箱(5.3)，升温至95 ℃±2 ℃，保持1 h，之后再继续升温至185 ℃±2 ℃，保持4 h。关闭电源，在烘箱中自然冷却至室温，取出压力溶弹，并小心地在通风柜中打开，让二氧化氮烟雾从消解罐中排出。将消解内罐中的溶液用水适当稀释，过滤于50 mL的容量瓶内，用水洗涤消解内罐及滤纸数次，洗涤液一并移入容量瓶，然后用水定容至刻度。

7.3 方法三：微波消解法

7.3.1 空白试验

与试样的测定平行进行，取相同量的所有试剂，采用相同的分析步骤，但不加试样。

7.3.2 试验

做两份试样的平行测定。

称取约0.4 g的风干试样，精确到0.001 g，放入微波消解仪(5.5)聚四氟乙烯的内罐中，加入4 mL的浓硝酸(4.2)，2 mL的过氧化氢(4.4)，2 mL的水，放入微波消解仪。根据微波消解仪的使用说明书，选择适当的控制方式(控制方案可参见附录A)，消解反应，冷却，取出消解罐，并在通风柜中打开。让二氧化氮烟雾从消解罐中排出，将消解内罐中剩留的溶液用水适当稀释，过滤至50 mL的容量瓶内，用水洗涤消解内罐及滤纸数次，洗涤液一并移入容量瓶，然后用水定容至刻度。

注：由于微波消解仪以及消解罐容积的不同，根据微波消解仪的使用说明书的要求调整试样量。

7.4 方法四：常压湿式消解法

7.4.1 空白试验

与试样的测定平行进行，取相同量的所有试剂，采用相同的分析步骤，但不加试样。

7.4.2 试验

做两份试样的平行测定。

称取约1 g的风干试样，精确至0.001 g，放入250 mL圆底烧瓶或消化管中，加入2 mL～3 mL的硫酸(4.3)，在圆底烧瓶或消化管上接冷凝装置，在电热板或消化炉(5.6)上加热碳化，冷却；再加入2 mL～4 mL的硝酸(4.2)，加热直至澄清的无色或微黄色溶液为止；当加热过程中产生白烟或溶液变黑时，需冷却，适当增加少量的硝酸，再次加热直至澄清的无色或微黄色溶液为止。冷却，用适量水洗涤冷凝装置、圆底烧瓶或消化管，溶液经过滤移入50 mL容量瓶中，然后用水定容至刻度。

注：方法四仅适用于纸浆或无涂布、无填料的纸，因不溶于硝酸的高岭土或瓷土等无机物，会对样品中的铬产生吸附。

8 铬含量的测定

8.1 总则

根据产品的限量要求选择石墨炉原子吸收法或火焰原子吸收法进行铬含量的测定。

8.2 石墨炉原子吸收法

8.2.1 最终的铬标准工作溶液的浓度取决于所使用的分析仪器，一般情况下，标准工作溶液的浓度为

50 μg/L。准确移取 1 mL 铬标准储备溶液(4.6),用水稀释至 100 mL 得到浓度为 1 mg/L 稀释液;再准确移取 5 mL 的铬稀释液,用水稀释至 100 mL,溶液即用即配。

8.2.2 根据石墨炉原子吸收光谱仪的操作手册设定参数,并使仪器操作参数最佳化。

注:设定参数的举例参见附录 B。

8.2.3 将空白溶液、待测溶液、铬标准工作溶液(8.2.1)、水(4.1)及基体改进剂放入仪器的自动进样器中,通过仪器的控制程序,在石墨管中分别在等量的待测溶液中,加入不同铬含量的系列工作溶液,表 1 是典型的溶液及其体积的例子。

表 1 标准加入法的举例

单位为微升

待测定液	标准工作溶液	样品	稀释液	基体改进剂(4.5)
空白	0	0	20	5
溶液 1	4	10	6	5
溶液 2	8	10	2	5
溶液 3	10	10	0	5
样品	0	10	10	5

8.2.4 在 357.9 nm 处测定各溶液的吸光度。以铬浓度为 X 轴,溶液的吸光度为 Y 轴,通过四点划一条直线,此线的相反方向与 X 轴相交,交叉点的值即为待测溶液的铬含量。

注:如四点不在一条直线,则可选择拟合得最好的一条线,若从图形可明显看出测试的精度很差时,重复测试。如坐标上的四点仍然十分离散,则说明有严重的误差或测定结果超出了检出限。

8.2.5 结果计算

铬含量以铬的质量分数 X_{Cr} 计,按式(1)计算:

$$X_{Cr}=\frac{(c_1-c_0)\times V}{m} \quad \cdots\cdots(1)$$

式中:

X_{Cr}——试样中铬的含量,单位为微克每千克(μg/kg);

c_1——试验溶液中铬的浓度,单位为微克每升(μg/L);

c_0——空白试液中铬的浓度,单位为微克每升(μg/L);

V——试验溶液的总体积,单位为毫升(mL);

m——试样的绝干质量,单位为克(g)。

计算结果保留两位有效数字。两测试结果的绝对差值不得大于算术平均值的 20%,以平均值作为测试结果。

8.3 火焰原子吸收法

8.3.1 用移液管分别准确移取 0 mL、0.5 mL、1 mL、1.5 mL、2 mL 的铬标准储备溶液(4.6)于 50 mL 的容量瓶中,加入 2.5 mL 的浓硝酸(4.2),加水定容,每毫升上述标准溶液分别含铬 0 μg、1.0 μg、2.0 μg、3.0 μg、4.0 μg。

8.3.2 根据火焰原子吸收光谱仪操作手册设定参数,并使仪器操作参数最佳化。用空气-乙炔火焰,在 357.9 nm 处测定空白溶液、标准工作溶液、待测溶液的吸光度。

8.3.3 绘制校准曲线,按式(2)计算试样的铬含量。

8.3.4 结果计算

铬含量以铬的质量分数 X_{Cr} 计,按式(2)计算:

$$X_{Cr}=\frac{(c_1-c_0)\times V}{m} \quad \cdots\cdots(2)$$

式中：

X_{Cr}——试样中铬的含量，单位为毫克每千克(mg/kg)；

c_1——试验溶液中铬的浓度，单位为毫克每升(mg/L)；

c_0——空白试液中铬的浓度，单位为毫克每升(mg/L)；

V——试验溶液的总体积，单位为毫升(mL)；

m——试样的绝干质量，单位为克(g)。

计算结果保留两位有效数字。两测试结果的绝对差值不得大于算术平均值的10%，以平均值作为测试结果。

9 质量保证和控制

9.1 试样在称量前在天平附近平衡20 min，可解决因试样本身的水分变化而导致称量数据的不稳定。

9.2 注意坩埚的个体差异所引起的空白值的差异，变黄、内表面粗糙的坩埚不建议使用。试验用坩埚、玻璃器皿使用前应当用稀硝酸浸泡，冲洗干净。

9.3 微波消解可有不同的控制方式，有多种温度/压力/功率、时间和加酸量等不同的参数组合，可根据实际情况设定。只要保证消解完全且均有较高回收率的消解方法均可使用。充分消解后通常可得到澄清的溶液，残余物为白色。

9.4 分析仪器可根据实验室的实际情况选择，只要仪器的检出限满足检验的限量要求即可。由于分析仪器灵敏度的不同，操作人员应根据仪器的测试范围选择合适的标准工作溶液范围。

9.5 当采用石墨炉原子吸收法进行分析时，一般采用标准加入法测定。但在实践中，只要不受基体干扰，可采用标准曲线法进行测定，同时注意控制工作曲线的酸度应与待测溶液一致。

9.6 采用密闭湿法消解、石墨炉法测定时，如有条件，可在消解后增加赶酸工序——将消解内罐放入配套的加热板上加热，直至罐内剩余2 mL的溶液，再进行稀释、过滤、定容。增加赶酸工序可降低待测溶液的酸度，标准加入法测定时可直接用水作为稀释液，延长石墨管的使用寿命。

10 精密度

由于微量分析的精密度取决于样品的消解特性、基体和材料组分的均匀性，所以方法的精密度难以用一般性的数据来说明。若进行重复性测定，重复测定的结果在平均值的±10%以内，可认为重复性满意。

在金属元素的微量分析中，由于样品固有的不均匀性，重复测试的结果可能会不一致。

实验室间比对说明，若不同实验室间的测试结果相差在30%以内，是可接受的。当测试结果接近方法检出限时，很难达到这样的重复性。

11 试验报告

试验报告应包括下列项目：

a) 参照本国家标准编号；

b) 测试的日期和地点；

c) 试样制备的描述；

d) 所用的消解过程(方法一、方法二、方法三或方法四)；

e) 测试仪器的描述(火焰法或石墨炉法)；

f) 测试的平均值；

g) 标准步骤变更的说明，或所观察到的任何会影响测试结果的异常现象。

附 录 A
（资料性附录）
微波消解的设定参数举例

A.1 ETHOS TC 微波消解仪

控制程序：温度主控。

步骤	爬坡时间/min	温度/℃	保持时间/min
1	5	90	—
2	10	140	—
3	5	180	10～30[1]

A.2 Mars 微波消解仪（配超高压消解罐）

控制程序：温度主控，压力辅控。

步骤	爬坡时间/min	压力/psi[2]	温度/℃	保持时间/min
1	5	400	95	5
2	5	400	185	15～30[1]

A.3 Mars 微波消解仪（配高处理量消解罐）

控制程序：温度主控。

步骤	爬坡时间/min	温度/℃	保持时间/min
1	5	120	5
2	5	150	10
3	5	175	10
4	5	185	10

A.4 Multiwave 3000 微波消解仪

控制程序：温度主控，安全升压速度 0.3 bar/s[3]。

步骤	爬坡时间/min	温度/℃	保持时间/min
1	5	150	10
2	10	240	20

A.5 MWS-3＋微波消解仪

控制程序：温度主控。

步骤	爬坡时间/min	温度/℃	保持时间/min
1	5	165	5
2	1	185	5～20[1]
冷却	1	100	10

1） 根据样品消解的难易程度调整时间，一般有涂布、填料多的样品选择长一点的消解时间。

2） 1 psi＝6.895 kPa。

3） 1 bar/s＝100 kPa/s。

附 录 B
（资料性附录）
原子化设定参数举例

B.1 火焰法

波长：357.9 nm；
狭缝：0.2 nm；
灯电流：7 mA；
氘灯扣背景。

B.2 石墨炉法

波长：357.9 nm；
狭缝：0.7 nm；
灯电流：5 mA；
升温过程：

步骤	温度/℃	爬坡时间/s	保持时间/s
1	110	5	30
2	130	15	30
3	1 500	10	20
4	2 300	0	5
5	2 450	1	3

塞曼效应扣背景。

ICS 85-010
Y 30

中华人民共和国国家标准

GB/T 24991—2010

纸、纸板和纸浆　铅含量的测定 石墨炉原子吸收法

Paper, board and pulps—Determination of lead content—Graphite furnace atomic absorption spectrometry method

2010-08-09 发布　　2010-12-01 实施

中华人民共和国国家质量监督检验检疫总局
中国国家标准化管理委员会　发布

前　言

本标准的附录 A、附录 B 为资料性附录。

本标准由中国轻工业联合会提出。

本标准由全国造纸工业标准化技术委员会(SAC/TC 141)归口。

本标准起草单位:深圳出入境检验检疫局工业品检测技术中心、中国制浆造纸研究院、深圳市检验检疫科学研究院。

本标准主要起草人:徐嵘、陈旭辉、顾浩飞、陈向阳、易峰。

纸、纸板和纸浆　铅含量的测定
石墨炉原子吸收法

1　范围

本标准规定了石墨炉原子吸收法测定纸、纸板和纸浆中铅含量的方法。

本标准适用于各种可用硝酸湿法消解、包括含有再生纤维在内的纸浆、纸及纸板。

本方法的检出限约为 60 μg/kg。

2　规范性引用文件

下列文件中的条款通过本标准的引用而成为本标准的条款。凡是注日期的引用文件，其随后所有的修改单(不包括勘误的内容)或修订版均不适用于本标准，然而，鼓励根据本标准达成协议的各方研究是否可使用这些文件的最新版本。凡是不注日期的引用文件，其最新版本适用于本标准。

GB/T 450　纸和纸板　试样的采取及试样纵横向、正反面的测定(GB/T 450—2008，ISO 186：2002，MOD)

GB/T 462　纸、纸板和纸浆　分析试样水分的测定(GB/T 462—2008；ISO 287：1985，MOD；ISO 638：1978，MOD)

GB/T 740　纸浆　试样的采取(GB/T 740—2003，ISO 7213：1981，IDT)

GB/T 6682　分析实验室用水规格和试验方法(GB/T 6682—2008，ISO 3696：1987，MOD)

3　原理

在密闭容器中，用硝酸在高温高压条件下消解试样，稀释后得到待测样品，采用标准加入法石墨炉原子吸收测定铅的含量。

4　试剂

除非另有说明，在分析中仅使用确认为优级纯的试剂。

4.1　水，GB/T 6682，二级。

4.2　浓硝酸(HNO_3)，ρ=1.40 g/mL，质量分数是 65%～68%。

4.3　过氧化氢(H_2O_2)，ρ=1.11 g/mL，质量分数≥30%。

4.4　基体改进剂：选用何种基体改进剂可通过空白试验来确定，推荐以下几种基体改进剂。

4.4.1　硝酸钯储备溶液，0.4%，取 2.0 g 的 $Pd(NO_3)_2$ 溶解于 10 mL 的浓硝酸(4.2)中，再用水在容量瓶中将其稀释至 500 mL。有效期半年。

4.4.2　硝酸钯工作溶液，200 mg/L，取 5 mL 硝酸钯储备溶液(4.4.1)，用水稀释至 100 mL。溶液即配即用。

4.4.3　磷酸二氢铵+硝酸镁溶液，1%+0.06%，取 1.0 g 的 $NH_4H_2PO_4$ 和 0.06 g 的 $Mg(NO_3)_2 \cdot 6H_2O$ 溶于水，稀释至 100 mL。溶液即配即用。

4.5　铅标准储备溶液，100 mg/L，称取 0.159 8 g 硝酸铅[$Pb(NO_3)_2$]于烧杯中，加入少量水，再加入 20 mL 的浓硝酸(4.2)溶解后，用水稀释至 1 L。溶液保存在密闭聚乙烯容器中。有效期半年。

5　仪器

常规实验室仪器及以下各项。

5.1 高温烘箱,控温范围:常温～200 ℃,控温精度:±2 ℃。

5.2 压力溶弹,配 100 mL 聚四氟乙烯的内罐。

5.3 微波消解仪,配 100 mL 聚四氟乙烯内罐的全密闭消解容器。

5.4 电热板,温度可控。

5.5 石墨炉法原子吸收光谱仪,配铅空心阴极灯。

6 取样与试样的制备

6.1 取样

试样的采取按照 GB/T 450 或 GB/T 740 的有关规定进行。

6.2 试样的制备

将样品剪成约 5 mm×5 mm 的小块。彻底混匀,防止污染。试样称量前在天平附近至少平衡 20 min。

6.3 水分含量的测定

按照 GB/T 462 测定试样的水分,以计算试样的绝干物含量。

警告:使用本标准的人员应有正规实验室工作的实践经验。本标准未指出所有可能的安全问题,使用者有责任采取适当的安全和健康措施,并保证符合国家有关法规规定的条件。

7 分析步骤

7.1 方法一:高压消解法

7.1.1 空白试验

与试样的测定平行进行,取相同量的所有试剂,采用相同的分析步骤,但不加试样。

7.1.2 试验

做两份试样的平行测定。称取约 0.4 g 的风干试样,精确到 0.001 g,放入压力溶弹(5.2)的聚四氟乙烯内罐中,加入 4 mL 浓硝酸(4.2)、1 mL 过氧化氢(4.3)和 1 mL 水,将压力溶弹放入烘箱(5.1),升温至 95 ℃±2 ℃,保持 1 h,之后再继续升温至 185 ℃±2 ℃,保持 4 h。关闭电源,在烘箱中自然冷却至室温,取出压力溶弹,并小心地在通风柜中打开,让二氧化氮烟雾从消解罐中排出,将消解内罐中的溶液用水适当稀释,过滤于 50 mL 的容量瓶内,用水洗涤消解内罐及滤纸数次,洗涤液一并移入容量瓶后定容。

7.2 方法二:微波消解法

7.2.1 空白试验

与试样的测定平行进行,取相同量的所有试剂,采用相同的分析步骤,但不加试样。

7.2.2 试验

做两份试样的平行测定。称取约 0.4 g 的风干试样,精确到 0.001 g,放入微波消解仪(5.3)聚四氟乙烯的内罐中,加入 4 mL 浓硝酸(4.2)、2 mL 过氧化氢(4.3)和 2 mL 水,放入微波消解仪。根据微波消解仪的使用说明书,选择适当的控制方式(控制方案可参见附录 A),消解反应,冷却,取出消解罐,并在通风柜中打开。让二氧化氮烟雾从消解罐中排出,将消解内罐中的溶液用水适当稀释,过滤于 50 mL 的容量瓶内,用水洗涤消解内罐及滤纸数次,洗涤液一并移入容量瓶后定容。

注:由于微波消解仪以及消解罐容积的不同,根据微波消解仪使用说明书的要求调整试样量。

7.3 铅含量的测定

7.3.1 最终的铅标准工作溶液的浓度取决于所使用的分析仪器,一般情况下,标准工作溶液的浓度为 50 μg/L。准确移取 1 mL 铅标准储备溶液(4.5)于 100 mL 的容量瓶中,用水稀释至刻度得到浓度为 1 mg/L的稀释液;再准确移取 5 mL 的铅稀释液,用水稀释至 100 mL,溶液即用即配。该标准工作溶液每毫升含有 50 ng 的铅。

7.3.2 根据石墨炉原子吸收光谱仪的操作手册设定参数，并使仪器操作参数最佳化。

注：设定参数的举例参见附录B。

7.3.3 将空白溶液、待测溶液、铅标准工作溶液(7.3.1)、稀释液(水)及基体改进剂放入仪器的自动进样器，通过仪器的控制程序，分别在石墨管的等量待测溶液中加入不同铅含量的系列工作溶液，表1是典型的溶液及其体积的例子。

表1 标准加入法的举例

单位为微升

待测定液	标准工作溶液	样品	稀释液	基体改进剂(4.4)
空白	0	0	20	5
溶液1	4	10	6	5
溶液2	8	10	2	5
溶液3	10	10	0	5
样品	0	10	10	5

7.3.4 在283.3 nm处测定各溶液的吸光度。以铅浓度为X轴，溶液的吸光度为Y轴，绘制一条直线，此直线的相反方向与X轴相交，交叉点的值即为待测溶液的铅含量。

7.3.5 按式(1)计算试样中的铅含量。

铅含量以铅的质量分数 X_{Pb} 计，数值以微克每千克(μg/kg)表示，按式(1)计算。

$$X_{Pb}=\frac{(A_1-A_0)\times V}{m} \quad \cdots\cdots(1)$$

式中：

X_{Pb}——试样中铅的含量，单位为微克每千克(μg/kg)；

A_1——待测溶液中铅的浓度，单位为微克每升(μg/L)；

A_0——空白试液中铅的浓度，单位为微克每升(μg/L)；

V——待测溶液的总体积，单位为毫升(mL)；

m——试样的绝干质量，单位为克(g)。

计算结果保留两位有效数字。两测试结果的绝对差值不得大于算术平均值的20%，以平均值作为测试结果。

8 质量保证和控制

8.1 试样在称量前在天平附近平衡20 min，可解决因试样本身的水分变化而导致称量数据的不稳定。

8.2 微波消解可有不同的控制方式，有多种温度/压力/功率、时间、加酸量等不同的参数组合，可根据实际情况设定。只要保证消解完全且均有较高回收率的消解方法均可使用。充分消解后通常可得到澄清的溶液，残余物为白色。

8.3 分析仪器可根据实验室的实际情况选择，只要仪器的检出限满足检验的限量要求即可。由于分析仪器灵敏度的不同，操作人员应根据仪器的测试范围选择合适的标准工作溶液范围。

8.4 当采用石墨炉原子吸收法进行分析时，一般采用标准加入法测定。但在实践中，只要不受基体干扰，可采用标准曲线法进行测定，但应注意控制工作曲线的酸度与待测溶液一致。

8.5 采用密闭湿法消解、石墨炉法测定时，如有条件，可在消解后增加赶酸工序——将消解内罐放入配套的加热板上加热，直至罐内剩余2 mL的溶液，再进行稀释、过滤、定容。增加赶酸工序可降低待测溶液的酸度，标准加入法测定时可直接用水作为稀释液，延长石墨管的使用寿命。

9 精密度

由于痕量分析的精密度取决于样品的消解特性、基体和材料组分的均匀性，所以方法的精密度难以用一般性的数据来说明。若进行重复性测定，重复测定的结果在平均值的±10%以内，可认为重复性满意。

在金属元素的痕量分析中，由于样品固有的不均匀性，重复测试的结果可能会不一致。

实验室间比对说明，若不同实验室间的测试结果相差在30%以内，是可接受的。当测试结果接近方法检出限时，很难达到这样的重复性。

10 试验报告

试验报告应包括下列项目：

a） 参照本国家标准编号；

b） 测试的日期和地点；

c） 试样制备的描述；

d） 所用的消解过程(方法一、方法二)；

e） 测试仪器的描述；

f） 测试的平均值；

g） 标准步骤变更的说明，或所观察到的任何会影响测试结果的异常现象。

附 录 A
（资料性附录）
微波消解的设定参数举例

A.1 ETHOS TC 微波消解仪

控制程序：温度主控。

步骤	爬坡时间/min	温度/℃	保持时间/min
1	5	90	—
2	10	140	—
3	5	180	10～30[1]

A.2 Mars 微波消解仪（配超高压消解罐）

控制程序：温度主控，压力辅控。

步骤	爬坡时间/min	压力/psi[2]	温度/℃	保持时间/min
1	5	400	95	5
2	5	400	185	15～30[1]

A.3 Mars 微波消解仪（配高处理量消解罐）

控制程序：温度主控。

步骤	爬坡时间/min	温度/℃	保持时间/min
1	5	120	5
2	5	150	10
3	5	175	10
4	5	185	10

A.4 Multiwave 3000 微波消解仪

控制程序：温度主控，安全升压速度 0.3 bar/s[3]。

步骤	爬坡时间/min	温度/℃	保持时间/min
1	5	150	10
2	10	240	20

A.5 MWS-3+微波消解仪

控制程序：温度主控。

步骤	爬坡时间/min	温度/℃	保持时间/min
1	5	165	5
2	1	185	5～20[1]
冷却	1	100	10

1） 根据样品消解的难易程度调整时间，一般有涂布、填料多的样品选择长一点的消解时间。

2） 1 psi=6.895 kPa。

3） 1 bar/s=100 kPa/s。

附 录 B
（资料性附录）
石墨炉法原子化设定参数举例

波长：283.3 nm；

狭缝：0.7 nm；

灯电流：5 mA；

升温过程：

步骤	温度/℃	爬坡时间/s	保持时间/s
1	110	5	30
2	130	15	30
3	850	10	20
4	1 600	0	4
5	2 450	1	3

塞曼效应扣背景。

ICS 85-010
Y 30

中华人民共和国国家标准

GB/T 24992—2010

纸、纸板和纸浆　砷含量的测定

Paper, board and pulps—Determination of arsenic

2010-08-09 发布　　2010-12-01 实施

中华人民共和国国家质量监督检验检疫总局
中国国家标准化管理委员会　发布

前 言

本标准的附录 A、附录 B 均为资料性附录。

本标准由中国轻工业联合会提出。

本标准由全国造纸工业标准化技术委员会(SAC/TC 141)归口。

本标准起草单位：深圳出入境检验检疫局工业品检测技术中心、中国制浆造纸研究院、深圳市检验检疫科学研究院深圳市计量质量检测研究院、国家纸张质量监督检验中心。

本标准主要起草人：顾浩飞、徐嵘、陈旭辉、杨左军、章雅玲、黄开胜。

纸、纸板和纸浆　砷含量的测定

警告：使用本标准的人员应有正规实验室工作的实践经验。本标准未指出所有可能的安全问题。使用者有责任采取适当的安全和健康措施，并保证符合国家有关法规规定的条件。

1　范围

本标准规定了纸浆、纸和纸板中砷含量的测定方法。

本标准适用于各种可用硝酸湿法消解的纸浆、纸和纸板。

本标准提供了两种测定砷含量的方法，即氢化物原子荧光光度法与银盐比色法。检出限要根据所使用的检测仪器而定，本标准使用双道原子荧光光谱仪测定，检出限约为0.01 mg/kg，银盐比色法的检出限为0.5 mg/kg。

2　规范性引用文件

下列文件中的条款通过本标准的引用而成为本标准的条款。凡是注日期的引用文件，其随后所有的修改单（不包括勘误的内容）或修订版均不适用于本标准，然而，鼓励根据本标准达成协议的各方研究是否可使用这些文件的最新版本。凡是不注日期的引用文件，其最新版本适用于本标准。

GB/T 450　纸和纸板　试样的采取及试样纵横向、正反面的测定（GB/T 450—2008，ISO 186：2002，MOD）

GB/T 462　纸、纸板和纸浆　分析试样水分的测定（GB/T 462—2008；ISO 287：1985，MOD；ISO 638：1978，MOD）

GB/T 740　纸浆　试样的采取（GB/T 740—2003，ISO 7213：1981，IDT）

GB/T 6682　分析实验室用水规格和试验方法（GB/T 6682—2008，ISO 3696：1987，MOD）

3　方法一：氢化物原子荧光光度法

3.1　原理

试样经湿法消化后，除去硝酸等氧化性酸，在酸性条件下，加入硫脲＋抗坏血酸溶液使消解液中五价砷还原成三价砷，然后与由硼氢化钾溶液和酸反应产生的新生态氢反应生成气态氢化物，由载气带入石英原子化器中受热分解成原子态砷，在砷空心阴极灯发出的发射光束激发下，产生原子荧光，其荧光强度与砷含量成正比，与标准系列比较进行定量。

3.2　试剂

除非另有说明，在分析中仅使用确认为优级纯的试剂。

3.2.1　水，GB/T 6682，二级。

3.2.2　硝酸（HNO_3），ρ=1.40 g/mL，质量分数是65%～68%。

3.2.3　盐酸（HCl），ρ=1.18 g/mL，质量分数是36%～38%。

3.2.4　硫酸（H_2SO_4），ρ=1.84 g/mL，质量分数约95%～98%。

3.2.5　盐酸（HCl），5＋95，将50 mL的盐酸（3.2.3）加入到体积为950 mL的水中。

3.2.6　氢氧化钾溶液（KOH），20%，称取20 g氢氧化钾溶于水中，定容于100 mL容量瓶中。

3.2.7　硼氢化钾溶液（KBH_4），2%，称取0.5 g氢氧化钾于烧杯中，用100 mL水溶解，加入2.0 g的硼氢化钾继续溶解，若有沉淀，需过滤后使用，此溶液现用现配。

3.2.8　硫脲＋抗坏血酸溶液，5%＋5%，称取5.0 g硫脲和5.0 g抗坏血酸溶解于100 mL水中，此溶液现用现配。

3.2.9 砷标准储备溶液，100 mg/L，将三氧化二砷（As_2O_3）在（105±2）℃干燥 2 h 后，在干燥器中冷却，准确称取 0.132 0 g 干燥后的三氧化二砷（As_2O_3）于烧杯中，加入 25 mL 的 20%氢氧化钾溶液（3.2.6）溶解，转移到 1 000 mL 棕色容量瓶中，用（5+95）盐酸（3.2.5）定容至刻度。

3.2.10 砷标准使用溶液，0.2 mg/L，用移液管移取 1.00 mL 砷标准储备溶液（3.2.9）于 100 mL 容量瓶中，用（5+95）盐酸稀释至刻度，用移液管移取 10.00 mL 稀释后的溶液于 50 mL 容量瓶中，用（5+95）盐酸定容至刻度，此溶液当天配制。

3.3 仪器

3.3.1 可调温电热套或消化炉，配套圆底烧瓶或消化管、冷凝管。

3.3.2 高温烘箱，控温范围为常温～200 ℃，控温精度为±2 ℃。

3.3.3 压力消解罐，配 100 mL 聚四氟乙烯的内罐。

3.3.4 微波消解仪，配 100 mL 聚四氟乙烯内罐的全密闭高压或超压消解容器。

3.3.5 原子荧光光谱仪，配砷空心阴极灯。

3.3.6 其他试验常用仪器和器皿。

3.4 取样与试样的制备

3.4.1 取样

试样的采取按 GB/T 450 或 GB/T 740 规定进行。

3.4.2 试样的制备

将样品剪或撕成约 5 mm×5 mm 的小块，混合均匀，防止污染。试样称量前至少在天平附近平衡 20 min。

3.4.3 水分含量的测定

按照 GB/T 462 测定试样的水分，用以计算试样的绝干物质量。

3.5 分析步骤

3.5.1 前处理

3.5.1.1 常压消解法

3.5.1.1.1 空白试验

与试样的测定平行进行，取相同量的所有试剂，采用相同的分析步骤，但不加试样。

3.5.1.1.2 试验

做两份试样的平行测定。

称取约 1 g 的风干试样，精确至 0.001 g，放入 250 mL 圆底烧瓶或消化管中，加入 2 mL～3 mL 的硫酸（3.2.4），在圆底烧瓶或消化管上接冷凝管，在电热板或消化炉（3.3.1）上加热碳化，当出现冒白烟时，继续加热约 10 min，白烟冒尽，将冷凝管移开，加入 2 mL～4 mL 的硝酸（3.2.2），加入 2 粒～3 粒玻璃珠，接上冷凝管后加热控制微沸，并不时摇动圆底烧瓶或消化管，直至无黄褐色烟雾产生，并得到澄清或微黄色溶液（如果消化不完全，可适当增加硝酸的量，重复此步骤，直至溶液澄清或微黄色为止）。用适量水洗涤冷凝管，取下冷凝管，继续加热至产生白烟，此时溶液剩约 2 mL～3 mL，停止加热，稍冷后，用适量水洗涤圆底烧瓶或消化管，溶液经过滤移入 100 mL 容量瓶中，加入 20 mL 硫脲+抗坏血酸溶液（3.2.8），5 mL 的盐酸（3.2.3），用水定容至刻度。

注：常压消解法处理含有较多涂布或填料的样品时，消解液中会残留不溶于硝酸的高岭土或瓷土等无机物，会对样品中的砷产生吸附，故本方法仅适用于纸浆或未涂布高岭土及无机填料较少的纸和纸板，可在测试过程中同时进行加标回收试验以判断方法的适用性。

3.5.1.2 高压消解法

3.5.1.2.1 空白试验

与试样的测定平行进行，取相同量的所有试剂，采用相同的分析步骤，但不加试样。

3.5.1.2.2 试验

做两份试样的平行测定。

称取约 0.4 g 的风干试样，精确至 0.001 g，放入压力消解罐(3.3.3)的聚四氟乙烯内罐中，加入 6 mL 的硝酸，将压力消解罐放入烘箱(3.3.2)，升温至(95±2)℃，保持 1 h，再继续升温至(185±2)℃，保持 4 h。关闭电源，在烘箱中自然冷却至室温，取出压力消解罐，并小心地在通风柜中打开，将消解内罐中的溶液用水适当稀释，过滤于 100 mL 的烧杯中，加入 2 粒～3 粒玻璃珠，将烧杯置于电热板上加热至微沸，加热至产生白烟，此时溶液剩约 2 mL～3 mL，停止加热，稍冷后，在烧杯中加入适量水洗涤杯壁，移入 50 mL 容量瓶中(如有沉淀，则需过滤)，用水洗涤烧杯和滤纸数次，加入 10 mL 硫脲＋抗坏血酸，加入 2.5 mL 盐酸，用水定容至刻度。

3.5.1.3 微波消解法

3.5.1.3.1 空白试验

与试样的测定平行进行，取相同量的所有试剂，采用相同的分析步骤，但不加试样。

3.5.1.3.2 试验

做两份试样的平行测定。

称取约 0.4 g 的风干试样，精确至 0.001 g，放入微波消解仪(3.3.4)聚四氟乙烯的内罐中，加入 8 mL 的硝酸，加盖浸泡 0.5 h，放入微波消解仪。根据仪器使用说明书，选择适当的控制方式至消解完全，冷却，取出消解罐，并在通风柜中打开。将消解内罐中的溶液用水适当稀释，过滤于 100 mL 的烧杯中，加入 2 粒～3 粒玻璃珠，将烧杯置于电热板上加热至微沸，加热至产生白烟，此时溶液剩约 2 mL～3 mL，停止加热，稍冷后，在烧杯中加入适量水洗涤杯壁，移入 50 mL 容量瓶中(如有沉淀，则需过滤)，用水洗涤烧杯和滤纸数次，加入 10 mL 硫脲＋抗坏血酸，2.5 mL 盐酸，用水定容至刻度。

3.5.2 砷含量的测定

3.5.2.1 标准系列的配置

用移液管分别移取 0.00 mL、0.50 mL、1.00 mL、1.50 mL、2.00 mL、2.50 mL 的砷标准溶液于 50 mL 的容量瓶中，分别加入 10 mL 硫脲＋抗坏血酸、2.5 mL 盐酸，用水定容至刻度，每毫升上述标准溶液分别含砷 0.000 μg、0.002 μg、0.004 μg、0.006 μg、0.008 μg、0.010 μg。

3.5.2.2 仪器测定

根据仪器操作手册设定参数，绘制标准工作曲线；测定空白溶液、待测溶液中砷原子的荧光强度，根据标准工作曲线计算测定溶液的砷含量。

仪器参考条件参见附录 A。

3.5.3 结果计算

砷含量以砷的质量分数 X 计，按式(1)计算：

$$X=\frac{(c_1-c_0)\times V}{m} \qquad \cdots\cdots(1)$$

式中：

X——试样中砷的含量，单位为毫克每千克(mg/kg)；

c_1——试验溶液中砷的浓度，单位为毫克每升(mg/L)；

c_0——空白试液中砷的浓度，单位为毫克每升(mg/L)；

V——试验溶液的总体积，单位为毫升(mL)；

m——试样的绝干质量，单位为克(g)。

计算结果修约至两位有效数字。两次测试结果的绝对差值不得超过其算术平均值的 10%，以平均值作为测试结果。

4 方法二：银盐比色法

4.1 原理

试样经消化后，以碘化钾、氯化亚锡将高价砷还原为三价砷，然后与锌粒和酸反应产生的新生态氢生成砷化氢。砷化氢经银盐溶液吸收后，形成红色胶态物质，与标准系列溶液进行比色定量。

4.2 试剂

除非另有说明，在分析中仅使用确认为分析纯的试剂。

4.2.1 水，GB/T 6682，二级。

4.2.2 硝酸(HNO_3)，ρ=1.40 g/mL，质量分数是65%～68%。

4.2.3 盐酸(HCl)，ρ=1.18 g/mL，质量分数是36%～38%。

4.2.4 硫酸(H_2SO_4)，ρ=1.84 g/mL，质量分数是95%～98%。

4.2.5 无砷锌粒。

4.2.6 碘化钾溶液，150 g/L，称取15 g碘化钾(KI)溶于水中，稀释至100 mL。

4.2.7 酸性氯化亚锡溶液，50 g/L，称取5 g氯化亚锡($SnCl_2 \cdot 2H_2O$)，加入50 mL盐酸(4.2.3)溶解并稀释至100 ml。

4.2.8 乙酸铅溶液，称取100 g乙酸铅($Pb(CH_3COO)_2$)溶于水中，稀释至100 mL。

4.2.9 乙酸铅棉花，用乙酸铅溶液(4.2.8)浸泡脱脂棉24 h后，压除多余溶液，使其蓬松，在100 ℃以下烘干，贮存于玻璃瓶中。

4.2.10 氢氧化钾溶液(KOH)，20%，称取20 g氢氧化钾溶于水中，定容于100 mL容量瓶中。

4.2.11 硫酸溶液，1+1，将50 mL硫酸(4.2.4)缓缓倒入50 mL水中，同时搅拌，待冷却后使用。

4.2.12 二乙基二硫代氨基甲酸银-三乙醇胺-三氯甲烷溶液：称取0.25 g二乙基二硫代氨基甲酸银[$(C_2H_5)_2NCS_2Ag$]置于研钵中，加入少量三氯甲烷研磨，移入100 mL量筒中，加入1.8 mL三乙醇胺，再用三氯甲烷分次洗涤研钵，洗液移入量筒中，用三氯甲烷稀释至100 mL，放置过夜。滤入棕色瓶中保存。

4.2.13 砷标准储备溶液，100 mg/L，将三氧化二砷(As_2O_3)在(105±2)℃干燥2 h后，在干燥器中冷却，准确称取0.132 0 g干燥后的三氧化二砷(As_2O_3)于烧杯中，加入25 mL的氢氧化钾(4.2.10)溶解，转移到1 000 mL棕色容量瓶中，加入50 mL盐酸，用水定容至刻度。

4.2.14 砷标准工作溶液，1 mg/L，用移液管移取1 mL砷标准储备溶液于100 mL容量瓶中，加入5 mL盐酸，用水稀释至刻度，此溶液当天配制。

4.3 仪器

4.3.1 可调温电热套或消化炉，配套圆低烧瓶或消化管、冷凝管。

4.3.2 紫外可见分光光度仪。

4.3.3 定砷装置，见图1。

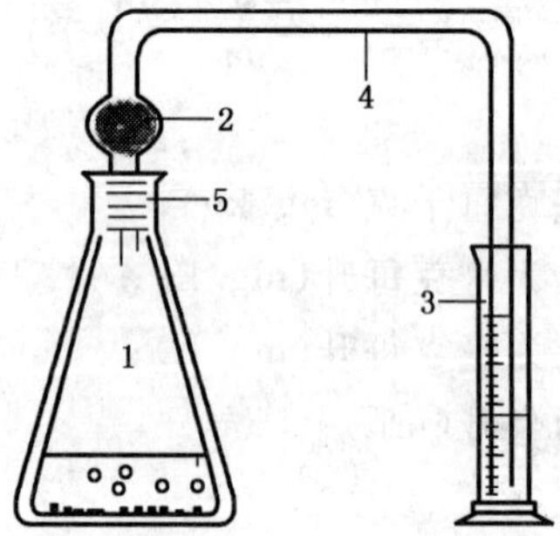

1——150 mL锥形瓶；

2——乙酸铅棉花(4.2.9)；

3——10 mL量筒；

4——玻璃导管；

5——密封塞。

图1

4.4 取样与试样的制备

同本标准的 3.4。

4.5 分析步骤

4.5.1 常压消解法

4.5.1.1 空白试验

与试样的测定平行进行，取相同量的所有试剂，采用相同的分析步骤，但不加试样。

4.5.1.2 试验

做两份试样的平行测定。

称取约 2 g～3 g 的风干试样，精确到 0.001 g，放入 250 mL 圆底烧瓶或消化管中，加入 6 mL 的硫酸，在圆底烧瓶或消化管上接冷凝管，在可调温电热套或消化炉(4.3.1)上加热碳化，当出现冒白烟时，继续加热约 10 min，白烟冒尽，将冷凝管移开，分次加入 6 mL 的硝酸(4.2.2)，加入 2 粒～3 粒玻璃珠，接上冷凝管后加热控制微沸，并不时摇动圆底烧瓶或消化管，直至无黄褐色烟雾产生，并得到澄清或淡黄色溶液(如果消化不完全，可适当增加硝酸的量，重复此步骤，直至溶液澄清或微黄色为止)。用适量水洗涤冷凝管，取下冷凝管，继续加热至产生白色烟雾，将溶液经过滤移入 150 mL 锥形瓶中，用适量水洗涤至所得溶液约为 45 mL，再加入 5 mL 硫酸溶液(4.2.11)。

4.5.2 砷含量的测定

4.5.2.1 标准曲线的绘制

用移液管分别移取 0 mL、2.0 mL、4.0 mL、6.0 mL、8.0 mL、10.0 mL 的砷标准工作溶液(4.2.14)(相当 0 μg、2.0 μg、4.0 μg、6.0 μg、8.0 μg、10.0 μg)于 150 mL 的锥形瓶中，分别加水至 40 mL，再加 10 mL 硫酸。

4.5.2.2 消解液中砷的测定

在试样消解液、空白溶液及砷标准系列溶液中分别加入 3 mL 碘化钾溶液(4.2.6)、0.5 mL 酸性氯化亚锡溶液(4.2.7)，混匀，静置 15 min。分别加入 3 g 无砷锌粒(4.2.5)，立即塞上装有乙酸铅棉花(4.2.9)的导气管，并使管尖端插入盛有 4 mL 银盐溶液的带有刻度吸收管中，导气管尖端应处于液面下，在常温下反应 1 h 后，取下吸收管，加入三氯甲烷使溶液达 4 mL，用 1 cm 比色皿，以标准溶液零管调节零点，在波长 520 nm 处测定吸光度值，与标准曲线比较定量。

4.6 结果计算

砷含量以砷的质量分数 X 表示，按式(2)计算：

$$X = \frac{m_1 - m_0}{m} \quad \cdots\cdots(2)$$

式中：

X——试样中砷的含量，单位为毫克每千克(mg/kg)；

m_1——试验溶液中砷的质量，单位为微克(μg)；

m_0——空白试液中砷的质量，单位为微克(μg)；

m——试样的绝干质量，单位为克(g)。

计算结果修约至两位有效数字。两次测试结果的绝对差值不得超过其算数平均值的 10%，以平均值作为测试结果。

5 质量保证和控制

5.1 试样在称量前，应在天平附近平衡 20 min，可避免因试样本身的水分变化而导致称量数据的不稳定。

5.2 微波消解可有不同的控制方式，有多种温度/压力/功率、时间、加酸量等不同的参数组合，可根据实际情况设定。只要保证消解完全且均有较高回收率的消解方法均可使用。充分消解后通常可得到澄清的溶液,残余物为白色絮状。

5.3 试验用的玻璃器皿应在使用前用1∶1(体积分数)稀硝酸浸泡24 h以上,然后冲洗干净。

5.4 常压消解法不适用于含有涂料和填料较多的纸,因为不溶于酸的颗粒残留会对砷产生吸附。

5.5 为了避免原子荧光光度计在检测过程中信号的漂移,应在每隔一定数量的样品测试时增加质控样。

5.6 因银盐比色法检出限较高,纸和纸板中砷含量一般较低,需要较大的称样量方可达到较好的准确性,所以仅建议常压消解法进行前处理,如采用其他消解方法则可将多个消解溶液浓缩混合后再进行测试,但须控制酸度与标准系列溶液基本一致。

6 试验报告

试验报告应包括下列项目:

a) 参照本标准编号;
b) 测试的日期和地点;
c) 试样制备的描述;
d) 所用的消解过程(常压消解法、高压消解法或微波消解法);
e) 所使用的测试方法(氢化物原子荧光光度法或银盐比色法);
f) 测试仪器;
g) 测试的平均值,用mg/kg表示,如果测试次数多于两次,说明测定次数;
h) 标准步骤变更的说明及所观察到的任何会影响测试结果的异常现象。

附 录 A
（资料性附录）
微波消解的设定参数举例

A.1 ETHOS TC 微波消解仪

控制程序：温度主控。

步骤	爬坡时间/min	温度/℃	保持时间/min
1	5	90	—
2	10	140	—
3	5	180	10～30[1]

A.2 Mars 微波消解仪，配超高压消解罐

控制程序：温度主控，压力辅控。

步骤	爬坡时间/min	压力/psi[2]	温度/℃	保持时间/min
1	5	400	95	5
2	5	400	185	15～30[1]

A.3 Mars 微波消解仪，配高处理量消解罐

控制程序：温度主控。

步骤	爬坡时间/min	温度/℃	保持时间/min
1	5	120	5
2	5	150	10
3	5	175	10
4	5	185	10

A.4 Multiwave 3000 微波消解仪

控制程序：温度主控，安全升压速度 0.3 bar/s[3]。

步骤	爬坡时间/min	温度/℃	保持时间/min
1	5	150	10
2	10	240	20

A.5 MWS-3＋ 微波消解仪

控制程序：温度主控。

步骤	爬坡时间/min	温度/℃	保持时间/min
1	5	165	5
2	1	185	5～20[1]
冷却	1	100	10

1） 根据样品消解的难易程度调整时间，一般有涂布、填料多的样品选择长一点的消解时间。

2） 1 psi 相当于 6.895 kPa。

3） 1 bar/s 相当于 100 kPa/s。

附 录 B
（资料性附录）
原子荧光光度计的设定参数举例

仪器:双道原子荧光光度计

灯电流:60 mA

光电倍增管负高压:220 V

流动相:盐酸(5+95)

还原剂:硼氢化钾溶液(2%)

载气(Ar)流速:400 mL/min

屏蔽气流速:800 mL/min

原子化器高度:8 mm

读出时间:10 s

延迟时间:2.5 s

进样体积:1.0 mL

读出方式:峰面积

测定方法:标准曲线法

ICS 85-010
Y 30

中华人民共和国国家标准

GB/T 24993—2010

造纸湿部Zeta电位的测定

Measurement of Zeta potential at paper machine wet end

2010-08-09 发布　　2010-12-01 实施

中华人民共和国国家质量监督检验检疫总局
中国国家标准化管理委员会　发布

前　言

本标准的附录A和附录B均为规范性附录。

本标准由中国轻工业联合会提出。

本标准由全国造纸工业标准化技术委员会归口。

本标准起草单位：中国印钞造币总公司成都印钞公司、中国制浆造纸研究院、国家纸张质量监督检验中心。

本标准主要起草人：林莉、岳保民、邓知明、苏新宇、曾文卫。

造纸湿部 Zeta 电位的测定

1 范围

本标准规定了用流动电位测定造纸湿部 Zeta 电位的方法。

本标准适用于造纸水性溶液中纤维、填料及颜料 Zeta 电位的测定。

2 规范性引用文件

下列文件中的条款通过本标准的引用而成为本标准的条款。凡是注日期的引用文件，其随后所有的修改单（不包括勘误的内容）或修订版均不适用于本标准，然而，鼓励根据本标准达成协议的各方研究是否可使用这些文件的最新版本。凡是不注日期的引用文件，其最新版本适用于本标准。

GB/T 5399 纸浆 浆料浓度的测定

GB/T 7977 纸、纸板和纸浆 水抽提液电导率的测定

3 术语和定义

下列术语和定义适用于本标准。

3.1

表面电荷 surface charge

分散在水性溶液中的颗粒、纤维和填料电荷的总合。

3.2

Zeta 电位 Zeta potential

带电颗粒之间相互作用的程度，可间接显示颗粒、纤维和填料表面电荷的大小。

3.3

流动电位 streaming potential

带电粒子流里的相反离子被分离或受到剪切所测得的电位，用 mV 表示。电位符号表明颗粒带正电荷（阳性电荷）或负电荷（阴性电荷）。

零电荷点表示样品中存在的所有电荷被中和。

4 原理

利用带环形电极及栅电极的取样容器，在真空状态下，试样被吸入进口管，进入取样容器，在栅电极处形成颗粒/纤维塞。施加一设定压力变量，产生一个通过颗粒/纤维塞的振荡液体流。相反离子间剪切产生一个可在电极处测量的流动电位，即可获得试样的 Zeta 电位（见图 1）。

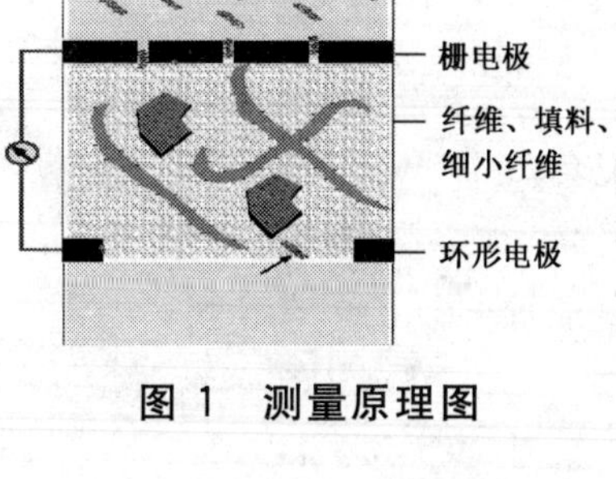

图 1 测量原理图

5 仪器和设备

常规的试验室仪器、设备及下述仪器和设备：

a) 测量装置(见图 2)：由测量部和样品输送系统组成，其主体部分是取样容器、真空手阀及泄气阀。取样容器由一对带特氟隆内衬的金属环和锥体承接管组成，每个金属环横嵌一根棒形铂金电极，其中的一个金属环下带有可更换的塑料格栅，简称栅电极，另一个金属环称为环形电极。松开固定支架并拆开电极连接线，取样容器可从测量装置上移走，从而进行清洁(见附录A)。吸取试样以及测量所需的真空度可通过旋动真空手阀获得。泄气阀用来调节真空压力的最大值和最小值。

注：在测量填料或颜料的 Zeta 电位时，应使用特殊电极。特殊电极由一对特氟隆圆环电极组成，每个圆环横嵌一根棒形黄金电极，其中的一个圆环电极下带有可更换的塑料格栅。

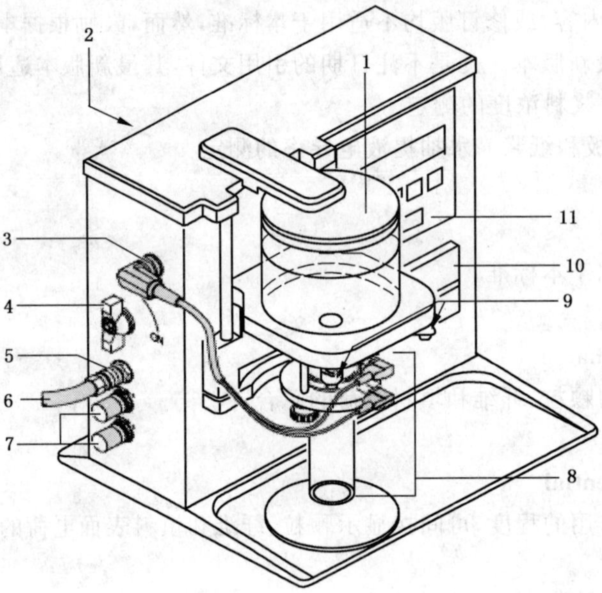

1——滤出液容器；
2——真空泵电源接口；
3——电极电缆；
4——真空手阀；
5——真空管接头；
6——真空软管；
7——泄气阀；
8——带吸入管的取样容器；
9——固定支架；
10——打印装置；
11——控制面板。

图 2 测量装置示意图

b) 真空泵：与测量装置相配套。

c) RS232 接口。

d) 试样杯：500 mL。

e) 打孔装置：与测量装置相配套。

f) 色谱过滤纸。

6 试剂

10%氯化钾溶液。

7 试样的技术要求

7.1 试样的浓度

测量悬浮液浓度应为0.05%～4%。浓度太高，应用试样滤液进行稀释；浓度太低，应用滤纸或玻璃滤器过滤。

7.2 颗粒大小及密度

7.2.1 测定Zeta电位的颗粒/纤维尺寸比所用的塑料格栅的开孔直径要大。一般仪器配有两种不同规格的塑料格栅：标准塑料格栅308 μm和精细塑料格栅40 μm。

7.2.2 将色谱过滤纸嵌入栅电极上，可测量比40 μm更小的颗粒试样。色谱过滤纸嵌入栅电极的操作方法为：用打孔装置裁切出相应规格的滤纸，用蒸馏水或去离子水润湿滤纸；打开固定架，断开电极，将试样杯从测量装置上取下；将取样容器的吸入管朝上放置在工作台上，将滤纸放进栅电极上的吸入管里；将取样容器安装回测量装置上，固定支架，接上电极。

7.3 电导率

试样的电导率应为0.3 mS/cm～3 mS/cm。如果试样的电导率大于3 mS/cm，应用蒸馏水或去离子水直接稀释试样；也可用筛将颗粒/纤维与滤液分离，再将颗粒/纤维重新悬浮于蒸馏水或去离子水中。如果试样的电导率小于0.3 mS/cm，应加入10%氯化钾溶液，以使试样的电导率提高到测量范围内。

8 试验步骤

8.1 按附录A清洁仪器。

8.2 按仪器说明书，检查连接仪器的供电线路和真空泵的真空度调节旋钮是否置于关闭状态，确认吸入管下端未放置试样。

8.3 将500 mL搅拌均匀的待测试样倒入试样杯，置试样杯于取样容器吸入管下端的橡胶圆盘上。缓慢放下取样容器并按压容器，使真空管与系统的连接处密封。

8.4 启动真空泵，缓慢手动旋转真空泵调节旋钮，试样进入吸入管并在"锥形部"形成均匀的"颗粒塞"。逐渐增大旋钮至全开状态，此时颗粒不再移动。检查"锥形部"的液面是否有气泡，如有气泡则应停止测量，将仪器复位，重新吸入试样。

8.5 启动电位仪进行电位测定，此时仪器真空度最小压力 p_{min} 应设置为0.2 bar，最大压力 p_{max} 应设置为0.4 bar。若真空度设置不正确，则应停止测量，将系统复原，校正真空度设置并锁定后，重新吸入试样进行测量。

注：1 bar=100 kPa。

8.6 测定完毕，系统恢复到等待状态后，将真空泵的真空度调节旋钮置于关闭状态。等待浆料吸入管"锥形部"的"颗粒塞"落下后，提升测量头，将试样从仪器上取出。

8.7 再次按附录A清洁仪器。

8.8 仪器更换电极时，应按附录B对仪器电导率进行校对。

注：取样容器及电极的洁净度影响测量的准确性。通常情况下，在每次测量前应清洁取样容器。每次测量后，应将取样容器放置在水中以防止样品残留物干结在电极上。清洁程序与所测量的样品类型有关。如果依次测量的是同类样品，则只需用水冲洗取样容器及电极。

9 计算与结果表示

Zeta电位按式(1)计算：

$$\zeta = S_P C\eta / [\varepsilon \cdot \Delta p] \quad \cdots\cdots (1)$$

式中：

ζ——试样的 Zeta 电位，单位为毫伏（mV）；

S_P——流动电位，单位为毫伏（mV）；

C——液体电导率，单位为毫西门子每厘米（mS/cm）；

η——流体粘度，单位为帕·秒（Pa·s）；

ε——液体的介电常数；

Δp——穿过塞子的液体压力降，单位为帕（Pa）。

平行测定两次，取其算术平均值作为测定结果，结果应准确至小数点后一位，且两次测定结果的差值应不超过5%。

10 试验报告

试验报告应包括以下内容：

a) 本国家标准编号；

b) 完整鉴定样品的所有必要数据；

c) 试验过程中观察到的任何异常现象；

d) 所有偏离本标准并可能影响结果的任何操作。

附 录 A
（规范性附录）
仪器的清洁

A.1 仪器受轻度污染时的清洁

当仪器受轻度污染时，按下述步骤清洁取样容器：

a） 拆开电极，松开固定支架，将取样容器稍稍倾斜向下拉，从装置中移出，取下取样容器中的密封件置于一边。用水冲洗取样容器（如图 A.1 所示），再倒转冲洗，直至洁净为止。清洗时尽量避开电极连接线插孔。

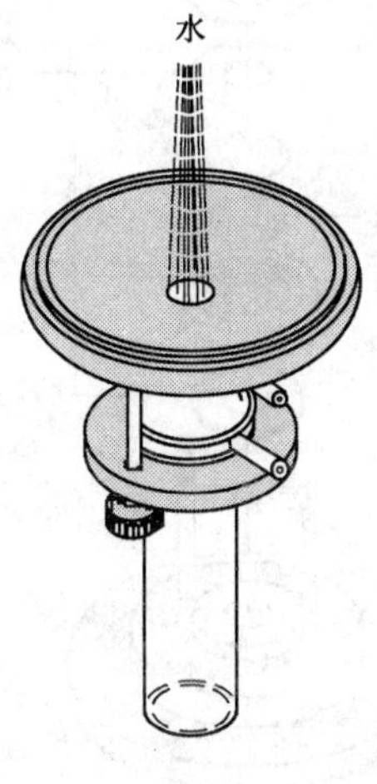

图 A.1 清洁取样器

b） 将密封件放置于取样容器上，将取样容器稍稍倾斜向上推压嵌入测量装置，确认密封件落入凹槽内，紧固取样器的固定支架，接上电极。

A.2 仪器受重度污染时的清洁

当仪器受重度污染时，按下述步骤清洁取样容器：

a） 拆开电极，松开固定支架，将取样容器稍稍倾斜向下拉，从装置中移出。将取样容器放置在干净的桌面上，固定支架面朝下，拧开滚花螺母，解体取样容器（如图 A.2 所示）。

b） 用超声波浴或小毛刷及洗净剂清洁电极和格栅网后，用清水彻底冲洗。如果格栅网已经严重变形或损坏，应当及时更换新的相应规格的格栅网。

c） 将取样容器的盖板、锥体承接管、环形电极和吸入管等部件放入水中浸泡，用小毛刷仔细清洁。

注：未按上述步骤正确清洁取样容器，会导致随后的测量结果重复性差且不正确。

d） 按图 A.2 所示，连接取样容器的各部件，承接管的细端朝向栅电极，确认栅电极的密封件与环形电极的密封件未互换。

e） 旋动滚花螺母，同时向下轻压吸入管，直到它恰好贴近吸入管的卡环，轻轻拧紧滚花螺母。

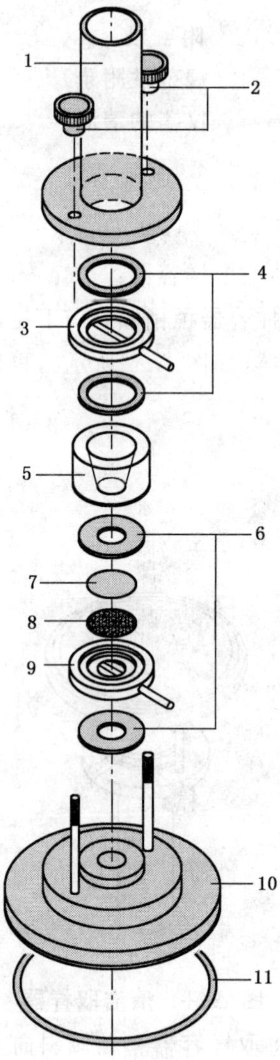

1——吸入管；
2——滚花螺母；
3——环形电极；
4——环形电极密封圈；
5——锥体承接管；
6——栅电极密封圈；
7——滤纸；
8——塑料格栅网；
9——栅电极；
10——盖板；
11——测量室密封圈。

图 A.2 取样容器拆装图

附 录 B
（规范性附录）
仪器电导率的校对

B.1 电导率是用来计算 Zeta 电位的一个参数。测量电导率所用的电极与测量流动电位的电极相同。

B.2 为保证测量的准确性，每一套电极有其特定的 EL 系数，一般情况下，仪器在使用前已对电极的 EL 系数进行了预设置。当更换电极时，需要对 EL 系数进行校对。

B.3 校对步骤

B.3.1 按附录 A 清洗电极。

B.3.2 用一经过校对的不带温度补偿的电导率测定仪测量纤维悬浮液的电导率 X_1；用电位仪按照标准试验步骤测量试样的 Zeta 电位，并从仪器中读取试样的电导率数值 X，找出仪器预设置 EL 系数（$EL_{旧}$）。

B.3.3 按式(B.1)计算新的 EL 系数（$EL_{新}$）：

$$EL_{新}=\frac{X_1 \cdot EL_{旧}}{X} \qquad \cdots\cdots(B.1)$$

注 1：校对后的 EL 系数值应在仪器预设置 EL 系数范围内。如果计算值超出此范围，则可能是电极受污染或校对不正确。

注 2：当依次用标准栅电极及精密栅电极测量同一样品时，测量结果会显示超出系统本身正常一致性的偏差。在此情况下，必须在每次测量前，先对每一个电极各自的 EL 系数进行计算并相应地在设定菜单里进行调节。

ICS 85-010
Y 30

中华人民共和国国家标准

GB/T 24994—2010

造纸湿部溶解电荷量的测定

Measurement of colloidal charge at paper machine wet end

2010-08-09 发布　　2010-12-01 实施

中华人民共和国国家质量监督检验检疫总局
中国国家标准化管理委员会　发布

前　言

本标准的附录 A 为规范性附录。

本标准由中国轻工业联合会提出。

本标准由全国造纸工业标准化技术委员会(SAC/TC 141)归口。

本标准起草单位:中国印钞造币总公司成都印钞公司、中国制浆造纸研究院、国家纸张质量监督检验中心。

本标准主要起草人:林莉、岳保民、邓知明、苏新宇、曾文卫。

造纸湿部溶解电荷量的测定

1 范围

本标准规定了用流动电位测定造纸湿部溶解电荷量的方法。

本标准适用于造纸水性溶液中溶解胶体物质的电荷量的测定。

2 规范性引用文件

下列文件中的条款通过本标准的引用而成为本标准的条款。凡是注日期的引用文件，其随后所有的修改单(不包括勘误的内容)或修订版均不适用于本标准，然而，鼓励根据本标准达成协议的各方研究是否可使用这些文件的最新版本。凡是不注日期的引用文件，其最新版本适用于本标准。

GB/T 7977 纸、纸板和纸浆 水抽提液电导率的测定

3 术语和定义

下列术语和定义适用于本标准。

3.1

溶解电荷 dissolved charge

造纸系统中溶解的含有阳离子和阴离子官能团的聚合电解质的电荷基团，如木素、半纤维素、分散剂、施胶压榨胶料、淀粉、干强剂、湿强剂和助留剂。

3.2

流动电位 streaming potential

带电粒子流里的相反离子被分离或受到剪切所测得的电位，用 mV 表示。电位符号表明颗粒带正电荷(阳性电荷)，还是带负电荷(阴性电荷)。

零电荷点表示样品中存在的所有电荷被中和。

3.3

总电荷 total charge

浆样配料中溶解的和悬浮的物质(如聚合电解质、纤维、细小纤维、填料、干扰物等)的电荷总和。

3.4

阳离子需要量和阴离子需要量 cationic demand and anionic demand

中和阳离子或阴离子电荷物质时，标准滴定液的需要量。

3.5

电化学当量 molecular weight of electrochemistry

1 mol 物质电解时参与电极反应的电子的摩尔数，用 eq 表示。

4 原理

带电胶体物质、高分子和悬浮颗粒在水溶液中吸附于固体表面可形成表面电荷和双电层，当其吸附在活塞和筒壁上并随活塞一起运动时，表面电荷与其双电层中正负离子分离产生相对流动，从而形成流动电流，并转化为流动电势信号显示出来。

使用一种带相反电荷的高分子电解质作为滴定液滴定试样，固体表面电荷不断被中和，吸附于活塞表面的胶体颗粒和高分子所形成的界面电荷不断减少，流动电流和流动电势随之降低，当颗粒和胶体电荷被完全中和时，流动电势降为零。根据滴定液消耗量即可计算溶解电荷量。

5 仪器和设备

常规的实验室仪器,以及

5.1 颗粒电荷测定仪(见图1):主要部件包括一个带移动活塞的塑料测定室、发动机、内置电极和电子整流及放大元件。将带电胶体物质、高分子和悬浮颗粒的水性溶液试样注入测定室,胶体状可溶解分子在范德华力的作用下吸附在活塞及测定室内壁的特氟隆塑料表面。平衡离子保持相对游离。活塞在发动机的驱动下位移,产生强烈液体流,将平衡离子与吸附的试样分离。在内置电极处,平衡离子感应产生流动电势。

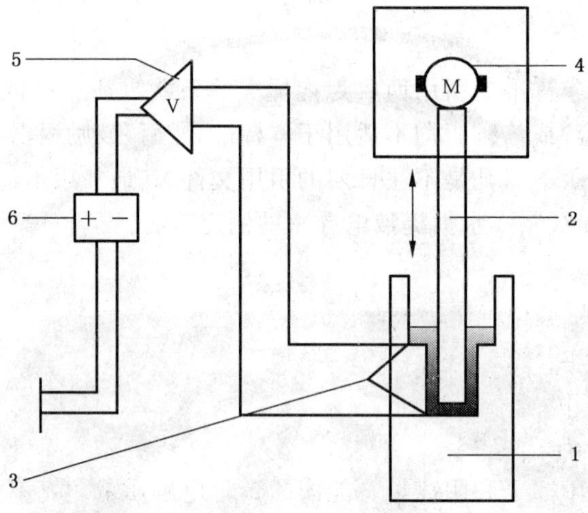

1——测定室;
2——移动活塞;
3——电极;
4——发动机;
5——电子元件;
6——显示屏。

图1 测量示意图

5.2 自动滴定仪,分辨率为0.001 mL。
5.3 标准试样杯,500 mL。
5.4 移液管,2 mL~10 mL
5.5 尼龙筛,200目。
5.6 滴定管,25 mL。

6 试剂

6.1 聚二烯丙基二甲基氯化铵(聚-DADMAC)标准滴定液,0.001 N。
6.2 聚乙烯基磺酸钠(PES-Na)标准滴定液,0.001 N。

7 试样的制备

7.1 试样的技术要求

7.1.1 溶剂

7.1.1.1 试样应为水性溶液或分散在水中的溶液。如果需要,试样也可溶解在少量乙醇溶剂中,然后用去离子水或蒸馏水稀释。

7.1.1.2 如果采用溶剂进行测定,试验开始时应对所使用的溶剂进行空白滴定:将10 mL溶剂注入测定室,用标准滴定液滴定至零电荷点。试验实际滴定结果应扣除空白滴定值。

7.1.2 试样颗粒大小

如果试样溶液中固体颗粒能通过200目筛，则应使用标准活塞或精密活塞；如果试样溶液中固体颗粒不能通过200目筛，则应使用沟槽较深的特殊活塞。

7.1.3 试样的粘度

标准活塞适于测定粘度小于300 mPa·s的试样；粘度大于300 mPa·s的试样，应使用去离子水或蒸馏水稀释。滴定高粘度试样时，应选择较低的滴定速度。

7.1.4 滴定液分子量

用于滴定分析的高分子电解质滴定液的最小相对分子质量应约为300 g/mol。若相对分子质量太小，不能保证其通过范德华力的作用吸附在测定室壁上，从而无法测定试样中的离子。

7.1.5 试样电导率

试样的电导率对流动电位的影响很大，电导率愈高，试样中的电阻愈低，流动电位下降愈大，但它对滴定结果不会产生影响。但当试样的电导率达到20 mS/cm时，流动电位会在正负电位间波动，导致滴定不能继续进行，或终点不能判定。在这种情况下，用去离子水或蒸馏水稀释试样可降低电导率。

7.2 试样的制备

用尼龙筛浸入试样溶液，分离长纤维以及大颗粒。分离时，应避免长纤维形成滤饼。用移液管吸走过筛后的上层清液(见图2)备用。

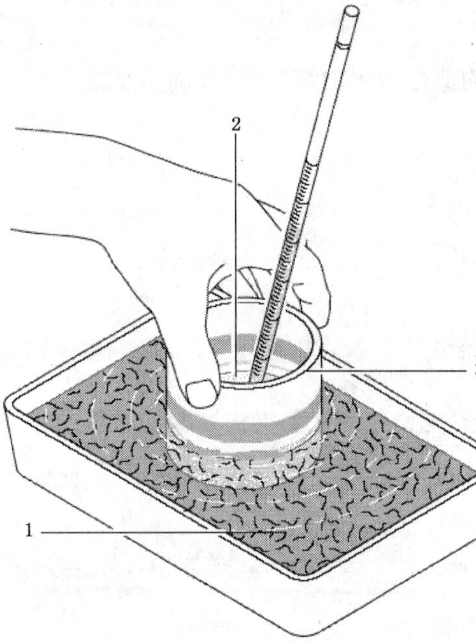

1——试样；
2——滤液；
3——尼龙筛。

图2 试样过筛分离示意图

8 试验步骤

用移液管准确吸取10 mL试样滤液，注入颗粒电荷测定仪的测定室。将标准活塞插入测定室，沿滑轨移动测定室靠进后面板至止位点，将电极面向后面板。向上推活塞，逆时针转动，让其锁定在锁销里。接通电源，启动发动机，待流动电位稳定后进行滴定试验。滴定操作可分为手动和自动两种。

8.1 手动滴定

使用移液管将标准滴定液逐滴加入到测定室，电荷测定仪显示流动电位为0 mV时，表明滴定达到零电荷点。通常情况下，开始时滴定速度应较快，接近终点时应放慢滴定速度。

8.2 自动滴定

8.2.1 打开自动滴定仪,通过屏幕显示的操作指令进行测定。

8.2.2 试验结束,关闭发动机,将活塞移出测定室。关闭颗粒电荷测定仪。

9 计算

9.1 电荷需求量 q 按式(1)计算:

$$q = \frac{V_1 \times N}{V} \qquad \cdots\cdots(1)$$

式中:

V_1——消耗标准滴定液的体积,单位为升(L);

N——标准滴定液浓度,单位为摩尔电子每升(eq/L);

V——试样体积,单位为升(L);

q——电荷需求量,单位为摩尔电子每升(eq/L)。

注:标准滴定液当量浓度也为高分子电解质电解时的电当量浓度(即 1 N=1 eq/L),计算电荷需求量时,采用摩尔电子当量浓度,单位为摩尔电子每升,用[eq/L]表示。

9.2 总电荷量

用法拉第常数 F=96 485 C/eq 乘以电荷需求量 q[eq/L]得到总电荷量 Q[C/L]。

9.3 结果表示

平行测定两次,取其算术平均值作为测定结果,应准确至小数点后一位,且两次测定结果的差值应不超过5%。

10 试验报告

试验报告应包括以下项目:

a) 本国家标准编号;

b) 完整鉴定样品的所有信息;

c) 试验过程中观察到的任何异常现象;

d) 所有偏离本标准并可能影响结果的任何操作。

附 录 A
（规范性附录）
返滴定试验方法

A.1 试样的制备

测定含有大量长纤维及其他固体颗粒试样的总电荷时，由于固含量高、颗粒过大，不能在测定室里直接测定，可采用返滴定试样制备方法，其操作步骤如下：

取 20 mL 被测阴离子试样或阳离子试样，加入 0.001 N 的聚二烯丙基二甲基氯化铵标准滴定液（6.1）或聚乙烯基磺酸钠标准滴定液（6.2），使溶液总体积达到 100 mL。用磁力搅拌器搅拌混合试样约 2 h 后，过筛分离出混合物中的固体物。

搅拌期间，阳离子的聚二烯丙基二甲基氯化铵标准滴定液（6.1）或聚乙烯基磺酸钠标准滴定液（6.2）将中和试样中的所有阴离子或阳离子电荷。由于加入了过量的聚二烯丙基二甲基氯化铵标准滴定液（6.1）或聚乙烯基磺酸钠标准滴定液（6.2），所以在混合试样中留有残余的阳电荷或阴电荷。

A.2 试验步骤

分别吸取 10 mL 混合试样滤液和聚二烯丙基二甲基氯化铵标准滴定液（6.1）或聚乙烯基磺酸钠标准滴定液（6.2），按第 8 章试验步骤，用聚乙烯基磺酸钠标准滴定液（6.2）或聚二烯丙基二甲基氯化铵标准滴定液（6.1）进行滴定。

A.3 计算与结果表示

电荷量 Q 按式（A.1）计算：

$$Q=\frac{(V_2-V_1)\times N}{V} \qquad \text{(A.1)}$$

式中：

V_2-V_1——标准聚-DADMAC 滴定液与反应过的聚-DADMAC 滴定液的电荷差，即试样中被中和的电荷量；

V_2——滴定聚-DADMAC 消耗 PES-Na 标准滴定液的体积，单位为升（L）；

V_1——滴定试样消耗 PES-Na 标准滴定液（6.2）的体积，单位为升（L）；

N——标准滴定液电当量浓度，单位为摩尔电子每升（eq/L）；

V——用于滴定的原试样体积，单位为升（L）。

平行测定两次，取其算术平均值作为测定结果，应准确至小数点后一位，且两次测定结果的差值应不超过 5%。

ICS 85.060
Y 32

中华人民共和国国家标准

GB/T 24995—2010

铸 涂 原 纸

Cast coating base paper

2010-08-09 发布　　　　2010-12-01 实施

中华人民共和国国家质量监督检验检疫总局
中国国家标准化管理委员会　发布

前 言

本标准由中国轻工业联合会提出。

本标准由全国造纸工业标准化技术委员会(SAC/TC 141)归口。

本标准起草单位:中冶纸业银河有限公司、中国制浆造纸研究院、国家纸张质量监督检验中心。

本标准主要起草人:王秋云、闫成琨、李树检、张义华。

铸 涂 原 纸

1 范围

本标准规定了铸涂原纸的要求、试验方法、检验规则和标志、包装、运输、贮存。

本标准适用于铸涂加工用原纸。

2 规范性引用文件

下列文件中的条款通过本标准的引用而成为本标准的条款。凡是注日期的引用文件，其随后所有的修改单(不包括勘误的内容)或修订版均不适用于本标准，然而，鼓励根据本标准达成协议的各方研究是否可使用这些文件的最新版本。凡是不注日期的引用文件，其最新版本适用于本标准。

GB/T 450 纸和纸板 试样的采取及试样纵横向、正反面的测定(GB/T 450—2008，ISO 186:2002，MOD)

GB/T 451.1 纸和纸板尺寸及偏斜度的测定

GB/T 451.2 纸和纸板定量的测定法(GB/T 451.2—2002，eqv ISO 536:1995)

GB/T 455 纸和纸板撕裂度的测定(GB/T 455—2002，eqv ISO 1974:1990)

GB/T 456 纸和纸板平滑度的测定(别克法)(GB/T 456—2002，idt ISO 5627:1995)

GB/T 458—2008 纸和纸板 透气度的测定(GB/T 458—2008；ISO 5636-2:1984，MOD；ISO 5636-3:1992，MOD；ISO 5636-5:2003，MOD)

GB/T 462 纸、纸板和纸浆 分析试样水分的测定(GB/T 462—2008；ISO 287:1985，MOD；ISO 638:1978，MOD)

GB/T 1540 纸和纸板吸水性的测定(可勃法)(GB/T 1540—2002，neq ISO 535:1991)

GB/T 1541 纸和纸板 尘埃度的测定

GB/T 2828.1 计数抽样检验程序 第1部分：按接收质量限(AQL)检索的逐批检验和抽样计划(GB/T 2828.1—2003，ISO 2859-1:1999，IDT)

GB/T 7974 纸、纸板和纸浆亮度(白度)的测定 漫射/垂直法(GB/T 7974—2002，neq ISO 2470:1999)

GB/T 10342 纸张的包装与标志

GB/T 10739 纸、纸板、纸浆 试样处理和试验的标准大气(GB/T 10739—2002，eqv ISO 187:1990)

GB/T 12914 纸和纸板 抗张强度的测定(GB/T 12914—2008；ISO 1924-1:1992，MOD；ISO 1924-2:1992，MOD)

3 要求

3.1 铸涂原纸的技术指标应符合表1或订货合同的规定。

表1 技术指标

指标名称	单 位	规 定
定量	g/m^2	45.0±2.0　50.0±2.5　55.0±2.5　60.0±3.0 65.0±3.0　70.0±3.5　75.0±3.5　80.0±4.0
亮度　≥	%	82.0

表 1（续）

指标名称			单位	规定
吸水性正反面均		≤	g/m^2	30.0
抗张指数 纵向		≥	N·m/g	42
撕裂指数 横向		≥	$mN \cdot m^2/g$	5.0
透气度		≥	mL/min	120
平滑度	正面	≥	s	30
	反面	≥		15
尘埃度	0.2 mm^2～0.5 mm^2	≤	个/m^2	100
	＞0.5 mm^2～1.5 mm^2	≤		5
	＞1.5 mm^2			不应有
交货水分			%	4.0～7.0

3.2 铸涂原纸为卷筒纸，规格为 787 mm、1 092 mm，尺寸偏差应不超过±3 mm，或按合同规定。

3.3 铸涂原纸的纤维组织应均匀。

3.4 铸涂原纸的切边应整齐、洁净。

3.5 每批纸不应有明显色差，同批纸的亮度差应不大于 3%。

3.6 每卷纸的接头应不超过 3 个。

3.7 卷筒纸内部不易发现的纸病，如不显著的折子、皱纹、条痕、斑点、透光点、孔眼等应不超过 1.5%。

4 试验方法

4.1 试样的采取按 GB/T 450 规定进行。

4.2 试样的处理和试验的标准大气按 GB/T 10739 规定。

4.3 尺寸按 GB/T 451.1 测定。

4.4 定量按 GB/T 451.2 测定。

4.5 亮度按 GB/T 7974 测定。

4.6 吸水性按 GB/T 1540 测定，吸水时间为 60 s。

4.7 抗张指数按 GB/T 12914 测定，仲裁时按恒速拉伸法进行测定。

4.8 撕裂指数按 GB/T 455 测定。

4.9 透气度按 GB/T 458—2008 中肖伯尔法测定。

4.10 平滑度按 GB/T 456 测定。

4.11 尘埃度按 GB/T 1541 测定。

4.12 交货水分按 GB/T 462 测定。

4.13 卷筒内部纸病的测定：取卷筒纸的外部 10 层，去掉最外部 5 层，将其余 5 层切成 0.04 m^2 的试样，选择并称量有纸病的试样，计算其质量百分比。

4.14 外观纸病的检验采用目测。

5 检验规则

5.1 生产单位应保证产品符合本标准要求，交货时应附产品合格证。

5.2 以一次交货的数量为一批，应不多于 50 t。

5.3 计数抽样检验程序按 GB/T 2828.1 规定进行。样本单位为卷。按接收质量限(AQL)：撕裂指数、透气度、吸水性 AQL＝4.0；定量、亮度、抗张指数、平滑度、尘埃度、交货水分、外观质量 AQL＝6.5。抽样方案采用正常检查二次抽样方案，检验水平为Ⅰ。见表2。

表2 抽样方案

批量/卷	正常检验二次抽样方案 检验水平Ⅰ				
	样本量	AQL=4.0		AQL=6.5	
		Ac	Re	Ac	Re
2～25	2	—	—	0	1
	3	0	1	—	—
26～90	3	0	1	—	—
	5	—	—	0	2
	5(10)	—	—	1	2
91～150	8	0	2	—	—
	8(16)	1	2		
	5	—	—	0	2
	5(10)			1	2
151～280	8	0	2	0	3
	8(16)	1	2	3	4

5.4 可接收性的确定：第一次检验的样品数量应等于该方案给出的第一样本量。如果第一样本中发现的不合格品数小于或等于第一接收数，应认为该批是可以接收的；如果第一样本中发现的不合格品数大于或等于第一拒收数，应认为该批是不可以接收的。如果第一样本中发现的不合格品数介于第一接收数与拒收数之间，应检验由方案给出样本量的第二样本，并累计在第一样本和第二样本中发现的不合格品数。如果不合格品累计数小于或等于第二接收数，则判定该批是可以接收的；如果不合格品累计数大于或等于第二拒收数，则判定该批是不可以接收的。

5.5 需方有权按本标准或订货合同检验产品，如对产品质量有异议，应在到货后一个月内(或按合同规定)通知对方，由供需双方共同抽样检验。如果检验结果不符合本标准或订货合同的规定，则判定该批不可接收，由供方负责处理；如果检验结果符合本标准或合同的规定，则判定该批可接收，由需方负责处理。

6 标志、包装、运输、贮存

6.1 按GB/T 10342的规定进行包装和标志，或按合同规定进行包装。

6.2 运输时，应使用有篷而洁净的运输工具。

6.3 装卸时不应钩吊，不应将纸卷从高处扔下。

6.4 产品应妥善保管，以防雨、雪和地面潮湿的影响。

ICS 85-010
Y 30

中华人民共和国国家标准

GB/T 24996—2010

纸张中脱墨回用纤维的判定

Determination of deinking recycled fiber in paper

2010-08-09 发布　　2010-12-01 实施

中华人民共和国国家质量监督检验检疫总局
中国国家标准化管理委员会　发布

前 言

本标准由中国轻工业联合会提出。

本标准由全国造纸工业标准化技术委员会归口。

本标准起草单位：中国制浆造纸研究院、山东华泰纸业股份有限公司、国家纸张质量监督检验中心、中国造纸协会标准化专业委员会。

本标准主要起草人：张清文、王振、李萍、张凤山、高扬。

纸张中脱墨回用纤维的判定

1 范围

本标准规定了纸张中脱墨回用纤维的定性判定方法。

本标准仅适用于判定白色纸张中是否含经处理的脱墨回用纤维，经染色、调色或经显色的纸张不适用于此方法。

2 规范性引用文件

下列文件中的条款通过本标准的引用而成为本标准的条款。凡是注日期的引用文件，其随后所有的修改单(不包括勘误的内容)或修订版均不适用于本标准，然而，鼓励根据本标准达成协议的各方研究是否可使用这些文件的最新版本。凡是不注日期的引用文件，其最新版本适用于本标准。

GB/T 450 纸和纸板 试样的采取及试样纵横向、正反面的测定(GB/T 450—2008，ISO 186：2002，MOD)

GB/T 20216 有效残余油墨的测定

3 术语和定义

下列术语和定义适用于本标准。

3.1

回用纤维 recycled fiber

各种废弃的纸及纸制品经回收后加工而制得的纤维。

3.2

有效残余油墨浓度 effective residual ink concentration

ERIC

在 950 nm 波长下，含有油墨的浆或纸的吸收系数与油墨本身的吸收系数之比。

4 原理

通过检测纸张中残留的荧光增白剂和有效残余油墨浓度，判定纸张中是否含有脱墨回用纤维。

5 仪器

5.1 紫外灯

可分别发出 254 nm 和 365 nm 的紫外光。

5.2 反射光度计

有效波长应为 950 nm±5 nm，在光谱峰高 50%处带宽应不超过 150 nm，在光谱峰高 10%处带宽应不超过 250 nm。

6 试样的制备

按 GB/T 450 规定进行。

7 试验步骤

7.1 荧光增白剂的测定

将试样放在紫外灯下，分别用 254 nm 和 365 nm 紫外光照射，检查是否有荧光反应。

7.2 有效残余油墨浓度 ERIC 的测定

按 GB/T 20216 测定。

8 判定

8.1 按 7.1 检验后，如果试样中没有荧光反应，则判定试样中不含脱墨回用纤维。

8.2 如果试样中有荧光反应，且 ERIC＜20，则判定试样中不含脱墨回用纤维。

8.3 如果试样中有荧光反应，且 ERIC≥20，则判定试样中含有脱墨回用纤维。

9 试验报告

试验报告应包括以下内容：

a) 本国家标准编号；

b) 试验的日期和地点；

c) 所用仪器型号；

d) 是否含有荧光增白剂；

e) 有效残余油墨浓度 ERIC；

f) 结果的判定；

g) 偏离本标准的任何试验条件。

ICS 85-010
Y 30

中华人民共和国国家标准

GB/T 24997—2010

纸、纸板和纸浆　镉含量的测定 原子吸收光谱法

Paper, board and pulps—Determination of cadmium content—Atomic absorption spectrometric method

(ISO 10775:1995, MOD)

2010-08-09 发布　　　　2010-12-01 实施

中华人民共和国国家质量监督检验检疫总局
中国国家标准化管理委员会　发布

前　言

本标准修改采用 ISO 10775:1995《纸、纸板和纸浆　镉含量的测定　原子吸收光谱法》(英文版)。

本标准与 ISO 10775:1995 的主要差异如下:

——增加了火焰法原子吸收的测定原理(见第 3 章);

——调整了镉标准溶液的浓度(见第 4 章);

——根据国内的仪器情况,调整高压消解装置及微波消解罐的技术参数(见第 5 章);

——根据国内的仪器情况,调整了高压消解过程及微波消解过程的技术参数,包括试样量、加热的温度、时间等(见第 7 章);

——增加了火焰法原子吸收测镉,并增加了计算公式(见第 8 章);

——增加了质量保证和控制一章(见第 9 章);

——增加了多种型号的微波消解仪的设定参数(见附录 A)。

本标准与 ISO 10775:1995 的技术性差异在附录 C 中列出。

本标准与 ISO 10775:1995 的结构对比在附录 B 中列出。

本标准的附录 A、附录 B 及附录 C 为资料性附录。

本标准由中国轻工业联合会提出。

本标准由全国造纸工业标准化技术委员会(SAC/TC 141)归口。

本标准起草单位:深圳市检验检疫科学研究院、中国制浆造纸研究院、深圳出入境检验检疫局工业品检测技术中心、国家纸张质量监督检验中心。

本标准主要起草人:徐嵘、陈旭辉、杨左军、顾浩飞、陶冠霖。

纸、纸板和纸浆　镉含量的测定　原子吸收光谱法

1　范围

本标准规定了纸、纸板和纸浆中的镉含量的测定方法。

本标准适用于各种可用硝酸进行湿法消解的、包括含有再生纤维在内的纸、纸板和纸浆。

本方法的检出限：用火焰原子吸收法测定约为 1 mg/kg，如采用方法三前处理约为 0.2 mg/kg；用石墨炉原子吸收法测定约为 10 μg/kg。

2　规范性引用文件

下列文件中的条款通过本标准的引用而成为本标准的条款。凡是注日期的引用文件，其随后所有的修改单（不包括勘误的内容）或修订版均不适用于本标准，然而，鼓励根据本标准达成协议的各方研究是否可使用这些文件的最新版本。凡是不注日期的引用文件，其最新版本适用于本标准。

GB/T 450　纸和纸板　试样的采取及试样纵横向、正反面的测定（GB/T 450—2008，ISO 186：2002，MOD）

GB/T 462　纸、纸板和纸浆　分析试样水分的测定（GB/T 462—2008；ISO 287：1985，MOD；ISO 638：1978，MOD）

GB/T 740　纸浆　试样的采取（GB/T 740—2003，ISO 7213：1981，IDT）

GB/T 6682　分析实验室用水规格和试验方法（GB/T 6682—2008，ISO 3696：1987，MOD）

3　原理

在密闭容器中，在高温高压条件下用硝酸处理试样，稀释后得到待测样品，根据检验的限量要求，选择火焰法原子吸收或石墨炉法原子吸收测定镉的含量。

4　试剂

除非另有说明，在分析中仅使用确认为优级纯的试剂。

4.1　水，GB/T 6682，二级。

4.2　浓硝酸（HNO_3），ρ=1.40 g/mL，质量分数是 65%～68%。

4.3　硝酸（HNO_3），5+95，取 50 mL 的浓硝酸（4.2）加水稀释至 1 L。

4.4　过氧化氢（H_2O_2），ρ=1.11 g/mL，质量分数≥30%。

4.5　基体改进剂：选用何种基体改进剂可通过空白试验来确定，推荐以下几种基体改进剂。

4.5.1　硝酸钯储备溶液，0.4%，取 2.0 g 的 $Pd(NO_3)_2$ 溶解于 10 mL 的浓硝酸（4.2）中，再用水在容量瓶中将其稀释至 500 mL。有效期半年。

4.5.2　硝酸钯工作溶液，200 mg/L，取 5 mL 硝酸钯储备溶液（4.5.1），用水稀释至 100 mL。溶液即配即用。

4.5.3　磷酸二氢铵溶液，2%，取 2.0 g 的 $NH_4H_2PO_4$ 溶于水，稀释至 100 mL。溶液即配即用。

4.5.4　硝酸镁溶液，0.5%，取 0.5 g 的 $Mg(NO_3)_2 \cdot 6H_2O$ 溶于水，稀释至 100 mL。溶液即配即用。

4.6　镉标准溶液Ⅰ，1 000 mg/L，称取 2.744 g 四水硝酸镉[$Cd(NO_3)_2 \cdot 4H_2O$]，溶解并定容于 1 L 的 5+95 的硝酸（4.3）中。储存于聚乙烯瓶中，存储期为一年。

4.7 镉标准溶液Ⅱ,10 mg/L,用移液管移取 1 mL 的镉标准储备溶液Ⅰ(4.6)于 100 mL 的容量瓶中,用硝酸(4.3)稀释至刻度。储存于聚乙烯瓶中,存储期为三个月。

5 仪器

5.1 高温烘箱,控温范围:常温～200 ℃,控温精度:±2 ℃。

5.2 压力溶弹,配 100 mL 聚四氟乙烯的内罐。

5.3 微波消解仪,配 100 mL 聚四氟乙烯内罐的全密闭消解容器。

5.4 电热板,温度可控。

5.5 火焰法原子吸收光谱仪,配镉空心阴极灯。

5.6 石墨炉法原子吸收光谱仪,配镉空心阴极灯。

注:根据待测溶液的浓度选择相应的仪器。

6 取样与试样的制备

6.1 取样

试样的采取按照 GB/T 450 或 GB/T 740 有关规定进行。

6.2 试样的制备

将样品剪成约 5 mm×5 mm 的小块。彻底混匀,防止污染。试样称量前在天平附近至少平衡 20 min。

6.3 水分含量的测定

按照 GB/T 462 测定试样的水分,以计算试样的绝干物含量。

警告:使用本标准的人员应有正规实验室工作的实践经验。本标准未指出所有可能的安全问题,使用者有责任采取适当的安全和健康措施,并保证符合国家有关法规规定的条件。

7 试验步骤

7.1 通则

可直接选用方法一或方法二进行消解,当镉含量太低,达不到测定仪器的检出限时,可选择方法三,对消解后的试样进行富集,使待测溶液中的镉含量在仪器的可测定范围内。

7.2 方法一:高压消解法

7.2.1 空白试验

与试样的测定平行进行,取相同量的所有试剂,采用相同的分析步骤,但不加试样。

7.2.2 试验

做两份试样的平行测定。称取约 0.4 g 的风干试样,精确到 0.001 g,放入压力溶弹(5.2)的聚四氟乙烯内罐中,加入 4 mL 浓硝酸(4.2)、1 mL 过氧化氢(4.4)和 1 mL 水,将压力溶弹放入烘箱(5.1),升温至(95±2)℃,保持 1 h,后再继续升温至(185±2)℃,保持 4 h。关闭电源,在烘箱中自然冷却至室温,取出压力溶弹,并小心地在通风柜中打开,让二氧化氮烟雾从消解罐中排出,将消解内罐中的溶液用水适当稀释,过滤于 50 mL 的容量瓶内,用水洗涤消解内罐及滤纸数次,洗涤液一并移入容量瓶后定容。

7.3 方法二:微波消解法

7.3.1 空白试验

与试样的测定平行进行,取相同量的所有试剂,采用相同的分析步骤,但不加试样。

7.3.2 试验

做两份试样的平行测定。称取约 0.4 g 的风干试样,精确到 0.001 g,放入微波消解仪(5.3)聚四氟乙烯的内罐中,加入 4 mL 硝酸(4.2)、2 mL 过氧化氢(4.4)和 2 mL 水,放入微波消解仪。根据微波消解仪的使用说明书，选择适当的控制方式(控制方案可参见附录A)，消解反应，冷却，取出消解罐，并在通风柜中打开。让二氧化氮烟雾从消解罐中排出，将消解内罐中的溶液用水适当稀释，过滤于50 mL的容量瓶内，用水洗涤消解内罐及滤纸数次，洗涤液一并移入容量瓶后定容。

注：由于微波消解仪以及消解罐容积的不同，应根据微波消解仪的使用说明书的要求调整试样量。

7.4 方法三：浓缩法

7.4.1 空白试验

与试样的测定平行进行，取相同量的所有试剂，采用相同的分析步骤，但不加试样。

7.4.2 试验

做两份试样的平行测定。每份试样的前处理过程如下：

按方法一或方法二消解5份试样，将5个消解内罐中的溶液用水适当稀释，过滤合并于1个100 mL的小烧杯，用水洗涤消解内罐及滤纸数次，洗涤液一并移入小烧杯，用电热板(5.4)加热，使烧杯中的溶液蒸发至2 mL～3 mL，冷却，移入10 mL的容量瓶内，用水洗涤小烧杯数次，洗涤液一并移入容量瓶后定容。

8 镉含量的测定

8.1 通则

根据产品的限量要求选择石墨炉原子吸收法或火焰原子吸收法进行镉含量的测定。

8.2 石墨炉原子吸收法

8.2.1 最终的镉标准工作溶液的浓度取决于所使用的分析仪器，一般情况下，标准工作溶液的浓度为5 μg/L。准确移取1 mL镉标准溶液Ⅱ(4.7)于100 mL的容量瓶中，用水稀释至刻度得到浓度为100 μg/L稀释液；再准确移取5 mL镉稀释液，用水稀释至100 mL，溶液即用即配。每毫升该标准工作溶液含有5 ng的镉。

8.2.2 根据石墨炉原子吸收光谱仪的操作手册设定参数，并使仪器操作参数最佳化。

注：设定参数的举例参见附录A。

8.2.3 将空白溶液、待测溶液、镉标准工作溶液(8.2.1)、稀释液(水)及基体改进剂放入仪器的自动进样器中，通过仪器的控制程序，在石墨管中分别在等量的待测溶液中，加入不同镉含量的系列工作溶液，表1是典型的溶液及其体积的例子。

表1 标准加入法的举例

单位为微升

待测定液	标准工作溶液	样　品	稀释液	基体改进剂(4.5)
空白	0	0	20	5
溶液1	2	10	8	5
溶液2	4	10	6	5
溶液3	8	10	2	5
样品	0	10	10	5

8.2.4 在228.8 nm处测定各溶液的吸光度。以镉浓度为X轴，溶液的吸光度为Y轴，绘制直线，此直线的相反方向与X轴相交，交叉点的值即为待测溶液的镉含量。

注：如四点不在一条直线，则可选择拟合得最好的一条线，若从图形可明显看出测试的精度很差时，重复测试。如坐标上的四点仍然十分离散，则说明有严重的误差或测定结果超出了检出限。

8.2.5 镉含量以镉的质量分数 X_{Cd} 计，按式(1)计算：

$$X_{Cd}=\frac{(X_1-X_0)\times V}{m} \qquad \cdots\cdots(1)$$

式中：

X_{Cd}——试样中镉的含量，单位为微克每千克($\mu g/kg$)；

X_1——待测溶液中镉的浓度，单位为微克每升($\mu g/L$)；

X_0——空白试液中镉的浓度，单位为微克每升($\mu g/L$)；

V——待测溶液的总体积，单位为毫升(mL)；

m——试样的绝干质量，单位为克 (g)。

计算结果保留两位有效数字。两测试结果的绝对差值不得大于算术平均值的20%，以平均值作为测试结果。

8.3 火焰原子吸收法

8.3.1 用移液管分别准确移取0 mL、1 mL、2 mL、3 mL、4 mL镉标准溶液Ⅱ(4.7)于50 mL的容量瓶中，用硝酸(4.3)定容，每毫升上述标准溶液分别含镉0 μg、0.2 μg、0.4 μg、0.6 μg、0.8 μg。

8.3.2 根据火焰原子吸收光谱仪操作手册设定参数，并使仪器操作参数最佳化。用空气-乙炔火焰，在228.8 nm处测定空白溶液、标准工作溶液、待测溶液的吸光度。

8.3.3 绘制校准曲线，按式(2)计算试样的镉含量。

8.3.4 镉含量以镉的质量分数X_{Cd}计，按式(2)计算：

$$X_{Cd}=\frac{(X_1-X_0)\times V}{m} \qquad \cdots\cdots(2)$$

式中：

X_{Cd}——试样中镉的含量，单位为毫克每千克(mg/kg)；

X_1——待测溶液中镉的浓度，单位为毫克每升(mg/L)；

X_0——空白试液中镉的浓度，单位为毫克每升(mg/L)；

V——待测溶液的总体积，单位为毫升(mL)；

m——试样的绝干质量，单位为克(g)。

计算结果保留两位有效数字。两测试结果的绝对差值不得大于算术平均值的10%，以平均值作为测试结果。

9 质量保证和控制

9.1 试样在称量前在天平附近平衡20 min，可解决因试样本身的水分变化而导致称量数据的不稳定。

9.2 微波消解可有不同的控制方式，有多种温度/压力/功率、时间、加酸量等不同的参数组合，可根据实际情况设定。只要保证消解完全且均有较高回收率的消解方法均可使用。充分消解后通常可得到澄清的溶液，残余物为白色。

9.3 分析仪器可根据实验室的实际情况选择，只要仪器的检出限满足检验的限量要求即可。由于分析仪器灵敏度的不同，操作人员应根据仪器的测试范围选择合适的标准工作溶液范围。

9.4 当采用石墨炉原子吸收法进行分析时，一般采用标准加入法测定。但在实践中，只要不受基体干扰，可采用标准曲线法进行测定，但应注意控制工作曲线的酸度应与待测溶液一致。

9.5 如待测溶液的酸度过高，可在消解后增加赶酸工序——将消解内罐放入配套的加热板上加热，直至罐内剩余2 mL的溶液，再进行稀释、过滤、定容。降低待测溶液的酸度，可延长石墨管的使用寿命。

9.6 试验用的玻璃器皿应在使用前用20%的稀硝酸浸泡过夜，然后冲洗干净。

9.7 方法三是为提高火焰法的检出限而设计，因试剂量是方法一和方法二的试剂量的五倍，试剂空白的影响尤为明显，需注意对试剂纯度的控制。

10 精密度

由于痕量分析的精密度取决于样品的消解特性、基体和材料组分的均匀性，所以方法的精密度难以用一般性的数据来说明。若进行重复性测定，重复测定的结果在平均值的±10%以内，可认为重复性满意。

在金属元素的痕量分析中，由于样品固有的不均匀性，重复测试的结果可能会不一致。

实验室间比对说明，若不同实验室间的测试结果相差在30%以内，是可接受的。当测试结果接近方法检出限时，很难达到这样的重复性。

11 试验报告

试验报告应包括下列项目：

a) 参照本国家标准编号；

b) 测试的日期和地点；

c) 试样的描述；

d) 所用的消解过程(方法一、方法二或方法三)；

e) 测试仪器的描述(火焰法或石墨炉法)；

f) 测试的平均值；

g) 标准步骤变更的说明，或所观察到的任何会影响测试结果的异常现象。

附　录　A
（资料性附录）
微波消解的设定参数举例

A.1　ETHOS TC 微波消解仪

控制程序：温度主控。

步骤	爬坡时间/min	温度/℃	保持时间/min
1	5	90	—
2	10	140	—
3	5	180	10～30[1]

A.2　Mars 微波消解仪（配超高压消解罐）

控制程序：温度主控，压力辅控。

步骤	爬坡时间/min	压力/psi[2]	温度/℃	保持时间/min
1	5	400	95	5
2	5	400	185	15～30[1]

A.3　Mars 微波消解仪（配高处理量消解罐）

控制程序：温度主控。

步骤	爬坡时间/min	温度/℃	保持时间/min
1	5	120	5
2	5	150	10
3	5	175	10
4	5	185	10

A.4　Multiwave 3000 微波消解仪

控制程序：温度主控，安全升压速度 0.3 bar/s[3]。

步骤	爬坡时间/min	温度/℃	保持时间/min
1	5	150	10
2	10	240	20

A.5　MWS－3＋微波消解仪

控制程序：温度主控。

步骤	爬坡时间/min	温度/℃	保持时间/min
1	5	150	5
2	1	170	5
冷却	1	100	10～20[1]

1）　根据样品消解的难易程度调整时间，一般有涂布、填料多的样品选择长一点的消解时间。

2）　1 psi＝6.895 kPa。

3）　1 bar/s＝100 kPa/s。

附　录　B
（资料性附录）
本标准与 ISO 10775:1995 章条编号对照

表 B.1 给出了本标准与 ISO 10775:1995 章条编号对照一览表。

表 B.1　本标准与 ISO 10775:1995 章条编号对照

本标准章条编号	对应国标标准章条编号
1	1
2	2
3	3
4	4
5	5
6	6
7.2、7.3	7、8
7.4	—
8.2.1	9
8.2.2～8.2.4	10
8.2.5	11
8.3	—
9	—
10	12
11	13
附录 A	—
附录 B	—
附录 C	—

附 录 C
（资料性附录）
本标准与 ISO 10775:1995 的技术性差异及其原因

表 C.1 给出了本标准与 ISO 10775:1995 的技术性差异及其原因的一览表。

表 C.1 本标准与 ISO 10775:1995 技术性差异及原因

本标准的章条编号	技术性差异	原　因
3	增加了火焰法原子吸收的测定方法。	在纸、纸板和纸浆镉含量测定的需求中，限量要求有 mg/kg 数量级的，此时用火焰法测定即可满足要求。
4	镉标准溶液的浓度发生了变化。	国际标准中，镉标准溶液由原来的 1 g/L 直接稀释至 1 mg/L，稀释倍数太大。
5	1. 用内罐容积为 100 mL 的压力溶弹代替内罐容积为 100 mL 的高压釜。	1. 用内罐容积为 100 mL 的压力溶弹是国内较常用的消解装置。
	2. 增加了火焰法原子吸收光谱仪。	2. 对限量为 mg/kg 数量级的检测需求，用火焰法测定即可满足。
7 附录 A	1. 高压消解法的试样量、加热的温度、时间均进行了调整。	1. 根据国内高压消解装置的试验条件进行调整。
	2. 微波消解法的试样量、消解条件均进行了调整。	2. 根据微波消解仪的试验条件进行调整。给出多种仪器的测试参数，提高方法的可操作
	3. 增加了方法三。	3. 为提高火焰法的检出限而设计。
8.1	增加的计算公式。	标准使用时更直观。
8.2	增加了火焰法原子吸收的测定过程。	对限量为 mg/kg 数量级的检测需求，用火焰法测定即可满足。
9	介绍影响测定的控制关键点。	提高标准的可操作性。

ICS 85-010
Y 30

中华人民共和国国家标准

GB/T 24998—2010

纸和纸板　碱储量的测定

Paper and board—Determination of alkali reserve

(ISO 10716:1994,MOD)

2010-08-09 发布　　2010-12-01 实施

中华人民共和国国家质量监督检验检疫总局
中国国家标准化管理委员会　发布

前言

本标准修改采用国际标准 ISO 10716:1994《纸和纸板　碱储量的测定》。

本标准与 ISO 10716:1994 的主要差异如下:

——修改了范围中对不适用纸的原因(见第 1 章);

——规范性引用文件增加了 GB/T 462、GB/T 601、GB/T 6682,引用了 ISO 10716 中引用的 ISO 186 所对应的国家标准 GB/T 450,删除了 ISO 287(见第 2 章);

——修改了原理,删除了"解离"一词(见第 4 章);

——增加了部分试剂的规定和试剂的配制方法(见第 5 章);

——修改了制样尺寸(见第 7 章);

——增加了"冷却至室温"的规定(见第 8 章);

——修改了计算公式(见第 9 章);

——增加了质量保证和控制一章(见第 11 章)。

本标准由中国轻工业联合会提出。

本标准由全国造纸工业标准化技术委员会归口。

本标准起草单位:深圳出入境检验检疫局工业品检测技术中心、中国制浆造纸研究院、深圳市检验检疫科学研究院、国家纸张质量监督检验中心。

本标准主要起草人:顾浩飞、徐嵘、欧阳姗、杨左军、章雅玲、梁宏。

纸和纸板　碱储量的测定

1　范围

本标准规定了纸和纸板中碱储量的测定方法。

本标准适用于为了提高纸张的耐酸性，而在生产过程中添加碱性颜料或其他碱性物质的纸和纸板。

本标准不适用于层压纸、经印刷的纸或经其他加工的纸，因为这些纸经过再加工，可能会对纸张碱储量的测定存在干扰。

2　规范性引用文件

下列文件中的条款通过本标准的引用而成为本标准的条款。凡是注日期的引用文件，其随后所有的修改单(不包括勘误的内容)或修订版均不适用于本标准，然而，鼓励根据本标准达成协议的各方研究是否可使用这些文件的最新版本。凡是不注日期的引用文件，其最新版本适用于本标准。

GB/T 450　纸和纸板　试样的采取及试样纵横向、正反面的测定(GB/T 450—2008，ISO 186：2002，MOD)

GB/T 462　纸、纸板和纸浆　分析试样水分的测定(GB/T 462—2008，ISO 287：1985，ISO 638：1978，MOD)

GB/T 601　化学试剂　标准滴定溶液的制备

GB/T 6682　分析实验室用水规格和试验方法(GB/T 6682—2008，ISO 3696：1987，MOD)

3　术语及定义

下列术语和定义适用于本标准。

3.1

碱储量　alkali reserve

纸和纸板中的一类碱性化合物的量，如碳酸钙，该类化合物能中和由于自然老化或受到大气污染所生成的酸，按本标准规定方法测定的值为碱储量。

4　原理

先将样品浸泡在水中，加热沸腾一段时间，同时加入一定量的盐酸溶液，使盐酸与溶液中的碱性物质反应完全，用氢氧化钠标准溶液滴定未反应的盐酸，从而计算碱储量。

5　试剂

除非另有说明，在分析中仅使用确认为分析纯的试剂。

5.1　水，GB/T 6682，三级，或新鲜蒸馏的水。

5.2　盐酸(HCl)，ρ=1.40 g/mL，质量分数为36%～38%。

5.3　氢氧化钠(NaOH)，分析纯。

5.4　盐酸标准溶液，c(HCl)=0.1 mol/L，按GB/T 601配制和标定盐酸溶液浓度。

5.5　氢氧化钠标准溶液，c(NaOH)=0.1 mol/L，按GB/T 601配制和标定氢氧化钠溶液浓度。

5.6　甲基红指示剂，称取0.2 g甲基红，溶于100 mL无水乙醇，贮存于棕色试剂瓶中。

6　仪器

6.1　电子天平，感量0.001 g。

6.2 可调温加热板。

6.3 碱式滴定管。

7 取样与试样的制备

7.1 取样

试样的采取按 GB/T 450 有关规定进行。

7.2 试样的制备

将样品撕成或剪成约 5 mm×5 mm 的小块，对于厚纸板试样应尽量将其层层分离，彻底混匀，应注意使用保护手套，防止污染。试样称量前，应在天平附近至少平衡 20 min。

8 试验步骤

做两份试样的平行测定，同时进行空白试验。

称取 1 g 风干试样，准确至 0.001 g。同时称取一份试样按照 GB/T 462 测定水分，并计算出试样的绝干质量 m。

将试样放入 250 mL 锥形瓶中，加入 100 mL 蒸馏水，加热微沸 5 min，稍微冷却后，用移液管加入 20.0 mL 盐酸标准溶液(5.4)。加热使浸泡液再次沸腾 1 min，冷却至室温，加入 3 滴甲基红指示剂(5.6)，用氢氧化钠标准溶液(5.5)滴定，溶液颜色由粉红色变为淡黄色，30 s 不褪色，即为终点，记录所用氢氧化钠溶液的量。如果到达终点时，消耗的氢氧化钠溶液不足 5 mL，则应再称取较少的试样或加入较多的盐酸溶液重复试验。

9 计算

按式(1)计算碱储量 X(以 OH^- 计)，结果以摩尔每千克(mol/kg)表示：

$$X=\frac{(V_0-V_1)\,c}{m} \quad \cdots\cdots(1)$$

式中：

X——试样的碱储量(以 OH^- 计)，单位为摩尔每千克(mol/kg)；

V_0——空白消耗的氢氧化钠标准溶液的体积，单位为毫升(mL)；

V_1——试样消耗氢氧化钠标准溶液的体积，单位为毫升(mL)；

c——氢氧化钠标准溶液的浓度，单位为摩尔每升(mol/L)；

m——试样的绝干质量，单位为克(g)。

试验结果为两次测定结果的平均值，保留到小数点后两位。两次测定结果之差应不超过0.07 mol/kg，如果超出此范围，则应再取两份试样重新试验。

10 精确度

精确度数据见表 1。

表 1 精确度数据

样品编号	实验室数目/个	结果平均值/(mol/kg)	再现性标准偏差
1	12	3.48	0.54
2	12	3.18	0.18
3	12	2.81	0.17
4	12	1.85	0.07

表 1(续)

样品编号	实验室数目/个	结果平均值/(mol/kg)	再现性标准偏差
5	12	0.50	0.06
6	12	0.27	0.06
7	11	0.36	0.06
8	9	0.08	0.02
9	9	0.04	0.03

11 质量保证和控制

11.1 如果试样中的碱储量不超过 2 mol/kg[10%(质量分数)$CaCO_3$],则 20 mL 或 2 mmol 盐酸标准溶液就可中和试样中的碱;如果试样中的碱储量超过 2 mol/kg,则应称取较少的试样,或加入较多的盐酸。

11.2 如果有少量的指示剂吸附在试样的纤维表面,可稍微将悬浮溶液加热沸腾,以释放出粉红色指示剂。通常情况下,再添加半滴氢氧化钠溶液后,溶液即可恢复淡黄色。

12 试验报告

试验报告应包括下列项目:

a) 本国家标准编号;

b) 试验日期和地点;

c) 试样制备的描述;

d) 测定的平均值,如果测定次数多于两次,则应说明测定次数;

e) 标准步骤变更的说明,或所观察到的任何会影响测定结果的异常现象。

ICS 85-010
Y 30

中华人民共和国国家标准

GB/T 24999—2010

纸和纸板 亮度(白度)最高限量

Paper and board—Highest limitation of brightness

2010-08-09 发布 2010-12-01 实施

中华人民共和国国家质量监督检验检疫总局
中国国家标准化管理委员会 发布

前　言

本标准由中国轻工业联合会提出。

本标准由全国造纸工业标准化技术委员会归口。

本标准起草单位：中国制浆造纸研究院、芬欧汇川（常熟）纸业有限公司、金佰利（中国）有限公司、山东泉林纸业有限责任公司、国家纸张质量监督检验中心。

本标准主要起草人：卢宝荣、陈曦、邱文伦、崔立国。

纸和纸板　亮度(白度)最高限量

1　范围

本标准规定了纸和纸板亮度(白度)的最高限量。

本标准适用于相关的纸和纸板。

2　规范性引用文件

下列文件中的条款通过本标准的引用而成为本标准的条款。凡是注日期的引用文件,其随后所有的修改单(不包括勘误的内容)或修订版均不适用于本标准,然而,鼓励根据本标准达成协议的各方研究是否可使用这些文件的最新版本。凡是不注日期的引用文件,其最新版本适用于本标准。

GB/T 450　纸和纸板　试样的采取及试样纵横向、正反面的测定(GB/T 450—2008,ISO 186:2002,MOD)

GB/T 7974　纸、纸板和纸浆亮度(白度)的测定　漫射/垂直法(GB/T 7974—2002,neq ISO 2470:1999)

3　要求

相关纸和纸板的亮度(白度)最高限量应符合表1规定。

表1

以%表示

产　　品	亮度(白度)最高限量
新闻纸	55.0
复印纸	95.0
胶版印刷纸	90.0
胶印书刊纸	85.0
书写纸	
涂布纸和纸板	93.0
纸巾纸	90.0
厨房纸巾	
马桶垫纸	88.0
卫生纸	
擦手纸	
食品包装纸和纸板	85.0
喷墨打印纸	95.0
热敏纸	90.0

4　试验方法

4.1　试样的采取按GB/T 450进行。

4.2　亮度(白度)按GB/T 7974测定。

5 检验规则

5.1 有下列情况之一时，应随时进行检验：

a) 新产品试制定型时；

b) 产品异地生产时；

c) 生产配方、工艺及原材料有较大改变时；

d) 停产3个月后恢复生产时；

e) 客户提出要求时。

5.2 以同一原料、同一工艺、同一规格的产品为一批，从每批产品中随机抽取样品进行检验。如果检验结果符合本标准规定，则判该批产品合格；如果检验结果不符合本标准规定，则加倍取样再次进行检验，若再次检验仍不符合本标准规定，则判该批产品不合格。

ICS 35.080
L 77

中华人民共和国国家标准

GB/T 25000.1—2010/ISO/IEC 25000:2005

软件工程　软件产品质量要求与评价（SQuaRE）　SQuaRE指南

Software engineering—Software product Quality Requirements and Evaluation（SQuaRE）—Guide to SQuaRE

（ISO/IEC 25000:2005，IDT）

2010-09-02 发布　　2011-02-01 实施

中华人民共和国国家质量监督检验检疫总局
中国国家标准化管理委员会　发布

前　言

本标准等同采用国际标准 ISO/IEC 25000:2005《软件工程　软件产品质量要求和评价(SQuaRE) SQuaRE 指南》(英文版)。本标准对 ISO/IEC 25000:2005 作了如下的编辑性修改:

a) 根据 SQuaRE 系列标准中其他标准的图示说明,图 1 增加了扩展分部图示说明;

b) ISO/IEC 25000:2005 的附录 B 的 B.2.2 中引出了 ISO 8402,但由于该标准已被撤销,其内容由 ISO 9000(也即 GB/T 19000)所包含,因此将 ISO 8402 替换为 GB/T 19000。

本标准的附录 A、附录 B、附录 C、附录 D 均为资料性附录。

本标准由全国信息技术标准化技术委员会提出并归口。

本标准由中国电子技术标准化研究所、上海宝信软件股份有限公司、山东省计算中心、中国航天科技集团软件评测中心、上海计算机软件技术开发中心负责起草、上海鲁齐信息科技有限公司负责起草。

本标准主要起草人:王宝艾、冯惠、陈在根、石柱、杨根兴、董火民、赵洪磊、欧阳树生、李刚、王凌、张露莹、韩红强。

引　言

计算机正在广泛应用于日益增多的各种应用领域，其正确的运行对于业务成功和(或)人类安全常常是攸关的。因此开发或选择高质量的软件产品是极其重要的。对于软件产品质量全面地说明和评价是保证软件适当质量的关键因素。在考虑软件产品所期望的通过定义合适的质量特性能够达到此目标。重要的是规定和评价每个相应软件产品的质量特性，只要有可能就使用确认的或广泛认可的测量。

质量特性和相关的测量不仅用于评价一个软件产品，而且也可用于定义软件质量需求。SQuaRE的前辈——ISO/IEC 9126:1991 已经被两个有关系的多部分国际标准：即 ISO/IEC 9126 系列标准(软件产品质量)和 ISO/IEC 14598 系列标准(软件产品评价)所取代。下述几个论点是由于两个系列标准实际的使用而引发的且导致制定新的 SQuaRE 系列国际标准：

a) ISO/IEC 9126(GB/T 16260)和 ISO/IEC 14598(GB/T 18905)二者有共同的规范性、参考性和功能性的根基；

b) ISO/IEC 9126(GB/T 16260)和 ISO/IEC 14598(GB/T 18905)组成互补的标准集合；

c) 两个系列标准独立的生存周期在标准间产生不一致。

编制 SQuaRE 系列国际标准的总的目标是开发一个组织上有逻辑的、强化的和统一的系列标准以覆盖两类主要过程、软件质量要求规范和由软件质量测量过程所支持的软件质量评价。SQuaRE 系列国际标准的目的是辅助那些利用质量要求规程和评价来开发和获取软件产品的人们。该系列标准建立了软件产品质量要求，及其测量和评价的准则。它包括与开发过程属性一致的定位于顾客质量定义的两部分质量模型。此外，该系列标准提供了可由开发方、需方和评价方使用的软件产品质量属性测量建议。

特别强调的是 SQuaRE 系列国际标准仅仅专注于软件产品质量。SQuaRE 中 ISO/IEC 2500n——质量管理分部涉及软件产品质量要求规格说明、测量和评价，并且是单独的，而且也截然不同于过程的质量管理，过程的质量管理在 ISO 9000 系列标准中定义。

超越其前辈标准的 SQuaRE 系列标准主要优点包括如下：

a) 协调了软件产品质量测量和评价的指导；

b) 指导了软件产品质量要求规程；

c) 将 ISO/IEC 25020 中的软件产品质量测量参考模型的构成与 ISO/IEC 15939(GB/T 20917)进行了协调。

SQuaRE 系列国际标准与 ISO/IEC 9126(GB/T 16260)及 ISO/IEC 14598(GB/T 18905)的主要差异如下：

a) 引入新的参考模型；

b) 对每个分部引入专门的详细的指南；

c) 在质量测量分部内部引入测量元素；

d) 引入质量要求分部；

e) 评价过程的合并与修订；

f) 引入示例构成的使用实践指导；

g) 与 ISO/IEC 15939 的内容的协调和融合。

SQuaRE 由下列分部组成：

a) ISO/IEC 2500n——质量管理分部；

b) ISO/IEC 2501n——质量模型分部；

c) ISO/IEC 2502n——质量测量分部；

d) ISO/IEC 2503n——质量要求分部；

e) ISO/IEC 2504n——质量评价分部；

f) ISO/IEC 25050 到 ISO/IEC 25099 保留用于 SQuaRE 扩展的标准和(或)技术报告。

SQuaRE 系列标准提供：

a) 术语和定义；

b) 参考模型；

c) 通用指南；

d) 单独部分指南；

e) 用于要求规程、规划和管理、测量和评价目的的标准。

SQuaRE 系列标准包括有关质量模型和测量以及质量要求和评价的标准。

SQuaRE 系列标准将代替 GB/T 16260 和 GB/T 18905 系列标准。

SQuaRE 系列国家标准将按 GB/T 25000.1 至 GB/T 25000.99 给号。

GB/T 25000.1 是一个新标准，其目的是提供关于参考模型、术语、定义、相关标准和指导性技术文件的使用实践指导的公共框架。

软件工程 软件产品质量要求与评价（SQuaRE） SQuaRE 指南

1 范围

本标准提供了软件产品质量要求和评价（SQuaRE）系列标准的使用指南。其目的是给出 SQuaRE 的内容、公共参考模型和术语、定义以及各文件间的关系的全面概述，允许本标准的用户根据其使用目的应用本系列标准。本标准包含了 GB/T 16260 和 GB/T 18905 系列标准与 SQuaRE 转换过程的解释，并且还介绍了 GB/T 16260 和 GB/T 18905 以它们原先的形式如何使用的信息。

SQuaRE 系列标准期望用于但不限于软件产品的开发方、需方和独立的评价方，特别是那些负责定义软件质量需求和负责软件产品评价的人们。建议 SQuaRE 以及 GB/T 18905 和 GB/T 16260 系列标准的用户利用该标准作为执行其任务的指南。

2 符合性

本标准没有特别的符合性条款，希望使用 SQuaRE 系列标准的用户遵循该系列标准中每个文件各自的符合性条款。

3 规范性引用文件

本标准没有要求任何规范性引用文件。全部资料性参考文件列于参考文献中。

4 术语和定义

下列术语和定义适用于本标准。

注：下列术语和定义适用于 SQuaRE 系列标准的所有部分。

4.1

需方 acquirer

从供方获取或采购系统、软件产品或软件服务的个体或组织。

注：基于 GB/T 8566—2007。

4.2

分析模型 analysis model

组合了一个或多个基本测度和（或）派生测度及其相关判定准则的算法或计算。

4.3

属性 attribute

实体的固有性质或特性，可由人工或自动化手段进行定量或定性的辨别。

注 1：基于 GB/T 20917—2007。

注 2：GB/T 19000 区分两类属性：在事物中固有地存在的一种持久的特性；给产品、过程或系统指派的特性（如产品的价格、产品的拥有者）。指派的特性并不是产品、过程或系统固有的质量特性。

4.4

质量测度的属性 attribute for quality measure

与软件产品本身、与软件产品的使用或者与其开发过程有关的属性。

注：用于质量测度的属性被用来获得质量测度元素（度量元）。

4.5

基本测度　base measure

按照某个属性及其量化方法定义的测度。

注：一个基本测度在功能上独立于其他测度。

[GB/T 20917—2007,基于1993年计量学中的基本术语和通用术语的国际词汇中的定义]

4.6

商业现货软件产品　commercial-off-the-shelf software product

由市场驱动的需要定义的、商业上可获得的、并且其适用性已经得到范围广泛的商业用户证实的软件。

4.7

使用周境　context of use

使用产品的用户、任务、设备(硬件、软件和材料)以及物理和社会环境。

[ISO 9241-11:1998]

4.8

定制软件　custom software

根据用户需求规格说明开发的用于特定应用的软件产品。

4.9

数据　data

赋于基本测度、派生测度和(或)指标的值的汇集。

[GB/T 20917—2007]

4.10

决策准则　decision criteria

用于确定是否需要采取措施或进一步调查的,或者用于描述给定结果置信度的阈值、目标或模式。

4.11

派生测度　derived measure

定义为基本测度的两个或多个值的函数的测度。

[GB/T 20917—2007,基于1993年的计量学中基本术语和通用术语的国际词汇中的定义]

注：使用数学函数的基本测度的转换也可考虑作为一个派生测度。

4.12

开发方　developer

在软件生存周期过程期间执行开发活动(包括需求分析、设计、测试直到验收)的个体或组织。

注：基于GB/T 8566—2007的定义。

4.13

标准分部　division of standards

构成系列标准的服务于互补目的分部。

4.14

最终用户　end user

最终受益于系统结果的单独个体。

注：最终用户可能是软件产品的常规操作员或是公共场合下的临时用户。

4.15

实体　entity

通过测量其属性表述其特性的对象。

示例：一个对象可能是过程、产品、项目或资源。

[GB/T 20917—2007]

4.16

评价方法　evaluation method

为了获得对特定产品部件或整个产品实施规定测量的结果而描述由评价方采取动作的规程。

4.17

评价模块　evaluation module

用于测量软件质量特性、子特性或属性的评价技术包。

注：该包包含评价方法和技术、评价的输入、待测量和待收集的数据以及支持规程和工具。

4.18

评价方　evaluator

实施评价的个体或组织。

4.19

软件外部质量　external software quality

系统在特定条件下使用时，软件产品使得系统的行为能满足明确的和隐含的要求的能力。

注：在测试和运行期间，通过执行软件产品而验证和(或)确认行为的属性。

示例：在测试期间发现的失效数是相对于程序中呈现的故障数的软件外部质量测量。这两种测量不必要等同，因为测试不能发现所有的故障，并且在不同的境况下，一个故障给出的风险显然不同于失效。

4.20

失效　failure

产品执行所要求功能的能力的终止或它在先前规定的限度内无力执行所要求的功能。

注：基于 IEEE 610.12—1990 中的定义。

4.21

故障　fault

缺陷

计算机程序中不正确的步骤、过程或数据定义。

[IEEE 610.12—1990]

4.22

功能性需求　functional requirement

规定系统或系统部件必须能执行的功能的需求。

[IEEE 610.12—1990]

4.23

隐含的要求　implied needs

可能未明确阐述却是实际需要的要求。

注：当软件产品用于特定场合时一些隐含的要求就成为显然的。

示例：隐含的要求包括：尽管没明确阐述但通过其他明确的要求而隐含的需要，以及由于其被认为是显然的或显而易见的而未明确阐述的需要。

4.24

指标　indicator

对由规定信息需要的相关模型导出的指定属性提供估算或评价的测度。

[GB/T 20917—2007]

注：在 GB/T 18905 中定义为：用于估算或预测其他测度的测度。

4.25

信息需要　information need

为管理目标、目的、风险和问题所必需的见识。

[GB/T 20917—2007]

4.26

信息产品　information product

说明信息需要的一个或多个指标及其相应的解释。

示例:已测的失效率与计划的失效率的比较结果连同对这种差异是否指示出问题的评估。

4.27

信息系统要求　information system needs

能通过外部测量及有时通过内部测量规定为质量需求的要求。

4.28

中间软件产品　intermediate software product

软件开发过程的产品,用作软件开发过程另一个阶段的输入。

示例:中间软件产品可包括静态的或动态的原型、其他文档和源代码。

4.29

中间软件产品要求　intermediate software product needs

能通过内部测量规定为质量需求的要求。

4.30

软件内部质量　internal software quality

软件产品在特定条件下使用时,软件产品的一组静态属性满足明确和隐含要求的能力。

注 1:静态属性包括那些与软件架构、结构和它的部件有关的属性。

注 2:静态属性可通过评审、审查和(或)自动工具来验证。

示例:在软件走查中发现的故障数、代码行数和圈复杂度测量是作用于产品自身的所有软件内部质量测量。

4.31

维护方　maintainer

实施维护活动的个体或组织。

注:基于 GB/T 8566—2007 的定义。

4.32

测度(名)　measure(noun)

将一个值作为测量结果赋予它的变量。

注:该术语"测度"总体上指的是基本测度、导出测度和指标。

4.33

测量(动)　measure(verb)

执行一次测量活动。

[GB/T 18905-1:1999]

4.34

测量　measurement

一组操作,其目的是确定某个测度的值。

[GB/T 20917—2007,基于 1993 年的计量学中基本术语和通用术语的国际词汇中的定义]

注:测量可包括分配一个定性的类别,例如源程序的语言(Ada,C,COBOL 等)。

4.35

测量函数　measurement function

为组合两个或多个基本测度而执行的算法或计算。

[GB/T 20917—2007]

4.36

测量方法　measurement method

一般描述的操作的逻辑序列,用以按规定的标度量化属性。

[GB/T 20917—2007,基于 1993 年的计量学中基本术语和通用术语的国际词汇中的定义]

4.37

测量规程　measurement procedure

具体描述的一组操作，用以按给定的方法执行特定的测量。

[GB/T 20917—2007，基于1993年的计量学中基本术语和通用术语的国际词汇中的定义]

4.38

测量过程　measurement process

在一个完整项目或组织的测量机构内确立、策划、执行和评价软件测量的过程。

[GB/T 20917—2007]

4.39

观察　observation

应用测量规程产生基本测度值的实例。

[GB/T 20917—2007]

4.40

操作方　operator

运行系统的个体或组织。

注：基于ISO/IEC 12207:1995中的定义。

4.41

过程　process

将输入转化为输出的相互关联或相互作用的一组活动。

[GB/T 19000—2008]

4.42

使用质量(测量)　quality in use(measure)

特定用户使用的产品满足其要求，以在特定使用周境下达到有效性、生产率，安全性和满意度等特定目标的程度。

4.43

质量测量元素　quality measure elements

基本测度或派生测度，用以构成软件质量测度。

注：通过计算一个软件质量测度而后导出实体的软件质量特性或子特性。

4.44

质量模型　quality model

所定义的一组特性及特性间的关系，以为规定质量需求和评价质量而提供一个框架。

4.45

评级　rating

把已测量的值映射到相应评定等级的动作，用于确定与软件产品某一个特定质量特性相关的等级。

4.46

评定等级　rating level

在有序标尺上的某个刻度，用于对测量的标度进行分级。

注1:评定等级能使软件按照明确或隐含的要求进行分类(评定)。

注2:合适的评定等级与关注质量的视角有关，如"用户"、"管理者"或"开发者"的视角。

4.47

需求　requirements

为完成或实现某事物而认识到的要求的表达。

注：需求可作为合同的一部分来规定；或者当被开发的软件用于未指明的用户时，由开发组织来规定，例如定制软件；或者当用户为比较和选择目的而评价产品时，该需求可能是更一般化。

4.48

标度　scale

标尺

一组有序的连续或离散值,或一组与属性映射的类目。

示例:标度类型的例子有标称标度——对应于一组类目;顺序标度——对应于一组有序的标尺点;间隔标度——对应于有等距标尺点的有序标度;比率标度——不仅是等距标尺点而且拥有绝对值。使用标称标度和顺序标度生成定性数据,而使用间隔标度和比率标度生成定量数据。

4.49

软件产品　software product

一组计算机程序、规程以及可能的相关文档和数据。

[GB/T 8566—2007]

注1:产品包括中间产品和意图用户开发方和维护方使用的产品。

注2:在SQuaRE标准中,软件质量和软件产品质量具有同样的含义。

4.50

软件产品评价　software product evaluation

根据特定的规程,对软件产品的一个或多个特性进行评估的技术操作。

4.51

软件质量　software quality

在规定条件下使用时,软件产品满足明确或隐含要求的能力。

注:该定义不同于GB/T 19000—2008中的质量定义,主要是本标准的定义是讲满足明确和隐含的要求,而GB/T 19000质量定义是讲满足要求。

4.52

软件质量特性　software quality characteristic

有关软件质量的软件质量属性的范畴。

注:软件质量特性可细化为多级子特性并最后到软件质量属性。

4.53

软件质量评价　software quality evaluation

对软件产品能够满足明确和隐含要求的能力的系统性考查。

4.54

软件使用质量　software quality in use

在特定的使用周境中,软件产品使得特定用户在达到有效性、生产率、安全性和满意度等方面的特定目标的能力。

注:软件产品发布前,对于期望的用户、目标和使用周境,使用质量可在某测试环境中被规定和测试。一旦进入使用,使用质量只能针对实际的用户、目标和使用周境进行测量。用户实际的要求可能与需求规格说明中的预先定义的不一致。所以实际的使用质量可能不同于测试环境中早期所测的使用质量。

4.55

软件质量测量　software quality measure

软件内部质量、软件外部质量或软件的使用质量的测量。

注:软件内部质量、软件外部质量和软件使用质量在ISO/IEC 9129-1[ISO/IEC 25010]中描述。

4.56

利益相关方　stakeholder

在一个系统或系统特性范围内具有权利、部分权利或主张以满足其要求和期望的一方。

[GB/T 22032—2008]

注:利益相关者包括但不限于最终用户、支持方、开发方、生产方、培训方、维护方、部署方、需方、供方组织和标准团体。

4.57

供方 supplier

与需方签订合同、并按合同条款提供系统、软件产品或软件服务的个体或组织。

[GB/T 8566—2007]

4.58

系统 system

为达到一个或多个明确目的而组织起来的，相互作用的元素的组合体。

注1：一个系统可被认为是一个产品或它提供的服务。

注2：实际上，对系统含义的解释通常通过使用一个联合名词来阐明，如飞行器系统。或者，单词“系统”可简单地由上下文相关的同义词来替代，如飞行器，虽然这可能使系统的观点不太明显。

[GB/T 22032—2008]

4.59

过程目标 target of process

对软件产品或对由软件产品执行的任务所施加的测量或评价过程。

4.60

测量单位 unit of measurement

按约定定义和采用的具体量，其他同类量与这个量进行比较，用以表示它们相对于这个量的大小。

[GB/T 20917—2007，基于1993年的计量学中基本术语和通用术语的国际词汇中的定义]

4.61

用户 user

为执行特定功能而使用系统的个体或组织。

注：用户可包括操作方、软件结果的接收方或软件的开发方或维护方。

[GB/T 20917—2007]

4.62

确认 validation

通过检查和提供客观证据来证实针对某一特定预期用途的需求已经得到满足。

注1：在设计和开发中，确认涉及到检查某个产品以确定是否符合用户需要的过程。

注2：确认通常是对最终产品在规定的使用条件下进行的。在早期阶段，也可能需要进行确认。

注3：“确认过的”一词用来表示相应的状况。

注4：如果有不同的预期用途，可以进行多重确认。

4.63

[求]值 value

通过执行测量，对实质的属性赋予数值或类别。

4.64

验证 verification

通过检查和提供客观证据来证实规定需求已经得到满足。

注1：在设计和开发中，验证是指对某项规定活动的结果进行检查的过程，以确定该活动对规定需求的符合情况。

注2：“验证过的”用来表示相应的状况。

5 SQuaRE：软件产品质量要求和评价——关于产品质量要求和评价的系列标准

本章概要描述SQuaRE系列国际标准的结构和内容。目的是为本系列标准的用户提供必要的信息，以便有效地选择可应用的文件。

5.1 SQuaRE 系列标准的组织结构

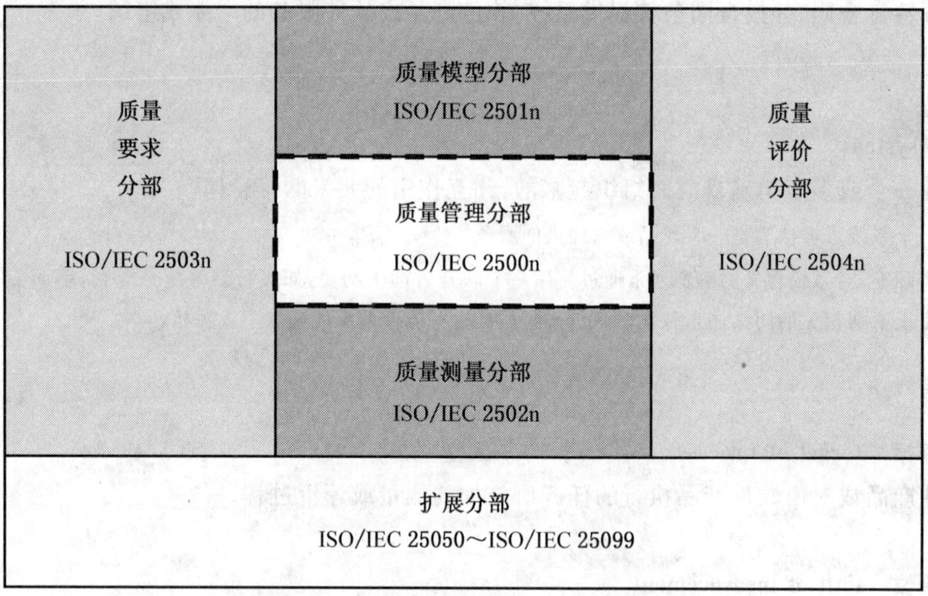

图 1 SQuaRE 系列国际标准的组织

图 1 示出了表示系列标准的且称为分部的 SQuaRE 系列标准的组织结构。

SQuaRE 模型内的基本分部是：

ISO/IEC 2500n——质量管理分部。构成这个分部的标准定义了由 SQuaRE 系列标准中的所有其他标准引用的全部公共模型、术语和定义。在针对特定应用情况使用适当标准方面的引用路径（通过 SQuaRE 文件的指导）和高级的实用建议有助于所有类型的用户。这一分部还提供了用于负责管理软件产品需求和评价的支持功能的要求和指南。

ISO/IEC 2501n——质量模型分部。构成这个分部的标准给出一个包括软件内部质量、软件外部质量和软件使用质量的特性的详细质量模型。此外，内部和外部的软件质量特性被分解细化成一些子特性，并且还提供了使用该质量模型的实用指南。

ISO/IEC 2502n——质量测量分部。构成这个分部的标准包括软件产品质量测量参考模型、质量测量的数学定义及其应用的实用指南。给出了应用于软件内部质量、软件外部质量和使用质量的测量。定义并给出了构成后续测量基础的质量测量元素。

ISO/IEC 2503n——质量要求分部。构成这个分部的标准帮助用户规定质量要求。这些质量要求可用在要开发的软件产品的质量需求抽取过程中或用作评价过程的输入。需求定义过程可映射到 ISO/IEC 15288《系统工程　系统生存周期过程》中定义的技术过程。

ISO/IEC 2504n——质量评价分部。构成这个分部的标准给出了无论由评价方、需方还是由开发方执行的软件产品评价的要求、建议和指南。还给出了作为评价模块的测量编制支持。

SQuaRE 扩展（ISO/IEC 25050 到 ISO/IEC 25099）被指定来包含一些软件产品质量国际标准和（或）技术报告，这些标准和技术报告要么涉及特定的应用领域，要么可用于补充一个或多个 SQuaRE 国际标准。

5.2 SQuaRE 系列标准内各个文件概述

SQuaRE 系列标准由 SQuaRE 模型内归类为 5 个基本分部的 14 个文件组成。本章对所有的文件按照其分部类别给出简短的概述。这些文件纳入了来自在括号中所提及文件的规定。

5.2.1 ISO/IEC 2500n——质量管理分部

ISO/IEC 25000——SQuaRE 指南：给出了 SQuaRE 的体系结构模型、术语和文件概述，期望的用

户和该系列标准的关联部分以及参考模型(参见 GB/T 16260.1 和 GB/T 18905.1);

ISO/IEC 25001——策划和管理:给出了负责管理软件产品需求规格说明和评价的支持功能的要求和指南(参见 GB/T 18905.2)。

5.2.2 ISO/IEC 2501n——质量模型分部

ISO/IEC 25010——质量模型:描述了软件产品内部和外部质量以及使用质量的模型。该文件给出软件内部和外部质量的特性和子特性以及使用质量的特性(参见 GB/T 16260.1 和 GB/T 18905.1)。

5.2.3 ISO/IEC 2502n——质量测量分部

ISO/IEC 25020——测量参考模型和指南:给出了针对测量元素、软件内部质量测量、软件外部质量测量和使用质量测量来说是公共的参考模型和说明性解释。并为用户选择或开发以及应用来自标准(参见 GB/T 16260.1,16260.2,16260.3,16260.4 和 GB/T 18905.1)中的测量提供了指南。

ISO/IEC 25021——质量测量元素:给出一组推荐的基本测度和派生测度的定义和规格说明,这些测度期望在整个软件开发生存周期内得到应用。该文件描述了能被用作软件内部质量、软件外部质量或软件使用质量测量的输入的一组测度(参见 GB/T 16260.1,16260.2,16260.3,16260.4 和 GB/T 18905.1);

ISO/IEC 25022——内部质量的测量:定义了内部测度以便根据特性和子特性定量地测量软件内部质量(参见 GB/T 16260.3);

ISO/IEC 25023——外部质量的测量:定义了外部测度以便根据特性和子特性定量地测量软件外部质量(参见 GB/T 16260.2);

ISO/IEC 25024——质量使用的测量:描述了一组测度以便测量使用质量,并且给出了软件使用质量测量的使用指南(参见 GB/T 16260.4)。

5.2.4 ISO/IEC 2503n——质量要求分部

ISO/IEC 25030——质量要求:给出了用于编制质量需求过程的要求和指南,并给出了质量需求的要求和建议(参见 GB/T 16260.1,16260.2,16260.3,16260.4,GB/T 18905.1,18905.3,18905.4 和 18905.5)。

5.2.5 ISO/IEC 2504n——质量评价分部

ISO/IEC 25040——评价参考模型和指南:给出了软件质量评价和规格说明的一般要求,并且阐明了通用概念。提供了一个评价软件产品质量的框架,并且规定了软件产品测量和评价方法的要求(参见 GB/T 16260.1 和 GB/T 18905.1);

ISO/IEC 25041——评价模块:定义了用于描述一个评价模块的文档编制的结构和内容(参见 GB/T 18905.6);

ISO/IEC 25042——开发方用的评价过程:当评价与开发并行进行时,对软件产品评价的实际实施给出了要求和建议(参见 GB/T 18905.3);

ISO/IEC 25043——需方用的评价过程:在获取现货软件产品、定制软件产品或对现有的软件产品进行修改的期间,为软件产品质量的系统性测量、评估和评价给出了要求、建议和指南(参见 GB/T 25000.51和 GB/T 18905.4);

ISO/IEC 25044——评价方用的评价过程:当若干方需要理解、接受和信任评价结果时,为软件产品评价的实际实施给出了要求和建议(参见 GB/T 18905.5)。

5.2.6 ISO/IEC 25050~ISO/IEC 25099—— SQuaRE 的扩展

ISO/IEC 25051——商业现货(COTS)软件产品的质量要求和测试细则:给出了 COTS 软件产品的质量要求、用于测试 COTS 软件产品的测试文档要求,其中包括测试需求规格说明、测试用例和测试报告,以及 COTS 软件产品的符合性评价细则。

ISO/IEC 25062——易用性测试报告通用行业格式:在规定的使用周境中,规定了如何报告易用性测试的结果。

5.3 SQuaRE 公共模型

5.3.1 总则

下列各条给出了在 SQuaRE 系列标准内使用的全部公共模型。由于这些模型构成一个在该系列标准中进行实际导航的基础，因此，这些模型由所有专门和(或)详细的标准文件进行进一步的引用。这些模型说明如下：

a) SQuaRE 的通用参考模型——作为一个用户任务功能，为 SQuaRE 系列标准提供导航指南；

b) 软件产品质量生存周期模型——提供在软件生存周期期间软件内部质量、软件外部质量和软件使用质量的视图；

c) 质量模型结构——将软件质量属性分类为特性、子特性和质量属性。

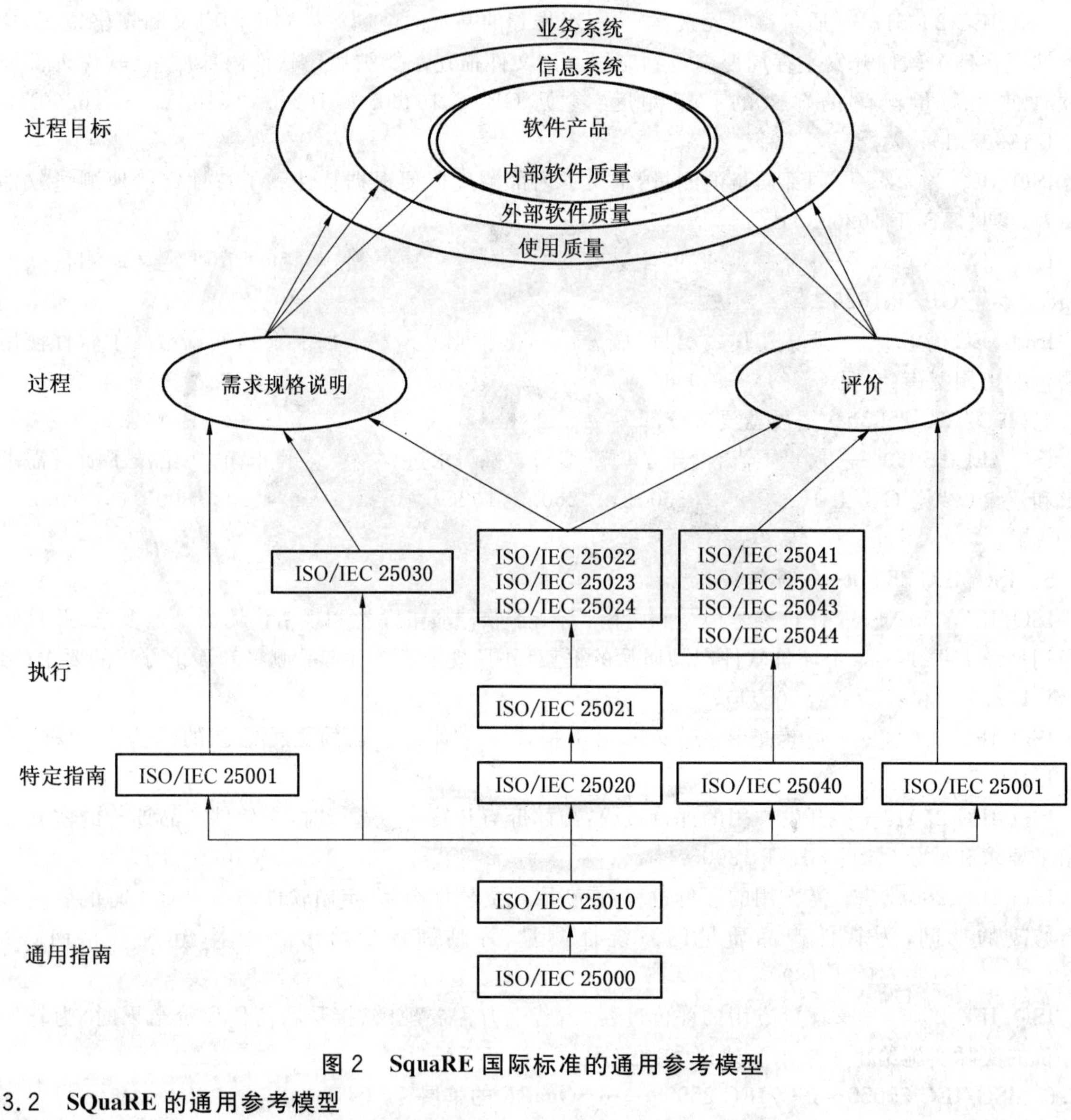

图 2 SquaRE 国际标准的通用参考模型

5.3.2 SQuaRE 的通用参考模型

建立 SQuaRE 的通用参考模型(参见图 2)，以帮助用户能够导航 SQuaRE 系列标准。

从 SQuaRE 系列标准选择适当的标准和文件取决于用户的角色和信息需要。除了与他们特定的信息需要和角色相关的部分之外，建议所有的用户最初参考该通用指南(ISO/IEC 25000 也即本标准)。

5.3.3 软件产品质量生存周期模型

软件产品质量生存周期模型(见图 3) 涉及软件产品生存周期三个主要阶段中的软件产品质量：开

发中的产品、运行中的产品和使用中的产品。

产品在开发中的阶段是归属于软件内部质量主题；

产品在运行中的阶段是归属于软件外部质量主题；

产品在使用中的阶段是归属于软件使用质量主题。

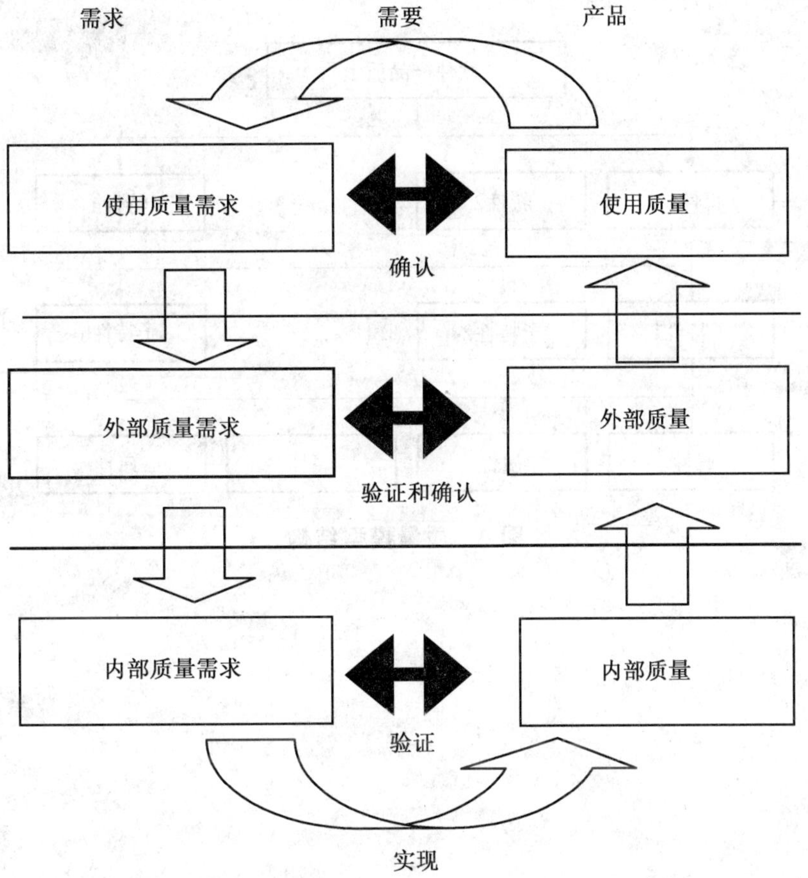

图3　软件产品质量生存周期模型

软件产品质量生存周期模型还表明，对于每种类型的质量而言，软件质量的实现需要一个与软件开发过程相类似的过程：需求、实现和结果的确认。

软件使用质量需求从最终用户的观点规定要求的质量水平。这些需求从每个使用周境的要求导出。使用质量需求被用作由用户进行软件产品确认的目标。关于使用质量特性的需求宜利用使用质量测量在质量需求规格说明中明确，并且在产品评价时可用作评价准则。

注1：使用质量需求有助于识别和定义软件外部质量需求。

软件外部质量需求从外部观点规定要求的质量水平。它们包括从用户质量要求导出的需求，包括使用质量需求。软件外部质量需求被用作软件产品评价和技术验证的目标。关于软件外部质量特性的需求宜利用外部测度在质量需求规格说明中量化地明确，并且在产品评价时可用作评价准则。

注2：软件外部质量需求有助于识别和定义软件内部质量需求。

注3：软件外部质量评价能用于预估使用质量。

软件内部质量需求从产品的内部观点规定要求的质量的水平。它们包括从软件外部质量需求导出的需求。软件内部质量需求被用于规定中间软件产品的性能。软件内部质量需求也用于可交付的、不可执行的软件产品（例如，文档和手册）。软件内部质量需求在开发的各个阶段可被用作验证的目标。它们还可用于定义开发策略，并用作开发期间的评价和验证准则。这种情况可能包括使用超出SQuaRE系列标准范围的附加测量（例如，可重用性）。内部质量需求宜根据内部测量来量化地规定。

注4：软件内部质量评价能用于预估软件外部质量。

5.3.4 质量模型结构

SQuaRE 的质量模型将软件质量分类为特性并且进一步细分为子特性和质量属性(见图 4)。

SQuaRE 的质量模型由两部分组成,即外部和内部软件质量模型以及使用质量模型,细节在 ISO/IEC 25010《软件工程 软件产品质量要求和评价(SQuaRE) 质量模型》中说明。在这个文件中详细地定义了软件产品的每个质量特性和子特性。

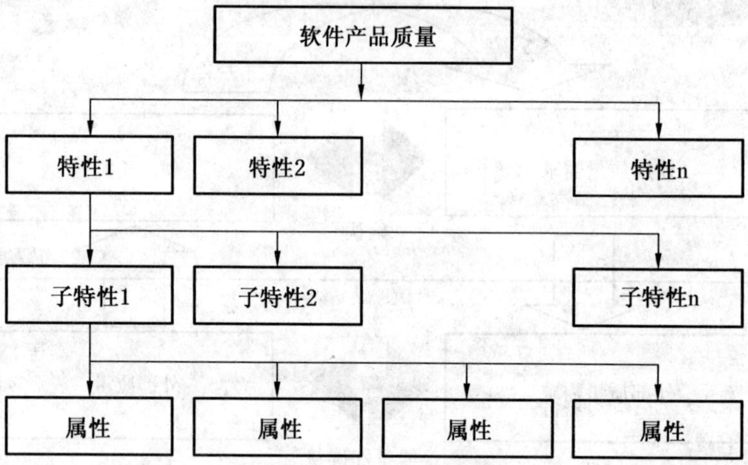

图 4 质量模型结构

附 录 A
（资料性附录）
SQuaRE 系列标准和其他 ISO 标准的关系

A.1 ISO/IEC 12207:1995/Amd 1:2002(GB/T 8566—2007)

该标准为软件生存周期过程建立了一个用良好术语定义的公共框架。它包括在软件产品的供应、开发、运行和维护期间所应用的过程、活动和任务。

在开发过程期间，开发方应确定并编制包括质量特性规格说明的软件需求规格说明。而规定质量特性的指南可参见 ISO/IEC 25010。ISO/IEC 25022、ISO/IEC 25023 和 ISO/IEC 25024 可用于支持将量化的目标值分配给质量需求。SQuaRE 系列标准还可用于开发过程期间，目的是评价中间产品和最终产品。

A.2 ISO/IEC 15504

ISO/IEC 15504 是一个包含 5 个部分的标准，是基于 SPICE 项目的经验而制定的。它可用于软件过程评估和过程能力的确定。

第一个基本设想是，软件产品的质量在很大程度上取决于开发过程。因此，为了提高软件产品的质量，首先需要改进软件过程的质量。第二个设想是，软件过程的质量是某一过程被明确定义的、受管理的、可测量的和持续改进的程度。其质量通过过程的能力来表示。

评估输入在 ISO/IEC 15504-2“执行评估”中定义。当评估组织的质量过程和测量时，SQuaRE 系列标准可用作参考。该标准提供了指南并标识了过程能力的测量框架和要求，以用于：

a) 执行评估；

b) 过程参考模型；

c) 过程评估模型；

d) 验证过程评估的符合性。

A.3 ISO 9000 系列标准

ISO 9000 系列标准的编制目的是帮助所有类型和规模的组织而不管它所提供的产品，以便实施和运行有效的质量管理体系。ISO 9000 系列标准包括如下：

ISO 9000(GB/T 19000)描述了质管理体系的基础，并规定了质量管理体系的术语。

ISO/IEC 90003 为组织在计算机软件的获取、供应、开发、运行和维护中应用 ISO 9001:2000 给出了指导。

ISO 9001(GB/T 19001)规定了质量管理体系的要求，凡组织需要证明其有提供满足顾客和适用的调整要求的产品的能力，目的是提高顾客的满意度。

ISO 9004(GB/T 19004)提供了兼顾质量管理体系的有效性与效率的指南。该标准的目的是改进组织的业绩和提高顾客及其他有关方的满意度。

ISO 19011 为质量和环境管理体系的审核提供指导。

这些标准一起构成一组一致的质量管理体系标准，便于在国内和国际贸易中促进相互理解。

在这些国际标准中规定的质量管理体系要求与诸如 ISO/IEC JTC1/SC7“软件和系统工程”制定的标准中规定的有关产品的要求是互补的。

质量管理体系方法鼓励组织分析顾客要求，定义有助于顾客所接受的成就产品的过程，并且保持这些过程是受控的。质量管理体系提供了一个持续改进、增大提高客户满意度的概率以及提升组织的竞争优势的框架。它提供了组织及其顾客的信心,它能够提供始终符合要求的产品。

ISO 9000 描述了质量管理体系的基础,构成 ISO 9000 系列标准的主题,并定义了相关术语。

该标准是适用于以下方面:

a) 通过实施质量管理体系谋取利益的组织;

b) 从其供方寻求信心的组织,即他们的产品要求能被满足;

c) 产品的用户;

d) 对质量管理中所使用的术语有共识的相关方(例如,供方、顾客和质量监管部门);

e) 为符合 ISO 9001 要求而评估质量管理体系或审核质量管理体系的组织内部或外部的人员或机构(如审核员、质量监管部门、认证/注册机构);

f) 为使质量管理体系适用于组织而出主意、实施培训的组织内部或外部的人员;

g) 有关标准的开发者。

ISO/IEC 90003 为组织在计算机软件的获取、供应、开发、运行和维护中如何应用 ISO 9001:2000 给出指导。

该指南适用于如下计算机系统:

a) 作为与另一个组织的商业合同的一部分;

b) 作为市场部门可获得的产品;

c) 在支持组织的业务过程中;

d) 作为硬件产品的嵌入式软件;

e) 提供软件的运行、维护和支持服务。

ISO/IEC/JTC1/SC7 规定的软件工程标准,特别是 ISO/IEC 9126(GB/16260)、ISO/IEC 12207(GB/T 8566)、ISO/IEC 15939(GB/T 20917)和 ISO/IEC 15504 中给出的附加指南频繁地引用到 ISO/IEC 90003。

该标准标识了宜解决的问题,这些问题是独立于组织所用的技术、生存周期模型、开发过程、活动顺序或者组织结构。该指南和所标识的问题期望能被充分地理解,但并不是详尽的。当一个组织的活动范围包括计算机软件开发以外的领域时,作为一个整体在质量管理体系范围内,组织的质量管理体系的计算机软件元素与其余方面的关系宜用文档明确记载。

ISO 9001 规定了质量管理体系的要求,当组织:

a) 需要证明它有能力提供始终符合顾客要求和适用的管理要求的产品;

b) 旨在提升顾客的满意度,通过体系的有效应用,包括体系的持续改进过程和符合顾客要求和适用的管理要求的保证。

该标准的所有要求都是通用的并且期望应用于所有组织,不论其类型、规模和所提供的产品如何。若由于组织的性质及其产品的原因,该标准的任何要求不适用,这些要求可以考虑删减,但这些删减对于已规定的要求子集是受限的。这些删减必须是合理的,并且不能影响该组织为提供满足顾客要求和适用的管理要求的产品的能力或职责。

在开发和实施质量管理体系时,该国际标准的 2000 年版促进了过程方法的采用。这种方法,连同更加强调的持续改进,要求客观的监督和测量过程,以达到改进决策实施的更有效、更实际。要考虑从软件产品评价、质量管理体系过程的有效性评估中度量的应用所给出的信息是可用的。当把定义质量需求作为规定顾客的需要和期望的方法时,SQuaRE 系列标准还能与 ISO 9001 一起使用。

ISO 9004 提供了超越 ISO 9001 中给出的要求的指南,以便兼顾质量管理体系的有效性与效率,进而激发改进组织业绩的潜能。相比于 ISO 9001,顾客满意度和产品质量的目标扩展为包括相关方的满意度和组织的业绩。

注:在该标准的上下文中,"相关方"是指对组织的业绩或成功感兴趣的个人或团体(例如,顾客、拥有者、组织中的人员、供方、银行家、工会、合作伙伴或社会)。

该标准适用于组织的全部过程，因此，作用于这些过程的质量管理原则是基础，可在遍及整个组织的范围内应用之。该标准的焦点是始终通过对顾客和其他有关方的满意度的测量来实现持续的改进。

该标准由指南和建议组成，并且无意用于认证、管理性或合同性使用，或作为实施 ISO 9001 的指南。

ISO 19011 提供了审核的原则、审核程序的管理、质量管理体系审核和环境管理体系审核的构成以及质量和环境管理体系审核员的资质等方面的指导。

该标准适用于有必要进行并管理内部或外部软件质量和/或环境管理体系审核的所有机构。

原则上，该标准应用于其他类型的审核/评价/评估是可能的，但特别注意：在这种情况下，宜明确审核组成员所需的资质。

A.4 ISO/IEC 15939(GB/T 20917)

SQuaRE 系列标准与 ISO/IEC 15939 有密切联系，因为与测量相关的术语是协调一致的，并且源自 ISO/IEC 15939 的测量过程可剪裁用于 SQuaRE 中定义的评价过程。

ISO/IEC 15939 为使在完整项目或组织的测量机构内成功地标识、定义、选择、应用、确认和改进软件测量而定义了必需的公共过程和活动。该标准还规定了要求在一项目或组织范围内有效地阐明软件技术和管理信息需要的测量过程的原则和特性。

ISO/IEC 15939 的目的是：

a) 提出一个公共的已定义但可剪裁的测量过程，该过程支持由软件工程领域要求的特定测量的实施；

b) 给出测量过程的特性，其支持将过程和产品测量数据聚合成有意义的信息；

c) 建立一个项目范围内收集和使用测试数据的基础，以支持项目的估计、跟踪、产品评价和过程评估以及需求完善；

d) 定义适用于所有用户和整个生存周期的公共测量术语。

A.5 ISO/IEC 15288

ISO/IEC 15288 为描述人造系统的生存周期建立了一个公共框架。该标准定义了一组过程及相关的术语。这些过程可以应用于系统结构的各个层次上。在整个生存周期中，这些过程的可选子集可用于管理和实施系统生存周期的各个阶段。ISO/IEC 12207 与 ISO/IEC 15288 的差别着重是利益相关方需求定义过程。

ISO/IEC 15288 目的特别是技术过程的目的是：

a) 在已定义的环境中规定能够提供用户和其他利益相关方需要的服务的系统需求；

b) 将利益相关方需求驱动的期望的服务转换成能够提供这些服务的所要求产品的技术；

c) 合成一个由体系结构设计满足系统需求的解决方案；

d) 生成规定的系统元素；

e) 组装一个与体系结构设计相一致的系统；

f) 证实系统完成了规定的设计要求；

g) 建立一个在运行环境中提供由利益相关方需求规定的服务的能力；

h) 给出客观的证据以证明由系统提供的服务在使用时遵循利益相关方需求；

i) 支撑系统提供服务的能力。

ISO/IEC 25030 中用于开发质量需求的过程是基于 ISO/IEC 15288 中的技术过程。另一方面，SQuaRE 中定义的评价过程可用于帮助 ISO/IEC 15288 中的确认过程。

附 录 B
（资料性附录）
GB/T 18905 和 GB/T 16260 的综述

B.1 GB/T 18905 和 GB/T 16260 的综述

B.1.1 GB/T 18905 和 GB/T 16260 的结构

GB/T 16260 系列标准定义了一个通用质量模型和质量特性，并给出了度量的示例。GB/T 18905 系列标准给出软件产品评价过程的概述，并且提供了用于评价的要求和指南。GB/T 18905 的第 2 部分和第 6 部分论及评价管理和支持的公司级或部门级的要求，而第 3 部分、第 4 部分和第 5 部分给出在项目级开展评价的要求和指南。图 B.1 示出了这两个系列标准间的关系。

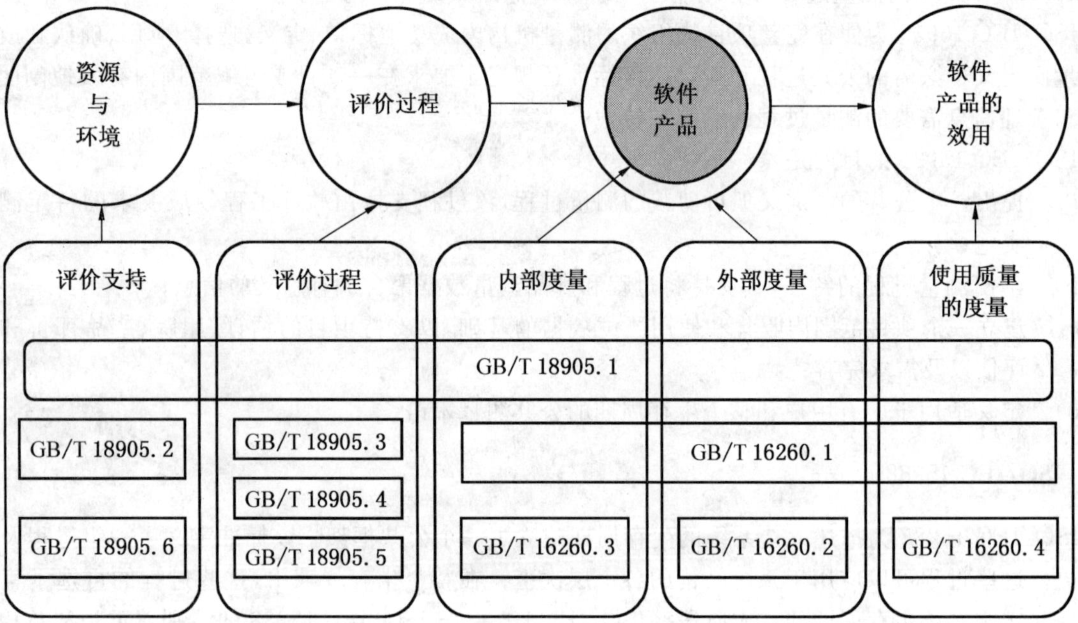

图 B.1 GB/T 16260 和 GB/T 18905 间的关系

B.2 质量模型框架

本章描述了质量模型框架，其解释了关于质量的不同方法途径间的关系。

B.2.1 质量途径

用户质量要求包括了特定使用周境中使用质量的需求。当使用软件产品质量特性和子特性来规定软件外部和内部质量时，这些已确定的要求可被利用。

为满足软件质量要求而进行的软件产品评价是软件开发生存周期过程之一。软件产品质量可通过测量软件内部质量（典型的是中间产品的静态测量），或通过测量软件外部质量（典型的是当代码执行时测量代码的行为），或通过测量软件使用质量来评价。其目标是使产品在特定的使用周境中具有要求的效用（见图 B.2）。

过程质量（在 GB/T 8566 中定义的任何生存周期过程的质量）有助于改进产品质量，而产品质量有助于改进使用质量。因此，评估并且改进过程是改进产品质量的手段，而评价并且改进产品质量是改进使用质量的手段。同样，评价使用质量能提供改进产品的反馈，而评价产品能提供改进过程的反馈。

软件的适当的内部属性是达到要求的外部行为的前提，而适当的外部行为是达到要求的使用质量的前提(见图 B.2)。

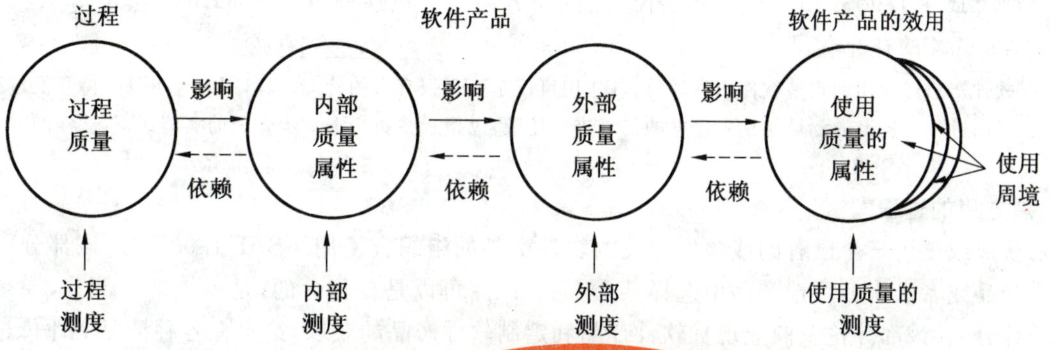

图 B.2 生存周期的质量

为满足开发方、维护方、需方和最终用户的需要,软件产品质量的要求一般要包括评价软件内部质量、软件外部质量和使用质量的评估准则(参见 GB/T 18905.1—1998,第 8 章)。

B.2.2 产品质量和生存周期

内部质量、外部质量和使用质量的观点在软件生存周期中是变化的。例如,在生存周期开始阶段作为质量需求而规定的质量大多数是从外部和用户的角度出发的,它与如设计质量这样的中间产品质量不同,后者大多是从内部和开发者的角度来看问题的。为获得必要的质量水平,使用诸如质量的规格说明和评价这样的技术需要支持这些不同的观点。为了在生存周期的每个阶段适当地管理质量,需要对质量定义这些观点和相关技术。

因为目标是为了获得必需的和足够的质量以满足用户的实际需要,所以 GB/T 19000—2008 根据满足明确和隐含要求的能力来定义质量。然而,用户所描述的要求并不总是反映用户的真正要求,因为:

a) 用户并不是经常可以意识到自己的真正要求;

b) 要求在被说明之后可能会变化;

c) 不同的用户可能具有不同的运行环境;

d) 特别是对于非定制软件,咨询所有可能类型的用户是做不到的。

因此,质量需求不可能在开始设计前得到完整的定义。然而,尽可能详细地理解用户的真正要求,并在需求中表示它们是必要的。没有必要追求完美的质量目标,但是当产品被交付并由用户实际使用的时候,对于每个特定的使用周境,必要的和足够的质量却是必需的。

用于质量需求度量的测量标度可以根据对于需求的不同满足程度细分为多个级别。例如,标度可以划分为 2 级:不满意的和满意的;或者 4 级:高于要求(优秀)、达到目标(良好)、最低可接受(合格)以及不可接受(不合格)(参见 GB/T 18905.1)。级别宜明确说明,这样用户和开发者都可以避免不必要的花费以及进度拖期。

B.3 评价过程

GB/T 18905 给出了在 3 种不同情况下评价过程的指南和要求:

a) 开发(增强)(GB/T 18905.3);

b) 获取(GB/T 18905.4);

c) 独立评价(包括第三方评价)(GB/T 18905.5)。

B.3.1 开发方用的过程

计划开发新产品或增强现有的产品,并打算利用他们自己的技术人员进行产品评价的组织宜使用 GB/T 18905.3。该部分主要强调使用那些能预测最终产品质量的指标,这些指标将通过测量在开发生存周期期间开发的中间产品来得到。

GB/T 18905.3 强调的是在软件产品开发期间的评价过程。如果需方期望沿着软件开发进程执行质量评价时，GB/T 18905.3 可由定制软件产品的需方使用。在这种情况下，GB/T 18905.3 也可被作为 GB/T 18905.4 的补充。

注：在软件产品开发期间实施软件产品评价，其作用可以是一个强有力的管理工具，因为它可以支持开发过程的调整。通过将已获得的测量与预先建立的需求进行比较，以指示在执行下一步骤之前实施纠正，这样的改进是可能的。

B.3.2 需方用的过程

计划获取或复用某个已有的或预先开发的软件产品的组织宜使用 GB/T 18905.4。该部分可用来决定接受产品或者从众多可选产品中选择某个产品(产品可以是自包含的，是系统的一部分，或是较大产品的一部分)。该部分论及商业现货软件产品和定制软件产品的获取，给出在各种情况下评价过程的细节。

B.3.3 评价方用的过程

对软件产品执行独立评价的评价方宜使用 GB/T 18905.5。这种评价是应开发方、需方或其他方的请求来进行的。该部分期望用于那些执行独立评价的人们。他们常常为第三方组织工作。

该文件建议期望评价软件产品的组织使用由独立评价方提供的服务。注意：GB/T 18905.5 明确了在评价期间的契约性条件、职责和要交付的产品。当若干方需要了解、接受和信任评价结果时，这是有用的。因此，该标准定义的过程试图保证过程评价具有重复性、再现性、公正性和客观性的特性。

该评价过程可通过 GB/T 18905.3 和 GB/T 18905.4 的使用加以补充，要考虑的细节在开发方和需方用的过程中体现。

B.4 对评价的支持

每个评价过程标准都能与 GB/T 18905.2(策划和管理)以及 GB/T 18905.6(评价模块的文档编制)结合使用。

B.4.1 策划和管理

GB/T 18905.2 包含对软件产品评价提供支持的支持机构的要求和指南。这种支持与策划和管理软件产品评价过程及相关的活动有关，这些活动包括组织内部的软件评价专业知识的开发、获取、标准化、控制、转移和反馈。该部分可供管理者制定一个定量的评价计划，这个计划可于用支持评价项目的管理过程，也可由同样的文件论及。

B.4.2 评价模块

GB/T 18905.6 为编制软件产品评价模块提供了指南。这些模块包含软件质量模型的说明(即特性、子特性和相应的内部或外部度量)、与模型的计划应用有关的数据和信息，以及与模型的实际应用有关的信息。每种评价宜选择适当的评价模块。对某些情况，还有必要开发新的评价模块。该部分可供组织用来编制新的评价模块，也可复用先前存在的评价模块。

一个评价模块汇集了应用特定的评价技术对某一质量特性的特定方面进行评价所必需的全部信息。它阐明了软件质量特性的哪些特定方面将被测量，定义了执行测量的规程以及测量的先决条件和精度。

GB/T 18905.6 的附录示出了评价模块的开发过程，并且提供了一些评价模块的示例。

在评价过程期间对评价模块的使用依赖于评价组织的特征。这些现有的评价模块可以改进评价过程。另外，尽可能构建一个评价模块库。评价模块或者在评价产品时开发，或者按特定目的生成它们以备后续的评价重复利用。

B.5 软件质量特性和度量

GB/T 18905 的每个部分宜和描述软件质量特性和度量的 GB/T 16260 的相应部分结合使用：

GB/T 16260.1:质量特性和子特性;

GB/T 16260.2:外部度量;

GB/T 16260.3:内部度量;

GB/T 16260.4:使用质量度量。

GB/T 16260.1 定义了两种质量模型(软件外部和内部质量模型与使用质量模型),定义了质量特性、对应的子特性以及顶层 3 级(特性、子特性和属性)间的关系。GB/T 16260.2～GB/T 16260.4 与应用于软件质量的度量有关。他们定义度量的每个类型,描述度量的理想性质并提供一组能被使用的度量。GB/T 16260.2 和 GB/T 16260.3 明确了每种度量(内部和外部)与其对应的特性和子特性的关系。注意:某些内部度量有对应的外部度量。第 4 部分描述了使用质量度量以便为用户测量使用中的软件产品的效用。

B.5.1 质量特性和子特性

GB/T 16260.1 定义了一组质量特性和对应的子特性。当把软件作为计算机系统的一部分来使用时,这些子特性作为软件产品静态属性的结果,从外部显现出来。GB/T 16260.1 用作构造质量模型顶层 3 级的基础。从用户的角度看,质量的总目标为使用质量。

GB/T 16260.1 描述了关于软件产品质量的两种模型:

a) 软件内部质量和软件外部质量模型;

b) 使用质量模型。

第一种模型为内部质量和外部质量规定了 6 个特性,它们进一步细分为一些子特性。当把软件作为计算机系统的一部分来使用时,这些子特性作为软件产品静态属性的结果,从外部显现出来。GB/T 16260.1 并没有在低于子特性的层次上详细阐述内部质量和外部质量模型。

第二种模型规定了 4 个使用质量特性,但没有在低于特性的层次上详细阐述使用质量的模型。使用质量是面向用户的软件产品 6 个质量特性的组合效用。

在 GB/T 16260.1 中描述的软件产品质量模型可用在软件产品的需求定义过程,并可应用于软件产品质量评价。

B.5.2 外部度量

GB/T 16260.2 描述了软件被使用时代表软件质量外部特征的那些度量。他们测量软件产品是其一部分的系统的行为。当软件在使用的某一预定义阶段时采用外部测量。如时间和工作量等量化值用作这些外部测量的基础,这些测量应用于测试和运行两个阶段。当在测试期间使用时,这些度量可用作未来使用和运行该软件时期望达到的质量水平的早期预测指标。这些度量一般代表了与用户相关的质量。

软件外部质量需求的指标值可通过使用外部度量来量化地定义。这些指标值能从那些被分配给使用质量的指标值中导出,进而它们能用于预测使用质量。

B.5.3 内部度量

GB/T 16260.3 描述了测量与其体系结构有关的软件内部属性的那些度量。一旦软件系统被测试和运行时,这些早期的测量可被作为指标来预测什么是期望的性能。因此,内部测量对于开发管理者是最重要的,因为内部测量是预防下游问题的有用工具。内部测量被用于预测对应的外部测量值。GB/T 16260.3示出了哪些内部度量有对应的外部度量。

软件内部质量需求的指标值可通过使用内部度量来量化地定义。这些指标值能从那些被分配给使用质量和外部质量的指标值中导出,进而它们能用于预测外部质量和使用质量。

B.5.4 使用质量度量

GB/T 16260.4 描述了使用质量度量,该度量是测量产品在规定的使用周境下满足用户规定的要求,以达到在有效性、生产率、安全性和满意度等方面规定的目标的程度。使用质量是通过观察典型的用户在实际的使用周境中完成典型的任务来评估。该测量可通过模拟一个实际的工作环境(例如在易用性实验室)，或通过观察产品的运行使用来获得。当测量使用质量时，重要的是仅对用户提供在运行环境中可用的帮助和辅助的形式。

使用质量需求表示在规定的使用周境中利用软件产品执行任务得到期望的结果。这种需求是最高水平的抽取，从中导出软件内部和外部质量需求。

B.6　评价过程

图 B.3(取自 GB/T 18905.1)表示在所有 GB/T 18905 系列标准中使用的评价过程的步骤，且在以下各条中加以综述。

评价过程由 GB/T 18905.1 详述，该标准给出了评价过程的概念性基础；GB/T 18905.3 改编该过程并应用于软件产品开发期间，其强调中间产品测量，以得到软件产品最终质量指标；GB/T 18905.4 改编该过程以适应需方的现货软件产品和定制软件产品的评价；GB/T 18905.5 使用同样评价过程，强调评价结果以及申请方和评价方之间的关系。

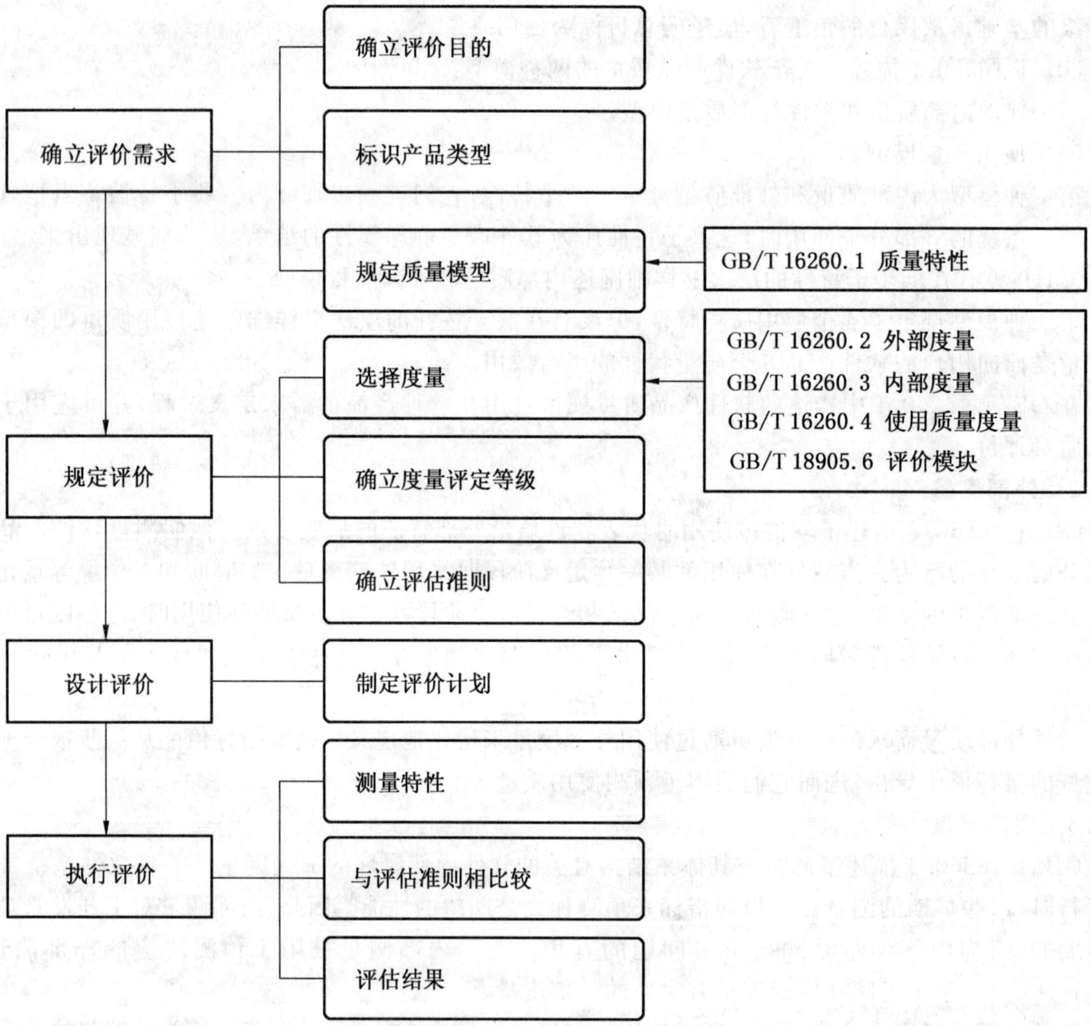

图 B.3　根据 GB/T 18905.1 的评价过程视图

B.6.1　建立评价需求

B.6.1.1　确立评价目的

软件产品评价的目的通常是将软件产品的质量与表达用户要求的质量需求进行比较，或者通过比较不同的软件产品而选择某一软件产品，或者从相互竞争的产品中排等级。当就软件产品评价的视角而论，这个一般目的可以更好地规定，例如产品获取、产品的开发或在产品运行时。

GB/T 18905.1 给出在不同评价情况下评价目的的良好解释。因此，即使评价按 GB/T 18905.3、GB/T 18905.4 或 GB/T 18905.5 来进行，还是建议阅读 GB/T 18905.1 以提供补充信息。

GB/T 18905.3 没有关于评价目的的特殊考虑。

GB/T 18905.4 没有遵循 GB/T 18905.1 给出的第三步骤。该标准将评价目的和范围作为单独一章。在该章可以找到如何定义需求以及在评价活动中要求的严格程度或细节，并进一步考虑了评价的范围和目的。

GB/T 18905.5 考虑到系统和软件完整性级别，根据软件产品的期望用途和相关风险给出评价级别的一些示例。它给出与安全、经济、信息安全和环境方面相关的一些不同评价级别的表格。

其他方面：评价的目的和范围有助于对在评价的下一步骤所采用的过程的剪裁。因此，评价方应支持用户定义这些问题。

B.6.1.2　标识要评价的产品类型

要评价的产品类型依赖于评价的目的。评价方宜定义要评价的产品是中间产品（在开发生存周期期间）还是最终产品。要评价的产品可使用如下的度量来测量：外部度量，当该产品是处于运行下的完整硬件/软件系统的一部分时；内部度量，其用于测量软件的内部性质（例如需求规格说明或源代码）；以及使用质量度量，其测量软件在规定的环境中使用的效用。

GB/T 18905.1：解释了软件内部质量、软件外部质量和使用质量的概念，以及与每种情况相联系的各个度量。该标准还给出了在软件开发生存周期内可用的质量需求和测量类型。

GB/T 18905.3：对要评价的产品的有关类型没有特殊考虑。

GB/T 18905.4：对要评价的产品的有关类型没有特殊考虑。

GB/T 18905.5：考虑了要评价的产品作为一组将要施加测量的部件。

其他方面：在这一评价过程步骤，要评价的产品的标识还是初步的。在后续的步骤中将获得更多的信息，有助于掌握评价产品更多的细节。一些如下问题宜在该评价步骤期间来考虑：

a) 当按照评价目的处理最终产品评价时，可能需要选择整个软件产品或只是它的一些部件。要产生这种规定至少是基本的质量需求已被定义了。

b) 当评价中间软件产品时，为定义要评价的产品类型，了解由组织采用的开发生存周期是基础。另外，重要的是考虑选择那些最好影响该产品期望的软件外部质量的内部度量。在这种情况下，首先需要确定导出内部度量的外部需求对中间产品类型是可用的，以达到一个有效的评价。

B.6.1.3　规定质量模型

为评价所规定的质量模型是用于软件产品评价需求定义的基准。在这一评价步骤，所描述的需求与质量特性相关，并根据用户的需要给出优先级。

GB/T 18905.1：解释了细分为特性和子特性以及按照能被测量的属性尽可能进一步精炼的质量模型。GB/T 16260.1 的模型被论述为与 GB/T 18905 系列标准定义的评价过程结合并优先采用的参考模型。

GB/T 18905.3：突出需求定义过程，就需求优先权而言，在评价中寻求各方间较一致的意见，考虑源自其他评价项目经验的类似需求。它强调需求应当在技术上是可行的、合理的、完备的、可获得的和可验证的。

GB/T 18905.4：突出考虑不同类型的需求。它还论及一些获取过程方面（根据 GB/T 8566）的内容，例如，在评价期间对由供方提供的服务以及要求来自供方信息的评估。

GB/T 18905.5：解释了请求方需要提供一个最初版本的评价需求的要求。评价方应在如下方面支持请求方：在规定和分析各个需求的重要性时，分析在某个评价级别这种选择的影响时以及如何扩展评价的范围等。仅当请求方和评价方在需求方面达成一致才进行评价。

其他方面:GB/T 18905 系列标准不规定任何特定的质量模型,但由于所规定的评价过程与 GB/T 16260.1的模型强相关,当使用 GB/T 16260.1 的模型时,GB/T 18905 的过程也是容易应用的。

在质量模型的规格说明期间,强调的是质量需求定义是针对每个相关的质量特性。然而,在这一点上,由于要使用的外部度量还没有被定义,这使得需求难以定义,因为它不可能做出量化方面的处理。这意味着,质量需求标识过程必须在未来的评价步骤中进一步加以精练。基于 GB/T 16260.1 的核查表对于需求标识可能是有用的。

B.6.2 规定评价

B.6.2.1 选择度量

软件产品质量需求被量化的说明和测量可能只有通过使用与期望的质量特性相关联的度量来进行。度量可能是:

a) 与软件产品体系结构相关联并能预测最终产品质量的内部度量;

b) 当产品处于运行状态下进行测量的外部度量;

c) 评价软件产品效用的使用质量度量。

在软件产品评价期间所使用的度量的选择取决于评价的目的、所选的质量特性以及这些特性如何容易地和经济地应用于测量。用于比较的度量最好是有效的和足够的准确以使得可靠的比较能够进行。这意味着,这样的测量宜是客观的、有经验的使用有效的标度并且是可再现的。

GB/T 16260.1:给出宜由用于比较的度量所遵循一些性质,并且它还描述了如何从用户质量需要导出软件外部和内部质量需求。

GB/T 16260.2、GB/T 16260.3 和 GB/T 16260.4:分别论及了外部、内部和使用质量度量,并为度量选择给出一些可用作参考的示例。

GB/T 18905.1:解释了根据评价的目的可适用于软件评价的不同类型的测量,并且它突出选择度量的重要性,所选的度量主要根据不同的属性能准确地比较产品;并简要地陈述了一些用于测量的要求。

GB/T 18905.3:解释了如何选择属性以表达质量需求,示出在不同的选择方案中软件外部质量需求和软件内部质量需求,并突出了在开发期间为表达外部需求而选择的内部属性。

针对软件内部质量需求,该标准指导开发方:标识何时要执行测量并处于哪些条件;定义哪些要测量和要评价的实体;定义哪些要测量的属性及各自的度量;分析由属性表达的需求的可行性。

针对软件外部质量需求,该标准指导开发方:标识何时要执行测量并处于哪些条件;定义哪些要测量实体;定义哪些要被测量的属性以及用于每个属性和实体的相应组合的度量;选择那些对所有外部属性能作为指标的内部属性。

GB/T 18905.4:初步陈述了选择外部和使用质量度量的要求,并在资料性附录中提供了事例性表单。该标准还指出有必要规定可用的评价模块。在附加的那些基本建议中,该文件还提供了能支持标识评价方法的示例(和结果,各自的度量),诸如核查表、软件产品用户的评估或评审以及技术文档,基于顾客的产品运行历史,产品缺陷表等等。接下来,它提供了一些选择评价方法的考虑建议,诸如:使用该方法费用和需求的覆盖面。

当该标准用于选择产品时,对诸如评审、调查、同事(用户)的实际体验、贸易杂志产品评审、可访问的产品用户文档集或产品评审的数据库仓库的初步评价活动"非正式的"的使用,可能缩小产品的选择范围,以便从功能的适合性上考虑作进一步的评价。

GB/T 18905.5:论及采用一般评价过程的评价规格说明,该活动细分为 3 个子活动:

——分析产品说明;

——对产品和它的部件规定要执行的测量;

——针对评价需求验证已生成的规格说明。

这 3 个子活动的目标是：

a） 根据有关这些部件的必要信息标识要考虑用于评价的部件。

b） 对产品本身和已标识的不同部件分配评价需求。这样允许评价方规定期望的测量以用于评估产品和所选部件的特性、子特性和属性，并且提供要应用的度量的形式化规格说明。

c） 检查用于评价的所有必要信息是否是可用的，并且检查所规定的测量和验证是否足够满足在评价需求中表达的评价目标。

注：GB/T 18905.5 中的度量选择过程可能要求多个需求定义和度量选择周期的交互，因为后者选择的一些度量有可能发现缺失的需求，这些需求需要使用度量来定义和测量。

B.6.2.2 确立度量评定等级

对于每个选定的度量，应为相应的标度定义其评级值，这样，将要测量的属性值所要求的级别才能被表达。采用的标度可以对每个属性指示限度，标识测量的值是否是：例如，不可接受、最低限度接受、在目标范围内或超出要求。

GB/T 18905.1：根据评定等级解释了如何建立标度，这样所测量的值才能被表达。

GB/T 18905.3：明确了开发方应对每个外部度量定义能量化地表示质量需求的目标值，这些值被用作评价准则。对于内部属性，当合适时开发方应设置目标值。注意：当使用内部属性作为软件外部质量的指标时，在软件生存周期内使用预估模型来估计软件外部质量是可能的。这些所估计的质量属性要与外部需求进行比较。

GB/T 18905.4：该部分没有特别论及这个问题。在先前的步骤（确立评价需求）中，需求选择作了更详细的说明。依据该标准理解所选的度量宜映射和覆盖所有的已经标识的需求是可能的。当度量被选定后，这些度量为先前标识的需求支持提供量化的值。

GB/T 18905.5：该部分没有特别论及这个问题。

其他方面：在选择度量后，应明确需求的目标值，对已知的需求完成需求定义。某些时候，有必要配置初步的需求定义，以致它们依附于由所选的度量鉴定的测量。

当把测量的值映射于测量标度时，宜对与特定标度相对应的每个度量要求进行计算。大量的度量暗示着为了确立并编制所有的标度要仔细的工作。此外，有必要确立一种汇总评价结果的方法，主要是支持诸如“采购或不采购该软件产品”的决断。

评定等级或甚至是标度限制有可能事先不知道。这些级别对于每个评价和每个组织是专门的。在早期评价中，确立这些值可能是困难的。但在后期，有了一些经验和历史数据后，使得组织能开始更准确地确立其质量准则。

B.6.2.3 确立评估准则

GB/T 18905.1：明确了要评估产品质量，评价方宜为此准备一个规程，对不同质量特性编制各自的准则，每个准则可以针对一个单独的子特性，或针对子特性的加权后组合。这包括其他方面诸如在一个特定环境里有助于软件产品质量评估的时间和费用等。

GB/T 18905.3：没有论及评估准则的确立，例如，子特性的加权后组合。它只阐明用于每个度量的目标值被用作评价准则。

GB/T 18905.4：论及标识要求：用于评估评价结果的方法；当从类似的产品之间选择某一产品时，为了能够选择而将评估排队的适当方法；为比较多个软件产品，任何评定方案是可用的。根据质量特性的优先级评定方案可以加权。

GB/T 18905.5：该部分没有特别论及这个问题。

其他方面：评估准则不强调要有测量值汇总以得到表示产品质量的唯一指标，因为质量是通过不断地确立需求而鉴定的。在这种方式中，对每个已确立的需求及其测量值来说，费用和进度可能是明显的。当评价过程用于在不同的产品间做出一个选择时，为了做到更加客观的比较，有必要建立一个模型，以根据测量值表示每个产品的可感知的商业价值。

B.6.3 设计评价

B.6.3.1 编制评价计划

GB/T 18905.1:阐明了描述评价方法和评价方任务进度表的评价计划。

GB/T 18905.2:给出评价计划的概念以及当编制这样的计划时宜考虑的内容。在附录中提供了一个量化的评价计划示例。当把有用的信息附加到其他标准时,该模板可能是有用的,因为一些信息只能在这个文件中找到。

GB/T 18905.3:阐明了开发方应对外部评价(涉及软件外部质量需求)和内部评价(涉及在开发期间软件内部质量的监督和控制)作计划。该文件还提供了有关测量计划的一些更多细节,提示测量集合可能隐含开发过程的变更,并且贯穿开发过程对数据采集的需要。

GB/T 18905.4:给出这一评价步骤的最完全的解释,涉及的问题如:执行评价的条件,费用方面,评价方法的特性,评价停止时间,每个评价活动的计划内容,用于开发和确认度量以及规范化评价过程、度量和测量的规程确立要求。

GB/T 18905.5:生成评价计划的3个必要的子活动描述如下:

a) 编写评价方法并生成计划草案,涉及的问题如下:
   1) 与测量或验证有关的技术限制;
   2) 用于每个测量或验证的评价方法应文档化;
   3) 用于测量的软件工具的标识;
   4) 应用于产品部件的方法标识;
   5) 必要时,结果解释的说明;
   6) 环境的描述。
b) 优化评价计划涉及的问题如下:
   评价计划草案的修订以避免评价方工作重复。
c) 根据可利用的资源安排评价工作,涉及的问题如下:
   测量过程和所计划的工作安排,考虑产品和部件的交付日程,评价方和开发方之间的关系以及对开发和运行场地的接触。

其他方面:当该系列标准的用户想编制一份评价计划时,可以考虑从 GB/T 18905.1,GB/T 18905.2,GB/T 18905.3,GB/T 18905.4 和 GB/T 18905.5 中收集有用的信息,以便考虑问题更加全面。建议读者从 GB/T 18905.2 的相关章条开始读起。

B.6.4 执行评价

B.6.4.1 获得测量

GB/T 18905.1:阐明了所选的度量应用于软件产品,依据该度量的标度产生结果值。

GB/T 18905.3:考虑了用于中间产品以及最终产品评价的执行。当度量施用于内部属性,则开发方应采取必要的措施以保证所收集的数据质量;当获得不需要的值,开发方有能力了解并应对问题。

GB/T 18905.4:论及了考虑两个不同问题的测量步骤:

a) 评价目的,诸如标识评价需求的缺失、软件产品的使用限制和由评价未能覆盖软件产品的使用选择;
b) 宜标识执行评价的记录,例如:评价规程的按步执行,评价活动中的限制、约束、缺失或排斥以及评价方及其资质。

GB/T 18905.5:主要从管理角度论及了测量。它阐明了评价方应:

a) 管理由请求方提供的产品部件:产品宜由请求方根据进度安排交付,而评价方应登记所有产品和部件;
b) 管理由评价动作产生的数据:中间数据应以原始部件和文档的相同方式加以保护,用于解释的这些数据应包含在评价记录中;

c) 管理用于执行评价动作的工具:用于评价的工具应在评价报告中引用到。

其他方面:评价的执行可能全部或部分地由开发方组织实施。在这种情况下应根据评价规格说明和计划执行评价。

B.6.4.2 与准则比较

GB/T 18905.1:阐明了已测量的值要与在规格说明中确立的准则进行比较。

GB/T 18905.3:考虑了用于内部评价和最终产品评价的测量值。为内部评价所定义的指标的测量值可用于预测最终产品的质量。该标准还处理了离群值出现的情况。对于最终产品测量,该标准阐明了这些值应与目标值进行比较。

GB/T 18905.4:论及了这一步骤作为分析任务,考虑了测量值用于标识:

a) 产品的各种缺陷以及每个缺陷如何被解决。该标准提供了一些缺陷如何被解决的示例。

b) 为解决任何已标识的缺陷需要执行的任何附加的评价。一旦设计变更或为纠正缺陷已经实施变更,这种附加的评价能证实没有缺陷或用于验证软件产品的正确和可接受的性能等。

c) 是否有必要限制或控制软件产品的使用,而在这种情况下,是否要限制基本需求的影响,限制要求附加的评价工作或限制对应用设计、预算或进度的影响。

d) 评价范围外的任何排他物和(或者)每个评价结果的约束,诸如"这个评价不包括产品的功能性的详细评审"等。

e) 所有评价活动的结果的综合以使得对要执行的软件产品的评价有一个全面的结论。

注:对于这一步骤,GB/T 18905.4 所使用的方法比 GB/T 18905.1 中规定的宽泛,并且与称为"评估结果"的最后一步紧紧相接,因为 GB/T 18905.4 主要论及分析任务。

GB/T 18905.5:非常简要地论及了这一步骤。它阐明了评价结果应包含在评价报告中,并且当评价计划有规定时,某些中间结果或解释决定也应包含在评价报告中。

其他方面:为了要得到评价结论,这一步骤是要执行的典型的中间任务。因此有可能要阅读 GB/T 18905系列标准每个文件,对于这一步骤,这些文件都有一些特定方法。尽管他们都推进最后的评价结论。对于一般结论来说虽然汇总的结果是必要的,但每个测量结果与规定的准则比较是重要的,以建立约束、限制或要执行遵循管理标准的动作。

B.6.4.3 评估结果

GB/T 18905.1:阐明了在评估活动中汇总一组额定的值,生成软件产品满足质量需求的程度说明。如此这样的汇总与其他方面进行比较,例如时间和费用。最后,依据管理准则,做出关于接受或拒绝、发布或不发布软件产品的管理决定。评价结果影响软件开发生存周期下一阶段,例如,"需求宜变更,或更多资源对开发过程是必要的吗?"。

GB/T 18905.3:对于这一步骤,根据开发方的视角,给出与 GB/T 18905.1 相同的活动。

注1:当在开发期间评价软件产品时,这一步骤步可被执行一个或多次,并且它宜被用于预测运行时产品的最后质量,作为结果,允许沿着软件开发生存周期不断地做出管理决定。

注2:在软件开发生存周期保持评价结果的记录,跟踪软件质量演变是可能的。因此最后的质量趋势可能被映射为如效率和易用性倾向图。

GB/T 18905.4:将这一步骤命名为"提取结论"。该结论由两个互补的方法解释:

a) 使用"需求依从性声明"形式化结论,即澄清每个需求如何被满足;

b) 做出关于使用该软件产品和可能的替代考虑的接收或不接收的最终决定,如果决定不接收,考虑修改产品或变更需求。

GB/T 18905.5:根据 GB/T 18905.1 的概念没有论及这一步骤。评价报告包含评价的结果,但最后的结论留待请求方决定。在这个标准所描述的最终评价步骤涉及评价报告的交付和评价数据和文件的处置。

其他方面:评价方负责评价结论,仅当在评价规格说明中明确时,他们才作最后的评估。评价方通常向请求方交付评价报告,其中可能包含某些结论,然后请求方根据这个报告完成评估。这种情况之所以发生是因为作最终评估时要考虑组织的战略决策,例如,费用、实施适用性以及交付的时间。

附　录　C
（资料性附录）
ISO/IEC 9126、ISO/IEC 14598 系列标准与 SQuaRE 系列标准间的转换过程及历史

C.1　历史

该文件最初于 1999 年在日本金泽 WG6 会议上提出，而在马德里会议上被修正。通过对现有的并且已经截止的 ISO/IEC 9126 和 ISO/IEC 14598 系列标准的分析、通过若干必要的改进列表并且由于在使用这些文件中清晰度的缺乏，这样一个统一的文件需要得到了验证。

首先是调整并且进一步构建一个必要的框架的提案是在 JTC1/SC7 马德里全会得到批准。

2000 年 11 月在 WG6 布拉格会议期间，该文件版本被修订并且定义了一些详细内容。

2001 年 5 月在 JTC1/SC7 名古屋全会期间，一些新成员被指派到 SQuaRE 文件中，并且在不同的指南间的兼容性得到讨论，这些在该文件新版本中已论及。这一版本以 WD 和 CD 注册发布。

2002 年 5 月在 JTC/SC7 韩国釜山全会期间，该系列标准的最终编号得到批准并应用。该系列标准内所有文件的主要修订工作开始着手进行。这一版本以委员会草案注册发布。

C.2　ISO/IEC 9126、ISO/IEC 14598 系列标准与 SQuaRE 系列标准的关系

在图 C.1 列出的信息的目的是为 ISO/IEC 9126 和 ISO/IEC 14598 的经验用户给出清晰的指导，以便容易地帮助他们将现有的实践无缝地转换成 SQuaRE 系列标准的使用。

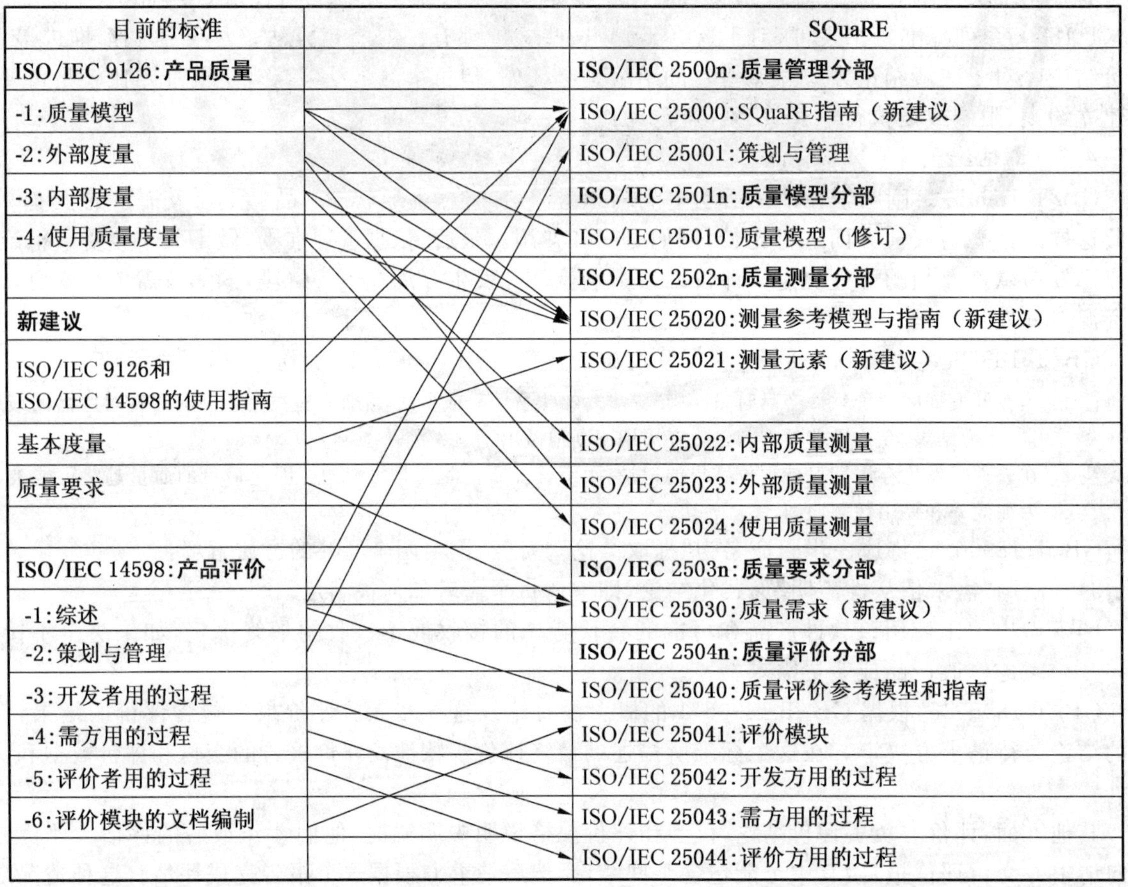

图 C.1　ISO/IEC 9126 和 ISO/IEC 14598 与 SQuaRE 系列标准间的转换过程及关系

栏标题为“当前的”列出了全部目前在使用的现有标准(源自 ISO/IEC 9126 和 ISO/IEC 14598)和新建议的标准。

栏标题为“SQuaRE”列出了构成 SQuaRE 系列标准的完整集合。

箭头图示了原有标准和新系列相应标准的精确关系并且指明转换过程，某些新标准是原系列标准中多个文件的串联、统一和修订的结果。

为了创建 SQuaRE 系列标准，下列变更施加于 ISO/IEC 9126 和 ISO/IEC 14598：

a) 新标准文件：

ISO/IEC 25000《SQuaRE 指南》(软件产品质量要求和评价)是由 ISO/IEC 9126-1《产品质量　质量模型》和 ISO/IEC 14598-1《软件产品评价　概述》所涉及的问题的修正以及二者的统一、串联合并而成；

ISO/IEC 25020《测量参考模型和指南》是由 ISO/IEC 9126-1《产品质量　质量模型》、ISO/IEC 9126-2《产品质量　外部度量》、ISO/IEC 9126-3《产品质量　内部度量》和 ISO/IEC 9126-4《产品质量　使用质量度量》相应的公共部分的修订、统一和串联合并而成；

ISO/IEC 25021《质量测量元素》作为一个完全的新标准文件，其基本的信息取自 ISO/IEC 9126-2《产品质量　外部度量》、ISO/IEC 9126-3《产品质量　内部度量》和 ISO/IEC 9126-4《产品质量　使用质量度量》；

ISO/IEC 25030《质量要求》作为一个完全的新标准文件，其部分地取自 ISO/IEC 14598-1《软件产品评价　概述》。

b) 主要修订：

ISO/IEC 25010《质量模型》主要是对 ISO/IEC 9126-1《产品质量　质量模型》的相关部分作编辑性修订；

ISO/IEC 25022《内部质量的测量》主要是对 ISO/IEC 9126-3《产品质量　内部度量》作编辑性修订；

ISO/IEC 25023《外部质量的测量》主要是对 ISO/IEC 9126-2《产品质量　外部度量》作编辑性修订；

ISO/IEC 25024《使用质量的测量》主要是对 ISO/IEC 9126-4《产品质量　使用质量度量》作编辑性修订；

ISO/IEC 25040《评价参考模型和指南》主要是对 ISO/IEC 14598-1《软件产品评价　概述》作编辑性修订。

c) 较小修订：

ISO/IEC 25001《策划和管理》对 ISO/IEC 14598-2《产品评价　策划和管理》作较小的编辑性修订；

ISO/IEC 25041《评价模块》对 ISO/IEC 14598-6《产品评价　评价模块的文档编制》作较小的编辑性修订；

ISO/IEC 25042《开发方用的评价过程》对 ISO/IEC 14598-3《产品评价　开发方用的评价过程》作较小的编辑性修订；

ISO/IEC 25043《需方用的评价过程》对 ISO/IEC 14598-4《产品评价　需方用的评价过程》作较小的编辑性修订；

ISO/IEC 25044《评价方用的评价过程》对 ISO/IEC 14598-5《软件产品评价　评价方用的评价过程》作较小的编辑性修订。

附 录 D
（资料性附录）
SQuaRE 系列标准的应用示例

以矩阵形式给出特定示例，其中第一行表示用户类型，第一列表示任务类型，而交叉部分包含支持任务执行的标准。

任务	用户:开发方	用户:需方	用户:评价方
通用质量需求定义	ISO/IEC 25000 ISO/IEC 25010 ISO/IEC 25030 ISO/IEC 25042(可选)	ISO/IEC 25000 ISO/IEC 25010 ISO/IEC 25030 ISO/IEC 25043(可选)	ISO/IEC 25000 ISO/IEC 25010 ISO/IEC 25030. ISO/IEC 25044(可选)
用户质量需求定义	ISO/IEC 25000 ISO/IEC 25010 ISO/IEC 25020 ISO/IEC 25021 ISO/IEC 25022 ISO/IEC 25023 ISO/IEC 25024 ISO/IEC 25030 ISO/IEC 25042(可选)	ISO/IEC 25000 ISO/IEC 25010 ISO/IEC 25020 ISO/IEC 25021 ISO/IEC 25022 ISO/IEC 25023 ISO/IEC 25024 ISO/IEC 25030 ISO/IEC 25043(可选)	ISO/IEC 25000 ISO/IEC 25010 ISO/IEC 25020 ISO/IEC 25021 ISO/IEC 25022 ISO/IEC 25023 ISO/IEC 25024 ISO/IEC 25030 ISO/IEC 25044(可选)
质量需求定义的完备性确认	ISO/IEC 25000 ISO/IEC 25010 ISO/IEC 25020 ISO/IEC 25021 ISO/IEC 25022 ISO/IEC 25023 ISO/IEC 25024 ISO/IEC 25041 ISO/IEC 25030 ISO/IEC 25042(可选)	ISO/IEC 25000 ISO/IEC 25010 ISO/IEC 25020 ISO/IEC 25021 ISO/IEC 25022 ISO/IEC 25023 ISO/IEC 25024 ISO/IEC 25041 ISO/IEC 25030 ISO/IEC 25043(可选)	ISO/IEC 25000 ISO/IEC 25010 ISO/IEC 25020 ISO/IEC 25021 ISO/IEC 25022 ISO/IEC 25023 ISO/IEC 25024 ISO/IEC 25041 ISO/IEC 25030 ISO/IEC 25044(可选)
开发期间的软件产品评价	ISO/IEC 25000 ISO/IEC 25001 ISO/IEC 25010 ISO/IEC 25020 ISO/IEC 25030 ISO/IEC 25040 ISO/IEC 25021 ISO/IEC 25022 和(或) ISO/IEC 25023 ISO/IEC 25041 ISO/IEC 25042	不适用	ISO/IEC 25000 ISO/IEC 25001 ISO/IEC 25010 ISO/IEC 25020 ISO/IEC 25030 ISO/IEC 25040 ISO/IEC 25021 ISO/IEC 25022 和(或) ISO/IEC 25023 ISO/IEC 25041 ISO/IEC 25044

任务	用户:开发方	用户:需方	用户:评价方
开发后的软件产品评价	ISO/IEC 25000 ISO/IEC 25001 ISO/IEC 25010 ISO/IEC 25020 ISO/IEC 25030 ISO/IEC 25040 ISO/IEC 25021 ISO/IEC 25023 ISO/IEC 25041 ISO/IEC 25042	不适用	ISO/IEC 25000 ISO/IEC 25001 ISO/IEC 25010 ISO/IEC 25020 ISO/IEC 25030 ISO/IEC 25040 ISO/IEC 25021 ISO/IEC 25023 ISO/IEC 25041 ISO/IEC 25044
软件产品的使用结果评价	不适用	ISO/IEC 25000 ISO/IEC 25001 ISO/IEC 25010 ISO/IEC 25020 ISO/IEC 25030 ISO/IEC 25040 ISO/IEC 25021 ISO/IEC 25023 ISO/IEC 25024 ISO/IEC 25041 ISO/IEC 25043	ISO/IEC 25000 ISO/IEC 25001 ISO/IEC 25010 ISO/IEC 25020 ISO/IEC 25030 ISO/IEC 25040 ISO/IEC 25021 ISO/IEC 25023 ISO/IEC 25024 ISO/IEC 25041 ISO/IEC 25044
依据开发期间的评价定制软件产品的获取	不适用	ISO/IEC 25000 ISO/IEC 25001 ISO/IEC 25010 ISO/IEC 25020 ISO/IEC 25030 ISO/IEC 25040 ISO/IEC 25021 ISO/IEC 25022 ISO/IEC 25023 ISO/IEC 25024 ISO/IEC 25041 ISO/IEC 25043	ISO/IEC 25000 ISO/IEC 25001 ISO/IEC 25010 ISO/IEC 25020 ISO/IEC 25030 ISO/IEC 25040 ISO/IEC 25021 ISO/IEC 25022 ISO/IEC 25023 ISO/IEC 25024 ISO/IEC 25041 ISO/IEC 25044
商业现货软件的获取	不适用	ISO/IEC 25000 ISO/IEC 25001 ISO/IEC 25010 ISO/IEC 25020 ISO/IEC 25021 ISO/IEC 25023 ISO/IEC 25030 ISO/IEC 25040 ISO/IEC 25024 ISO/IEC 25041 ISO/IEC 25043	ISO/IEC 25000 ISO/IEC 25001 ISO/IEC 25010 ISO/IEC 25020 ISO/IEC 25021 ISO/IEC 25023 ISO/IEC 25030 ISO/IEC 25040 ISO/IEC 25024 ISO/IEC 25041 ISO/IEC 25044

任务	用户:开发方	用户:需方	用户:评价方
软件产品的维护 注:维护方的角色可以是开发方也可以是需方(需方的决策实体)	ISO/IEC 25000 ISO/IEC 25010 ISO/IEC 25020 ISO/IEC 25030 ISO/IEC 25021 ISO/IEC 25022 ISO/IEC 25023 ISO/IEC 25041	ISO/IEC 25000 ISO/IEC 25010 ISO/IEC 25020 ISO/IEC 25030 ISO/IEC 25021 ISO/IEC 25022 ISO/IEC 25023 ISO/IEC 25041	不适用

参 考 文 献

[1] GB/T 8566—2007 信息技术 软件生存周期过程(ISO/IEC 12207:1995,MOD)

[2] GB/T 16260.1—2006 软件工程 产品质量 第1部分:质量模型(ISO/IEC 9126-1:2001,IDT)

[3] GB/T 16260.2—2006 软件工程 产品质量 第2部分:外部度量(ISO/IEC TR 9126-2:2003,IDT)

[4] GB/T 16260.3—2006 软件工程 产品质量 第3部分:内部度量(ISO/IEC TR 9126-3:2003,IDT)

[5] GB/T 16260.4—2006 软件工程 产品质量 第4部分:使用质量的度量(ISO/IEC TR 9126-4:2004,IDT)

[6] GB/T 25000.51—2010 软件工程 软件产品质量要求与评价(SQuaRE) 商业现货(COTS)软件产品的质量要求和测试细则(ISO/IEC 25051:2006,IDT)

[7] GB/T 18905.1—2002 软件工程 产品评价 第1部分:概述(ISO/IEC 14598-1:1999,IDT)

[8] GB/T 18905.2—2002 软件工程 产品评价 第2部分:策划和管理(ISO/IEC 14598-2:2000,IDT)

[9] GB/T 18905.3—2002 软件工程 产品评价 第3部分:开发者用的过程(ISO/IEC 14598-3:2000,IDT)

[10] GB/T 18905.4—2002 软件工程 产品评价 第4部分:需方用的过程(ISO/IEC 14598-4:1999,IDT)

[11] GB/T 18905.5—2002 软件工程 产品评价 第5部分:评价者用的过程(ISO/IEC 14598-5:1998,IDT)

[12] GB/T 18905.6—2002 软件工程 产品评价 第6部分:评价模块的文档编制(ISO/IEC 14598-6:2001,IDT)

[13] GB/T 18978.11—2004 使用视觉显示终端(VDTs)办公的人类工效学要求 第11部分:可用性指南(ISO 9241-11:1998,IDT)

[14] GB/T 19000—2008 质量管理体系 基础和术语(ISO 9000:2008,IDT)

[15] GB/T 19001—2008 质量管理体系 要求(ISO 9001:2008,IDT)

[16] GB/T 19004—2000 质量管理体系 业绩改进指南(idt ISO 9004:2000)

[17] GB/T 19011—2003 质量和(或)环境管理体系审核指南(ISO 19011:2002,IDT)

[18] GB/T 20917—2007 软件工程 软件测量过程(ISO/IEC 15939:2002,IDT)

[19] GB/T 22032—2008 系统工程 系统生存周期过程(ISO/IEC 15288:2002,IDT)

[20] ISO/IEC 13407:1999 用于交互式系统的以人为本的设计过程

[21] ISO/IEC 15504-1:2003 信息技术 软件过程评估 第1部分:概念和术语

[22] ISO/IEC 15504-2:2003 信息技术 软件过程评估 第2部分:执行评估

[23] ISO/IEC 15504-3:2003 信息技术 软件过程评估 第3部分:执行评估的指南

[24] ISO/IEC 15504-4:2003 信息技术 软件过程评估 第4部分:过程改进和过程能力确定的应用指南

[25] ISO/IEC 15504-5:2003 信息技术 软件过程评估 第5部分:过程评估模型范例

[26] ISO/IEC 25001(新) 软件工程 软件产品质量要求和评价(SQuaRE) 策划和管理

[27] ISO/IEC 25010(新) 软件工程 软件产品质量要求和评价(SQuaRE) 质量模型

[28] ISO/IEC 25020(新) 软件工程 软件产品质量要求和评价(SQuaRE) 测量参考模型和指南

[29] ISO/IEC 25021(新) 软件工程 软件产品质量要求和评价(SQuaRE) 测量元素

[30] ISO/IEC 25022(新) 软件工程 软件产品质量要求和评价(SQuaRE) 内部质量的测量

[31] ISO/IEC 25023(新) 软件工程 软件产品质量要求和评价(SQuaRE) 外部质量的测量

[32] ISO/IEC 25024(新) 软件工程 软件产品质量要求和评价(SQuaRE) 使用质量的测量

[33] ISO/IEC 25030(新) 软件工程 软件产品质量要求和评价(SQuaRE) 质量要求

[34] ISO/IEC 25040(新) 软件工程 软件产品质量要求和评价(SQuaRE) 评价参考模型和指南

[35] ISO/IEC 25041(新) 软件工程 软件产品质量要求和评价(SQuaRE) 评价模块

[36] ISO/IEC 25042(新) 软件工程 软件产品质量要求和评价(SQuaRE) 开发方用的评价过程

[37] ISO/IEC 25043(新) 软件工程 软件产品质量要求和评价(SQuaRE) 需方用的评价过程

[38] ISO/IEC 25044(新) 软件工程 软件产品质量要求和评价(SQuaRE) 评价方用的评价过程

[39] ISO/IEC 25051(新) 软件工程 软件产品质量要求和评价(SQuaRE) 商业现货软件产品(COTS)质量要求与测试说明

[40] ISO/IEC 25062(新) 软件工程 软件产品质量要求和评价(SQuaRE) 易用性测试报告的公共行业格式

ICS 35.080
L 77

中华人民共和国国家标准

GB/T 25000.51—2010/ISO/IEC 25051:2006
代替 GB/T 17544—1998

软件工程 软件产品质量要求与评价(SQuaRE) 商业现货(COTS)软件产品的质量要求和测试细则

Software engineering—Software product Quality Requirements and Evaluation (SQuaRE)—Requirements for quality of Commercial Off-The-Self (COTS) software product and instructions for testing

(ISO/IEC 25051:2006,IDT)

2010-09-02 发布 2011-02-01 实施

中华人民共和国国家质量监督检验检疫总局
中国国家标准化管理委员会 发布

前　言

本标准等同采用了国际标准 ISO/IEC 25051:2006《软件工程　软件产品质量要求和评价(SQuaRE)商业现货(COTS)软件产品的质量要求和测试细则》(英文版)和 ISO/IEC 25051:2006 技术勘误 1:2007,并在相应页面空白处用"‖"表示。相对于 ISO/IEC 25051:2006 的引言,本标准作了一些编辑性修改。

本标准代替 GB/T 17544—1998《信息技术　软件包　质量要求和测试》。本标准与GB/T 17544—1998 的差异如下:

a) GB/T 17544—1998 等同采用 ISO/IEC 12119:1994,由于 ISO/IEC 12119:1994 被修订为 ISO/IEC 25051:2006,因此新版标准等同采用 ISO/IEC 25051:2006;

b) 新版标准的结构作了调整和修改,GB/T 17544—1998 的篇幅共 4 章 3 个附录,新版标准共 7 章3 个附录和 1 个参考文献;

c) 新版标准的内容也作了重大修改——新版标准的适用范围作了扩充。术语部分作了增删,新版标准的第 5 章与老版标准的第 3 章基本上是一致的,只是原 3.3 的名称"程序和数据"改为新版 5.3 的"软件质量要求"。但新版标准与 GB/T 16260 更紧密相关。对软件产品的要求基本上是依据 GB/T 16260.1—2006 来表述的。新版标准的第 6 章相对于老版标准的第 4 章来说,变化较大,新版标准删去了测试活动,主要是针对测试文档,特别是测试计划、测试规程、测试报告的编制作了要求。新版标准增加了两章内容,即第 2 章"符合性"和第 7 章"符合性评价细则"。第 2 章说明了 COTS 软件产品符合本标准的条件。第 7 章是规定了就符合性如何评价 COTS 软件产品以及如何编制符合性评价报告。新版标准的附录部分也作了较大改动,删去了老版标准的"产品描述的例子"的附录,增加了"COTS 软件产品在业务或安全性攸关的应用系统中的应用指南"和"如何使用本标准"两个附录。

本标准的附录 A、附录 B、附录 C 均为资料性附录。

本标准由全国信息技术标准化技术委员会提出并归口。

本标准起草单位:中国电子技术标准化研究所、上海宝信软件股份有限公司、上海计算机软件技术开发中心、中国航天科技集团软件评测中心、北京跟踪与通信技术研究所、浙江省电子产品检验所、广东省电子电器产品监督检验所、珠海南方软件产品检测中心、辽宁北方实验室有限公司、天津软件评测中心、南昌金庐软件园软件评测培训有限公司、上海市浦东软件园评测中心、苏州软件评测中心、黑龙江省电子信息产品监督检验院、上海鲁齐信息科技有限公司等。

本标准起草人:冯惠、王宝艾、杨根兴、丛力群、石柱、许聚常、宣以广、康锋、杨丽春、万方、王欣、齐建华、张雪莉、张露莹、毛淑华。

本标准于 1998 年首次发布。

引　言

商业现货(COTS)软件产品的应用领域不断拓广,其正确的运行对于业务、安全或个人的应用往往至关重要。

COTS软件产品是一种打包出售的现货产品,需方对其特征和其他质量没有任何影响。典型情况是,这种软件产品与其用户文档集一起预先包装好出售。包装封面上提供出的信息常常是制造商或营销组织能与需方或用户交流的唯一手段。因此,把实质性信息提供给需方使其能按自己需要来评价COTS软件产品的质量是重要的。

由于COTS软件产品可能要在各种环境中运行,并且用户是在没有机会与类似产品作性能比较就作出选择,因此选用高质量的COTS软件产品是极其重要的。供方需要一种方式以确保COTS软件产品给予用户服务信用。一些供方可能选择第三方的评价或认证,以协助其提供这种信用。

此外,当用户要求确保避免业务或安全攸关的风险时,这种保证可能需要由用户在采购后选用特定的技术来处置。本标准宗旨并不在对COTS规定最低限度的业务或安全攸关的质量要求,不过给出了资料性指南(参见附录B)。

GB/17544—1998(idt ISO/IEC 12119:1994)的制定已支持了这些需要。该标准考虑了定义质量特性的GB/T 16260—1996(idt ISO/IEC 9126:1991)。

随着时间环境的变迁,GB/T 16260—1996已被修订为GB/T 16260.1—2006(其中包括了诸如使用质量的概念)。GB/T 16260.1—2006等同采用ISO/IEC 9126-1:2001。在新的SQuaRE系列标准中:ISO/IEC 9126-1:2001将修订为ISO/IEC 25010。而ISO/IEC 12119:1994已被修订为ISO/IEC 25051:2006,并克服了ISO/IEC 12119:1994中的一些难点和歧义之处。本标准是GB/T 17544—1998的修订版,等同采用ISO/IEC 25051:2006。修订目的之一是为了与SQuaRE系列标准协调一致。

软件工程 软件产品质量要求与评价(SQuaRE) 商业现货(COTS)软件产品的质量要求和测试细则

1 范围

本标准适用于商业现货(COTS)软件产品。

本标准中缩略语“COTS”用作形容词,指“商业现货的”。

例:COTS 软件产品的例子包括但不限于:文本处理程序、电子表格、数据库控制软件、图形包、以及用于技术的、科学的或实时的嵌入式功能的软件(例如实时操作系统)或航空与通信局域网、自动柜员机、货币兑换、人力资源管理软件、销售管理以及诸如 Web 网站和主页生成器之类的 Web 软件。

本标准规定了:

a) COTS 软件产品的质量要求;

b) 用于测试 COTS 软件产品的包含测试要求、测试用例和测试报告等的测试文档要求;

c) COTS 软件产品的符合性评价细则。

注:用于测试的文档的汇集称为“测试文档集”。

本标准还包括对安全或业务攸关的 COTS 软件产品的建议。

本标准仅涉及向用户提供产品置信度,即 COTS 软件产品能按所提供的和交付的说明运行。不涉及生产过程(包含各种活动和中间产品,例如规格说明)。供方的质量体系超出了本标准的范围。

本标准的预期用户包括:

a) 供方,当:

1) 规定 COTS 软件产品的需求时;

2) 宣传其产品特性[ISO/IEC 9127]时;

3) 对照所声称的特性评估其软件产品时;

4) 发布符合性声明[ISO/IEC 17050]时;

5) 申请符合性证书或标志[ISO/IEC 导则 23]时;

b) 希望建立第三方认证模式(国际级、地区级或国家级)[ISO/IEC 导则 28]的认证机构;

c) 为符合性证书或标志进行测试时应遵循本测试细则的测试实验室[GB/T 15481];

d) 认可注册机构或认证机构以及测试实验室的认可机构;

e) 潜在的需方,其可能:

1) 把预期的工作任务要求与现有软件产品的产品说明信息进行比较;

2) 寻求已获认证的 COTS 软件产品;

3) 检验要求是否被满足;

f) 可从更好的软件产品获益的最终用户;

g) 组织:

1) 根据本标准的质量要求和方法建立管理和工程环境;

2) 管理、改进其质量过程及人事;

h) 在安全或业务攸关的应用系统中使用 COTS 软件产品时,可能要求或推荐使用本标准的法规机构。

附录 C 给出本标准的使用指南。

2 符合性

COTS软件产品满足以下条件即符合本标准：

a) 具有第5章中规定的特性；

b) 已按符合第6章要求的测试文档(集)进行了测试；

c) 记录测试期间发现的异常情况，并在产品发布前解决这些异常。而且必须修复违背广告宣传的特性声称的异常情况，否则必须取消此种特性声称。如果存在下述两种情况，可认为已知的异常情况是可接受的：

   1) 该异常情况不违背所声称的特性；

   2) 供方已适当考虑到该异常情况的性质和对潜在需方的影响，该异常情况看来可忽略不计，并且已保存了有关该异常情况的文档(集)以备日后改进。

各子条的建议是可选的。

注：为便于符合性评价，本标准的要求是以3级子条方式起草的(编号为X.X.X.X)。资料性注释完善这些子条，可以作为指南。

3 规范性引用文件

下列文件中的条款通过本标准的引用而成为本标准的条款。凡是注日期的引用文件，其随后所有的修改单(不包括勘误的内容)或修订版均不适用于本标准，然而，鼓励根据本标准达成协议的各方研究是否可使用这些文件的最新版本。凡不注日期的引用文件，其最新版本适用于本标准。

GB/T 16260.1—2006 软件工程 产品质量 第1部分：质量模型(ISO/IEC 9126-1:2001,IDT)

GB/T 25000.1—2010 软件工程 产品质量要求和评价(SQuaRE) SQuaRE指南(ISO/IEC 25000:2005,IDT)

4 术语和定义

下列术语和定义适用于本标准。

4.1

应用管理职能 application administration function

由用户履行的职能，包括安装、配置、应用备份、维护(修补及升级)和卸载。

4.2

符合性评价报告 conformity evaluation report

说明对COTS软件产品实施评价的行为和结果的文档。

注：该条改写自GB/T 11457。

4.3

COTS软件产品 COTS software product

由市场驱动的需要而定义的、通过商业方式提供的、其适用性已经得到各类商业用户证实的商业现货软件。

注1：COTS软件产品包括：

——产品说明(包括全部封面信息、数据表、网站信息等)；

——用户文档集(安装和使用该软件必需的)；

——包含在计算机可感知的媒体(磁盘、只读光盘、可下载的互联网，等等)上的软件。

注2：该定义改写自GB/T 18905.4—2002。

注3：软件主要由程序和数据组成。

注4：该定义也适用于可作为分别研制的物品而生产或支持的产品说明、用户文档集和软件，但对于典型的商业费用和许可考虑，该定义也许不适用。

4.4

功能 function

软件中一个算法的实现，利用该实现，最终用户或软件可以执行某一工作任务的部分或全部内容。

注：功能不一定是最终用户可调用的(例如：数据的自动备份保存)。

4.5

产品说明 product description

陈述软件各种性质的文档，其主要目的是帮助潜在的需方在采购前对该软件进行适用性评价。

4.6

需求文档 requirements document

包含COTS软件产品要满足的要求或规则的任何组合的文档。

例如，这些文档可以是技术报告、标准、针对某类用户的要求列表(或模型需求规格说明)，或者是行政机构或管理机构颁发的条例或法规。

4.7

测试文档集 test documentation

测试活动特有的文档汇集。

4.8

测试环境 test environment

执行测试用例所必需的硬件和软件配置。

4.9

测试目标 test objective

在规定的条件下，待测量的已标识的软件特征的集合，它通过将实际的行为与要求的行为进行比较而测量。

注：该条改写自GB/T 11457。

4.10

测试计划 test plan

说明预期的测试活动的范围、途径、资源和进度的文档。

注：该条改写自GB/T 11457。

4.11

测试说明 testing description

测试执行条件的说明(即测试规程)。

源自其他标准的附加术语和定义参见附录A。

5 COTS软件产品的要求

5.1 产品说明要求

注：在ISO/IEC 9127《软件工程 用于顾客软件包的用户文档集和封面信息》中，有关封面信息的段落可用作编制产品说明的输入。

5.1.1 可用性

产品说明对于该产品的潜在需方和用户应是可用的。

5.1.2 内容

5.1.2.1 产品说明应包含潜在需方所需的信息，以便评价该软件对其需要的适用性。

5.1.2.2 产品说明应排除内部的不一致。

5.1.2.3 产品说明中包括的说明应是可测试的或可验证的。

5.1.3 标识和标示

5.1.3.1 产品说明应显示唯一的标识。

5.1.3.2 COTS软件产品应以其名称、版本和日期指称。

5.1.3.3 产品说明应包含供方和至少一家销售商、(当适用时)电子商务销售商或分销商的名称和地址(邮政的或网络的)。

5.1.3.4 产品说明应标识该软件能完成的预期的工作任务和服务。

5.1.3.5 当由法律或行政机构界定的要求适用于COTS软件产品、而供方想要声称符合于相应的需求文档时,则产品说明应标识出这些需求文档。

5.1.3.6 产品说明应指明COTS软件产品期望在单一系统上供多个并发最终用户使用或供一个最终用户使用,并且应说明在所要求的系统的所陈述的性能级别上可行的最大并发最终用户数。

5.1.3.7 当产品说明引证已知的对其他软件的用户可调用的接口时,则应标识出这些接口或软件。

5.1.3.8 产品说明应以适当的引用文档指明COTS软件产品在何处依赖于特定软件和(或)硬件。

例如,这种引用可包括:

——软件和(或)硬件的名称;

——版本;

——特定操作系统。

5.1.3.9 产品说明应陈述是否对运行COTS软件产品提供支持。

5.1.3.10 产品说明应陈述是否提供维护。如果提供维护,则产品说明应陈述所提供的维护服务。

5.1.4 功能性陈述

5.1.4.1 适用时,产品说明应根据GB/T 16260.1—2006包含有关功能性的陈述,要考虑适合性、准确性、互操作性、安全保密性以及功能性的依从性,并以书面形式展示可验证的依从性证据。

5.1.4.2 产品说明应提供该产品中最终用户可调用的功能的概述。

5.1.4.3 产品说明应说明所有的关键功能。

注:更多的信息参见附录B和GB/T 18492。

5.1.4.4 当有软件组件的选项和版本时,应予指明。

5.1.4.5 对用户功能性的所有已知的限制均应加以说明。

例如,这些限制可能是:

——最小或最大值;

——密钥长度;

——一个文件中记录的最大数目;

——搜索准则的最大数目;

——最小样本规模。

5.1.4.6 当提供对软件的未授权访问(不管是偶然的还是故意的)的预防措施时,则产品说明应包含这种信息。

5.1.5 可靠性陈述

5.1.5.1 适用时,产品说明应根据GB/T 16260.1—2006包含有关可靠性的陈述,要考虑成熟性、容错性、易恢复性以及可靠性的依从性,并以书面形式展示可验证的依从性证据。

注:开发者不宜作出可靠性声称的陈述,除非能以服务的数据或其他可验证的数据证实所做的声称。

5.1.5.2 在遇有用户接口出错、应用程序自身的逻辑出错、系统或网络资源可用性引发差错的情况下,产品说明应就软件的继续运行(即是可用的)能力作出说明。

5.1.5.3 产品说明应包括关于数据保存和恢复规程的信息。

注:指明数据备份由操作系统的功能来执行也是可接受的。

5.1.6 易用性陈述

5.1.6.1 适用时,产品说明应根据GB/T 16260.1—2006包含有关易用性陈述,要考虑易理解性、易学性、易操作性、吸引性以及易用性的依从性,并以书面形式写出能够证实可验证的依从性证据。

5.1.6.2 产品说明应规定用户接口的类型。

例如,这些接口可以是:

——命令行;

——菜单;

——视窗;

——web 浏览器;

——功能键;

——帮助功能。

5.1.6.3 产品说明应规定使用和操作该软件所要求的专门知识。

例如,这些专门知识可以是:

——所使用的数据库调用和协议的知识;

——技术领域的知识;

——操作系统的知识;

——经专门培训可获得的知识;

——产品说明中已写明的语言之外的其他语言的知识。

5.1.6.4 当该软件能由用户作适应性修改时,则应标识用于修改的工具或规程及其使用条件。

例如,使用的条件可以是:

——参数的变更;

——计算算法的变更;

——接口定制;

——功能键指派。

5.1.6.5 当预防版权侵犯的技术保护妨碍易用性时,则应陈述这种保护。

例如,这些防护可以是:

——程序设置的使用截止日期;

——拷贝付费的交互式提醒。

5.1.6.6 产品说明应包括可访问性的规定标示,特别是对有残疾的用户和存在语言差异的用户。

5.1.7 效率陈述

适用时,产品说明应根据 GB/T 16260.1—2006 包含有关效率的陈述,要考虑时间特性、资源利用性以及效率的依从性,并以书面形式写出能够证实可验证的依从性证据。

例如,所陈述的条件可以是:

——系统配置;

——COTS 软件产品有效工作所需的资源,例如硬盘空间、随机存储器、视频卡、无线互联网卡等。

5.1.8 维护性陈述

5.1.8.1 适用时,产品说明应根据 GB/T 16260.1—2006 包含有关维护性陈述,要考虑易分析性、易改变性、稳定性、可测试性以及维护性的依从性,并以书面形式写出能够证实可验证的依从性证据。

5.1.8.2 产品说明应包括用户所需的维护信息。

例如,这些信息可以是:

——监控应用程序的动态性能信息;

——监控不期望的失效和重要条件的信息;

——监控运行指示器(如日志、警告屏)的信息;

——监控由应用程序处理本地数据信息。

5.1.9 可移植性陈述

5.1.9.1 适用时,产品说明应根据 GB/T 16260.1—2006 包含有关可移植性的陈述,要考虑适应性、易安装性、共存性、易替换性以及可移植性的依从性,并以书面形式写出能够证实可验证的依从性证据。

5.1.9.2　产品说明应规定将该软件投入使用的不同配置或所支持的配置(硬件,软件)。

注:可以规定不同配置,例如对不同的工作任务、不同的边界值或不同的效率要求。

例如,这些系统可以是:

——操作系统;

——处理器(包括协处理器);

——主内存规模;

——外存的类型和规模;

——扩展卡;

——输入和输出设备;

——网络环境;

——系统软件和其他软件。

5.1.9.3　产品说明应提供安装规程信息。

5.1.10　使用质量陈述

5.1.10.1　适用时,产品说明应根据 GB/T 16260.1—2006 包含有关使用质量的陈述,在规定的使用周境中要考虑有效性、生产率、安全性以及满意度,并以书面形式写出能够证实可验证的依从性证据。

注:使用质量的陈述主要取决于使用周境。尽管不可能考虑到 COTS 的所有可能的用户,最好还是能说明典型的预期用户及其预定的用途。

例如,使用质量的陈述可以是:

——已审核产品的百分比;

——在 COTS 开发过程中未解决的问题报告或观察项的数量;

——已纠正的或未纠正的用户调查结果。

有关效率、有效性和满意度测试的信息参见 ISO/IEC 25062:《软件工程　软件产品质量要求和评价(SQuaRE)　易用性测试报告的通用行业格式》。

5.1.10.2　应给出测试报告的引用文件。

注:测试报告的格式在 GB/T 16260.4 中给出。

5.2　用户文档集要求

注:ISO/IEC 9127《软件工程　用于顾客软件包的用户文档集和封面信息》可以用于创建用户文档集。

5.2.1　完备性

5.2.1.1　用户文档集应包含使用该软件必需的信息。

5.2.1.2　用户文档集应说明在产品说明中陈述的所有功能以及最终用户能调用的所有功能。

5.2.1.3　用户文档集应说明可靠性特征及其操作。

5.2.1.4　用户文档集应列出所处置的和引起应用系统失效或终止的差错和失效,特别是那些导致数据丢失的应用系统终止的结束条件。

5.2.1.5　用户文档集应给出必要数据的备份和恢复指南。

5.2.1.6　对于所有关键的软件功能(即失效后会对安全产生影响或会造成重大财产损失或社会损失的软件),用户文档集应提供完备的细则信息和参考信息。

注:更多信息参见附录 B。

5.2.1.7　用户文档集应陈述在产品说明中给出的所有限制。

5.2.1.8　用户文档集应陈述安装所要求的最小和最大磁盘空间。

5.2.1.9　对用户要完成的应用管理职能,用户文档集应包括所有必要的信息。

5.2.1.10　在用户所完成的应用管理职能的信息中,应包括让用户能验证是否成功完成应用管理职能的信息。

5.2.1.11　如果用户文档集分若干部分提供,在该集合中至少有一处应标识出所有的部分。

5.2.2　正确性

5.2.2.1　用户文档集中的所有信息都应是正确的。

注:用户文档集中的所有信息的正确性都宜追溯到权威来源。

5.2.2.2 用户文档集不应有歧义的信息。

5.2.3 一致性

5.2.3.1 用户文档集中的各文档不应自相矛盾、互相矛盾以及与产品说明矛盾。

注：5.3.1.5 中提及软件的一致性。

5.2.4 易理解性

5.2.4.1 用户文档集应采用该软件特定读者可理解的术语和文体，使其容易被 COTS 软件产品主要针对的最终用户群理解。

5.2.4.2 应通过经编排的文档清单为理解用户文档集提供便利。

5.2.5 易学性

5.2.5.1 用户文档集应为用户学会如何使用该软件提供必要的信息。

注：用户文档集可引用 COTS 软件包本身包含的或培训等辅助材料中包含的附加信息。

5.2.6 可操作性

5.2.6.1 如果用户文档集不以印刷的形式提供，则文档集应指明是否可以被打印，如果可以打印，那么指出如何获得打印件。

5.2.6.2 卡片和快速参考指南以外的用户文档集，应给出目次(或主题词列表)和索引。

5.2.6.3 对于不常用的术语和首字母缩略语，用户文档集应加以定义。

5.3 软件质量要求

注：对于失效后会对安全或业务攸关的目标产生影响的软件，可以考虑附录 B 中的指南和建议。

5.3.1 功能性

5.3.1.1 安装之后，软件的功能是否能完成应是可识别的。

例如，对功能良好的验证可通过如下方式进行：利用所提供的测试用例，或以相应的消息自测试，或由用户开展的其他测试。

5.3.1.2 在给定的限制范围内，使用相应的环境设施、器材和数据，用户文档集中所陈述的所有功能应是可执行的。

5.3.1.3 按照用户文档集中所有的陈述，软件的功能应是可执行的。

5.3.1.4 软件应符合产品说明所引用的任何需求文档中的全部需求。

5.3.1.5 软件不应自相矛盾，并且不与产品说明和用户文档集矛盾。

例：两种完全相同的动作应返回同一个结果。

5.3.1.6 由遵循用户文档集的最终用户对软件操作进行的控制与软件的行为应是一致的。

5.3.2 可靠性

5.3.2.1 软件必须按照用户文档集中定义的可靠性特征来运行。

5.3.2.2 与差错处置相关的功能应与产品说明和用户文档集中的陈述一致。

注：软件不能承担源自操作系统或网络的多种失效的责任。

5.3.2.3 在用户文档集中陈述的限制范围内使用时，软件不应丢失数据。

注：这种要求即使在下面的情况下也要满足：

——利用的容量高达规定的极限；

——企图利用超出规定极限的容量；

——由产品说明中列出的其他软件或由最终用户所造成的不正确输入；

——违背用户文档集中明确规定的细则。

5.3.2.4 软件应识别违反句法条件的输入，并且不应作为许可的输入加以处理。

5.3.3 易用性

5.3.3.1 有关软件执行的各种问题、消息和结果都应是易理解的。

例如，借助以下的手段可以达到易理解性：

——恰当地选择术语；

——图形表示；

——提供背景信息；

——由帮助功能解释。

注：关于易用性问题，鼓励依据本标准达成协定的各方调查应用 ISO 9241 系列标准最新版本的可能性。特别是宜考虑 ISO/IEC 9241 系列标准的第 1、2、10 至 17 部分及 ISO/IEC 25062《软件工程 软件产品质量要求和评价(SQuaRE) 易用性测试报告的通用行业格式》。

5.3.3.2 软件出错消息应指明如何改正差错或要报告差错向谁联系。

例如，这种信息可以是对用户文档集中某一项的引用。

5.3.3.3 软件应以最终用户易于理解的形式提供信息，即以可见易读的文本或图形输出，或以易听的音频输出。

5.3.3.4 出自软件的消息应设计成使最终用户易于理解的形式。

例如，这些消息可以是：

——确认；

——软件发出的查询；

——警告；

——出错消息。

5.3.3.5 屏幕输入格式、报表和其他输出对用户来说应是清晰且易理解的。

5.3.3.6 对具有严重后果的功能的执行应是可逆的，或者软件应给出这种后果的明显警告，并且在这种命令执行前要求确认。

例如，数据的删除和改写以及中断一个过长的处理操作均具有严重的后果。

5.3.3.7 借助用户接口、帮助功能或用户文档集提供的手段，最终用户应能够学习如何使用某一功能。

5.3.3.8 当遇有执行某一功能其响应时间超出通常预期限度会引起冲突时，最终用户应被告知。

5.3.3.9 每一元素(数据媒体、文件等)均应带有产品标识，如果有两种以上的元素，则应附上标识号或标识文字。

5.3.4 效率

5.3.4.1 应符合产品说明中有关效率的陈述。

例如，当等待响应的时间不合理时，应向最终用户发送消息。

5.3.5 维护性

5.3.5.1 应符合产品说明中有关维护性的陈述。

例如，缺陷诊断的能力，使能修改的能力。

5.3.6 可移植性

5.3.6.1 如果用户能够实施安装，遵循安装文档中的信息应能成功地安装软件。

5.3.6.2 对于软件应用程序的成功安装和正确运行，应就产品说明中列出的所有支持平台和系统加以验证。

5.3.6.3 当用户能够实施安装、且该软件对已安装的任何部件具有任何共存性约束时，则这种约束应在安装前予以陈述。

5.3.6.4 软件应向用户提供移去或卸载所有已安装的部件的方法。

5.3.7 使用质量

应符合产品说明中有关使用质量的陈述。

6 测试文档集要求

6.1 一般要求

6.1.1 目的

6.1.1.1 测试文档集的目的是证实软件与 5.3 中规定的要求的符合性。其中包含允许作这种证实的全部元素。

6.1.2 一致性

6.1.2.1 测试文档集中的每个文档所包含的信息应是正确的并且是可验证的。

6.1.2.2 测试文档集中的每个文档不应自相矛盾，并且不应与产品说明和用户文档集矛盾。

6.1.3 内容要求

6.1.3.1 测试文档集一般应包含：

a) 测试计划；

b) 测试说明；

c) 测试结果(报告)。

6.1.3.2 测试文档集应包含组成该汇集的全部文档清单，清单中应包含全部文档的标题及其标识符。

6.1.3.3 测试文档集中的每个文档都应包括：

——标题；

——单一的标识符(引用、版本号、发布日期)；

——修改历史，或说明该文档演变的任何其他元素；

——日次或对内容的说明；

——该文档正文中引用的文档的标识符；

——有关作者和审查者的信息；

——术语表。

6.1.3.4 测试文档集可由一个文档或多个文档组成。

6.2 测试计划要求

6.2.1 方法

注：未推荐特定的技术或方法。

6.2.1.1 在产品说明和5.3中提及的所有质量特性均应经测试用例测试。

6.2.1.2 在产品说明和5.3中提及的每个质量特性至少应经一个测试用例测试。

注：测试计划可引用任何其他文档，前提是被引用的文档与用户文档集之间存在某种关系。

6.2.1.3 用户文档集中说明的所有功能，以及待完成的任务的代表性的功能组合，均应经测试用例测试。

6.2.1.4 用户文档集说明的每个功能至少应经一个测试用例测试。

6.2.1.5 测试用例应能证实软件与用户文档集中的陈述的符合性。

6.2.1.6 当产品说明中提及需求文档时，这些文档应经测试用例测试。

6.2.1.7 应指明选作测试用例设计基础的功能分解级别。

例如，一个功能可以是：

——用户文档中的一段；

——一个 Shell 命令；

——人机界面的一个按钮；

——一个语言命令。

6.2.1.8 应指明测试用例的设计方法。

例如，可能的设计方法有：

——边界值分析；

——检查表；

——数据流分析；

——故障插入；

——容量测试。

6.2.1.9 所有安装规程均应经测试用例测试。

6.2.1.10 在产品说明和用户文档集中指明的所有操作限制均应经测试用例测试。

6.2.1.11 对所标识的违反句法条件的输入应经测试用例测试。

6.2.1.12 如果用户文档集中给出若干示例，这些示例应用作测试用例，但整个测试不应局限于这些示例。

6.2.1.13 当5.3中的任何要求不适用时，则应说明理由。

6.2.2 通过-失败准则

6.2.2.1 应指明用于判定测试结果是否证实软件与产品说明和用户文档集的符合性准则。

6.2.3 测试环境

6.2.3.1 测试计划应规定要进行测试所需的硬件和软件配置。

6.2.3.2 软件应在产品说明中提及的所有的应用配置中测试。

注：可采用配置等效性证实。

6.2.3.3 测试计划应标识执行测试用例所必要的工具。

6.2.4 进度

6.2.4.1 测试计划应规定每个测试活动和测试里程碑的进度。

6.3 测试说明要求

6.3.1 测试用例说明

6.3.1.1 对每个测试用例的说明均应包括：

a) 其测试目标；

b) 唯一性标识符；

c) 测试的输入数据和测试边界；

d) 详细实施步骤；

e) 系统的预期行为；

f) 测试用例的预期输出；

g) 结果解释的准则；

h) 用于判定测试用例的肯定或否定结果的准则。

6.3.1.2 当有必要提供与测试计划中提供的信息相比对的补充信息时，应陈述环境及其他测试条件(详细的配置和初步工作)。

6.3.2 测试规程

6.3.2.1 测试规程应包括：

a) 测试准备；

b) 开始和执行测试所必需的动作；

c) 记录测试结果所必需的动作；

d) 停止和最终重新启动测试的条件和动作。

6.3.2.2 为提供测试的可重复性和可再现性，测试规程应足够详细。

6.3.2.3 在软件被纠正之后，对于所涉及的功能和任何相关的功能，应有一种重新测试的规程。

注：说明测试规程可采用伪语言或命令语言。

6.4 测试结果要求

6.4.1 执行报告

6.4.1.1 执行报告应包括测试用例结果的全部汇总。

6.4.1.2 执行报告应证实已按测试计划执行了所有测试用例。

6.4.1.3 对于每个测试用例，执行报告均应包括以下内容：

a) 测试用例的标识符；

b) 测试执行日期；

c) 实施测试的人员姓名和职责；

d) 发现的异常情况清单；

e) 对于每一异常情况，要引用相应的异常情况报告。

6.4.2 异常情况报告

6.4.2.1 异常情况报告应包括所发现的全部异常情况汇总。如果有的话，还应包括纠正情况和通过再测试的验证情况。

6.4.2.2 对于每个异常情况，异常情况报告的说明性部分应包括的如下内容：

a) 异常情况的标识符；

b) 软件的标识符；

c) 异常情况说明；

d) 测试用例中异常情况发生点；

e) 异常情况的性质。

例：异常情况的性质可以是“致命的”、“重大的”、“微小的”。

6.4.2.3 异常情况报告的纠正部分应论证发现的所有异常情况均已纠正。

6.4.2.4 异常情况报告的纠正部分应包含每个纠正项的如下内容：

a) 纠正项的标识符；

b) 纠正的日期；

c) 纠正者的姓名；

d) 对应于纠正项的修改标识符；

e) 纠正项的可能影响；

f) 纠正者可能有的评论。

6.4.2.5 异常情况报告中经重新测试验证的部分，应证实所有已纠正的功能都具有用户文档集中定义的行为。

6.4.2.6 异常情况报告中经重新测试验证的部分应包含每个验证项的如下内容：

a) 验证项的标识符；

b) 验证日期；

c) 验证者的姓名；

d) 用于验证的测试用例；

e) 验证的结果。

6.4.3 测试结果的评估

6.4.3.1 关于执行报告和异常情况报告的评估应表明：在所使用的判定测试结果是否在该软件的符合性准则的界限内，所有的期望行为是可获得的。

7 符合性评价细则

7.1 通则

作为COTS软件产品的组成部分的产品说明、用户文档集以及所交付的软件，应就其与第5章的要求做符合性评价。

注：“符合性评价”这一术语并不隐含任何技术或工具：测试、确认、验证、评审、分析等。

这些细则主要针对第三方评价。第三方可以是根据某种认证模式工作的测试实验室，或是独立于COTS软件产品供方的内部测试实验室。

7.2 符合性评价先决条件

7.2.1 COTS软件产品项存在

对于COTS软件产品的评价，待交付的所有项(见5.2.1.11)以及在产品说明中标识的需求文档(见5.1.3.5)均应存在。

7.2.2 系统元素存在

在产品说明中说明的所有计算机系统的所有组件均应存在,并对符合性评价是可用的。

7.3 符合性评价活动

7.3.1 产品说明符合性评价

实施符合性评价以确定产品说明与5.1的要求的符合性。

注:未推荐任何特定的技术或工具。

7.3.2 用户文档集符合性评价

实施符合性评价以确定用户文档集与5.2的要求的符合性。

注:未推荐任何特定的技术或工具。

7.3.3 软件符合性评价

通过产生符合第6章要求(不包括与异常情况纠正和重新测试验证相关的部分)的测试文档集(6.4.2.3到6.4.2.6)来实施符合性评价,以确定软件与5.3的要求的符合性。

注:测试文档集包括对发现的异常情况的说明性部分,然而对所发现的异常情况的纠正超出第三方符合性评价的范围。

7.4 第三方符合性评价过程

供方将COTS软件产品提供给第三方。供方还可提供测试文档集。

当供方仅提供COTS软件产品而没有提供测试文档时,第三方应:

a) 依据7.3的要求,对产品说明、用户文档集及软件实施符合性评价;

b) 依据7.5的要求,将结果记录在符合性评价报告中。

当供方提供COTS软件产品和测试文档时,第三方应:

a) 依据7.3.1和7.3.2的要求,对产品说明和用户文档集实施符合性评价;

b) 依据第6章的要求,对测试文档实施符合性评价;

c) 依据7.5的要求,将结果记录在符合性评价报告中。

注:测试文档与第6章的要求的符合性确立了软件与5.3的要求的符合性。

7.5 符合性评价报告

第三方应编制符合性评价报告。

符合性评价报告应确立COTS软件产品与第5章的要求的符合性。

符合性评价报告应包含以下各项:

a) COTS软件产品标识;

b) 评价完成日期以及(若有时)测试完成日期;

c) 若有时,用于进行测试的计算机系统(硬件、软件及其配置);

d) 使用的文档及其标识;

e) 符合性评价活动汇总以及(若有时)测试活动汇总;

f) 符合性评价结果汇总以及(若有时)测试结果汇总;

g) 符合性评价的详细结果以及(若有时)测试的详细结果;

h) 若有时,不符合要求项的清单。

符合性评价报告的结果部分(上述的f)～h))应包含产品说明和用户文档集的符合性评价结果。根据所提供的元素,它还应包含以下两项之一:

a) 在供方仅提供COTS软件产品而未提供测试文档的情况下,应包含该软件相对于5.3的要求的测试结果,即异常情况报告(见6.4.2.2)的说明性部分;

b) 在供方提供COTS软件产品和测试文档的情况下,应包含测试文档与第6章的要求的符合性评价结果。

注:符合性评价报告仅包含异常情况报告的说明性部分,因为纠正异常情况不是第三方的职责。

对纸质的符合性评价报告而言，符合性评价报告的标识(测试实验室、COTS软件产品标识、符合性评价报告日期)及其总页数均应出现在符合性评价报告的每一页上。

符合性评价报告应包括：

a) 效果声明：测试结果(若有时)和评价只与被测试和被评价的项有关；

b) 复制声明：除非以完整报告的形式复制，否则未经测试实验室书面批准不得复制符合性评价报告。

7.6 后续符合性评价

对已进行过符合性评价的COTS软件产品再次进行评价时，要考虑前次的符合性评价，然后：

a) 文档和软件中的所有变更部分都应予以评价，视同新的COTS软件产品；

b) 预计要受到变更部分影响的，或受到所要求的系统的变更影响的所有未变更部分均应予以评价，视同新的软件；

c) 其他所有部分至少按样品进行评价。

附 录 A
（资料性附录）
源于其他标准的术语和定义

A.1

需方 acquirer

从供方获得或采购某一系统、软件产品或软件服务的组织。

注：需方可以是买主、顾客、拥有者、用户或采购者之一。

[GB/T 8566—2007]

A.2

异常情况 anomaly

反常情况

与基于需求规范、设计文档和标准等的期望值的偏离或与某个人的感知或经验的任何条件的偏离。

[IEEE Std 1044-1993]

A.3

符合性评价 conformity evaluation

对产品、过程或服务达到规定要求的程度所进行的系统性考核。

[ISO/IEC 导则 2:2004]

A.4

最终用户 end user

最终受益于系统结果的单独个人。

注：最终用户可以是软件产品的某一正规操作员；或是某一临时用户，例如公众中的一员。

[GB/T 25000.1—2010]

A.5

故障 fault

计算机程序中不正确的步骤、过程或数据定义。

[GB/T 11457—2006]

A.6

维护 maintenance

在软件系统或部件交付以后，进行修改以便排除故障、改进性能或其他属性或者适应变更了的环境的过程。

[GB/T 11457—2006]

A.7

通过-失败准则 pass/fail criteria

用于确定某一软件项或软件特征是否通过测试的判定规则。

[IEEE Std 829.12:1998]

A.8

软件 software

某一信息处理系统中的程序、规程、规则及关联的文档集的全部或部分。

注：软件是一种智力产物，独立于将其记录下来的媒体。

[GB/T 5271.1—2002]

注：在本标准中，认为文档不是软件的组成部分，而作为分开的一项。

A.9

供方　supplier

与需方签订合同,并按合同条款提供系统、软件产品或软件服务的组织。

注1:术语“供方”是承制方、生产方、卖方或供货方的同义词。

注2:需方可以指定本组织的某一部分作为供方。

[GB/T 8566—2007]

A.10

测试　test

在规定的条件下执行系统或部件、对结果进行观察或记录,并就该系统或该部件的某些方面作出评价的活动。

[GB/T 11457—2006]

A.11

测试用例　test case

为某个特定目标(例如,为演练具体的程序路径或验证对特定需求的依从性)而开发的输入、执行条件以及预期结果的集合。

[GB/T 11457—2006]

A.12

测试规程　test procedure

对于给定的测试用例而设置、执行和评价结果的详细说明。

[GB/T 11457—2006]

A.13

测试　testing

在规定的条件下运行某一系统或部件、观察或记录其结果、并就该系统或部件的某些方面作出评价的过程。

[GB/T 11457—2006]

A.14

第三方　third party

就商讨的问题而论,认定为独立于所涉及各方的个人或团体。

[ISO/IEC 导则 2:2004]

A.15

用户　user

使用某一系统执行特定功能的个人或组织。

注:用户可包括:操作员、软件结果的受众或维护软件的开发者或维护者。

[ISO/IEC 15939:2002]

使用软件产品执行某个特定功能的个人或业务组织。

[ISO/IEC 18019:2004]

A.16

用户文档集　user documentation

随软件提供的、在使用该软件时帮助用户的信息。

[ISO/IEC 18019:2004]

附　录　B
（资料性附录）
COTS软件产品在业务或安全性攸关的应用系统中的应用指南

综述：COTS软件产品常用于低风险应用系统，而已经开发出来的许多COTS软件产品并未考虑对安全、业务、法律，或对组织的目标的风险。在非攸关的应用系统中，遇有不可操作或误动作的情况，即使坏到极点也不过导致用户不满。在最坏的情况下，开发者必须通过修补缺陷、增删某些特征组件将系统恢复，以满足用户反馈的要求。在许多类似的个案中，市场不要求严格的测试，能容忍COTS软件产品带有某一级别的缺陷。

然而，在使用COTS软件产品对安全或业务风险确实产生了影响的情况下，如不能恰当地应用或测试COTS软件产品，其后果将是严重的。此种环境中的COTS软件产品应用领域包括：航空、医疗设备、医药、空间与探险、电信、建筑、财务、升降机、铁路、防御系统等等。空中和铁路交通管理、癌症患者放射剂量、税务和财务报表的订正等功能，都是系统内即使只有一个故障也会带来可怕后果的例子。这些系统的功能需求通过提供按适应广泛设计目标的各种硬件和软件体系结构得到满足。某些设计目标可以用硬件（例如专用集成电路和可编程逻辑器件）实现，而另一些设计目标则要用COTS软件产品实现。

对于业务或安全攸关的应用系统，在评价其COTS软件产品的应用时，COTS软件产品的用户宜既要考虑产品和过程的属性，也要考虑应用的特征。

可由COTS软件产品支持的软件设计特征包括以下几个方面：

B.1　故障检测和包括软件冗余的故障容纳

故障检测是检查系统出错状态的过程。故障容纳技术可以辨识系统能够正确运行的“安全状态”。通过采用诊断程序，软件检查自身的和硬件的不正确的结果。诊断程序既可以定期运行，也可以作为后台进程持续运行。诊断程序可包括重复计算两次或更多次、奇偶检验以及循环冗余检验。采用冗余设计的关键功能，在各冗余部件之间采用表决来判定这些部件的正确性。[IEC 61508-7，11]

B.2　重试故障恢复

与通信相关的系统往往利用重试功能来进行故障后恢复，这种恢复技术在实时系统中不常用。系统监视其自身的故障，并将其调整到以前的安全状态继续运行。在与实时相关的系统中如果采用故障后恢复技术，则需要确保这种恢复能够使故障在系统级显露之前完成。[IEC 61508-7，11]

B.3　多版本程序设计

在多版本程序设计中，各独立团队生成规定数目为n份的软件产品，即称为版本。不过，对于具备安全状态的系统而言，其拥有3个版本是典型的。对倾向安全状态的系统采用2个版本。软件产品的所有n个版本都是软件系统的组成部分。常常用不同的编程语言和算法来减少通用模式失效的出现。不过，由于不合适的顶层规格说明，通用模式差错仍然有出现的可能。在各版本之间可采用各种表决策略来选择具有最高版本序列的输出。

B.4　恢复块程序设计

恢复块程序设计是独立编写的模块自检其正确性的一种技术。这种技术适用于COTS软件产品，会将模块中的COTS软件产品部件隔离，并在退出之前评估任何出错的结果。当模块检测出差错时，另一模块立即发挥作用，清除封装模块中COTS软件产品的任何副作用并继续无差错操作。

B.5 模型跟随

模型跟随是一种技术，在这种技术中，COTS 软件产品部件的基础模型存在于系统之中，并用来验证 COTS 软件产品部件本身的正确操作。该模型能以多种技术表示，从简单的表查找到完整的模型表示，这依赖于待建模的 COTS 软件产品功能的需求和复杂性。

B.6 封装程序

封装程序是用于保护、隔离或与另一个部件接口的软件层。封装程序是有活力的侯选件，在不修改 COTS 软件产品部件的条件下，保护系统免受 COTS 软件产品部件的影响。封装程序能用来增强被包装的 COTS 软件产品部件的体系，这使其能满足所有目标系统的要求。此外，封装程序还能用于掩蔽新的系统实现中尚未使用的 COTS 软件产品的功能体系。

B.7 待考虑的确立 COTS 软件产品完整性的技术

表 B.1 提供验证列表，可用于评价高风险应用中 COTS 软件产品的完整性。

表 B.1 高风险应用系统中 COTS 软件产品指南

特征组件	目的	可能的措施
存储保护	检查应用系统是否防止访问未得到授权的地址空间	进行测试，试图在指定的地址范围外进行操作和作读写操作
栈溢出保护	检查 COTS 软件产品是否提供防止栈溢出的设施	通过调用使栈溢出的功能进行测试。验证内核是否将任务挂起，或此任务是否将使整个系统搞垮
动态存储器分配额	检查 COTS 软件产品是否具有资源保护机制以防恶性任务无限制地消耗资源	创建一项请求存储器无限循环的任务，而另一项任务要求的存储量很小。验证此临界任务不至于被 COTS 软件产品搞垮
容错	验证内核能否恢复和记载故障出现前的事件	宜对 COTS 软件产品的测试进行设计，以展示 COTS 软件产品的基础特征组件是否能使系统设计者建立容错机制
同时中断和中断嵌套	确定系统为响应同时出现的两次中断所需时间	测量服务于高低两种优先级中断的潜伏时间。这种测试宜测量系统响应同时出现的两次中断所经历的时间。验证中断处置具有优先级处理
包含可选项或停止活动的代码	验证可选项或停止活动的代码选件的偶然执行	检查可使"闲"代码被激活的任何条件，然后测试此种条件
封装程序的使用	该封装程序保护了系统内的 COTS 软件产品部件或掩蔽不想要的功能吗?	调查 COTS 软件产品部件是否用于与原设计环境不同的应用环境
COTS 软件产品评价	确定 COTS 软件产品特征组件的适宜性及其对系统设计的影响	机构内部的快速评价和(或)原型设计
COTS 软件产品采办计划	确定许可证、租约、维护协定、访问问题报告和访问源代码的潜在需要	管理部门与 COTS 软件产品供方签署的计划
COTS 软件产品的 CM/SQA 计划	确定在机构内部和在 COTS 软件产品供方现场的 CM 和 SQA 的由来和发展	管理部门与 COTS 软件产品供方签署的 CM/SQA 计划。评审问题报告，确保对源代码和目标代码的实际版本控制

表 B.1（续）

特征组件	目　　的	可能的措施
COTS软件产品测试计划	依据COTS软件产品进行的系统内和系统外测试	验证对每一系统的需求
COTS软件产品集成计划	COTS软件产品在系统内待配置的计划	专用集成软件。正确运行COTS软件产品的专用HW平台(计时、划分、不期望的功能、死的或停止活动的代码的影响)
产品支持	确定产品支持的可用性	评价支持系统的适当性(帮助菜单、操作手册、产品说明、帮助桌面)
以前的认证与鉴定	COTS软件产品(包括任何法规机构控制的产品)的服务史	确定COTS软件产品的服务史是否包括任何高关键性应用,并调查在此种环境中的性能
使用质量	对使用的COTS软件产品依从顾客和用户既定要求提供客观证据(基于测试和试验数据、数学建模和仿真)	对COTS软件产品适合其目的并满足顾客和用户的要求所作的论证(通过数学建模和仿真),进行验证和确认

附 录 C
(资料性附录)
如何使用本标准

本标准能用于如下几个方面：

a) 对COTS软件产品规格说明的有高级要求时,可采用第5章的“质量要求”作为输入,以便详化COTS软件产品的规格说明;

b) 当要求测试软件作为COTS软件产品的组成部分时:可根据第6章“测试文档集要求”中定义的要求详化测试文档;

c) 对于要证实COTS软件产品的质量时,即证实与本标准的符合性时,可依据第7章进行符合性评价。然后,基于符合性评价报告作出认证或供方声明。

注:这三种可能性原则上是累加的,即一种情况只有在前面情况付诸实现后才能展开。

另外,附录B可用于业务或安全攸关的软件。

参 考 文 献

[1] GB/T 8566—2007 信息技术 软件生存周期过程(ISO/IEC 12207:1995,MOD)

[2] GB/T 9386—2008 计算机软件测试文档编制规范

[3] GB/T 11457—2006 信息技术 软件工程术语

[4] GB/T 16260.2—2006 软件工程 软件质量 第2部分:外部度量(ISO/IEC TR 9126-2:2003,IDT)

[5] GB/T 16260.3—2006 软件工程 软件质量 第3部分:内部度量(ISO/IEC TR 9126-3:2003,IDT)

[6] GB/T 16260.4—2006 软件工程 软件质量 第4部分:使用质量的度量(ISO/IEC TR 9126-4:2004,IDT)

[7] GB/T 18492—2001 信息技术 系统及软件完整性级别(ISO/IEC 15026:1998,IDT)

[8] ISO/IEC 导则 2:2004 标准化及相关的活动 一般词汇表

[9] ISO/IEC 17050-1:2004 符合性评定-供方的符合性声明 第1部分:一般要求

[10] ISO/IEC 17050-2:2004 符合性评定-供方的符合性声明 第2部分:支持文档

[11] ISO/IEC 导则 23:1982 指出符合第三方认证体系标准的方法

[12] ISO/IEC 导则 28:2004 符合性评定 第三方产品认证体系指南

[13] ISO/IEC 9127 软件工程 顾客软件包的用户文档集和封面信息

[14] ISO/IEC 18019:2004 软件和系统工程 应用软件的用户文档集的设计和编制指南

[15] ISO/IEC 25062 软件工程 软件产品质量要求和评价(SQuaRE) 易用性测试报告的通用行业格式

[16] ISO/IEC 9241-1:1997 具有可视化显示终端(VDTs)的办公室工作的人类工效学要求 第1部分:一般介绍

[17] ISO/IEC 9241-2:1992 具有可视化显示终端(VDTs)的办公室工作的人类工效学要求 第2部分:任务要求指南

[18] ISO/IEC 9241-10:1996 具有可视化显示终端(VDTs)的办公室工作的人类工效学要求 第10部分:对话框原则

[19] ISO/IEC 9241-11:1998 具有可视化显示终端(VDTs)的办公室工作的人类工效学要求 第11部分:易用性指南

[20] ISO/IEC 9241-12:1998 具有可视化显示终端(VDTs)的办公室工作的人类工效学要求 第12部分:信息表示

[21] ISO/IEC 9241-13:1998 具有可视化显示终端(VDTs)的办公室工作的人类工效学要求 第13部分:用户指南

[22] ISO/IEC 9241-14:1997 具有可视化显示终端(VDTs)的办公室工作的人类工效学要求 第14部分:选单对话框

[23] ISO/IEC 9241-15:1997 具有可视化显示终端(VDTs)的办公室工作的人类工效学要求 第15部分:命令对话框

[24] ISO/IEC 9241-16:1999 具有可视化显示终端(VDTs)的办公室工作的人类工效学要求 第16部分:直接操纵对话框

[25] ISO/IEC 9241-17:1999 具有可视化显示终端(VDTs)的办公室工作的人类工效学要求 第17部分:表单填充对话框

[26] IEEE Std 1044-1993 IEEE 标准 异常分类

ICS 85-010
Y 30

中华人民共和国国家标准

GB/T 25001—2010

纸、纸板和纸浆 7种多氯联苯(PCBs)含量的测定

Paper, board and pulp—Determination of 7 specified polychlorinated biphenyls(PCBs)

(ISO 15318:1999,MOD)

2010-08-09 发布 2010-12-01 实施

中华人民共和国国家质量监督检验检疫总局
中国国家标准化管理委员会 发布

前　言

本标准修改采用 ISO 15318:1999《纸、纸板和纸浆　7 种多氯联苯(PCBs)的测定》(英文版)。

本标准与 ISO 15318:1999 相比，主要差异如下：

——修改了适用范围的部分内容；

——修改了规范性引用文件的内容；

——修改了试剂与材料的部分内容(见第 4 章)；

——增加并修改了部分仪器设备(见第 5 章)；

——修改了试样制备的内容(见第 6 章)

——修改了试验步骤的部分内容(见第 7 章)；

——增加了检测低限和回收率(见第 9 章)；

——增加了 7 种多氯联苯及内标物气相色谱保留时间(见附录 A)；

——增加了 7 种多氯联苯及内标物典型气相色谱 ECD 检测色谱图(见附录 B)；

——增加了 7 种多氯联苯及内标物化学分子式、化学文摘索引号、定性离子和定量选择离子(见附录 C)；

——增加了 7 种多氯联苯及内标物的典型气相色谱-质谱总离子流图(见附录 D)。

附录 E 给出了本标准与 ISO 15318 的结构对比。

附录 F 给出了本标准与 ISO 15318 的技术性差异。

本标准的附录 A、附录 B、附录 C、附录 D、附录 E、附录 F 为资料性附录。

本标准由中国轻工业联合会提出。

本标准由全国造纸工业标准化技术委员会归口。

本标准起草单位：深圳出入境检验检疫局工业品检测技术中心、中国制浆造纸研究院、中华人民共和国广东出入境检验检疫局、深圳市检验检疫科学研究院、国家纸张质量监督检验中心。

本标准主要起草人：杨左军、王成云、张建莹、顾浩飞、徐嵘、欧阳姗、张志辉、魏东。

纸、纸板和纸浆 7种多氯联苯(PCBs)含量的测定

警告:使用本标准可能涉及一些危险物质、操作和设备,在标准中并未提及所有与其使用有关的安全问题。按本标准进行操作时,必须采取适当的安全措施。

1 范围

本标准规定了用于纸、纸板和纸浆中7种指定的多氯联苯(PCBs)含量的气相色谱及气相色谱-质谱(GC/MS)测定方法。

本标准适用于各种纸、纸板和纸浆中多氯联苯(PCBs)含量的测定。

2 规范性引用文件

下列文件中的条款通过本标准的引用而成为本标准的条款。凡是注日期的引用文件,其随后所有的修改单(不包括勘误的内容)或修订版均不适用于本标准,然而,鼓励根据本标准达成协议的各方研究是否可使用这些文件的最新版本。凡是不注日期的引用文件,其最新版本适用于本标准。

GB/T 450 纸和纸板 试样的采取及试样纵横向、正反面的测定(GB/T 450—2008,ISO 186:2002,MOD)

GB/T 462 纸、纸板和纸浆 分析试样水分的测定(GB/T 462—2008,ISO 287:1985,ISO 638:1978,MOD)

GB/T 740 纸浆 试样的采取(GB/T 740—2003,ISO 7213:1981,IDT)

GB/T 6682 分析实验室用水规格和试验方法(GB/T 6682—2008,ISO 3696:1987,MOD)

3 原理

将待测物用沸腾的乙醇-氢氧化钾溶液或甲醇-氢氧化钾溶液萃取,取部分萃取液与水混合,采用固相萃取法将萃取液中的多氯联苯浓缩到C_{18}柱上,然后用正己烷淋洗。正己烷相中的多氯联苯可用配有电子捕获检测器(ECD)的气相色谱仪或气相色谱-质谱仪进行定量,采用气相色谱-质谱仪进行确证。

4 试剂和材料

除非另有说明,在分析中仅使用确认为分析纯的试剂。

4.1 水,GB/T 6682,一级。

4.2 乙醇(C_2H_5OH):色谱纯。

4.3 甲醇(CH_3OH):色谱纯。

4.4 正己烷(C_6H_{14}):色谱纯。

4.5 浓硫酸(H_2SO_4),1.84 g/mL,质量分数约98%。

4.6 乙醇-氢氧化钾溶液(2%):将30.0 g氢氧化钾溶解于1 500 mL体积比为19:1的乙醇/水溶液中,静置24 h,倾出清液并保留。

4.7 内标物:2,4,6二溴联苯标准品(TBBP),纯度大于99%。

4.8 2,2',5-三氯联苯(PCB-18):纯度大于99%。

4.9 2,4,4'-三氯联苯(PCB-28):纯度大于99%。

4.10 2,2’,5,5’-四氯联苯(PCB-52):纯度大于99%。

4.11 2,2’,4,5,5’-五氯联苯(PCB-101):纯度大于99%。

4.12 2,2’,3,4,4’,5’-六氯联苯(PCB-138):纯度大于99%。

4.13 2,2’,4,4’,5,5’-六氯联苯(PCB-153):纯度大于99%。

4.14 2,2’,3,4,4’,5,5’-七氯联苯(PCB-180):纯度大于99%。

4.15 内标物溶液:准确称取适量内标物(4.7),用正己烷(4.4)溶解并稀释,根据情况配制成所需浓度的溶液,一般配制成0.2 μg/mL的内标物溶液。

4.16 混合标准溶液:准确称取适量2,2’,5-三氯联苯(PCB-18)(4.8)、2,4,4’-三氯联苯(PCB-28)(4.9)、2,2’,5,5’-四氯联苯(PCB-52)(4.10)、2,2’,4,5,5’-五氯联苯(PCB-101)(4.11)、2,2’,3,4,4’,5’-六氯联苯(PCB-138)(4.12)、2,2’,4,4’,5,5’-六氯联苯(PCB-153)(4.13)、2,2’,3,4,4’,5,5’-七氯联苯(PCB-180)(4.14),用正己烷(4.4)溶解并稀释,根据情况配制成所需浓度的混合标准溶液,一般配制成0.2 μg/mL的混合标准溶液。

4.17 C_{18}固相萃取柱:6 mL,2 g,或相当者,使用前,用6 mL甲醇(4.3)和6 mL水(4.1)对C_{18}柱进行预清洗,保持柱体湿润。

5 仪器

实验室常用仪器及以下仪器。

5.1 气相色谱仪:配有电子捕获检测器(ECD)。

5.2 气相色谱-质谱仪。

5.3 固相萃取装置。

5.4 电子天平,感量0.000 1 g。

5.5 真空泵。

6 试样制备

6.1 取样

试样的采取按GB/T 450或GB/T 740规定进行。取样后用铝箔包裹,确保试样不受污染。

6.2 试样的制备

将样品剪成约10 mm×10 mm的小块。混合均匀,防止污染。试样称量前至少在天平附近平衡20 min。

6.3 试样水分的测定

按GB/T 462测定试样的水分,用以计算试料的绝干质量。

7 试验步骤

7.1 提取

称取三份2.00 g±0.02 g的绝干试样,于三个100 mL圆底烧瓶中,分别加入2 mL内标物溶液(4.15),加入乙醇-氢氧化钾溶液(4.6),使其总体积为50.0 mL,加热回流60 min,冷却至室温,清液全部转移至50 mL容量瓶中,定容至刻度,用移液管移取25.0 mL萃取液至盛有50.0 mL水的锥形瓶中,立即混合约5 s。

7.2 浓缩

立即将上述混合液倒入配有真空泵(5.5)的固相萃取装置(5.3)的C_{18}固相萃取柱(4.17)中,使液体流速为50滴/min~100滴/min,并将其用真空泵(5.5)吸干约10 min。弃去洗提液。

7.3 淋洗

在固相柱出口处放置一个分液漏斗或试管(10.0 mL),在C_{18}固相柱中加入0.5 mL正己烷(4.4),

使正己烷(4.4)渗入填充物中,直至其下端滴出第一滴液,关闭固相萃取装置(5.3)阀门,放置约 5 min~10 min,然后加入 0.5 mL 正己烷(4.4),打开固相萃取装置(5.3)阀门,在压力或抽真空状态下小心淋洗至分液漏斗或试管中。最后加入 1.00 mL 正己烷(4.4),抽真空淋洗。用 2.0 mL 浓硫酸(4.5)分批连续淋洗正己烷萃取物,至无颜色洗出为止。将正己烷萃取物转移至小瓶中,用氮气吹至近干,准确加入 2 mL 正己烷(4.4)混匀,供色谱分析。

7.4 标准工作溶液的制备

按照下列步骤制备校准用混合标准工作溶液:

分别移取 4 种不同量的混合标准溶液(4.16)于 4 个小瓶中,分别加入 1 mL 内标物溶液(4.15),用氮气吹至近干,准确加入 2 mL 正己烷(4.4)混匀,进行色谱分析。

7.5 测定

7.5.1 气相色谱条件

由于测定结果取决于所使用仪器,因此不可能给出气相色谱的通用参数。设定的参数应保证色谱测定时被测定组分与其他组分能够得到有效的分离,下面给出的参数证明是可行的。

a) 色谱柱:30 m×0.25 mm(内径)×0.25 μm(膜厚),DB-5 MS 石英毛细管柱或相当者;

b) 色谱柱温度程序:初温 50 ℃,以 15 ℃/min 程序升温至 200 ℃,保温 10 min,再以 5 ℃/min 程序升温至 220 ℃,最后以 20 ℃/min 程序升温至 260 ℃,保温 5 min;

c) 进样口温度:260 ℃;

d) 检测器温度:280 ℃;

e) 载气:氮气,纯度≥99.99 %,1 mL/min;

f) 进样量:1.0 μL。

7.5.2 气相色谱测定

根据样液中被测物的含量情况,选定浓度相近的标准工作液(7.4)。按 7.5.1 的条件,分别对标准工作液(7.4)和试样溶液进行分析。用色谱峰保留时间定性,内标法定量,标准工作液和试样溶液中的被测物的响应值应在仪器检测的线性范围内。7 种多氯联苯的保留时间参见附录 A,7 种多氯联苯典型气相色谱 ECD 检测色谱图参见附录 B,必要时,采用 GC/MS 进行确认,7 种多氯联苯的定性离子参见附录 C。

7.5.3 气相色谱-质谱条件

由于测定结果取决于所使用仪器,因此不可能给出气相色谱的通用参数。设定的参数应保证色谱测定时被测定组分与其他组分能够得到有效的分离,下面给出的参数证明是可行的。

a) 色谱柱:30 m×0.25 mm(内径)×0.25 μm(膜厚),DB-5 MS 石英毛细管柱或相当者;

b) 色谱柱温度程序:初温 50 ℃,以 15 ℃/min 程序升温至 200 ℃,保温 10 min,再以 5 ℃/min 程序升温至 220 ℃,最后以 20 ℃/min 程序升温至 260 ℃,保温 5 min。

c) 进样口温度:260 ℃;

d) 色谱-质谱接口温度:260 ℃;

e) 离子源温度:200 ℃;

f) 载气:氦气,纯度≥99.999%,1.0 mL/min;

g) 电离方式:EI;

h) 电离能量:70 eV;

i) 质量扫描范围:45 amu~450 amu;

j) 进样方式:脉冲无分流进样,1.0 min 后开阀;

k) 进样量:1.0 μL;

l) 溶剂延迟:5 min。

7.5.4 气相色谱-质谱测定

根据样液中被测物的含量情况，选定浓度相近的标准工作液(7.4)，按上述分析条件(7.5.3)分别对标准工作液(7.4)和试样溶液进行分析。标准工作液和试样溶液中的被测物的响应值应在仪器检测的线性范围内。定量选择离子参见附录D，用内标法进行定量。典型气相色谱-质谱总离子流图参见附录D。

7.5.5 空白试验

与试样的测定平行进行，取相同量的所有试剂，采用相同的分析步骤，但不加试样。

8 结果计算

用标准工作溶液中多氯联苯与标准工作溶液中内标物色谱峰面积比和标准工作溶液中标准多氯联苯的质量与标准工作溶液中内标物质量比做标准校准曲线，按式(1)计算多氯联苯相对校正因子：

$$f=\frac{A_{ist}\times m_{PCB}}{A_{PCB}\times m_{ist}} \qquad \cdots\cdots(1)$$

式中：

f——各多氯联苯对内标物的相对校正因子；

A_{ist}——标准工作溶液中内标物色谱峰面积；

m_{PCB}——标准工作溶液中标准各多氯联苯的质量，单位为微克(μg)；

A_{PCB}——标准工作溶液中标准各多氯联苯色谱峰面积；

m_{ist}——标准工作溶液中内标物的质量，单位为微克(μg)。

按式(2)计算试样中各多氯联苯的绝对含量：

$$c_{PCB}=2\times\frac{(A-A_0)\times m_s\times f}{A_s\times m} \qquad \cdots\cdots(2)$$

式中：

c_{PCB}——试样溶液中各多氯联苯的含量，单位为毫克每千克(mg/kg)；

A——试样溶液中各多氯联苯的峰面积；

A_0——空白试样中各多氯联苯的峰面积；

m_s——试样溶液中内标物质量，单位为微克(μg)；

A_s——试样溶液中内标物峰面积；

m——试样的绝干质量，单位为克(g)。

取三次平行测试结果的平均值作为每种多氯联苯的测试结果，结果以 mg/kg 表示。测试结果小于 1 mg/kg 时，精确至 0.01 mg/kg，否则精确至 0.1 mg/kg。测试结果小于 0.01 mg/kg 时，表示为 ＜0.01 mg/kg。三次平行测试结果的变异系数应小于10％。

9 检测低限和回收率

9.1 检测低限

本标准对多氯联苯的检测限见表1。

表1 7种多氯联苯的检测低限

组　分	检测限/(ng/mL)	
	GC-ECD 法	GC-MS 法
2,2',5-三氯联苯(PCB-18)	0.2	10
2,4,4'-三氯联苯(PCB-28)	0.5	15
2,2',5,5'-四氯联苯(PCB-52)	1	20

表 1（续）

组　　分	检测限/(ng/mL)	
	GC-ECD 法	GC-MS 法
2,2',4,5,5'-五氯联苯(PCB-101)	1	20
2,2',3,4,4',5'-六氯联苯(PCB-138)	0.3	20
2,2',4,4',5,5'-六氯联苯(PCB-153)	0.2	20
2,2',3,4,4',5,5'-七氯联苯(PCB-180)	0.2	20

9.2　回收率

本标准中多氯联苯的回收率见表 2 和表 3。

表 2　7 种多氯联苯的回收率（GC-ECD 法）

组　　分	水平Ⅰ		水平Ⅱ		水平Ⅲ	
	加入量/ng	回收率/%	加入量/ng	回收率/%	加入量/ng	回收率/%
2,2',5-三氯联苯(PCB-18)	5	94～102	50	96～102	500	98～103
2,4,4'-三氯联苯(PCB-28)	5	94～102	50	97～103	500	97～102
2,2',5,5'-四氯联苯(PCB-52)	5	96～104	50	98～104	500	97～101
2,2',4,5,5'-五氯联苯(PCB-101)	5	94～102	50	96～102	500	97～102
2,2',3,4,4',5'-六氯联苯(PCB-138)	5	94～102	50	97～103	500	97～102
2,2',4,4',5,5'-六氯联苯(PCB-153)	5	96～104	50	97～102	500	98～102
2,2',3,4,4',5,5'-七氯联苯(PCB-180)	5	94～102	50	97～103	500	96～100

表 3　7 种多氯联苯的回收率（GC-MS 法）

组　　分	水平Ⅰ		水平Ⅱ		水平Ⅲ	
	加入量/ng	回收率/%	加入量/ng	回收率/%	加入量/ng	回收率/%
2,2',5-三氯联苯(PCB-18)	40	98～105	800	97～103	40 000	98～103
2,4,4'-三氯联苯(PCB-28)	40	95～103	800	96～101	40 000	99～102
2,2',5,5'-四氯联苯(PCB-52)	40	93～103	800	96～104	40 000	98～103
2,2',4,5,5'-五氯联苯(PCB-101)	40	95～105	800	97～102	40 000	99～102
2,2',3,4,4',5'-六氯联苯(PCB-138)	40	98～105	800	96～101	40 000	97～102
2,2',4,4',5,5'-六氯联苯(PCB-153)	40	98～108	800	95～102	40 000	97～103
2,2',3,4,4',5,5'-七氯联苯(PCB-180)	40	95～103	800	98～103	40 000	98～102

9.3　精密度

测试的精密度用试验方法的重复性 r 和再现性 R 表示，结果见表 4，重复性 r 是每个实验室三个平行样的变异系数，再现性 R 可从五个实验室测试结果的平均值的变异系数得到。气相色谱 ECD 检测和气相色谱-质谱法检测的重复性 r 和再现性 R 基本一致。

表 4　实验室间测试的重复性和再现性

试样中多氯联苯/(mg/kg)	重复性(r) CV%，n=3	再现性(R) CV%，n=5
0.2	＜10	＜25
3.0	＜10	＜20

10 试验报告

试验报告应包括以下内容：

a） 本国家标准编号；

b） 鉴定样品所必需的全部资料；

c） 测试仪器的描述或所用的测试方法；

d） 检测结果；

e） 标准步骤变更的说明及所观察到的任何会影响测试结果的异常现象。

附 录 A
（资料性附录）
7种多氯联苯及内标物的气相色谱保留时间

表 A.1 7种多氯联苯及内标物的气相色谱保留时间

序号	化合物名称	保留时间/min
1	2,2',5-三氯联苯(PCB-18) 2,2',5-trichloro-1,1'-biphenyl	11.447
2	2,4,4'-三氯联苯(PCB-28) 2,4,4'-trichloro-1,1'-biphenyl	14.696
3	2,2',5,5'-四氯联苯（PCB-52） 2,2',5,5'-tetrachloro-1,1'-biphenyl	16.062
4	2,4,6-三溴联苯(内标物)（TBBP） 2,4,6-tribromobiphenyl	18.695
5	2,2',4,5,5'-五氯联苯(PCB-101) 2,2',4,5,5'-pentachloro-1,1'-biphenyl	21.209
6	2,2',3,4,4',5'-六氯联苯(PCB-138) 2,2',3,4,4',5'-hexachloro-1,1'-biphenyl	25.577
7	2,2',4,4',5,5'-六氯联苯(PCB-153) 2,2',4,4',5,5'-hexachloro-1,1'-biphenyl	26.319
8	2,2'3,4,4'5,5'-七氯联苯(PCB-180) 2,2',3,4,4',5,5'-heptachloro-1,1'-biphenyl	28.324

附 录 B
（资料性附录）
7种多氯联苯及内标物的典型气相色谱ECD检测色谱图

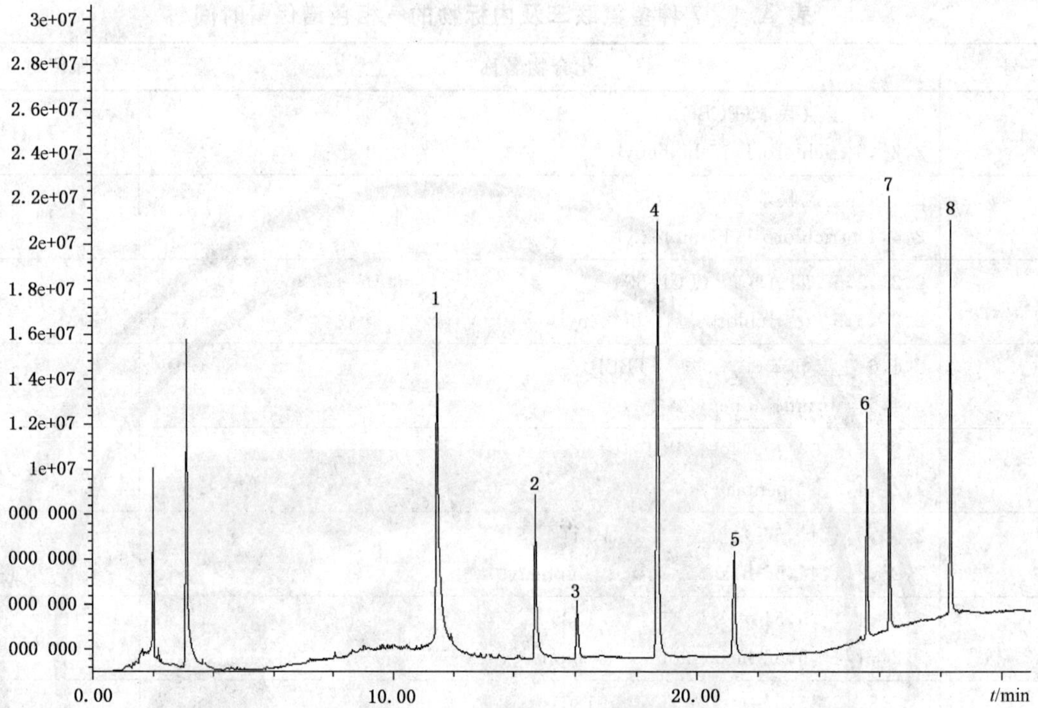

1——2,2',5-三氯联苯；

2——2,4,4'-三氯联苯；

3——2,2',5,5'-四氯联苯；

4——2,4,6-三溴联苯(内标)；

5——2,2',4,5,5'-五氯联苯；

6——2,2',3,4,4',5'-六氯联苯；

7——2,2',4,4',5,5'-六氯联苯；

8——2,2',3,4,4',5,5'-七氯联苯。

图 B.1 7种多氯联苯及内标物的典型气相色谱ECD检测色谱图

附　录　C
（资料性附录）
7种多氯联苯及内标物的化学分子式、化学文摘索引号、定性离子和定量选择离子

表 C.1　7种多氯联苯及内标物的化学分子式、化学文摘索引号、定性离子和定量选择离子

序号	化合物名称	化学分子式	化学文摘索引号（CAS No.）	特征离子/amu	
				定性	定量
1	2,2',5-三氯联苯(PCB-18)	$C_{12}H_7Cl_3$	37680-65-2	256 186	256
2	2,4,4'-三氯联苯(PCB-28)	$C_{12}H_7Cl_3$	7012-37-5	256 186	256
3	2,2',5,5'-四氯联苯(PCB-52)	$C_{12}H_6Cl_4$	35693-99-3	292 220	292
4	2,2',4,5,5'-五氯联苯(PCB-101)	$C_{12}H_5Cl_5$	37680-73-2	326 254	326
5	2,2',3,4,4',5'-六氯联苯(PCB-138)	$C_{12}H_4Cl_6$	35065-28-2	360 290	360
6	2,2',4,4',5,5'-六氯联苯(PCB-153)	$C_{12}H_4Cl_6$	35065-27-1	360 290	360
7	2,2',3,4,4',5,5'-七氯联苯(PCB-180)	$C_{12}H_3Cl_7$	35065-29-3	394 324	394
8	2,4,6-三溴联苯(TBBP)	$C_{12}H_7Br_3$	59080-33-0	390 230	390

附 录 D
（资料性附录）
7种多氯联苯及内标物的典型气相色谱-质谱总离子流图

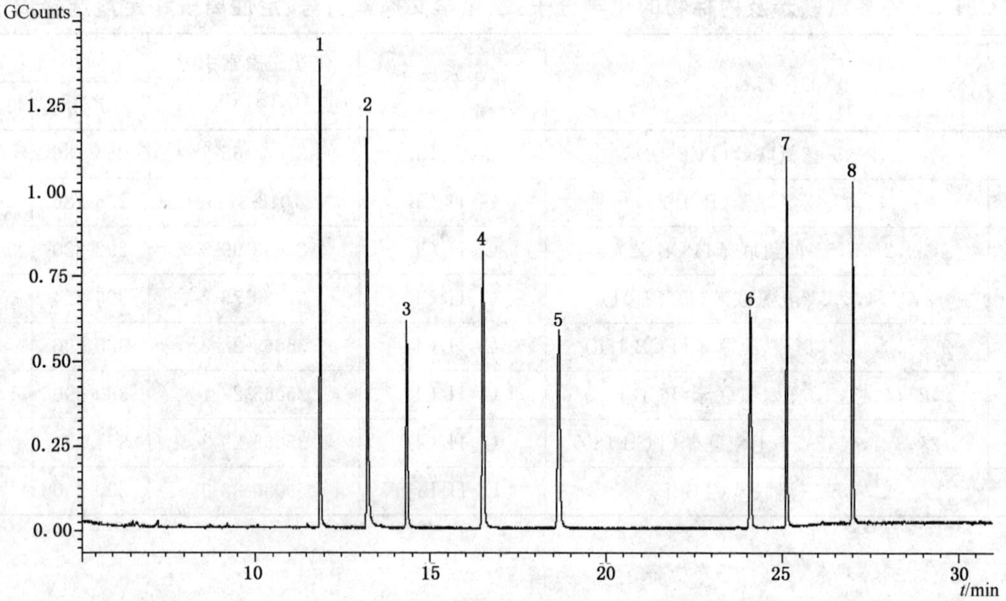

1——2,2',5-三氯联苯；
2——2,4,4'-三氯联苯；
3——2,2',5,5'-四氯联苯；
4——2,4,6-三溴联苯(内标)；
5——2,2',4,5,5'-五氯联苯；
6——2,2',3,4,4',5'-六氯联苯；
7——2,2',4,4',5,5'-六氯联苯；
8——2,2',3,4,4',5,5'-七氯联苯。

图 D.1 7种多氯联苯及内标物的典型气相色谱-质谱总离子流图

附 录 E
（资料性附录）
本标准与 ISO 15318:1999 章条编号对照

表 E.1 给出了本标准与 ISO 15318:1999 章条编号对照一览表。

表 E.1 本标准与 ISO 15318:1999 章条编号对照

本标准章条编号	对应国际标准章条编号
1	1
2	2
3	3
4	5
5	4
6	6
7	7、8(8.1 至 8.8)、9.3
8	8.10、8.11、8.12、10
9.1	—
9.2	8.9
9.3	11
10	12
附录 A	—
附录 B	—
附录 C	—
附录 D	—
附录 E	—
附录 F	—

附　录　F
（资料性附录）
本标准与ISO 15318:1999的技术性差异及其原因

表F.1给出了本标准与ISO 15318:1999的技术性差异及其原因的一览表。

表F.1　本标准与ISO 15318:1999技术性差异及原因

本标准的章条编号	技术性差异	原　因
5.3	以固相萃取装置代替国际标准中的萃取储存器。	在不影响结果的情况下，采用商品化的装置替代复杂、特殊、非商品化的装置。
7	1. 没有使用国际标准中所使用的比较样品，如：Chlophch[1] A30-A60或Arochlor 1242-1260。 2. 不使用国际标准中的样品SB(样品空白)及校正样。 3. 采用内标法定量，替代国际标准中使用样品色谱峰面积或峰高与工业PCB混合物色谱峰进行比较，使其量化后定量，计算总量的方法。 4. 验证时仅采用GC/MS进行确认。	1. 比较样品不易购得，且用其定量，操作起来较麻烦； 2. 使用样品SB(样品空白)及校正样，使操作繁琐，不易掌握，采用空白实验即能消除干扰，且操作简便； 3. 采用标准品定量准确性高，且保险，操作简单； 4. 采用GC/MS进行确认准确、简单、科学。
9.1	给出气相色谱ECD法和气相色谱-质谱法检出低限。	可以较为直观的判定该标准的工作范围。
9.2	增加了气相色谱ECD检测回收率范围。	可以较为直观的判断检测的准确性。
附录A	7种多氯联苯及内标物的参考保留时间。	标准使用时更直观，更有参考性。
附录B	增加了7种多氯联苯及内标物的典型气相色谱图。	标准使用时更直观，更有参考性。
附录C	增加了7种多氯联苯及内标物的参考定量离子。	标准使用时更直观，更有参考性。
附录D	增加了7种多氯联苯及内标物的典型气相色谱-质谱图。	标准使用时更直观，更有参考性。

ICS 85-010
Y 30

中华人民共和国国家标准

GB/T 25002—2010

纸、纸板和纸浆 水抽提液中五氯苯酚的测定

Paper, board and pulp—Determination of pentachlorophenol in an aqueous extract

(ISO 15320:2003, MOD)

2010-08-09 发布 2010-12-01 实施

中华人民共和国国家质量监督检验检疫总局
中国国家标准化管理委员会 发布

前　言

本标准修改采用 ISO 15320:2003《纸浆、纸和纸板　水抽提液中五氯苯酚的测定》。

本标准与该国际标准的主要差异如下：

——修改了适用范围的部分内容；

——修改了试剂与材料的部分内容(见第 4 章)；

——增加了部分仪器设备(见第 5 章)；

——对制备和提取进行了具体的描述(见第 6 章)；

——修改了试验步骤的部分内容(见第 7 章)；

——增加了检测低限和回收率(见第 9 章)；

——增加了五氯苯酚及内标物的衍生物气相色谱保留时间(见附录 A)；

——增加了五氯苯酚及内标物衍生物的典型气相色谱图(见附录 B)；

——增加了五氯苯酚及内标物的衍生物参考定量离子(见附录 C)；

——增加了五氯苯酚及内标物衍生物的典型气相色谱-质谱图(见附录 D)。

本标准与 ISO 15320:2003 的结构对比在附录 E 中列出。

本标准与 ISO 15320:2003 的技术性差异在附录 F 中列出。

本标准的附录 A、附录 B、附录 C、附录 D、附录 E 和附录 F 为资料性附录。

本标准由中国轻工业联合会提出。

本标准由全国造纸工业标准化技术委员会归口。

本标准起草单位：深圳出入境检验检疫局工业品检测技术中心、中国制浆造纸研究院、中华人民共和国广东出入境检验检疫局、深圳市检验检疫科学研究院、国家纸张质量监督检验中心。

本标准主要起草人：杨左军、王成云、徐嵘、郭仁宏、顾浩飞、张志辉、刘闽、魏东。

纸、纸板和纸浆　水抽提液中五氯苯酚的测定

1　范围

本标准规定了用于纸浆、纸和纸板的水抽提液中五氯苯酚的气相色谱及气相色谱-质谱测定方法。

本标准适用于各种纸、纸板和纸浆的水抽提液中五氯苯酚的测定。

2　规范性引用文件

下列文件中的条款通过本标准的引用而成为本标准的条款。凡是注日期的引用文件，其随后所有的修改单(不包括勘误的内容)或修订版均不适用于本标准，然而，鼓励根据本标准达成协议的各方研究是否可使用这些文件的最新版本。凡是不注日期的引用文件，其最新版本适用于本标准。

GB/T 462　纸、纸板和纸浆　分析试样水分的测定(GB/T 462—2008；ISO 287：1985，MOD；ISO 638：1978，MOD)

GB/T 6682　分析实验室用水规格和试验方法(GB/T 6682—2008，ISO 3696：1987，MOD)

EN 645：1993　目的用于与食品接触的纸和纸板　冷水萃取物的制备

EN 647：1993　目的用于与食品接触的纸和纸板　热水萃取物的制备

3　原理

根据 EN 645：1993 对试样进行冷水萃取或根据 EN 647：1993 对试样进行热水萃取。采用固相萃取法将萃取液中的五氯苯酚浓缩到苯基柱上，然后用正己烷淋洗，用乙酸酐进行乙酰化，采用配有 ECD(电子捕获检测器)或 MS(质谱仪)的气相色谱仪进行测定。

4　试剂和材料

除非另有说明，在分析中仅使用确认为分析纯的试剂。

4.1　水，GB/T 6682，一级。

4.2　甲醇(CH_3OH)：色谱纯。

4.3　正己烷(C_6H_{14})：色谱纯。

4.4　乙酸酐($C_4H_6O_3$)：浓度大于等于 99%。

4.5　盐酸溶液：浓度为 0.1 mol/L。

4.6　碳酸钾溶液：浓度为 0.1 mol/L，称取 13.8 g(精确至 0.1 g)碳酸钾，溶解到一个装有少量水的烧杯中，然后将此溶液转移到 1 000 mL 容量瓶中，用水定容至刻度。

4.7　硫酸溶液：用蒸馏水将优级纯的硫酸配制成浓度为 1+1 的溶液。

4.8　内标物：2，3，6-三氯苯酚标准品($C_6H_3Cl_3$)，纯度大于 99%。

4.9　五氯苯酚标准品(C_6Cl_5OH)：纯度大于 99%。

4.10　内标物储备溶液：准确称取适量内标物(4.8)，用甲醇(4.2)配制成浓度为 100 μg/mL 的内标物溶液，移取 10 mL 该溶液到 100 mL 容量瓶中，用甲醇(4.2)稀释至刻度，此内标物储备液浓度为 10 μg/mL，在 0 ℃～4 ℃冰箱中保存有效期为 6 个月。

4.11　五氯苯酚标准储备溶液：用甲醇(4.2)配制成浓度为 125 μg/mL 的五氯苯酚溶液，移取 1 mL 该溶液到 25 mL 容量瓶中，用甲醇(4.2)稀释至刻度，此内标物储备液浓度为 5 μg/mL，在 0 ℃～4 ℃冰箱

中保存有效期为6个月。

4.12 内标物溶液：移取2 mL内标物储备溶液(4.10)到10 mL容量瓶中，用甲醇(4.2)稀释至刻度，该溶液浓度为2 μg/mL，在0 ℃～4 ℃冰箱中保存有效期为3个月。

4.13 五氯苯酚标准溶液：移取1 mL五氯苯酚标准储备溶液(4.11)到10 mL容量瓶中，用甲醇(4.2)稀释至刻度，该溶液浓度为0.5 μg/mL，在0 ℃ ～4 ℃冰箱中保存有效期为3个月。

4.14 苯基固相萃取柱：6 mL，2 g，或相当者，使用前，用2 mL甲醇(4.2)和5 mL盐酸 (4.5)对苯基柱进行预清洗，不要让柱子变干。

5 仪器

实验室常用仪器及以下仪器。

5.1 气相色谱仪：配有电子捕获检测器(ECD)。

5.2 气相色谱-质谱联用仪。

5.3 恒温振荡水浴锅。

5.4 固相萃取装置。

5.5 电子天平，感量0.000 1 g。

5.6 真空泵。

6 试样制备及提取

按EN 645:1993制备样品：称取不低于10 g的样品，精确至0.01 g，将样品剪成1 cm^2～2 cm^2的碎片，按GB/T 462测定试样的水分，用以计算试料的绝干质量，放入500 mL的具塞锥形瓶中，加入200 mL蒸馏水，塞紧，在23 ℃±2 ℃的条件下放置24 h，并不时振荡，将提取液转移至250 mL容量瓶中，必要时过滤，并用蒸馏水洗涤样品2次，转移至该容量瓶中，用蒸馏水定容至刻度。

按EN 647:1993制备样品：称取不低于10 g的样品，精确至0.01 g，将样品剪成1 cm^2～2 cm^2的碎片，按GB/T 462测定试样的水分，用以计算试料的绝干质量，放入500 mL的具塞锥形瓶中，加入200 mL煮沸的蒸馏水，塞紧，置于80 ℃±2 ℃的水浴锅(5.3)中恒温振荡水浴120 min或125 min，将提取液转移至250 mL烧杯中，必要时过滤，并用80 ℃的蒸馏水洗涤样品2次，合并上述提取液，冷却至室温，转移至250 mL容量瓶中，用蒸馏水定容至刻度。

7 试验步骤

7.1 浓缩

从上述水萃取液中取50 mL，加入200 μL内标物溶液(4.12)，用1 mL硫酸(4.7)酸化。将酸化后的萃取液逐步倒入配有真空泵(5.6)的固相萃取装置(5.4)的苯基固相萃取柱(4.14)中，以2 mL/min～3 mL/min的速度进行淋洗，然后用5 mL蒸馏水清洗苯基固相萃取柱(4.14)，并将其用真空泵(5.6)吸干(约5 min～10 min)。

7.2 淋洗

用一个50 mL容量瓶或分液漏斗作为接收器，在该接收器中加入35 mL浓度为0.1 mol/L的碳酸钾溶液(4.6)。将2.5 mL正已烷(4.3)倒入苯基固相萃取柱(4.14)中，直至其下端滴出第一滴液，关闭固相萃取装置(5.4)阀门，2 min后，继续进行淋洗。另外用2.5 mL正已烷(4.3)进行清洗。

7.3 乙酰化

在上述接收器中加入1 mL乙酸酐(4.4)，用力振荡3 min，振荡的过程中，不断释放二氧化碳气体，直至释放出所有二氧化碳。向接收器中注入蒸馏水，使正已烷相上升至接收器颈部。为了避免发生逆反应，立即将有机层转移到一个瓶中。该有机相应在24 h内进行色谱分析。

备注：如果使用无水硫酸钠干燥正已烷溶液，则该溶液可以至少贮存两周。

7.4 标准工作液的制备

按照下列步骤制备校准用五氯苯酚标准工作溶液：

量取 35 mL 碳酸钾溶液(4.6)，置于 50 mL 容量瓶或分液漏斗中。加入 200 μL 内标物溶液(4.12)。加入不同量的五氯苯酚标准溶液(4.13)，制成 4 种不同浓度的五氯苯酚溶液，加入 5 mL 正己烷(4.3)、1 mL 乙酸酐(4.4)，用力振荡 3 min，振荡的过程中，不断释放二氧化碳气体，直至释放出所有二氧化碳。注入蒸馏水，直至有机相上升至容量瓶或分液漏斗的颈部，用移液管或吸管转移有机相到进样瓶中，该有机相应在 24 h 内进行色谱分析。

备注：如若使用无水硫酸钠干燥正己烷溶液，则该溶液可以贮存至少两周。

7.5 测定

7.5.1 气相色谱条件

由于测定结果取决于所使用仪器，因此不可能给出气相色谱的通用参数。设定的参数应保证色谱测定时被测定组分与其他组分能够得到有效的分离，下面给出的参数已被证明是可行的。

a) 色谱柱：30 m×0.32 mm(内径)×0.25 μm(膜厚)，DB-5 石英毛细管柱；
b) 色谱柱温度程序：初温 50 ℃，以 15 ℃/min 程序升温至 200 ℃，保持 10 min；
c) 进样口温度：250 ℃；
d) 检测器温度：280 ℃；
e) 载气：氮气，纯度≥99.99%，7 mL/min；
f) 进样量：1.0 μL。

7.5.2 气相色谱测定

根据样液中被测物的含量情况，选定浓度相近的标准工作液(7.4)。按 7.5.1 的条件，分别对标准工作液(7.4)和试样溶液进行分析。用色谱峰保留时间定性，内标法定量，标准工作液和样品溶液中的五氯苯酚衍生物的响应值应在仪器检测的线性范围内。五氯苯酚衍生物的保留时间参见附录 A，典型气相色谱图参见附录 B。

7.5.3 气相色谱-质谱条件

由于测定结果取决于所使用仪器，因此不可能给出气相色谱-质谱的通用参数。设定的参数应保证色谱测定时被测定组分与其他组分能够得到有效的分离，下面给出的参数证明是可行的。

a) 色谱柱：30 m×0.25 mm(内径)×0.25 μm(膜厚)，DB-5 MS 石英毛细管柱或相当者；
b) 色谱柱温度程序：初温 50 ℃，以 15 ℃/min 程序升温至 200 ℃，再以 5 ℃/min 程序升温至 220 ℃，最后以 20 ℃/min 程序升温至 260 ℃；
c) 进样口温度：260 ℃；
d) 色谱-质谱接口温度：260 ℃；
e) 离子源温度：200 ℃；
f) 载气：氦气，纯度≥99.999%，1.0 mL/min；
g) 电离方式：EI；
h) 电离能量：70 eV；
i) 质量扫描范围：45 amu～450 amu；
j) 进样方式：脉冲无分流进样，1.0 min 后开阀；
k) 进样量：1.0 μL；
l) 溶剂延迟：5 min。

7.5.4 气相色谱-质谱测定

根据样液中被测物的含量情况，选定浓度相近的标准工作液(7.4)，按上述分析条件(7.5.3)，分别对标准工作液(7.4)和试样溶液进行分析。标准工作液和试样溶液中的五氯苯酚衍生物的响应值应在仪器检测的线性范围内。按照附录 C 中的参考定量离子，用内标法进行定量。典型气相色谱-质谱图参见附录 D。

8 结果计算

用标准工作液(7.4)中标准五氯苯酚色谱峰面积与标准工作液(7.4)中内标物色谱峰面积比和标准工作液(7.4)中标准五氯苯酚的质量与标准工作液(7.4)中内标物质量比做标准校准曲线,按式(1)计算五氯苯酚相对校正因子:

$$f = \frac{A_{ist} \times m_{pcp}}{A_{pcp} \times m_{ist}} \quad \cdots\cdots(1)$$

式中:

f——五氯苯酚对内标物的相对校正因子;

A_{ist}——标准工作溶液中内标物衍生物的峰面积;

m_{pcp}——标准工作溶液中标准五氯苯酚的质量,单位为微克(μg);

A_{pcp}——标准工作溶液中标准五氯苯酚衍生物的峰面积;

m_{ist}——标准工作溶液中内标物的质量,单位为微克(μg),这里为0.4 μg 。

按式(2)计算试样的水提取液中五氯苯酚的绝对含量:

$$C_{pcp} = 5 \times \frac{A \times m'_{ist} \times f}{A'_{ist} \times m} \quad \cdots\cdots(2)$$

式中:

C_{pcp}——试样溶液中五氯苯酚的含量,单位为毫克每千克(mg/kg);

A——试样溶液中五氯苯酚衍生物的峰面积;

m'_{ist}——试样溶液中内标物的质量,单位为微克(μg);

A'_{ist}——试样溶液中内标物衍生物的峰面积;

m——试样的绝干质量,单位为克(g)。

9 检测低限、回收率和精密度

9.1 检测低限

本标准气相色谱ECD检测对五氯苯酚的检测低限为0.02 mg/kg,气相色谱-质谱法对五氯苯酚的检测低限为0.1 mg/kg。

9.2 回收率

五氯苯酚的回收率见表1。

表1 五氯苯酚的回收率

水平Ⅰ		水平Ⅱ		水平Ⅲ	
加入量/μg	回收率/%	加入量/μg	回收率/%	加入量/μg	回收率/%
1.25	93～106	5.00	95～105	12.50	97～103

9.3 精密度

由8个实验室对两个不同试样的水抽提液进行精密度试验,结果见表2。重复性 r 是每个实验室两个平行样的变异系数,再现性 R 可从8个实验室测试结果的平均值的变异系数得到。所分析的水抽提液中五氯苯酚浓度分别为3.7 μg/L和16.4 μg/L,对应于纸张中五氯苯酚浓度分别为0.092 mg/kg和0.41 mg/kg。气相色谱ECD法和气相色谱-质谱法的精密度结果基本一致。

表2 实验室间测试的重复性和再现性

试样	水萃取液中的五氯苯酚/(μg/L)	重复性(r) CV/%	再现性(R) CV/%
1	3.7	10.1	10.8
2	16.4	8.9	22.7

10 试验报告

试验报告应包括以下内容：

a) 本国家标准编号；

b) 鉴定样品所必需的全部资料；

c) 所涉及的抽提方式，是热水抽提还是冷水抽提；

d) 纸浆、纸和纸板水抽提物的测试结果，以 mg/kg 表示；

e) 影响测定结果的任何操作方法。

附 录 A
（资料性附录）
五氯苯酚及内标物的衍生物气相色谱保留时间

表 A.1 五氯苯酚及内标物的衍生物气相色谱保留时间

序号	化合物名称	保留时间/min
1	三氯苯酚乙酯 trichlorophenyl acetate	8.457
2	五氯苯酚乙酯 pentachloroophenyl acetate	11.043

附 录 B
（资料性附录）
五氯苯酚及内标物衍生物的典型气相色谱图

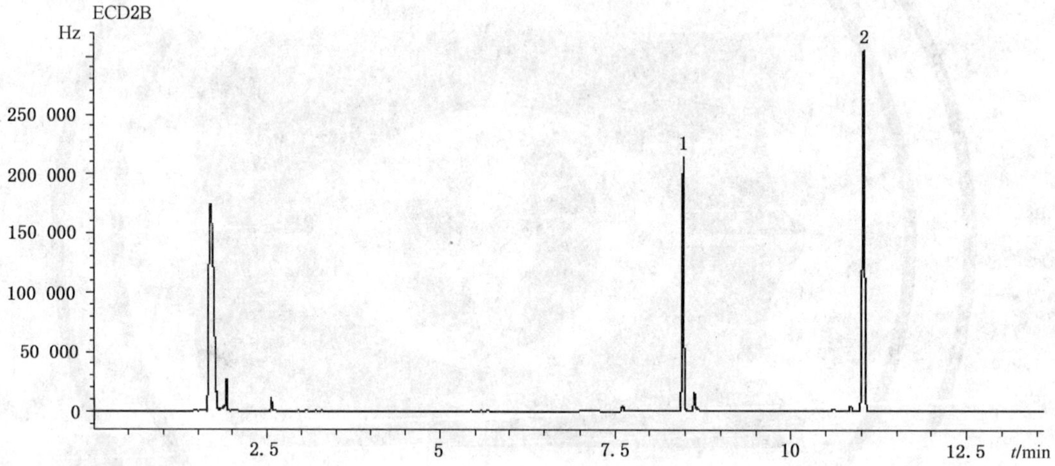

1——三氯苯酚乙酯；

2——五氯苯酚乙酯。

图 B.1 五氯苯酚及内标物衍生物的典型气相色谱图

附 录 C
（资料性附录）
五氯苯酚及内标物的衍生物参考定量离子

表 C.1 五氯苯酚及内标物的衍生物参考定量离子

序号	化合物名称	化学文摘编号(CAS No.)	参考定量离子/amu
1	三氯苯酚乙酯 trichlorophenyl acetate	61925-87-9	195.8
2	五氯苯酚乙酯 pentachloroophenyl acetate	1441-02-7	265.7

附 录 D
（资料性附录）
五氯苯酚及内标物衍生物的典型气相色谱-质谱图

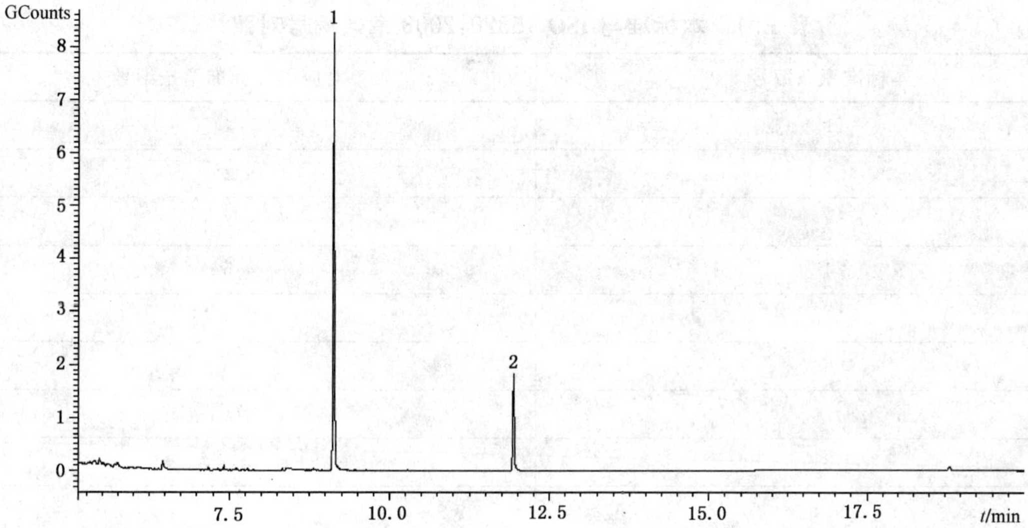

1——三氯苯酚乙酯；

2——五氯苯酚乙酯。

图 D.1 五氯苯酚及内标物衍生物的典型气相色谱-质谱图

附　录　E
（资料性附录）
本标准与 ISO 15320:2003 章条编号对照

表 E.1 给出了本标准与 ISO 15320:2003 章条编号对照一览表。

表 E.1　本标准与 ISO 15320:2003 章条编号对照

本标准章条编号	对应国标标准章条编号
1	1
2	2
3	3
4	5
5	4
6	6
7	7、8
8	9
9.1	—
9.2	—
9.3	10
附录 A	—
附录 B	—
附录 C	—
附录 E	—
附录 F	—

附 录 F
（资料性附录）
本标准与 ISO 15320:2003 的技术性差异及其原因

表 F.1 给出了本标准与 ISO 15320:2003 的技术性差异及其原因的一览表。

表 F.1 本标准与 ISO 15320:2003 技术性差异及原因

本标准的章条编号	技术性差异	原 因
7.5.4	更换了气相色谱-质谱检测的内标物,采用和气相色谱 ECD 法检测相同的内标物。	在不影响结果的同时,操作相对简单。
9.1	给出气相色谱 ECD 法和气相色谱-质谱法检出低限。	国际标准中,只给出气相色谱 ECD 检测的工作范围,而没有给出气相色谱-质谱法的工作范围。
9.2	增加了气相色谱 ECD 检测回收率范围。	可以较为直观判断检测的准确性。
附录 A	增加了五氯苯酚和内标物衍生物的参考保留时间。	标准使用时更直观,更有参考性。
附录 B	增加了五氯苯酚和内标物衍生物的典型气相色谱图。	标准使用时更直观,更有参考性。
附录 C	增加了五氯苯酚和内标物衍生物的参考定量离子。	标准使用时更直观,更有参考性。
附录 D	增加了五氯苯酚和内标物衍生物的典型气相色谱-质谱图。	标准使用时更直观,更有参考性。

ICS 33.100
L 06

中华人民共和国国家标准

GB/T 25003—2010

VHF/UHF 频段无线电监测站电磁环境保护要求和测试方法

Electromagnetic environment protection requirements and measurement methods for VHF/UHF band radio monitoring station

2010-08-09 发布　　2010-12-01 实施

中华人民共和国国家质量监督检验检疫总局
中国国家标准化管理委员会　发布

前 言

本标准由全国无线电干扰标准化技术委员会(SAC/TC 79)提出。

本标准由全国无线电干扰标准化技术委员会归口。

本标准起草单位:国家无线电监测中心。

本标准主要起草人:周鸿顺、戴晓放、沈国勤、崔晓曼。

VHF/UHF 频段无线电监测站电磁环境保护要求和测试方法

1 范围

本标准规定了 VHF/UHF 频段无线电监测站电磁环境干扰允许值和周边障碍物的限制要求，规定了电磁环境干扰场强的测试方法，并明确了 VHF/UHF 频段无线电监测站周边大功率发射源的最小保护间距要求。

本标准适用于工作在 30 MHz～3 000 MHz 频段内的无线电监测站。

2 规范性引用文件

下列文件对于本文件的应用是必不可少的。凡是注日期的引用文件，仅注日期的版本适用于本文件。凡是不注日期的引用文件，其最新版本（包括所有的修改单）适用于本文件。

GB 13614 短波无线电测向台（站）电磁环境要求

GB 13617 短波无线电收信台（站）电磁环境要求

GJB 72A 电磁干扰和电磁兼容性术语

GJB 2080 接收点场强的一般测量方法

3 术语、定义、符号和缩略语

GB 13614、GB 13617、GJB 72A、GJB 2080 界定的以及下列术语和定义适用于本文件。

3.1

VHF/UHF

30 MHz～300 MHz 和 300 MHz～3 000 MHz 的频段范围。

3.2

VHF/UHF 频段无线电监测站 VHF/UHF band radio monitoring station

架设在某个制高点，对附近一定区域内存在的各种 VHF/UHF 频段无线电信号和干扰信号，进行监测和测向的无线电信号接收站。它主要是承担 VHF/UHF 频段无线电台站频谱参数的质量监测、无线电频谱利用率监测、指定类别调制信号的解调和指定信号的无线电测向定位等任务。它的主要工作方式有无人值守和有人值守两种。

3.3

干扰允许值 permissible interference limit

预测或测试的干扰值，该干扰值符合或满足国际无线电规则或国家相关标准规定的干扰限制值要求。

3.4

保护间距 protection distance

为保障 VHF/UHF 频段无线电监测站正常工作而规定的无线电发射台及其他各种电磁干扰辐射源至 VHF/UHF 频段无线电监测站天线边缘的最小距离。

4 电磁环境干扰允许值和周边障碍物的限制要求

4.1 电磁环境干扰允许值要求

为防止 VHF/UHF 频段无线电监测站出现虚假信号及降低测向性能，监测站环境电场不能超过电磁环境干扰允许值要求限值。图 1 是 VHF/UHF 频段无线电监测站电磁环境干扰允许值要求限值。

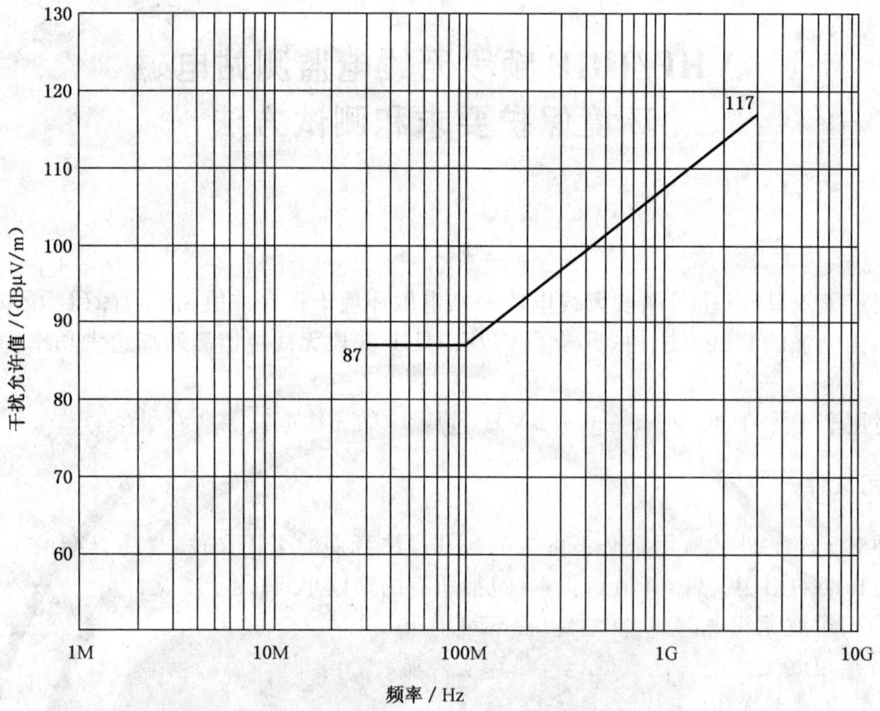

图 1 VHF/UHF 频段无线电监测站电磁环境干扰允许值要求限值

4.2 大功率发射源的最小保护间距要求

表 1 是对大功率发射源(发射功率用 P 表示)规定的最小保护间距要求。

表 1 大功率发射源最小保护间距要求

发射源基波频率 MHz	不同功率发射源的最小保护间距/km		
	$P<1$ kW	1 kW$\leqslant P \leqslant$10 kW	$P>10$ kW
30～300	1	5	10
300～3 000	0.5	1	2

4.3 周边障碍物的限制要求

规划、建设 VHF/UHF 频段无线电监测站时,必须按国际电信联盟(ITU)规定的监测站周边障碍物的最小保护间距进行建站勘测和建设。对没有测向功能的监测站,可放宽限制要求。对已建设和使用的 VHF/UHF 频段无线电监测站,为减少周边障碍物对测量结果和测向精度的影响,对周边障碍物规定如下限制要求:

a) 距离天线 50 m 范围内,不允许有影响测向精度的金属平房等障碍物存在;

b) 湖泊、江河等大型水域,高压电力线及大型建筑物距离天线不少于 400 m;

c) 对不能避免在近距离安装的监测天线等类似障碍物,必须安装在低于测向天线的位置;

d) 测向天线必须安装在天线塔的顶端,在测向天线下方安装的监测天线、警告灯等,必须要限制在测向天线底部 60°锥角范围内。

5 电磁环境干扰场强测量方法

5.1 测量总要求

5.1.1 基本要求

本标准中测量所用接收机为监测接收机或频谱分析仪,所有测量接收机和附件(包括天线、射频电缆等)必须经过国家计量部门的检定认可。测量系统的幅度测量精确度在+3 dB 和−3 dB 之间。

5.1.2 测量天线的选择和架设

测量时天线选用原则如下：

a) 30 MHz～200 MHz 频率范围应优先使用双锥天线；

b) 200 MHz～1 000 MHz 频率范围应优先使用对数周期天线；

c) 1 000 MHz～3 000 MHz 频率范围应优先使用双脊喇叭天线；

d) 若无上述天线，要优先选用具备计量校准因子的无源校准天线，允许使用监测站配置的标准监测天线或其他适合的测量天线，但所选用天线必须具备计量标定的天线校准因子。

测量天线架设规定如下：

a) 测量天线的架设应尽量与实际监测站的天线处于相同位置和高度。若不能实现相同高度架设时，应在附近不受遮挡影响的合适高度上架设，但最低架设高度应高于周围遮挡物 5 m 以上。

b) 测量天线支撑架要求采用坚固非金属材料制造，并能够在垂直方向上按需要调整高度，能够进行水平和垂直极化的测量，对方向性天线能够在水平 360°范围内自由转动。

5.1.3 测量接收机的基本要求和参数选择

基本要求：

a) 测量频段不少于 30 MHz～3 000 MHz；

b) 提供包括 10 kHz 测量带宽在内的多种带宽选择；

c) 动态范围≥80 dB；

d) 具有峰值检波方式；

e) 具有自动扫描测量功能。

参数选择：

测量接收机的检波方式选用峰值检波，在 30 MHz～3 000 MHz 测量频段范围内，测量接收机的测量带宽折合为 10 kHz。

5.1.4 测试系统的布置和连接

测试系统主要由测量天线、射频电缆、测量接收机及数据处理设备组成。测量天线按 5.1.2 要求布置和架设；射频电缆要可靠连接测量天线和测量接收机；测量接收机及辅助设备要放置在便携工作桌台面上，各设备应按要求正确接地，并给测量设备提供可靠稳定的供电电源。图 2 是测试系统的连接示意图。

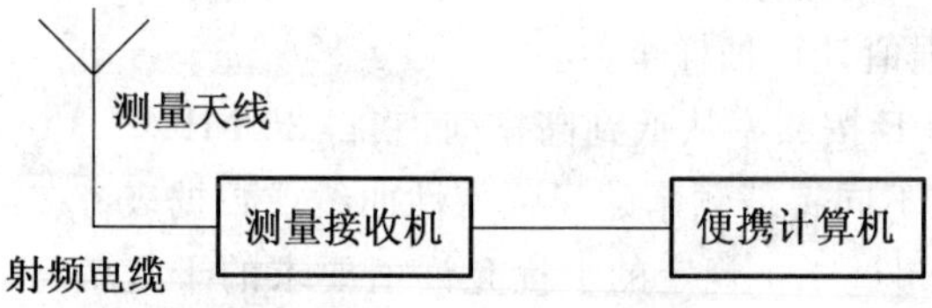

图 2 测试系统连接示意图

5.2 测量步骤

电磁环境干扰场强测量应采用自动测量方式，由安装于便携计算机内的自动测量软件控制测量接收机完成电磁环境干扰信号的测量。具体测量步骤如下：

a) 按 5.1 要求架设测量天线和连接测试系统；

b) 测量设备通电预热，依据测量天线的频率范围及 5.1.3 要求确定测量频段、检波方式、测量带宽及扫描步长等参数；

c) 自动测量软件控制测量接收机完成指定频段电磁环境干扰信号的结果测量，并自动记录测量结果；

d) 在测量过程中，应对天线水平极化和垂直极化两种极化方式分别测量；对于方向性天线，还应在不同方向上分别测量，天线方向为二分之一半功率角；

e） 对指定的频段，应在不同的时间段、进行不少于5次的循环扫描测量，以提高测量结果的置信度；

f） 关闭测量设备电源后，更换测量天线，重复b)至e)的测量过程，直到完成30 MHz～3 000 MHz频段电磁环境测量的全部任务。如果有可受计算机控制的射频开关矩阵，测试系统可同时接多副天线，实现对于多个频段的连续测试。

5.3 数据处理和场强确定

a） 对测量记录的干扰信号读数，量值单位是电压时，干扰信号场强按式(1)计算：

$$E_f = K + L + V \quad \cdots\cdots (1)$$

式中：

E_f——信号场强，dBμV/m；

K——天线系数，dB/m；

L——传输线及其附件引入的衰减值，dB；

V——测量接收机测得的电压电平值，dBμV。

b） 对测量记录的干扰信号读数，量值单位是功率时，干扰信号场强按式(2)计算：

$$E_f = K + L + P + 107 \quad \cdots\cdots (2)$$

式中：

E_f——信号场强，dBμV/m；

K——天线系数，dB/m；

L——传输线及其附件引入的衰减值，dB；

P——测量接收机测得的功率电平值，dBm。

c） 每隔4 h一次的所有场强测量结果，按相同特征频率进行分类，并将相同特征频率的场强结果按式(3)统计出平均值，并分别找出最大值E_{max}和最小值E_{min}；

$$E = \frac{\sum_{i=1}^{N} E_i}{N} \quad \cdots\cdots (3)$$

式中：

E——相同频率场强平均值；

E_i——相同频率第i个场强值；

N——相同频率场强值计算抽样个数。

d） 将所有E_{max}、E_{min}和E按频率从低到高排列，获得30 MHz～3 000 MHz频段内干扰信号场强E_{max}、E_{min}和E对应不同特征频率的场强特性曲线或数据表。

e） 对场强值统计结果超过4.1规定的干扰允许值要求的干扰信号，应实际测量和验证对VHF/UHF频段无线电监测站监测结果的影响，并与相关部门进行协调。

参 考 文 献

［1］ 国际电信联盟 ITU-R 研究小组.频谱监测手册(ISBN 7-115-14161-4/TN・2634)

ICS 59.080.40
W 59

中华人民共和国国家标准

GB/T 25004—2010

产业用刀刮涂层织物

Industrial fabrics with knife coating

2010-08-09 发布　　　　2010-12-01 实施

中华人民共和国国家质量监督检验检疫总局
中国国家标准化管理委员会　发布

前　言

本标准由中国纺织工业协会提出。

本标准由全国纺织品标准化技术委员会产业用纺织品分技术委员会(SAC/TC 209/SC 7)归口。

本标准起草单位：浙江锦达新材料股份有限公司、中国产业用纺织品行业协会。

本标准主要起草人：叶雪康、朱民儒、陶盛祥、徐长亚。

产业用刀刮涂层织物

1 范围

本标准规定了产业用刀刮涂层织物的术语、规格代号、技术要求、试验方法、检验规则、包装、标志和贮运等。

本标准适用于以涤纶工业长丝织物为基布、聚氯乙烯材料为涂覆层，采用刀刮涂层方法生产的产业用涂层织物。

2 规范性引用文件

下列文件中的条款通过本标准的引用而成为本标准的条款。凡是注日期的引用文件，其随后所有的修改单(不包括勘误的内容)或修订版均不适用于本标准，然而，鼓励根据本标准达成协议的各方研究是否可使用这些文件的最新版本。凡是不注日期的引用文件，其最新版本适用于本标准。

GB/T 250 纺织品 色牢度试验 评定变色用灰色样卡

GB/T 3917.3 纺织品 织物撕破性能 第3部分：梯形试样撕破强力的测定

GB/T 3923.1 纺织品 织物拉伸性能 第1部分：断裂强力和断裂伸长率的测定 条样法

GB/T 4669 纺织品 机织物 单位长度质量和单位面积质量的测定

GB/T 5455 纺织品 燃烧性能试验 垂直法

GB/T 8427—2008 纺织品 色牢度试验 耐人造光色牢度：氙弧

GB/T 4666—2009 纺织品 织物长度和幅宽的测定

FZ/T 01007—2008 涂层织物 耐低温性的测定

3 术语和定义

下列术语和定义适用于本标准。

3.1

刀刮涂层 knife coating

在刮刀与辊筒或刮刀与平板的作用下将聚氯乙烯增塑糊涂于织物上的操作。

3.2

刀刮涂层织物 fabrics with knife coating

采用涤纶工业长丝织成的基布，将聚氯乙烯增塑糊刮涂在基布的一面或两面，通过一定的工艺塑化使其结合为一体的一种技术纺织品。

3.3

气泡 air bubble；air cell；blister

制品表面隆起的密闭的空穴或气囊。

3.4

缺纬 pick out

制品在生产时由于原有纬线缺失造成的伤痕。

3.5

针孔 pinhole

涂层表面上直径如针一般大小的不穿透的小孔。

3.6

凹陷　pick off

涂覆层表面的浅凹痕，不穿透到织物。

4　规格代号

4.1　规格

刀刮涂层织物按标称强度划分规格，按合同规定和实际需要设计。例如，主要产品的规格系列如下：

标称强度(N/5 cm)1 000，1 500，2 000，2 500，3 000，3 500。

4.2　代号

刀刮法涂层织物的代号包括产品的规格、克重和幅宽，形式为：

□-□-□

——幅宽，cm

——单位面积质量，g/m²

——标称强度，N/5 cm

示例：

产业用刀刮法涂层织物，标称强度为 3 000 N/5 cm，单位面积质量为 900 g/m²，幅宽为 300 cm，其产品代号为：3000-900-300。

5　技术要求

5.1　内在质量

主要规格的产品内在质量要求见表 1。

表 1　内在质量要求

项目		指标					
		1 000	1 500	2 000	2 500	3 000	3 500
单位面积质量偏差/%		±5					
断裂强力/N　≥	经向	1 000	1 500	2 000	2 500	3 000	3 500
	纬向	800	1 200	1 600	2 000	2 400	2 800
断裂伸长率/%　≤	经向	30					
	纬向	35					
撕破强力(经、纬)/N　≥		60	90	120	150	200	250
剥离强力/N　≥		80					
耐光色牢度/级　≥		6(白色和荧光色不考核)					
耐低温性/℃		−15					
燃烧性能		损毁长度≤150 mm；续燃时间≤5 s；阴燃时间≤5 s					

注 1：单位面积质量偏差根据标称值考核。

注 2：产品规格超出表中范围时，指标由供需双方协议。

注 3：产品规格介于表中两档之间时，根据差值法求得。

注 4：耐光色牢度不考核白色和荧光色产品，特殊产品按协议执行。

注 5：燃烧性能为参考项，如合同有要求时考核。

5.2 外观质量

5.2.1 幅宽偏差

幅宽下偏差为0,上偏差小于等于0.5 cm。

5.2.2 外观疵点

外观疵点分为轻缺陷和重缺陷,疵点的评定按表2执行。每一卷产品上不允许存在重缺陷,轻缺陷每1 m^2 应不超过4个。

表2 外观疵点的评定

疵点名称	轻缺陷	重缺陷
气泡、针孔	不明显	明显
色差	3级	≤3级
杂质	不明显	明显
色斑、色条	不明显	明显
刀痕、油污、条纹	不明显	明显
稀纬、缺纬、并纬	不明显	明显
凹陷	不明显	明显
注:不明显是指产品的缺陷经仔细辨认才能发现,明显是指产品的缺陷不经过仔细辨认就能发现。		

6 试验方法

6.1 单位面积质量按GB/T 4669测定,单位面积质量偏差按式(1)计算:

$$S=\frac{m-m_0}{m_0}\times 100 \qquad \cdots\cdots(1)$$

式中:

S——单位面积质量偏差,%;

m——实际单位面积质量,单位为克每平方米(g/m^2);

m_0——标称单位面积质量,单位为克每平方米(g/m^2)。

6.2 断裂强力和断裂伸长率按GB/T 3923.1测定。

6.3 撕破强力按GB/T 3917.3测定。

6.4 剥离强力的测定

从样品离布边50 mm以上处沿经纬向等间距各取三块长150 mm宽100 mm的试样,每块试样沿宽度的中心线平分为二,经高频(测试仪功率为2.5 kW,热合时间为7.5 s)或热风焊接后(焊缝宽度为50 mm),从一端将其剥开50 mm,分别夹于CRE拉伸试验机的夹具上,夹具长度为50 mm,以100 mm/min的拉伸速度进行试验,记录试样的最大剥离强力,试验结果以三块试样的算术平均值表示,精确至1 N。

6.5 燃烧性能按GB/T 5455测定。

6.6 耐光色牢度按GB/T 8427—2008中方法3测定。

6.7 耐寒性能按FZ/T 01007测定。其中,重锤质量和高度按参数B。

6.8 外观的检验在验布机上进行,灯光、距离符合验布机操作要求,验布速度不大于20 m/mim。疵点用肉眼判断。

6.9 幅宽按GB/T 4666—2009测定。

6.10 色差按GB/T 250进行评级。

7 检验规则

7.1 取样

7.1.1 外观质量的检验按同一品种、同一规格的产品作为检验批。从一批产品中按表3规定随机抽取相应数量的卷数。

表3 取样卷数

一批的卷数	抽样最少样品数/卷
≤50	2
≥51	3

7.1.2 内在质量的检验应从一批产品中任意抽取一卷，距头端至少3 m剪取一块长约0.5 m的整幅宽。试样距边布至少10 cm，裁样排列图见图1。

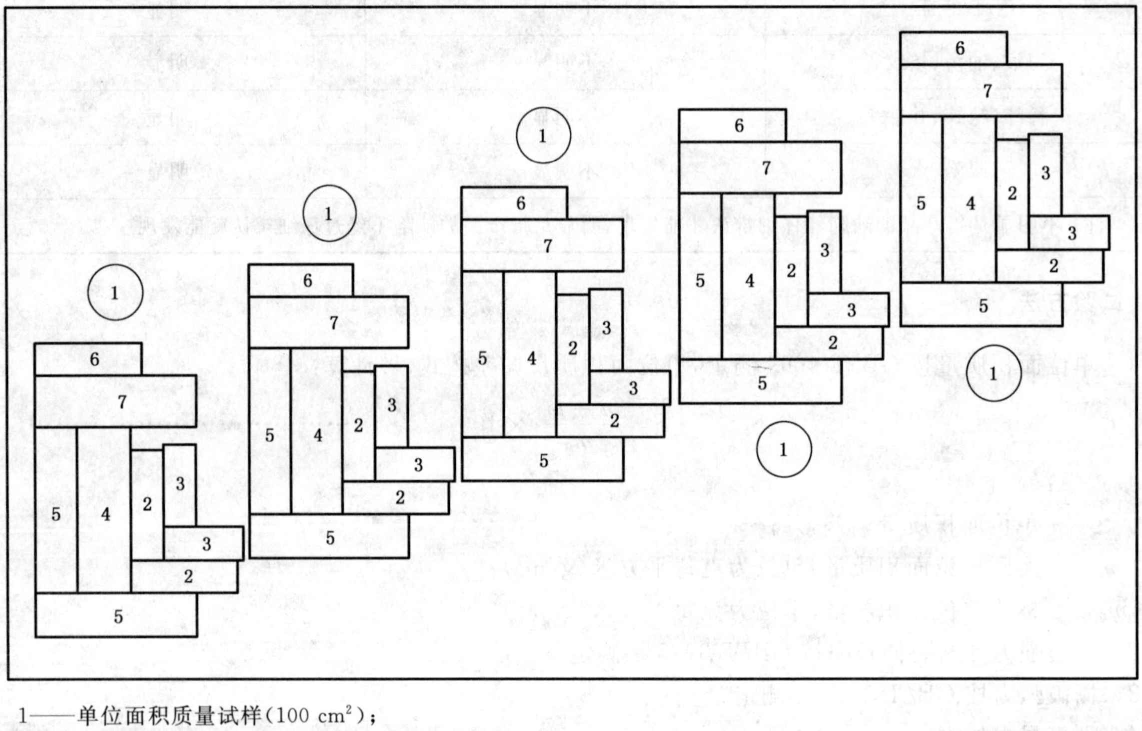

1——单位面积质量试样(100 cm²)；
2——拉伸强力试样(长200 mm，宽50 mm)；
3——撕破强力试样(长150 mm，宽75 mm)；
4——剥离强力试样(长300 mm，宽100 mm)；
5——燃烧性能试样(长300 mm，宽80 mm)；
6——色牢度试样(长200 mm，宽50 mm)；
7——耐低温性试样(长60 mm，宽20 mm)。

图1 取样排列图

7.2 内在质量的判定

按试验方法的要求剪取试样和进行试验，以各试样的平均值作为测试结果。符合5.1要求，则为内在质量合格。

如果内在质量有不符合5.1要求规定的项目，则从该批中按7.1规定重新取样，对不符合项目进行复检。如不符合项包含剥离强力或撕破强力中的任一项，则复检时两个指标均需复检。如果复检结果符合5.1要求的规定，则该批产品内在质量合格；如果复检结果仍不符合，则该批产品质量不合格。

7.3 外观质量的判定

所取样品通过验布机检验，外观质量均符合 5.2 要求，则该批产品外观质量合格。如有一卷不合格时，则从该批中按 7.1 规定重新取样进行复检，复检数量是原来的两倍。若复检卷均符合 5.2 要求，则判该批产品外观质量合格；如果复检结果仍有不合格卷，则该批产品不合格。

7.4 结果判定

内在质量和外观质量均合格，则该批产品合格。

8 包装、标志和贮运

8.1 产品按定长包装，除另有规定外，宜采用中心加硬纸芯平卷装，外包 PE 编织布或牛皮纸，定长值根据协议或合同规定。如无特别规定，每卷长度 50 m～120 m 为宜。

8.2 每卷产品的明显位置上应有标志，包含下列内容：

a) 生产企业名称、商标和地址；

b) 产品名称；

c) 产品代号、颜色或色号；

d) 执行的标准编号；

e) 卷长或净重；

f) 生产批号；

g) 生产日期；

h) 检验合格证。

8.3 产品在运输和贮存中应该避免阳光直射、雨雪浸淋，保持清洁，禁止与酸、碱、油类以及有机溶剂等影响涂覆层质量的物质接触，远离热源。

ICS 67.240
X 00

中华人民共和国国家标准

GB/T 25005—2010

感官分析　方便面感官评价方法

Sensory analysis—Methods for sensory evaluation of instant noodles

2010-09-02 发布　　2010-12-01 实施

中华人民共和国国家质量监督检验检疫总局
中国国家标准化管理委员会　发布

前 言

本标准的附录 B 为规范性附录，附录 A、附录 C、附录 D 和附录 E 为资料性附录。

本标准由中国标准化研究院提出并归口。

本标准起草单位：上海大学、中国标准化研究院、今麦郎食品有限公司。

本标准主要起草人：高海燕、赵镭、刘文、尹京苑、侯国友、米军锋。

感官分析　方便面感官评价方法

1　范围

本标准规定了方便面感官评价的术语和定义、一般要求、评价步骤及评价结果的统计分析与表述。

本标准适用于泡面、煮面、拌面等各类方便面面饼的感官评价。

2　规范性引用文件

下列文件中的条款通过本标准的引用而成为本标准的条款。凡是注日期的引用文件，其随后所有的修改单(不包括勘误的内容)或修订版均不适用于本标准，然而，鼓励根据本标准达成协议的各方研究是否可使用这些文件的最新版本。凡是不注日期的引用文件，其最新版本适用于本标准。

GB/T 10220　感官分析方法总论(GB/T 10220—1988，neq ISO 6658:1985)

GB/T 12313　感官分析方法　风味剖面检验(GB/T 12313—1990，eqv ISO 6564:1985)

GB/T 13868　感官分析　建立感官分析实验室的一般导则(GB/T 13868—2009，ISO 8589:2007，IDT)

GB/T 14195　感官分析　选拔与培训感官分析优选评价员导则(GB/T 14195—1993，neq ISO 8586-1:1993)

GB/T 16291.2　感官分析　选拔、培训和管理评价员一般导则　第2部分：专家评价员(GB/T 16291.2—2010，ISO 8586-2:2008，IDT)

GB/T 21172　感官分析　食品颜色评价的总则和检验方法(GB/T 21172—2007，ISO 11037:1999，IDT)

ISO 4121　感官分析　使用定量响应标度的一般导则(Sensory analysis—Guidelines for the use of quantitative response scales)

3　术语和定义

下列术语和定义适用于本标准。

3.1

色泽　color

面饼的颜色和亮度。

3.2

表观状态　apparent status

面饼表面光滑程度、起泡、分层情况。

3.3

复水性　rehydration character

面条到达特定烹调时间的复水情况。

3.4

光滑性　smoothness

在品尝面条时口腔器官所感受到的面条的光滑程度。

3.5

软硬度　hardness or softness

用牙咬断一根面条所需力的大小。

3.6

韧性 toughness

面条在咀嚼时，咬劲和弹性的大小。

3.7

粘性 adhesiveness

在咀嚼过程中，面条粘牙程度。

3.8

耐泡性 cooking-resistance

面条复水完成一段时间后保持良好感官和食用特点的能力。

4 方法原理

方便面感官评价包括外观评价和口感评价两个过程。外观评价即在面饼未泡(煮)之前，由评价员主要利用视觉感官评价方便面的色泽和表观状态；口感评价即在规定条件下将面饼泡(煮)后，由评价员主要利用口腔触觉和味觉感官评价方便面的复水性、光滑性、软硬度、韧性、粘性、耐泡性等。评价的方法可采用标度(评分)法。评价的结果采用统计检验法处理异常值后进行分析统计。

5 一般要求

5.1 评价环境

方便面感官评价应在符合 GB/T 13868 规定的感官分析实验室中进行。

5.2 评价员

所有参加感官评价的评价员均应符合 GB/T 10220、GB/T 14195 和 GB/T 16291.2 的要求，并接受关于方便面感官评价相关知识的专门培训，尤其是感官评价方法标度法(见 ISO 4121)的培训。

5.3 评价小组

每次感官评价应由 5 位及以上专家评价员或 10 位及以上优选评价员组成评价小组承担。

评价小组的成员应具有相同的资格水平与检验能力，均为专家评价员或均为优选评价员。

感官评价小组组长由感官分析师担任。

5.4 评价器具

盛放样品的容器应白色、无味，尺寸应大于所评价的面饼本身，不会以任何方式影响评价结果。

5.5 评价时间

评价时间宜安排在早上 9 点～10 点、下午 3 点～4 点或者饭前或饭后 1 h 进行。

6 评价步骤

6.1 样品提供

每组样品提供的时间间隔应不少于 0.5 h，每组样品的数量不应超过 5 个。提供的样品应保持完整性并用三位数字随机编码。同一轮次评价中每个样品的编码应不同，评价员之间的编码也宜不同。样品提供表格式参见附录 A。

6.2 外观评价

在规定的照明条件下(见 GB/T 21172)，评价方便面面饼的色泽和表观状态。根据评价结果进行标度评价(打分)，评分规则见表 B.1，回答表格式参见附录 C。

6.3 口感评价

用量杯量取面饼质量约 5 倍(保证加水量完全浸没面饼)以上体积的沸水(蒸馏水)注入评价容器中，加盖盖严(对于泡面的面饼)；或者用量杯量取面饼质量约 5 倍(保证加水量完全浸没面饼)以上的蒸馏水，注入锅中，加热煮沸后将待评价面饼放入锅中进行煮制(对于煮面的面饼)，用秒表开始计时。

达到该种方便面标识的冲泡或煮制时间后(如泡面一般 4 min),取用适量的面条,由评价员主要利用口腔触觉和味觉感官评价方便面的复水性、光滑性、软硬度、韧性、粘性、耐泡性等。根据评价结果进行标度评价(打分)。评分规则见表 B.1,回答表格式参见附录 C。

7 结果的分析与表达

7.1 评价数据中异常值的处理

对评价员的评分结果可参考狄克逊(Dixon)检验法、Q 检验法或格鲁布(Grubbs)法等进行异常值的分析剔除。

7.2 单项得分的计算

对 7.1 剔除异常值处理后的方便面面饼各感官特性的评价结果,按式(1)计算感官特性单项平均得分,精确至小数点后两位。

$$\overline{X}_i = \frac{\sum_{i=1}^{n} X_i}{n} \qquad \cdots\cdots(1)$$

式中:

$\overline{X}_i$——某单项平均得分;

$\sum_{i=1}^{n} X_i$——某单项得分加和;

n——处理后的参加评价人数。

7.3 综合评价结果的计算

根据 7.2 得出的各单项评分平均结果,按式(2)依照单项结果的加权平均得出综合评价结果(在此,各评价项目权重均为 1)。

$$Y = \sum_{i=1}^{n} \overline{X}_i \qquad \cdots\cdots(2)$$

式中:

Y——综合评价得分;

n——感官指标项的个数;

$\overline{X}_i$——某单项平均得分。

7.4 评价结果的表达

评价结果按附录 D 进行某一样品不同评价员评价结果的汇总。按附录 E 进行所有样评价结果的汇总。结果的表达根据实际需要以表格或者图式表示(见 GB/T 12313)。

8 评价报告

评价报告应包括以下内容:

a) 评价目的;

b) 有关样品的情况说明;

c) 评价员人数及其资格水平;

d) 评价结果及其统计解释;

e) 注明根据本标准进行评价;

f) 如果有与本标准不同的做法应予以说明;

g) 评价负责人的姓名;

h) 评价的日期与时间。

附 录 A
（资料性附录）
样品提供表的格式样

表 A.1 样品提供表的格式样

感官分析师：	评价组数：			日期：	
评价员	提供顺序				
	1	2	3	4	5
01 02 03 04 05 …	随机三位数 （样品编码）				

附　录　B
（规范性附录）
方便面感官评价评分规则

方便面感官评价可采用标度(评分)法。评分规则见表B.1。

表B.1　方便面感官评价评分规则

感官特性	评价标度		
	低	中	高
	1～3	4～6	7～9
色泽	有焦、生现象,亮度差	颜色不均匀,亮度一般	颜色标准、均匀、光亮
表观状态	起泡分层严重	有起泡或分层	表面结构细密、光滑
复水性	复水差	复水一般	复水好
光滑性	很不光滑	不光滑	适度光滑
软硬度	太软或太硬	较软或较硬	适中无硬心
韧性	咬劲差、弹性不足	咬劲和弹性一般	咬劲合适、弹性适中
粘性	不爽口、发粘或夹生	较爽口、稍粘牙或稍夹生	咀嚼爽口、不粘牙、无夹生
耐泡性	不耐泡	耐泡性较差	耐泡性适中
注：评价结果保留到小数点后一位。			

附 录 C
（资料性附录）
检验回答表的格式样

表 C.1 检验回答表的格式样

<table>
<tr><td rowspan="2">样品</td><td>评价员</td></tr>
<tr><td>日期</td></tr>
<tr><td colspan="2">提示语：
1.
2.
…</td></tr>
<tr><td>感官特性</td><td>标度(评分)值(1～9)</td></tr>
<tr><td>色泽</td><td></td></tr>
<tr><td>表观状态</td><td></td></tr>
<tr><td>复水性</td><td></td></tr>
<tr><td>光滑性</td><td></td></tr>
<tr><td>软硬度</td><td></td></tr>
<tr><td>韧性</td><td></td></tr>
<tr><td>粘性</td><td></td></tr>
<tr><td>耐泡性</td><td></td></tr>
<tr><td colspan="2">谢谢您的参与!</td></tr>
</table>

附 录 D
（资料性附录）
单样品检验结果汇总表的格式样

表 D.1 单样品检验结果汇总表的格式样

<table>
<tr><td>样品</td><td colspan="3">感官分析师</td><td colspan="5">日期</td></tr>
<tr><td rowspan="3">评价员</td><td colspan="9">感官特性</td></tr>
<tr><td colspan="8">单项标度（评分）值(1～9)</td><td rowspan="2">整体综合评价</td></tr>
<tr><td>色泽</td><td>表观状态</td><td>复水性</td><td>光滑性</td><td>软硬度</td><td>韧性</td><td>粘性</td><td>耐泡性</td></tr>
<tr><td>01</td><td></td><td></td><td></td><td></td><td></td><td></td><td></td><td></td><td></td></tr>
<tr><td>02</td><td></td><td></td><td></td><td></td><td></td><td></td><td></td><td></td><td></td></tr>
<tr><td>03</td><td></td><td></td><td></td><td></td><td></td><td></td><td></td><td></td><td></td></tr>
<tr><td>04</td><td></td><td></td><td></td><td></td><td></td><td></td><td></td><td></td><td></td></tr>
<tr><td>05</td><td></td><td></td><td></td><td></td><td></td><td></td><td></td><td></td><td></td></tr>
<tr><td>…</td><td></td><td></td><td></td><td></td><td></td><td></td><td></td><td></td><td></td></tr>
<tr><td>异常值</td><td></td><td></td><td></td><td></td><td></td><td></td><td></td><td></td><td></td></tr>
<tr><td>平均值</td><td></td><td></td><td></td><td></td><td></td><td></td><td></td><td></td><td></td></tr>
<tr><td>均方差</td><td></td><td></td><td></td><td></td><td></td><td></td><td></td><td></td><td></td></tr>
</table>

附　录　E
（资料性附录）
检验结果汇总表的格式样

表 E.1　检验结果汇总表的格式样

感官分析师		日期					
感官特性		样品					
		01	02	03	04	05	…
单项标度（评分）值(1～9)	色泽						
	表观状态						
	复水性						
	光滑性						
	软硬度						
	韧性						
	粘性						
	耐泡性						
整体综合评价							

ICS 67.020
X 00

中华人民共和国国家标准

GB/T 25006—2010/ISO 13302:2003

感官分析
包装材料引起食品风味改变的评价方法

Sensory analysis—
Methods for assessing modifications to the flavour of foodstuffs due to packaging

(ISO 13302:2003,IDT)

2010-09-02 发布　　2010-12-01 实施

中华人民共和国国家质量监督检验检疫总局
中国国家标准化管理委员会　发布

前　言

本标准等同采用国际标准 ISO 13302:2003《感官分析　包装材料引起食品风味改变的评价方法》(Sensory analysis—Methods for assessing modifications to the flavour of foodstuffs due to packaging),在技术内容和文本结构上与原国际标准完全相同,仅作少量编辑性修改。

本标准的附录 A、附录 B、附录 C、附录 D、附录 E 均为资料性附录。

本标准由中国标准化研究院提出并归口。

本标准主要起草单位:中国标准化研究院、中华人民共和国湖北出入境检验检疫局。

本标准主要起草人:赵镭、云振宇、刘文、汪厚银、崔海容、凌约涛。

引　言

防止包装材料对食品的气味和风味带来不良影响十分必要。同样也应重视包装后食品的贮藏条件,因为贮藏条件也可能是引起食品气味和风味改变的原因之一。

某些种类的食品(如脂肪类食品和与包装有较大接触面积的粉状食品)易受包装材料的影响而产生风味的变化。甚至包装材料通过迁移对食品产生污染。这种迁移可来自于食品与包装材料的直接接触或通过包装材料与食品之间的空气产生的间接接触。因此,内层包材或外层包材均有可能给包装的食品带来外来的气味和风味。

此外,包装材料也可能吸收食品中的某些成分而导致产品风味的变化。

食品工业应根据产品种类选用最适宜的包装材料,并采取合适的方法以保证食品的风味在特定的贮藏条件下不发生明显的改变。

包装材料中对食品风味产生不良影响的化合物通常都很微量,一般都低于仪器分析的检测限,或是否一定是这些化合物造成了食品风味的改变尚未证实。因此评价包装材料的感官特性也十分必要。

本标准包括两个互为补充的方面:

——评价被测包装材料的固有气味(气味评价);

——评价在实际环境或模拟环境中,食品与包装材料直接接触或间接接触后的风味变化(接触检验)。

本标准由感官分析专家及包装行业的专家结合各自的实践经验而共同制定。

感官分析 包装材料引起食品风味改变的评价方法

1 范围

本标准规定了由包装材料引起的食品(或模拟食品)感官特性变化的评价方法。

本标准可用于对产品适宜包装材料的初步筛选,也可用于在个别批次或生产环节中对包装材料进行后续的验收筛选(参见附录A)。

本标准适用于所有的食品包装材料(如纸、纸板、塑料、箔材、木材等)以及任何可能与食品接触的材料与制品(如厨房器具、包装涂层、印刷品或设备的某些部分如密封处或管道等),以根据强制性法规用感官分析技术方法来保证食品与其包装材料的兼容性。

2 规范性引用文件

下列文件中的条款通过本标准的引用而成为本标准的条款。凡是注日期的引用文件,其随后所有的修改单(不包括勘误的内容)或修订版均不适用于本标准,然而,鼓励根据本标准达成协议的各方研究是否可使用这些文件的最新版本。凡是不注日期的引用文件,其最新版本适用于本标准。

GB/T 10221 感官分析 术语(GB/T 10221—1998,idt ISO 5492:1992)

GB/T 12315—2008 感官分析 方法学 排序法(ISO 8587:2006,IDT)

GB/T 13868 感官分析 建立感官分析实验室的一般导则(GB/T 13868—2009,ISO 8589:2007,IDT)

GB/T 16291.2 感官分析 选拔、培训和管理评价员一般导则 第2部分:专家评价员(GB/T 16291.2—2010,ISO 8586-2:2008,IDT)

GB/T 16861 感官分析 通过多元分析方法鉴定和选择用于建立感官剖面的描述词(GB/T 16861—1997,idt ISO 11035:1994)

GB/T 17321 感官分析方法 二、三点检验(GB/T 17321—1998,idt ISO 10399:1991)

ISO 483:1988 塑料 使用水溶液保持相对湿度恒定值的状态调节与试验的小密封罩法(Plastics—Small enclosures for conditioning and testing using aqueous solutions to maintain relative humidity at constant value)

ISO 4120 感官分析 方法学 三点检验(Sensory analysis—Methodology—Triangle test)

ISO 5495:2005 感官分析 方法学 成对比较检验(Sensory analysis—Methodology—Paired comparison test)

ISO 6564 感官分析 方法学 风味剖面检验(Sensory analysis—Methodology—Flavour profile methods)

ISO 8586-1 感官分析 选拔、培训和管理评价员一般导则 第1部分:优选评价员(Sensory analysis—General guidance for the selection, training and monitoring of assessors—Part 1:Selected assessors)

ISO 13299 感官分析 方法学 建立感官剖面检验导则(Sensory analysis—Methodology—General guidance for establishing a sensory profile)

注:与本标准规范性引用的国际文件有一致性对应关系的我国标准如下:

——GB/T 12311—1990 感官分析方法 三点检验(neq ISO 4120:1983);

——GB/T 12313—1990 感官分析方法 风味剖面检验(eqv ISO 6564:1985)。

3 术语和定义

GB/T 10221 确立的以及下列术语和定义适用于本标准。

3.1

包装 packaging

在食品生产、运输、贮藏或者展示过程中，为保存、保护或便于操作而用于临时包裹或容纳某件产品或一系列产品的物体。

注：本标准所指的包装指与食品有直接接触的包装。

3.2

新包装 new packaging

组成成分中至少含有一种新成分(如材料的固有成分、粘合剂、漆)的包装或者是已被更改原成分的包装。

3.3

气味 odour

嗅觉器官嗅某些挥发性物质所感受到的感官特性。

3.4

风味 flavour

品尝过程中感知到的嗅感、味感和三叉神经感的复合感觉。

注：风味可能受触觉的、温度的、痛觉的和(或)动觉效应的影响。

3.5

玷染 taint

与该产品无关的外来气味或味道。

3.6

异常风味 off-flavour

非食品典型风味，通常与食品的品质劣变有关。

3.7

参比材料 reference material

不影响某种产品感官特性的包装材料。

注：参比材料可为已知的、批准使用的包装材料。

3.8

评价员 assessor

参加感官分析的人员。

注：准评价员是尚不符合特定准则的人员，初级评价员是已参加过感官检验的人员。

3.9

优选评价员 selected assessor

挑选出的具有较高感官分析能力的评价员。

3.10

专家 expert

根据自己的知识或经验，在相关领域中有能力给出结论的评价员。

注：在感官分析中，有两种类型的专家，即专家评价员和专业专家评价员，见 GB/T 16291.2。

3.10.1

专家评价员 expert assessor

具有高度的感官敏感性和丰富的感官分析方法经验，并能够对所涉及领域内的各种产品作出一致的、可重复的感官评价的优选评价员。

3.10.2

专业专家评价员 specialized expert assessor

具备产品生产和(或)加工、营销领域专业经验，能够对产品进行感官分析，并能评价或预测原材料、配方、加工、贮藏、老化等有关变化对产品影响的专家评价员。

4 原则

4.1 包装材料固有气味的评价

被测包装材料应贮藏在一定条件下的某一容器内。

环境空气的气味在限定条件下应通过感官分析的方法进行评价。

4.2 包装材料对食品风味影响的评价

评价中用到的食品和直接或间接接触的包装材料应贮藏在控制条件下的容器内。

食品风味的变化通过感官分析方法进行评价。

5 食品样品

5.1 总则

注意事项:应遵守与产品相关的卫生和安全要求。

实验样品应尽可能采用真实食品、现行的包装方式和贮藏条件(温度、接触时间等)。在产品开发阶段的感官分析测试中尤其要按照以上要求进行。

同一评价小组内的重复检验应尽可能使用相同的参比食品样品(即产品和商品名称都相同)。其他情况下,可选用与真实产品类似的食品。

当真实食品未知或达不到实际的贮藏条件时,减少诱导时间或采用模型进行测试。

目前唯一有效的模型是巧克力产品包装用胶印纸或胶印纸板。

——研碎的牛奶巧克力;

——相对湿度 75%;

——温度 23 ℃±2 ℃;

——持续时间 48 h(根据 Robinson 实验)。

测试装置见图 1。此模型没有考虑到食品质量与包装表面积之间的比例,具有一定的局限性。

其他尚未获得有效确认的参考实验模型见附录 C。

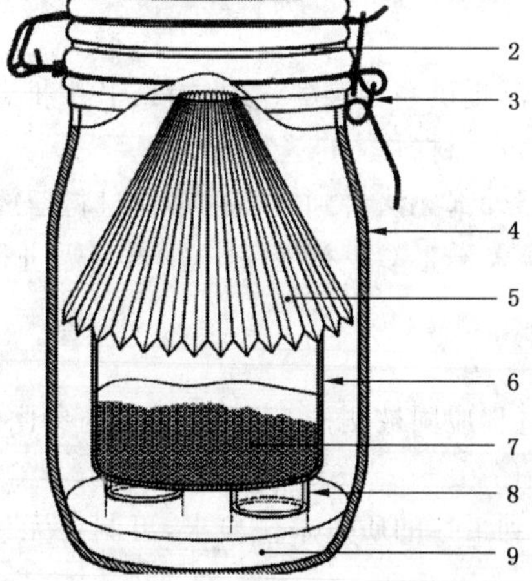

关键部件:

1——玻璃瓶盖;

2——聚四氟乙烯[Teflon®[1)]];

3——金属夹;

4——广口玻璃瓶(1 000 mL);

5——被测包装材料(6 dm^2);

6——玻璃结晶皿(直径 8 cm);

7——研碎的牛奶巧克力(25 g);

8——玻璃环;

9——饱和氯化钠溶液(60 mL)。

图 1 纸、纸板测试装置图

1) Teflon® 是适合的市售产品的实例。给出这一信息是为了方便本标准的使用者,并不表示对这一产品的认可。实验中也可使用效果类似的其他产品。

5.2 样品的制备

为每位评价员提供一定量的被评样品。

样品量根据食品的形态确定，一般如下：

——固态食品 4 g～30 g；

——液态食品 15 mL～50 mL。

采用的实验容器的数量与评价小组规模相对应(见 6.3)。

6 包装材料样品

6.1 总则

实验之前，将包装材料置于低温环境(大约 5 ℃)，并用无涂层的铝箔片包裹或放入一密闭的玻璃容器中。

对板状或薄膜型材料，应选择具有代表性的部分，并除去外层(如成卷样品的第一圈，成堆样片的第一张和最后一张)。

6.2 用于评价包装材料固有气味的样品的制备

6.2.1 检验条件

按已知的操作条件制备样品。

若无可循的操作条件，按以下步骤进行：

a) 对柔软的单层材料，其表面积与容积之比的推荐值为 6 dm^2/L。若材料是印刷的，则被测部分的印刷面和非印刷面的面积比应相同。

b) 夹层或多层纸板原料的内外表层的特性具有本质的区别。因内外表层被几乎不透水的中间层隔开，尤其经印刷后的样品差别更明显，故测试时应在纸板样品的同一面(如与包装食品接触的那一面)进行。将样品做成四面体状或袋状，以检测其内部(如 6 dm^2)。可按照工业上要求的封口条件对样品袋封口，也可用不会影响样品袋内部气味的胶粘剂粘合。

c) 硬性材料可在不改变其结构的情况下切成小块备用。

样品制备方法一旦被选择，应严格按照方法步骤进行。

6.2.2 方法

尽可能每位评价员评价一种样品提供一种容器(参见附录 B 中推荐使用的容器)。

在每个容器内放入面积适当的包装材料。

如存在视觉差异，应确保从容器外部无法看到容器内被检材料摆放的情形(如用铝箔盖住容器)。

将所有待用的容器避光并在 23 ℃±2 ℃下放置 24 h。若只需进行一个粗略的评价，可在 40 ℃±2 ℃下保存 1 h。

6.2.3 参比样

若需要参比样，参比样的制备过程应同被测样，而且所使用的参比包装材料不应影响食品的感官特性(见 3.7)。

若无参比包装材料或其无法达到最佳的质量条件要求，可制备无包装的参比样。只使用相同的容器，而不用任何包装材料。

6.3 用于评价包装材料对食品风味影响的样品的制备

6.3.1 直接接触模拟实验

尽可能按照实际条件进行样品制备。若实际条件未知或达不到，按以下步骤进行模拟实验。模型的使用参见附录 C。

a) 液态食品

被测的不同包装材料与食品适宜的接触条件见表 1。每种材料适用的条件在表中用灰色区域表示。

表 1 适宜的接触条件

包装材料	浸入接触	迁移室[a]	包装袋接触	填充
未经印刷的单层材料	$t^{b}>0.5$ mm,3 dm^2/L $t<0.5$ mm,6 dm^2/L^{c}			
印刷后的单层或多层材料				
可填充物体				6 dm^2/L^{c}
塞子和密封系统				

[a] 迁移室类型(与食品接触的单面)。

[b] t 表示厚度。

[c] 详细表述见参考文献[17]。

除特殊情况(如迁移室的表面积与容积的比例为 2 dm^2/200 mL)外,接触食品的包装材料表面积与包装的被检食品的容积之比应为 6 dm^2/L 物质。

b) 固态食品

对于片状或者薄膜状的包装材料,将 2 dm^2 的材料夹裹 1 cm 厚的被检食品(把薄膜剪切成条状并与食品交错放置),做成三明治状。确保向评价员提供足够量的样品。

对于可填充的材料,填充至正常容量并用皮氏培养皿盖于其上。

6.3.2 间接接触模拟实验

按照接触的温度,选择适宜的盐水溶液。参照 ISO 483 的条款,一定温度下的相对湿度的恒定值等同于实际的相对湿度。如不了解实际生产过程中的相对湿度,可使用氯化钠饱和水溶液使容器内维持 75%的相对湿度(见 ISO 483:1988 中表 3)。将盐溶液倒入已放置拉西环的 1 000 mL 容器(玻璃罐或干燥器)中(参见附录 B)。

将盛有 15 g 被测食品的皮氏培养皿放入容器中,置于拉西环上。

在皮氏培养皿的周围摆放好被测材料(3 dm^2 或 6 dm^2)。

根据小组成员的人数决定容器的数量。

6.3.3 参比样

如需要参比样,样品制备同被测样品的制备,并置于同等条件下存放。在此使用的参比包装材料对食品的感官特性不应造成任何影响(见 3.7)。

若无参比包装材料或其无法达到最佳的质量条件要求,可在间接接触实验中使用无包装的参比样,或在直接接触实验中使用玻璃包装(参见附录 B)。

7 感官评价

7.1 一般检验条件

宜在符合 GB/T 13868 要求的实验室内进行测试。若受条件限制,食品的制备、样品的包装以及测试过程的实施至少应在无气味的房间内进行。

盛放食品和包装材料的容器应无味,对检验结果无任何影响。推荐使用的容器列表见附录 B。

检验过程中的用具(如:清洁产品、胶带、钢笔)不应散发任何气味。

尽可能在微弱光线下或者在可调光的条件下进行检验以避免评价员从视觉上辨认出材料。

样品宜用三位数字随机编码。

差异检验中样品提供的顺序参考相关的标准。

采用评分法进行标度和类别检验时,样品提供的顺序应为:随机抽取半组样品按先“被测样”后“参比样”的顺序排列,另外半组样品则按先“参比样”后“被测样”的顺序排列。

在同一时间内进行多项不同的测试时，样品提供的顺序应同所有的感官评价一样，评价员与评价员之间不同。对整组样品而言，理想的情况是在位置(每件产品排列在每个位置上的次数相同)和两个连续产品之间的顺序(任何一件其他产品先于某一产品排列的次数相同)之间保持平衡(见参考文献[10])。

7.2 评价员

7.2.1 评价员的要求

评价员招聘和选拔的要求见 ISO 8586-1 和 GB/T 16291.2。

包装材料引起的问题一般是通过嗅觉来感知的，因此要保证候选评价员没有因过敏或疾病而影响嗅觉(如花粉热、鼻窦炎、慢性支气管炎)。

为保证感官评价结果的可靠性，可通过已知的包装混合物来评价候选人的嗅觉敏感度，以排除敏感度较低的评价员和避免可能存在的嗅觉缺失症(参见附录 D)。

针对评价员今后要开展的检验类型，差异检验、标度和类别检验还是描述性分析，选择适当的方法对其进行选拔和培训。

无论是选拔还是培训，评价员应做到：

——随叫随到；

——对感官评价有兴趣和愿望；

——集中注意力。

若评价员今后要进行的是描述性分析(如感官剖面的建立)，还应考察其对自己感知的描述能力(见 ISO 6564)。

评价小组成员还应能对被测食品进行熟练地评价，从而具备能觉察食品风味变化的能力。

7.2.2 评价员的人数

差别检验中，评价员的数量可参考 ISO 4120 或 ISO 5495 来确定。定性或定量描述分析中，评价员的数量可参考 ISO 13299 或参照参考文献[9]中的列表确定。

评价员的数量取决于检验的类型和目的。不容忽视的是，评价员的数量越少，产生 β 误差的可能性就越大。因而就有可能对实际存在差别的样品得出不存在差别的结论。不合适的包装通过审核的危险性就相应增大。所以，在评价包装材料是否引起异味时，要求有比较多的评价员参加检验。

7.3 包装材料固有气味的评价

7.3.1 感官评价

为确定评价员能否觉察“检验”样品和“参比”样品之间的区别，可采用下述方法。最好固定采用其中一种方法，并在以后遇到类似情况时都采用此法检验。

a) 成对比较检验：按照 ISO 5495 中的检验步骤对气味强度进行全面评估。在该情况下，要求评价员回答“哪个样品气味更强烈？”。

b) 三点检验：按照 ISO 4120 中的检验步骤进行。

c) 恒定参比的“二、三”点检验(参比即参比样)：按照 GB/T 17321 中的检验步骤进行。若评价员能感知到包装有异味，应进行描述。

d) 排序检验：按照 GB/T 12315 中的检验步骤对感官特性已知的两个以上的样品进行比较。

e) 评分检验：适用于对气味强度的差别进行检验。样品气味的强度用响应标度进行评分(如：以 5 点标度分别表示：0 无可觉察的气味；1 气味刚可觉察；2 气味中等；3 气味强；4 气味非常强)。附录 E 中给出了 7 点标度的例子(0 表示无可觉察的气味；6 表示气味明显)。具体采用何种标度根据期望达到的置信度来确定。在该情况下，任何一种样品都可能是隐藏的参比，被评样品的标度值与隐藏参比的标度值进行比较，再对结果进行统计分析。若评价员觉察有不同的气味，应进行描述。

评价小组经过培训之后方可进行评分检验。

可通过建立感官剖面对觉察到的气味进行定量描述来准确评价包装材料对被包装产品感官特性的影响。参照 ISO 6564、GB/T 16861 和 ISO 13299。

7.3.2 检验步骤

贮藏阶段过后,检验被包装材料封闭的或在包装材料内部的气体气味。

打开罐、瓶或袋后立即评价样品的气味。

每位评价员应按照如下方式进行检验:

——罐或瓶:移开磨口盖迅速嗅闻,并立即盖好;

——袋:剪掉袋子的一角,挤压袋子的同时立刻嗅闻开口处上方区域。

7.4 包装材料对食品风味影响的评价

7.4.1 感官评价

可采用不同的方法测定食品风味的变化,包括那些由于产品与包装之间交互作用或消减效应而引起的风味变化。可采用下述方法中的任何一种,并在以后遇到类似情况时都采用此法检验。

a) 成对比较检验:按照 ISO 5495 中的检验步骤对玷染强度进行全面评估。在这种情况下,要求评价员回答"哪个样品的玷染更强?"。

b) 三点检验:按照 ISO 4120 中的检验步骤进行。

c) 恒定参比的"二、三"点检验(参比即参比样):按照 GB/T 17321 中的检验步骤进行。

d) 排序检验:按照 GB/T 12315 中的检验步骤对玷染已知的两个以上的样品进行比较。

e) 评分检验:适用于对玷染强度的差别进行检验。玷染强度用响应标度进行评分,方法类似于 7.3.1 中的描述。在该情形下,任何一个样品可能是隐藏的参比,被评样品的标度值与隐藏参比的标度值进行比较,再对结果进行统计分析。若评价员觉察有玷染,应进行描述。

评价小组经过培训后方可进行评分检验。

可通过建立感官剖面对觉察到的玷染进行定量描述来准确评价包装材料对被包装产品感官特性的影响。参照 ISO 6564、GB/T 16861 和 ISO 13299。

7.4.2 评价步骤

在接触阶段的实验结束时,收集来源于各接触容器的食品样品分成检验批次和参比批次。

液体被评样置于平底无脚玻璃杯中。

固体被评样置于皮氏培养皿中或白瓷盘中。

应保证被评样均匀一致。例如,可将磨碎或粉碎的食品混合来获得一个具有代表性的样品。

样品提供给评价员时,应被置于带盖的容器中以防止样品气味扩散到周围环境中。

8 结果分析

成对比较检验按 ISO 5495:2005 中表 A.1 和表 A.2 的规定进行结果分析。

三点检验按 ISO 4120 的规定进行结果分析。

排序检验按 GB/T 12315—2008 中表 4 和表 5 的规定进行结果分析。

评分检验可采用非参数 Wilcoxon rank signed 检验(示例见附录 E)。如果标度是线性的(经过培训的评价小组所使用的标度),可采用 T 检验来处理数据。

了解气味或风味的属性及其对食品的影响与实践经验和进行包装材料对食品风味影响的检测实验结果密不可分。当决定是否允许使用某种包装材料时,知晓气味强度、气味类型及其对食品感官属性的影响三者之间的关联性十分有用。具体参见附录 A。

9 评价报告

评价报告应包括以下内容:

——实施检验的机构名称；
——注明根据本标准检验；
——被测包装材料样品的鉴定；
——参比包装材料的鉴定；
——与被测包装材料接触的食品(若已知)；
——检验用食品；
——检验日期；
——样品制备条件；
——接触实验中被检包装材料与实验食品之间的接触情况，特别是接触类型(直接或间接)、接触的具体细节以及接触阶段的持续时间、温度和相对湿度；
——采用的感官评价的类型；
——评价员人数和资格；
——检验结果；
——如有要求，应给出是否允许该批新包装材料使用的建议要求。

附 录 A
（资料性附录）
工业上与包装相关的产品风险评估指南

A.1 研发实验室中新型包装材料的评价

采用新包装时需就包装材料对食品风味的影响进行评价。故在此阶段需进行的测试包括在产品与其包装材料接触之后，从感官分析的角度来确定该包材是否适用。

对包装材料气味的评价采用平行实验。

如果产品与包装材料接触后可能带来的玷染可根据包装材料固有气味的评价实验结果预测，则在随后对包装材料的验收控制测试可重点放在对包装材料固有气味的评价。反之，则在验收过程中仅进行包装材料固有气味的评价是不够的。应先进行接触实验。产品研发阶段所采用的检验类型决定了随后包装材料验收管理中应采取的检验类型。表 A.1 列出了检验结果的判断规则。

表 A.1 判定准则

气味评价结果	接触实验结果	
	食品风味无改变	食品风味有变化
包装材料气味不可觉察	适宜的包装 被测包装材料的批量产品应无气味	不适宜的包装 食品气味/风味的改变与包装材料不可能关联 若有可能关联，则在继续研发之前应确定造成风味改变的成分
包装材料气味可觉察	适宜的包装 应规定被测包装材料批量产品的气味强度上限	不适宜的包装 降低气味强度并重新进行接触实验和气味评价

A.2 日常管理：包装材料可接受性的风险评估

将研发阶段检验所得的结果应用于生产中的日常管理，可能会遇到以下两种情况：

a) 第一种情况：产品风味的改变与包装材料的气味相关

该情况下，只需评价包装材料固有的气味。包材气味的强度应等于或低于研发实验中确定的参照值。

如果检测的气味强度比参照值高，则需要重新进行接触实验来检查包装材料是否仍可继续用于产品的包装。若产品的风味未被改变，则把该气味水平定义为检测上限。反之，该包装不予采用。

b) 第二种情况：产品风味的改变与包装材料的气味无关

此情况下，虽然包装材料本身没有气味，但却引起了被包装产品风味的改变（如：聚苯乙烯与食品接触时，可能会释放苯乙烯单体而污染食品）。

包装材料本身的气味评价不能预测包装对产品的影响。应对每个新的生产流程都进行接触试验。

附 录 B
（资料性附录）
推荐容器列表

B.1 用于存放与食品接触的包装材料的容器

以下容器均适用：

a) 广口瓶或干燥器：不透明玻璃制成，容量为 1 000 mL，具不带橡胶圈或密封油脂的磨口盖；

b) 皮氏培养皿：玻璃制成，表面积约为 150 mm×30 mm；

c) 磨口细颈管和磨口细颈瓶：不透明玻璃制成，容量为 100 mL、200 mL、250 mL、300 mL、400 mL或 500 mL；

d) 拉西环：直径 2 cm～3 cm，高度 2 cm～3 cm，或是惰性原料制成的有脚环[把包装与盛放食品的盘子分隔开（用于间接接触）]；

e) 迁移室（仅允许与包装材料的某一面接触的装置）：不锈钢制成，容积为 200 cm^3，接触表面积为 2 dm^2（包括惰性接头在内）（见图 B.1）。

单位为毫米

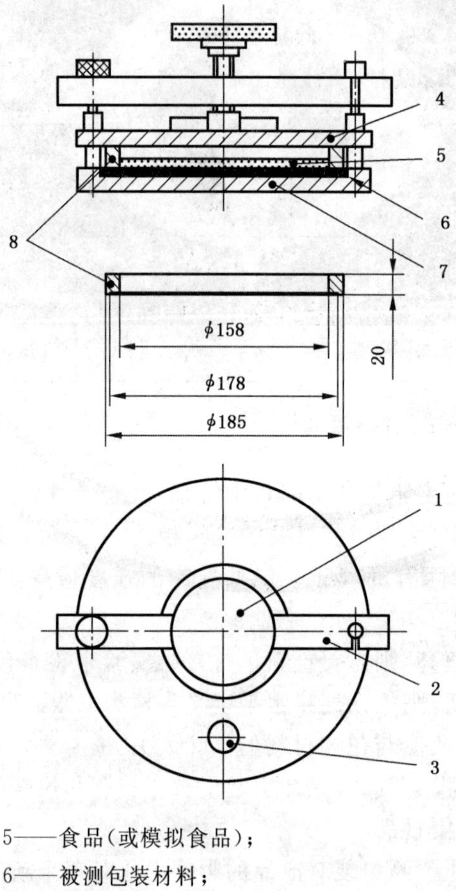

关键部件：
1——固定螺钉；
2——紧固条；
3——填充塞；
4——盖子；
5——食品（或模拟食品）；
6——被测包装材料；
7——底盘；
8——密封圈。

图 B.1 迁移室

B.2 用于食品感官评价的容器

以下容器均适用：

a) 皮氏培养皿：玻璃制成，表面积约为 80 mm×20 mm；

b) 大玻璃杯：玻璃制成，容量约为 120 mL，可用皮氏培养皿覆盖。

B.3 评价包装材料气味的容器

以下容器均适用：

a) 广口瓶或干燥器：不透明玻璃制成，容量为 1 000 mL，具不带橡胶圈或密封油脂的磨口盖；

b) 磨口细颈管和磨口细颈瓶：不透明玻璃制成，容量为 1 00 mL、200 mL、250 mL、300 mL、400 mL 或 500 mL；

c) 袋子：由经核准的无味材料制成，表面积恒定（4 dm^2～6 dm^2），最好是方形。确保袋子密封处理不会带来异味（例如：使用纸夹封口）。

附 录 C
（资料性附录）
模拟食品/温度模型示例

在接触试验中，当不知实际情况或者无法达到实际条件时，可采用模拟食品和常规温度。

食品/温度模型示例见表C.1。

表C.1 食品/温度模型示例

食品类型	建议采用的模拟食品	接触室温度
非发酵奶制品，炼乳	均质全脂乳	10 ℃±2 ℃
奶制品（酸奶、软质白干酪）	水+0.2 g/L乳酸	10 ℃±2 ℃
液态脂类产品	精炼植物油	23 ℃±2 ℃
肉和以肉为主的加工产品（熟食） 干酪和黄油	黄油或人造黄油	10 ℃±2 ℃
硬饼干和低脂、水分含量低的食品	碎面包干	23 ℃±2 ℃
水分含量超过35%的产品 （水果、蔬菜、饮料）	水+柠檬酸+糖 （按照被模拟产品中的比例进行混合）	23 ℃±2 ℃
酒精饮料	乙醇：60 mL 甘油：10 mg 水：1 L	23 ℃±2 ℃
巧克力，巧克力制品和含脂饼干 高脂、水分含量低的食品	磨碎的牛奶巧克力	23 ℃±2 ℃
水	无味的水	23 ℃±2 ℃

对带有包装的产品进行热处理，将食品加温至80 ℃±5 ℃。尽可能在不同加热类型的极限温度范围内或者在温度上升和下降的曲线范围内。

速冻食品应存放于－10 ℃±2 ℃。

相对湿度应如实反映实际情况或预期情况（一般在50%～75%之间）。

模拟食品尽可能选择在可选的食品范围内那些具备中性味道和气味的产品。

使用的原材料（如乙醇、甘油、柠檬酸）应为食品级。

详见参考文献[16]。

针对不同的检验目的和期望的贮藏时间，接触时间宜为：

——短期保存时间（少于1个月）：48 h；

——平均保存时间（1个月～9个月）：10 d；

——长期保存时间（9个月以上）：30 d。

供初步考察的快速检验中接触时间可为48 h。

通常情况下，接触时间不应少于48 h。

附 录 D
（资料性附录）
有可能引起食品感官特性变化的包装材料成分示例

下列成分有可能引起食品感官特性的变化：

a) 乙醛：来自聚对苯二甲酸乙二酯和聚乙烯。

b) 苯乙烯或乙基苯：来自聚苯乙烯。

c) 印刷油墨、印刷纸品或印刷塑料印刷面中的残留溶剂：

——异丙醇；

——乙酸乙酯；

——甲基乙基酮；

——乙酸丙酯；

——1-甲氧基-2-丙醇。

d) 己二酸二丁酯[(2-己基乙烯)己二酸或聚(氯乙烯)DOA 增塑剂的分解产物]。

e) 橡胶中的挥发性亚硝胺。

见参考文献[11]。

附 录 E
（资料性附录）
应用非参数 Wilcoxon 检验分析评分法所得结果的示例

12 位评价员采用 7 点离散标度(0 表示无可觉察的气味,6 表示气味明显)对参比材料和被检材料的气味强度进行了评价,评价结果见表 E.1。计算每位评价员得出的强度值的差值(DI),将差值的绝对值按照由低到高的顺序排列,舍弃 0 值。

表 E.1 评分检验结果

评价员	A	B	C	D	E	F	G	H	I	J	K	L
参比样	0	1	2	1	2	1	2	0	0	1	1	2
被评样	1	3	2	5	4	1	1	3	4	2	1	1
DI 参比检验	−1	−2	0	−4	−2	0	+1	−3	−4	−1	0	+1
DI 秩次	2.5	5.5	—	8.5	5.5	—	2.5	7	8.5	2.5	—	2.5

如果根据 DI 绝对值排序。存在相同秩次时,依下述方法进行统计分析。

a) 计算平均秩次

统计相同 DI 绝对值出现的频数及排序秩次,计算平均秩次如下:

——4 位评价员(评价员 A、G、J 和 L)DI 值的绝对值为 1,其相应的 DI 绝对值排序秩次就分别为 1、2、3 和 4,则平均秩次为(1+2+3+4)/4=2.5。2.5 即为评价员 A、G、J 和 L 的排序秩次。

——2 位评价员(评价员 B 和 E)的 DI 值的绝对值为 2。其排序平均秩次为(5+6)/2=5.5。

——1 位评价员(评价员 H)的 DI 值的绝对值为 3。其排序秩次为 7。

——2 位评价员(评价员 D 和 I)的 DI 值的绝对值为 4。其排序平均秩次为(8+9)/2=8.5。

b) 计算 DI 值的合

——负 DI 值的秩次总和为 $W-$

——正 DI 值的秩次总和为 $W+$

$W- = 2.5+5.5+8.5+5.5+7+8.5+2.5=40$

$W+ = 2.5+2.5=5$

计算评价员的总数(N)减去 DI 值为零的数目。在本例中 N 是 9,故:

$(W-)+(W+)=N(N+1)/2$

本例中结果为 45。

c) 结果的分析与解释

表 E.2 显示,在单侧检验中,对于给定 N 值的概率,即 $W+$ 大于或等于 c。

在收集数据前,若已知参比样和被评样之间存在差异,进行单侧试验。该情况下,若预计被评样的气味强度小于参比样,则可用参比样的气味强度值减去被评样的气味强度值来计算 DI 值,再用 $W+$ 与表格中的值作比较。

若不能确定这种差异为正还是为负,可进行备择假设 H_1,即参比样的气味强度与被评样的气味强度不同。取 $W-$、$W+$ 中的最大值 $W=\sup(W-, W+)$,然后查表(表 E.2)得到与 W 值对应的概率再乘以 2。

在本例中,因不确定差异为正还是为负,故进行了备择假设 H_1:参比样的气味强度与被评样的气味强度不同。

表 E.2 中,当 $N=9$,$c=40$,双侧检验中概率 $p=0.0195$ 时,可推论被评样和参比样之间存在差异。

但实际上当概率 $p=0.039$ 时，两者不存在差异。

所以，在阈值为5%时，被评样和参比样之间存在显著性差异。尽管存在显著性差异，但差异可能不是很大。在本例中，一些评价员给出的被评样的气味强度值很高。因此，在这种情况下可得出使用被检包装材料的风险不容忽视的结论。

检验人员可根据检验中得到的强度值、显著水平及自己的经验综合考虑，建议使用或不使用被检包装材料。

很显然，最终结论的商业意义大于它的统计意义。

表 E.2　Wilcoxon 检验的临界值[a]

c	N												
	3	4	5	6	7	8	9	10	11	12	13	14	15
3	0.625 0												
4	0.375 0												
5	0.250 0	0.562 5											
6	0.125 0	0.437 5											
7		0.312 5											
8		0.187 5	0.500 0										
9		0.125 0	0.406 3										
10		0.062 5	0.312 5										
11			0.218 8	0.500 0									
12			0.156 3	0.421 9									
13			0.093 8	0.343 8									
14			0.062 5	0.281 3	0.531 3								
15			0.031 3	0.218 8	0.464 8								
16				0.156 3	0.406 3								
17				0.109 4	0.343 8								
18				0.078 1	0.289 1	0.527 3							
19				0.046 9	0.234 4	0.472 7							
20				0.031 3	0.187 5	0.421 9							
21				0.015 6	0.148 4	0.371 1							
22					0.109 4	0.320 3							
23					0.078 1	0.273 4	0.500 0						
24					0.054 7	0.230 5	0.455 1						
25					0.039 1	0.191 4	0.410 2						
26					0.023 4	0.156 3	0.367 2						
27					0.015 6	0.125 0	0.326 2						
28					0.007 8	0.097 7	0.285 2	0.500 0					
29						0.074 2	0.248 0	0.460 9					
30						0.054 7	0.212 9	0.422 9					

表 E.2（续）

c	N												
	3	4	5	6	7	8	9	10	11	12	13	14	15
31						0.039 1	0.179 7	0.384 8					
32						0.027 3	0.150 4	0.347 7					
33						0.019 5	0.125 0	0.312 5	0.517 1				
34						0.011 7	0.101 6	0.278 3	0.482 9				
35						0.007 8	0.082 0	0.246 1	0.449 2				
36						0.003 9	0.064 5	0.215 8	0.415 5				
37							0.048 8	0.187 5	0.382 3				
38							0.037 1	0.161 1	0.350 1				
39							0.027 3	0.137 7	0.318 8	0.515 1			
40							0.019 5	0.116 2	0.288 6	0.484 9			
41							0.013 7	0.096 7	0.259 8	0.454 8			
42							0.009 8	0.080 1	0.232 4	0.425 0			
43							0.005 9	0.065 4	0.206 5	0.395 5			
44							0.003 9	0.052 7	0.182 6	0.366 7			
45							0.002 0	0.042 0	0.160 2	0.338 6			
46								0.032 2	0.139 2	0.311 0	0.500 0		
47								0.024 4	0.120 1	0.284 7	0.4730		
48								0.018 6	0.103 0	0.259 3	0.446 3		
49								0.013 7	0.087 4	0.234 9	0.419 7		
50								0.009 8	0.073 7	0.211 9	0.393 4		
51								0.006 8	0.061 5	0.190 2	0.367 7		
52								0.004 9	0.050 8	0.169 7	0.342 4		
53								0.002 9	0.041 5	0.150 6	0.317 7	0.500 0	
54								0.002 0	0.033 7	0.133 1	0.293 9	0.478 5	
55								0.001 0	0.026 9	0.116 7	0.270 9	0.451 6	
56									0.021 0	0.101 8	0.248 7	0.427 6	
57									0.016 1	0.088 1	0.227 4	0.403 9	
58									0.012 2	0.075 7	0.207 2	0.380 4	
59									0.009 3	0.064 7	0.187 9	0.357 4	
60									0.006 8	0.054 9	0.169 8	0.334 9	0.511 0
61									0.004 9	0.046 1	0.152 7	0.312 9	0.489 0
62									0.003 4	0.038 6	0.136 7	0.291 5	0.467 0
63									0.002 4	0.032 0	0.121 9	0.270 8	0.445 2
64									0.001 5	0.026 1	0.108 2	0.250 8	0.423 5

表 E.2（续）

c	N												
	3	4	5	6	7	8	9	10	11	12	13	14	15
65									0.001 0	0.021 2	0.095 5	0.231 6	0.402 0
66									0.000 5	0.017 1	0.083 9	0.213 1	0.380 8
67										0.013 4	0.073 2	0.195 5	0.359 9
68										0.010 5	0.063 6	0.178 8	0.339 4
69										0.008 1	0.054 9	0.162 9	0.319 3
70										0.006 1	0.047 1	0.147 9	0.299 7
71										0.004 6	0.040 2	0.133 8	0.280 7
72										0.003 4	0.034 1	0.120 6	0.262 2
73										0.002 4	0.028 7	0.108 3	0.244 4
74										0.001 7	0.023 9	0.096 9	0.227 1
75										0.001 2	0.019 9	0.086 3	0.210 6
76										0.000 7	0.016 4	0.076 5	0.194 7
77										0.000 5	0.013 3	0.067 6	0.179 6
78										0.000 2	0.010 7	0.059 4	0.165 1
79											0.008 5	0.052 0	0.151 4
80											0.006 7	0.045 3	0.138 4
81											0.005 2	0.039 2	0.126 2
82											0.004 0	0.033 8	0.114 7
83											0.003 1	0.029 0	0.103 9
84											0.002 3	0.024 7	0.093 8
85											0.001 7	0.020 9	0.084 4
86											0.001 2	0.017 6	0.075 7
87											0.0009	0.014 8	0.067 7
88											0.000 6	0.012 3	0.060 3
89											0.000 4	0.010 1	0.053 5
90											0.000 2	0.008 3	0.047 3
91											0.000 1	0.006 7	0.041 6
92												0.005 4	0.036 5
93												0.004 3	0.031 9
94												0.003 4	0.027 7
95												0.002 6	0.024 0
96												0.002 0	0.020 6
97												0.001 5	0.017 7
98												0.001 2	0.015 1

表 E.2（续）

c	N												
	3	4	5	6	7	8	9	10	11	12	13	14	15
99												0.000 9	0.012 8
100												0.000 6	0.010 8
101												0.000 4	0.009 0
102												0.000 3	0.007 5
103												0.000 2	0.006 2
104												0.000 1	0.005 1
105												0.000 1	0.004 2
106													0.003 4
107													0.002 7
108													0.002 1
109													0.001 7
110													0.001 3
111													0.001 0
112													0.000 8
113													0.000 6
114													0.000 4
115													0.000 3
116													0.000 2
117													0.000 2
118													0.000 1
119													0.000 1
120													0.000 0

[a] 来自参考文献[13](经 McGraw Hill 有限公司授权转载。著作权于 1995 年 7 月 24 日获得)。

参 考 文 献

[1] ISO 3972 Sensory analysis—Methodology—Method of investigating sensitivity of taste

[2] ISO 4121 Sensory analysis—Guidelines for the use of quantitative response scales

[3] ISO 5496 Sensory analysis—Methodology—Initiation and training of assessors in the detection and recognition of odours

[4] ISO 6658 Sensory analysis—Methodology—General guidance

[5] ISO 21067 Packaging—Vocabulary

[6] BS 3755 Methods of test for the assessment of odour from packaging materials used for foodstuffs

[7] DIN 10955 Sensory analysis;testing of container materials and containers of food products

[8] EN 1186-1 Materials and articles in contact with foodstuffs—Plastics—Part 1:Guide to the selection of conditions and test methods for overall migration

[9] SCHLICH, P. Risks tables for discrimination tests. Food Quality and Preference, 4(3), 1993, pp. 141-151.

[10] MACFIE, H. J., BRATCHELL, N., GREENHOFF K, and VALLIS, L. V. Journal of Sensory Studies, 4(2), 1989, pp. 129-148.

[11] DGCCRF. Avis du CSHPF relatif aux matériaux au contact des denrées alimentaires—BOCCRF n° 8 du 24. 05. 96, Section de I'alimentation et de la nutrition, November 1995.

[12] SAXBY M. J. (ed.) Food Taints and Off Flavours. Blackie Press, 1993, Chapter 7 (ISBN 0751400963).

[13] SIEGEL. S. and CASTELLAN N. J. Jr. Nonparametric statistics for the behavioral sciences. McGraw Hill, 1998(ISBN 0071003266).

[14] ROBINSON, L. Méthode d'analyse Feuille 12F/1998, Transfer of packaging odours to cocoa and chocolate products OICC(Office International du Cacao et du Chocolat).

[15] KATAN L. L. Migration from food contact migration. Blackie Press, 1996 (ISBN 0751402370).

[16] ENV 13130-1 Materials and articles in contact foodstuffs—Plastics substances subject to limitation—Part 1:Guide to the tests methods for the specific migration of substances from plastic into food and food simulants and the determination of substances in plastics and the selection of conditions of exposure to food simulants

[17] European Directive 82/711/CEE Basic rules necessary for testing migration of the constituents of plastics materials and articles intended to come into contact with foodstuffs (Amended by European Directive 93/8/CEE and European Directive 97/48/CEE)

ICS 67.120.10
X 04

GB

中华人民共和国国家标准

GB/T 25007—2010

速冻食品生产 HACCP 应用准则

Hazard analysis and critical point(HACCP) for application of quick-frozen foods

2010-09-02 发布　　2010-12-01 实施

中华人民共和国国家质量监督检验检疫总局
中国国家标准化管理委员会　发布

前　言

本标准的附录 A、附录 B、附录 C、附录 D 和附录 E 均为资料性附录。

本标准由中国商业联合会提出并归口。

本标准起草单位：中国商业联合会商业标准中心、郑州三全食品股份有限公司、河南省速冻食品工程技术研究中心、河南全惠食品有限公司、成都全益食品有限公司、郑州全味食品有限公司、郑州全新食品有限公司、深圳市福荫食品有限公司、佛山市金城速冻食品有限公司、上海市冷冻食品行业协会等。

本标准主要起草人：曹德胜、陈南、黄忠民、林榆生、冼洁莹、张宁鹤、郑军芬、苏玲、张文叶、靳晓蕾、刘振宇。

速冻食品生产 HACCP 应用准则

1 范围

本标准规定了速冻食品生产过程中的危害分析和关键控制点(HACCP)体系的原理及其应用要求。

本标准适用于速冻食品生产的全过程。

2 规范性引用文件

下列文件中的条款通过本标准的引用而成为本标准的条款。凡是注日期的引用文件,其随后所用的修改单(不包括勘误的内容)或修订版均不适用于本标准,然而,鼓励根据本标准达成协议的各方研究是否可使用这些文件的最新版本。凡是不注日期的引用文件,其最新版本适用于本标准。

GB 5749 生活饮用水卫生标准

GB 7718 预包装食品标签通则

GB/T 22000 食品安全管理体系 食品链中各类组织的要求

GB/T 27341 危害分析与关键控制点(HACCP)体系 食品生产企业通用要求

3 术语和定义

GB/T 22000 和 GB/T 27341 中确立的以及下列术语和定义适用于本标准。

3.1

速冻食品 quick-frozen foods

用快速方法冻结,并采用冷藏链使其在流通领域保持—18 ℃或更低温度的带有标识的食品。

3.2

冷藏链 cold chain

食品从生产到消费的各个环节中,连续不断采用低温方法流通和保存的一个系统,包括:冻结(或冷却)、冷藏、低温运输、区域配送和零售。

4 HACCP 体系的原理

HACCP 体系由以下 7 项原理组成:

原理 1:进行危害分析。

原理 2:确定关键控制点(CCPs)。

原理 3:建立关键限值。

原理 4:建立关键控制点(CCPs)的监控体系。

原理 5:建立纠偏措施,当监控表明某个特定 CCP 偏离时采用。

原理 6:建立验证程序,确定 HACCP 体系运行的有效性。

原理 7:建立有关上述原理及其在应用中的所有程序和记录的文件系统。

5 HACCP 体系的应用

5.1 总则

5.1.1 管理层及 HACCP 工作小组对 HACCP 体系建立、实施及验证给予全面责任承诺和参与。

5.1.2 HACCP 体系应用前,应建立实施 HACCP 体系所必需的质量管理文件,并加以实施和保持,以及持续改进其有效性。

5.1.3 应按本标准的要求建立体现 HACCP 7 项原理的 HACCP 体系，并形成文件。

5.2 文件要求

5.2.1 基础前提文件

a) 良好的操作规范；
b) 卫生标准操作程序；
c) 生产工序操作要求；
d) 职工培养计划；
e) 产品标识、质量跟踪和产品召回制度；
f) 加工设备、设施维护保养条例；
g) 微生物监控规程(菌落总数、大肠菌群等)。

5.2.2 其他前提文件

a) 产品标准；
b) 计量、监控设备标准条例；
c) 实验室管理制度；
d) 委托社会检测机构的合同或协议；
e) 文件与资料管理规定；
f) 使用的其他文件化内容(书面或电子形式)，可包括：
   1) 规范(或标准)；
   2) 图纸：生产厂(公司)总平面图及周围地区平面图；生产车间平面图(物流、人流图)；生产工艺流程图；生产车间供、排水(汽)图、灭鼠措施分布图；
   3) 现行的有关规定；
   4) 其他支持性文件(如设备手册，制定抑制细菌性病原体生长的资料，建立产品安全保质期的资料，确定杀死细菌性病原体加热要求的资料，以及向有关顾问或专家进行咨询的信件等)。

5.2.3 前提文件记录表。

5.3 HACCP 体系文件与记录应包括

a) HACCP 体系建立规程；
b) HACCP 小组名单及职责分工；
c) 产品描述；
d) 产品加工生产流程图(参见附录 A)；
e) 危害分析表；
f) HACCP 计划表；
g) HACCP 计划记录表。

5.4 文件控制

HACCP 体系文件的建立应依照 HACCP 原理所要求的逻辑程序进行，组织应对此进行文件控制(参见附录 B)。

5.5 记录控制

应建立并保持纪录，以提供符合要求的 HACCP 体系有效运行证据。

6 速冻食品良好操作规范

企业应按照《中华人民共和国食品安全法》和相应卫生规范要求，建立并实施速冻食品生产企业的 GMP(良好操作规范)，具体参见附录 C。

7 速冻食品卫生操作程序

根据速冻食品生产企业的实际情况，制定符合要求的食品卫生标准操作程序。具体参见附录D。

7.1 接触速冻食品(包括原料、半成品、成品)或与速冻食品有接触的物品如水等应符合安全、卫生要求。

7.2 接触速冻食品的器具、手套和内外包装材料等应清洁、卫生和安全。

7.3 确保速冻食品免受交叉污染。

7.4 保证操作人员手的清洗消毒，保持洗手间设施的清洁。

7.5 防止润滑剂、燃料、清洗消毒用品、冷凝水及其他化学、物理和卫生等污染物对速冻食品造成安全危害。

7.6 正确标注、存放和使用各类有毒化学物质。

7.7 保证与速冻食品接触的员工的身体健康和卫生。

7.8 预防和清除蚊蝇、老鼠等虫害。

8 生产工序操作要求

8.1 生产工艺

8.1.1 应确定并策划直接影响产品质量的生产工艺过程，确保过程受控制。

8.1.2 制定基本生产工艺流程。

8.1.3 制定产品加工工艺、操作规程、产品配方、检验和企业产品标准，并形成文件，加以控制。

8.1.4 按工艺要求对生产过程确定关键控制点，建立关键限值，对关键控制点的人员培训，对设备等进行性能鉴定，并有过程记录。

8.2 加工前关键控制点(CCPs)

8.2.1 对供方的控制

8.2.1.1 对原辅料供方进行评价和选择，从合格的供方处采购。

8.2.1.2 对供方的供货能力、供货的质量保证能力等信息资料及实际情况进行考核，综合评定，以确定合格的供方。

8.2.1.3 对合格供方的能力、业绩、供货记录等进行动态综合评价，建立和保存相关资料记录。

8.2.2 原辅料进厂检验

8.2.2.1 应制定原辅料采购验收和索证索票制度。

8.2.2.2 原辅料应符合相关标准规定且是检验合格的产品。

8.2.2.3 采购的原辅料根据各自质量的要求，应放在符合要求的仓库内储存。

8.2.2.4 对储存且在保质期内的原材料，使用前应进行感官和微生物检验，判为合格品的才能投入生产。

8.3 加工过程中关键控制点(CCPs)

8.3.1 原料

所选原料应是新鲜和适度成熟的原料。

8.3.2 微生物

应评定原料在使用前致病的微生物的存在和程度及防止生产过程中再污染。

8.3.3 安全

根据原料的微生物控制要求，确定原料被致病微生物危害的程度，并确定原料是否进入后续生产工序。

8.3.4 质量

尽可能地控制住速冻成品(或半成品)中微生物数量，有助于保持口味、新鲜度和色泽，亦有助于获得适宜的储存期。

8.3.5 冻结前的预处理

8.3.5.1 成品在速冻前应经过多种加工工序，如清洗、分类、剪切、分割、成熟老化、切片、加热等，其中CCP视不同品种而定，尤其应减少在临界温度区(10 ℃～60 ℃)的停留时间。

8.3.5.2 对众多食品，热处理应在70 ℃以上停留不少于2 min，然后尽快地降到10 ℃以下。

8.3.5.3 蔬菜经烫漂可以杀死细菌、抑制酶的活性。但会影响口味和色泽等质量问题。

8.3.5.4 速冻前一些成品或半成品需要暂存，储藏条件(尤其是温度)应视不同品种而定。

8.3.5.5 速冻食品在加工过程中需要解冻，应清楚注明解冻方法、解冻时间、解冻温度，以及温度的测量仪器和测量仪器的布置方法。解冻方法的确定应考虑食品的厚度和大小均匀性。操作时应控制好解冻时间和温度参数。

8.4 速冻

8.4.1 速冻装置内部空气温度应预冷到≤－30 ℃。

8.4.2 经处理或预包装后的食品应尽快进入速冻装置内进行速冻。

8.4.3 应视不同品种和规格对被速冻的食品制定通过最大冰晶带的温度区(一般系指被冻食品的中心温度－1 ℃～－5 ℃)的时间。

8.4.4 被冻食品的中心温度达到－18 ℃或更低，冻结过程完成。

8.4.5 冻结好的食品不能滞留在高温、高湿环境，应尽快送入－18 ℃或更低温度的冷库。

8.4.6 对速冻后需包装的速冻食品，应在温度不高于15 ℃的环境中迅速包装，并应即刻送入－18 ℃或更低温度的冷库。

8.5 包装

速冻食品有包装后速冻和速冻后包装之分。速冻食品包装应满足：

——保护食品的感官和其他品质的特性；

——保护食品不受微生物和其他污染物的影响；

——与其他影响食品质量和安全的物质隔离；

——标签应符合GB 7718的规定。

8.6 速冻食品的冷藏

8.6.1 速冻食品的储藏库温度应在－18 ℃或更低。

8.6.2 速冻食品库房温度波动要小于±2 ℃。

8.6.3 有异味的其他速冻食品不能储存在同一库房内。

8.6.4 储存的速冻食品出库应执行“先进先出”的原则。

8.6.5 速冻食品进入流通领域应执行食品“冷藏链”的要求。

8.7 不合格品控制

8.7.1 制定不合格品控制文件，确保不合格品不进入流通领域。

8.7.2 对采购的原料、辅料，以及成品的加工过程和产品的储运中发现的不合格品应按有关规定处理并记录。

9 微生物检验

9.1 应按照产品质量要求建立对有关微生物进行检验的程序，并达到合格要求。

9.2 应建立对其他可能存在的致病菌进行检验的程序，并达到合格要求。

10 HACCP计划建立规程

10.1 组建HACCP工作小组

速冻食品生产应确保有相应的产品专业知识和有关技术的支持。HACCP小组应由保证建立有效

HACCP 计划所需相关专业知识的、有经验和能实施的领导、生产技术人员、工程技术人员、质量管理人员及其他必要人员组成。以确定有效的 HACCP 计划，明确 HACCP 计划的范围，列出速冻食品生产中所涉及的环节，并说明所强调的危害的总体分类。

10.2 产品描述

HACCP 工作的首要任务是对实施 HACCP 系统管理的产品进行描述。描述的内容包括：

——产品的名称；

——产品的原料和主要成分；

——产品的理化性质和加工方法；

——包装方式；

——储存条件；

——保质期限；

——配送要求；

——销售要求。

10.3 绘制和确认速冻产品加工工艺流程图

HACCP 工作小组应深入生产线，详细了解产品的生产和加工过程，绘制产品的生产工艺流程图并现场验证流程图。

10.4 HACCP 计划程序

10.4.1 危害分析(原理 1)

10.4.1.1 危害分析讨论和评估

10.4.1.1.1 危害分析讨论人员由各部门专业人员参加。

10.4.1.1.2 危害分析讨论时范围应广泛、全面，对所用的原料、产品加工的每一步骤和所用设备、终端产品及其储存和分销方式等进行分析。在此阶段应尽可能列出所有可能出现的潜在危害。

10.4.1.1.3 危害评估是对每一个危害发生的可能性及其严重程度进行评估，以确定对食品安全非常关键的显著危害，并将其纳入 HACCP 计划。

10.4.1.2 进行危害分析时应将安全问题与一般质量问题分开。涉及到安全问题的危害有：

a) 生物危害：包括细菌、病毒、霉菌毒素、寄生虫和有害生物因子。
b) 化学危害：天然的化学物质、超规定使用食品添加剂、无意或偶然加入的化学品、生产过程中产生的有害化学物质：
    1) 天然的化学物质：组胺等；
    2) 无意或偶然加入的化学药品：农业上的化学药品、禁用物质、有毒物和化合物、工厂化学物质(润滑剂、清洁剂等)，以及包装材料及助剂中化学物迁移；
    3) 食品添加剂：防腐剂、营养素添加剂、色素添加剂。
c) 物理危害：潜在于食品中不常发现的有害异物，如玻璃、金属等。

10.4.1.3 列出危害分析表

危害分析表可使执行者明确危害分析的思路。HACCP 工作小组还应考虑对每个危害可采取哪种控制措施。

10.4.2 确定关键控制点(原理 2)

10.4.2.1 应用判断树(参见附录 E)的逻辑推理方法，确定 HACCP 系统中的关键控制点(CCP)。在某一步骤上对一个确定的危害进行控制对保证速冻食品安全是必要的，然而在该步骤或其他步骤上都没有相应的控制措施，那么，对该步骤或其前后步骤的生产或加工工艺必须进行修改，包括相应的控制措施。

10.4.2.2 通过分析速冻食品生产流程表确定关键控制点。

10.4.3 **建立每个关键控制点的关键限值(原理3)**

10.4.3.1 每项控制措施要有一个或多个相应的关键限值。

10.4.3.2 关键限值的确定要有科学的依据,分别来自科学刊物、法规性指南(含标准)、专家试验等。用来确定科学限值的依据和参考资料应作为HACCP方案支持文件的一部分。

10.4.3.3 关键限值包括但不限于:时间、温度、pH、有效氯和添加剂等的使用量,以及感官指标等。

10.4.4 **建立对每个关键控制点进行监控的系统(原理4)**

10.4.4.1 通过监测发现关键控制点是否失控,通过监测提供必要的信息,以及调整生产过程,防止超出关键限值。

10.4.4.2 操作人员使用操作限值以降低偏离风险。加工工序应在超过操作限值时进行调整,以避免超出关键限值。操作人员可使用这些调整措施避免失控或避免采取纠偏行动,及早发现失控的趋势,并采取行动防止产品返工,避免造成产品的报废。只有在超出关键限值时才采取纠偏行动。

10.4.4.3 监控系统包括:

——监控内容:通过观察和测量来评估一个CCP的操作是否在关键限值内。

——监控方法:常用的有物理和化学检测指标,包括时间和温度组合、酸度或pH值、感官检验。

——监控设备:有温湿度计、计时器、天平、pH计、化学分析设备等。

——监控频率:监控可以是连续的或非连续的。连续监控对许多物理或化学参数都是可行的。如果监控不是连续的,那么检测的数量或频率应确保关键控制点在监控之下。

——监控人员:可以进行CCP检测的人员包括流水线上的人员、设备操作者、监督员、维修人员、质保人员等。负责CCP的人员必须接受CCP监控技术的培训,掌握CCP监控的重要性,能及时进行监控活动,准确报告每次监控工作,随时报告违反关键限值的情况以便及时采取纠偏行动。

10.4.5 **建立纠偏措施(原理5)**

10.4.5.1 在HACCP计划中,对每个关键控制点都应该预先建立相应的纠偏措施,以便出现偏离时实施。

10.4.5.2 纠偏措施应包括:

——确定引起偏离的原因。

——确定偏离期所涉及产品的处理方法,例如隔离和保存,并作安全评估、退回原料、重新加工、销毁等。

——记录纠偏行动,包括对受影响产品的最终处理、采取纠偏行动人员的姓名、必要的评估结果。

10.4.6 **建立验证程序(原理6)**

10.4.6.1 通过验证、审查、检验,确定HACCP是否正确运行,验证程序包括对CCP的验证和对HACCP体系的验证。

10.4.6.2 CCP的验证活动应包括:

——校准:CCP验证活动包括监控设备的校准,以确保测量的准确度。

——校准记录的复查:复查设备的校准记录、检查日期和校准方法,以及试验结果。应保存校准的记录并加以复查。

——针对性的原样检测。

——CCP记录的复查。

10.4.6.3 HACCP体系的验证

10.4.6.3.1 验证的频率:足以确认HACCP体系在有效运行。每年至少进行一次或在体系发生故障时、产品原材料或加工过程发生显著改变时或发生了新的危害时进行。

10.4.6.3.2 体系的验证活动:检查产品说明和生产流程图的准确性;检查CCP是否按HACCP的要求被监控;监控活动是否在HACCP计划中规定的场所执行;监控活动是否按照HACCP计划中规定的

频率执行；当监控表明发生了偏离关键限值的情况时，是否执行了纠偏行动；设备是否按照 HACCP 计划中规定的频率进行校准；工艺过程是否在既定的关键限值内操作；检查记录是否准确、是否按照要求的时间来完成等。

10.4.7 **建立记录档案（原理 7）**

HACCP 体系应保存的记录包括：

——危害分析表：用于进行危害分析和建立关键限值的信息记录。

——HACCP 计划表：应包括产品名称、CCP 所处的步骤和危害的名称、关键限值、监控措施、纠偏措施、验证程序和保持记录的程序。

——HACCP 体系运行记录表：包括监控记录、纠偏记录和验证记录。

10.5 **培训**

HACCP 有效执行的基本要素是对在行业（企业）中有关人员进行 HACCP 原理和应用的培训并形成记录。作为 HACCP 培训的辅助性方法，应制定工作说明和工作程序，规定每个关键控制点操作人员的任务：

——所有人员要充分认识到相关关键控制点正确控制的重要性；

——所有人员应知道他们在防止食品污染和变质方面的作用和义务；

——食品加工人员应具备必要的知识和技能；

——对处理清洁剂和其他有害化学物品的有关人员要进行安全技术指导；

——对有关人员进行正确使用食品添加剂的业务培训。

10.6 **跟踪与回收**

生产企业应确保对市场上销售的速冻食品拥有完全跟踪和快速召回的能力。

——在一定时间内应保存加工、生产、配送的有关记录；

——对速冻食品的储存条件和食用方法要标识清楚，以利于生产企业的跟踪；

——建立可能对公共健康带来危害产品的召回方法；

——在尚未确认销毁或获准重新加工以前，必须对召回的产品进行监管。

附　录　A
（资料性附录）
速冻鸡块生产流程图

加工类别：速冻食品
产　　品：速冻鸡块

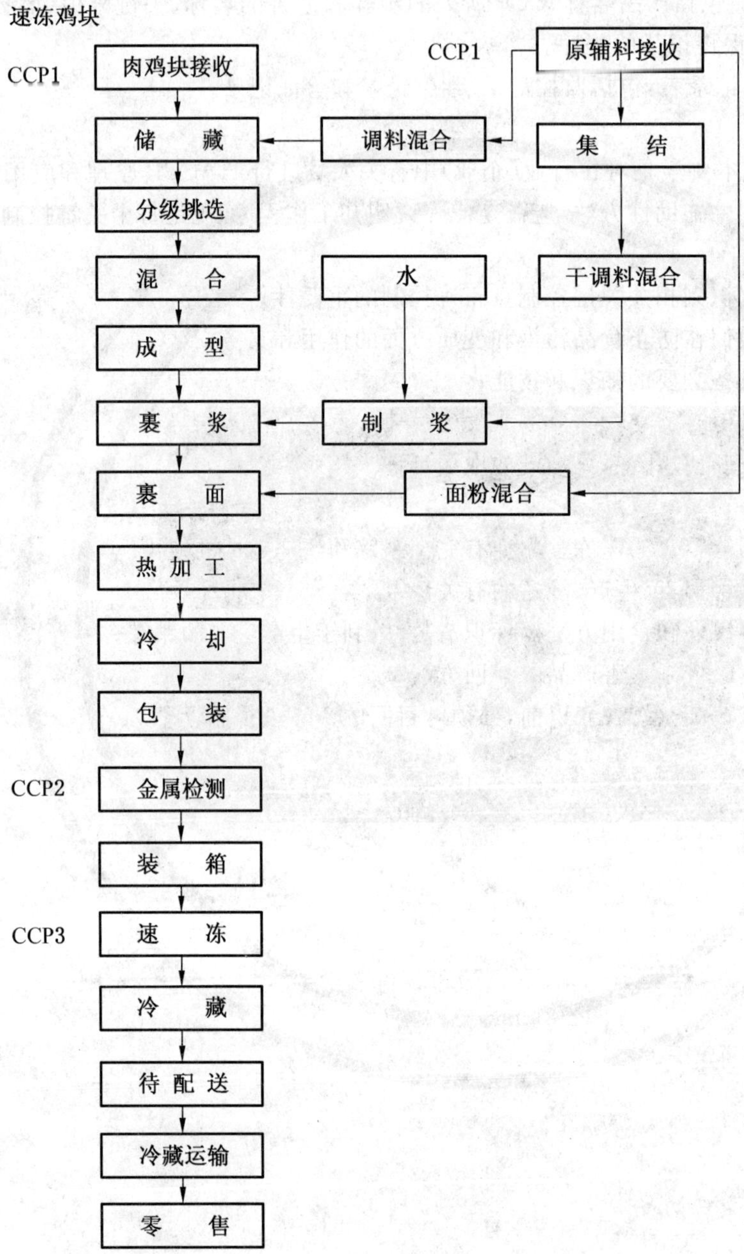

图 A.1　速冻鸡块生产流程图

附　录　B
（资料性附录）
HACCP 应用逻辑程序图

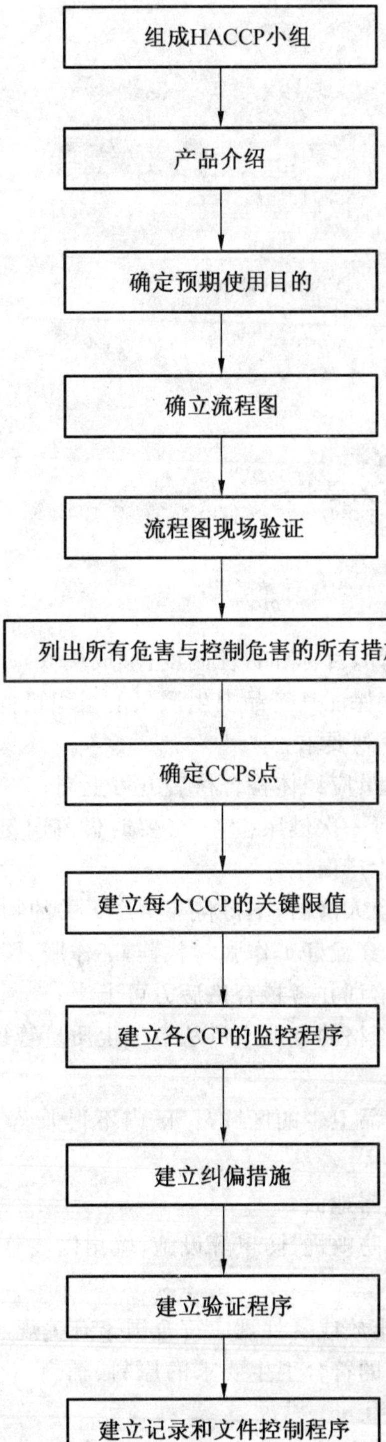

图 B.1　HACCP 应用逻辑程序图

附 录 C
（资料性附录）
速冻食品良好操作规范

C.1 一般要求

C.1.1 卫生质量方针和目标。
C.1.2 机构及其职责。
C.1.3 生产、质量管理人员的要求。
C.1.4 环境的要求。
C.1.5 车间及设施的要求。
C.1.6 原料、辅料的要求。
C.1.7 生产、加工的要求。
C.1.8 包装、储存、运输的要求。
C.1.9 有毒有害物品的控制。
C.1.10 检验的要求。
C.1.11 保证卫生质量体系有效运行的要求。
C.1.12 人员培训。

C.2 具体要求

C.2.1 应制定本企业的卫生质量方针、目标和责任制度，形成文件，并贯彻执行。

C.2.2 应建立与生产相适应的、能够保证其产品卫生质量的组织机构，并规定其职责和权限。

C.2.3 生产、质量管理人员应符合下列要求：

a） 与速冻食品生产有接触的人员应经体检合格后方可上岗；
b） 生产、质量管理人员每年进行一次健康检查，必要时做临时健康检查；凡患有影响食品卫生的疾病者，必须调离速冻食品生产岗位；
c） 生产、质量管理人员应保持个人清洁，不得将与生产无关的物品带入车间；工作时不得戴首饰、手表，不得化妆；进入车间时穿戴好工作服、帽、鞋，工作服、帽、鞋应定期消毒；
d） 生产、质量管理人员应经过培训并考核合格后方可上岗；
e） 配备足够数量的、具备相应资格的专业人员从事卫生质量管理工作。

C.2.4 环境卫生应符合下列要求：

a） 生产车间不得建立在有碍食品卫生的区域，厂区内不得兼营、生产、存放有碍速冻食品卫生的其他产品；
b） 厂区路面平整、无积水、无裸露地面；
c） 厂区卫生间应有冲水、洗手、防蚊蝇、防鼠等设施，墙裙以浅色、平滑、不透水、无毒、耐腐蚀的材料修建，并保持清洁；
d） 生产中产生的废水、废料的排放或者处理应符合国家有关规定；
e） 厂区建有与生产能力相适应的符合卫生要求的原料、辅料、化学物品、包装物料储存等辅助设施和废物、垃圾暂存设施；
f） 生产区应与生活区隔离。

C.2.5 生产加工车间及设施应符合下列要求：

a） 车间面积与生产能力相适应，布局合理，排水通畅；车间地面用防滑、坚固、不透水、耐腐蚀的无

毒材料修建,平坦、无积水并保持清洁;车间出口及与外界连接的排水、通风处应安装防鼠、防蚊蝇等设施;

b) 车间内墙壁、屋顶或者天花板使用无毒、浅色、防水、防霉、不脱落、易于清洗的材料修建,墙角、地脚、顶角具有弧度;屋顶或天花板不应结露、滴水;

c) 车间内窗户有内窗台的,内窗台下斜约45°;车间门窗用浅色、平滑、易清洗、不透水、耐腐蚀的坚固材料制作,结构密封;

d) 车间内位于速冻食品生产线上方的照明设施有保护罩,工作场所以及检验台的照度符合生产、检验的要求,光线以不改变被加工的本色为宜;

e) 车间供电、供气、供水满足生产需要;

f) 设有足够数量的洗手、消毒、烘干手的设备或者用品,洗手水龙头为非手动开关;

g) 车间入口处设有鞋、靴等消毒设施;

h) 设有与车间相连接的更衣室,不同清洁程度要求的区域设有单独的更衣室。与更衣室相连接的卫生间和沐浴室,应保持清洁卫生,其设施和布局不得对车间造成潜在的污染风险;

i) 车间内的设备、设施和工器具应由无毒、耐腐蚀、不生锈、易清洗消毒、坚固的材料制作,其构造易于清洗消毒;

j) 速冻间与产品生产车间是隔开的,速冻产品应通过传递口传送;

k) 速冻食品的预包装间应与速冻间紧连,室内温度控制在低于15 ℃。

C.2.6 生产加工用原料、辅料应符合下列要求并得到有效控制:

a) 生产用原料、辅料应符合安全卫生规定要求,避免来自空气、土壤、水、饲料、肥料中的农药或者其他有害物质的污染;

b) 生产用原料、辅料的检验、检疫合格证,经进厂验收合格后方准使用;

c) 加工用水应符合国家GB 5749的规定,对水质的公共卫生、防疫卫生检测每年不得少于两次,自备水源应具备有效的卫生保障设施并符合GB 5749的要求;

d) 超过保质期的原料、辅料不得用于食品生产。

C.2.7 速冻食品生产加工过程应符合下列要求:

a) 生产设备布局合理,人流、物流不交叉;

b) 生产设备、工具、容器、场地等严格执行清洗消毒制度,盛放食品的容器不得直接接触地面;

c) 班前班后进行卫生清洁工作,专人负责检查,并作检查记录;

d) 原料、辅料、半成品、成品分别存放在不会受到污染、符合要求的区域;

e) 按照生产工艺的要求和产品特点,将原料处理、半成品处理和加工、工器具的清洗消毒、成品内包装、成品外包装、成品检验和成品储存等不同清洁卫生要求的区域分开设置,防止交叉污染;

f) 对加工过程中产生的不合格品、跌落地面的产品和废弃物,在固定地点用有明显标识的专用容器分别收集盛装,并在检疫人员监督下及时处理,其容器和运输工具及时消毒;

g) 对不合格品产生的原因进行分析,并及时采取纠正措施。

C.2.8 速冻食品的包装、储存、运输过程应受到良好的卫生控制:

a) 用于包装食品的材料符合卫生标准并且保持清洁卫生,不应含有有毒有害物质,不易退色。预包装标签应符合GB 7718的规定。

b) 包装物料间干燥通风,内、外包装物料分别存放,不应有污染。

c) 运输工具符合卫生要求,并根据产品特点配备防雨、防尘、冷藏、保温等设施。

d) 速冻设备和冷藏库的温度应符合产品生产的工艺要求,并配备温度计或自动温度记录装置,定期校准。库内保持清洁,定期消毒,有防霉、防鼠、防蚊蝇等措施,库内物品与墙壁、地面、顶和冷却设备保持一定距离,库内不得存放有碍卫生的物品;同一库内不得存放可能造成交叉污染的食品。

C.2.9 严格执行有毒有害物品的储存和使用相关国家标准的规定，确保厂区、车间和化验室使用的洗涤剂、消毒剂、杀虫剂、燃油、润滑油和化学试剂等有毒有害物品得到有效控制。

C.2.10 速冻食品的卫生检验应符合下列要求，并得到有效控制。

a) 配有与生产能力相适应的内设检验机构和具备相应资格的检验人员；

b) 配备检验工作所需要的标准资料、检验设施和仪器设备，检验仪器按规定进行计量检定，检验要有检测记录；

c) 使用社会实验室承担企业卫生质量检验工作的，该实验室应具有相应的资格，并签订合同。

C.2.11 应保证卫生质量体系能够有效运行，达到如下要求：

a) 制定并有效执行原料、辅料、半成品、成品及生产过程卫生控制程序，做好记录；

b) 建立并执行卫生标准操作程序并做好记录，确保加工用水、食品接触表面，有毒有害物质、虫害防治等处于受控状态；

c) 对影响速冻食品卫生的关键工序，要制定明确的操作规程并得到连续的监控，同时必须有监控记录；

d) 制定并执行对不合格品的控制制度，包括不合格品的标识、记录、评价、隔离处置和可追溯性等内容；

e) 制定并执行加工设备、设施的维护程序，保证加工设备、设施满足生产加工的需要；

f) 建立内部审核制度，一般每半年进行一次内部审核，每年进行一次管理评审，并做好记录；

g) 对反映产品卫生质量情况的有关记录，应制定并执行标记、收集、编目、归档、存储、保管和处理等管理规定。所有质量记录必须真实、准确、规范，并具有卫生质量的可追溯性，保存期不少于2年。

C.2.12 制定并实施职工培训计划并做好培训，保证在岗人员熟练完成本职工作。

附 录 D
（资料性附录）
速冻食品卫生操作程序

D.1 一般要求

D.1.1 接触速冻食品(包括原料、半成品、成品)或与速冻食品有接触的物品如水等应符合安全、卫生要求。

D.1.2 接触速冻食品的器具、手套和内外包装材料等必须清洁、卫生和安全。

D.1.3 确保速冻食品免受交叉污染。

D.1.4 保证操作人员手的清洗消毒,保持洗手间设施的清洁。

D.1.5 防止润滑剂、燃料、清洗消毒用品、冷凝水及其他化学、物理和卫生等污染物对速冻食品造成安全危害。

D.1.6 正确标注、存放和使用各类有毒化学物质。

D.1.7 保证与速冻食品接触的员工的身体健康和卫生。

D.1.8 预防和清除蚊蝇、老鼠等虫害。

D.2 具体要求

D.2.1 防止食品被污染,即防止食品、食品包装材料和食品所有接触表面被微生物、化学品及物理的污染物所污染。

D.2.1.1 污染物的来源主要是水滴、冷凝水、灰尘、外来物质、地面污染、无保护装置的照明设备,及消毒剂、杀虫剂、化学药品的残留等。

D.2.1.2 防止和控制措施。

D.2.1.3 包装材料存放库保持干燥、清洁、通风、防霉,内外包装分别存放,并设有防虫鼠设施。

D.2.1.4 符合卫生标准的洗涤剂、消毒剂,不允许与速冻食品接触。消毒后的车间场地、墙面、工器具重新用于速冻食品生产之前要用清水彻底清洗洗涤剂、消毒剂的残留物。

D.2.1.5 加工车间通风良好,车间温度控制在 20 ℃～26 ℃,产品储存库有专人负责,防止水滴、冷凝水、冰霜对产品造成污染。

D.2.1.6 设备与食品接触面出现凹陷或裂缝、不光滑并影响残留物清洗时应及时修补、更换,防止造成污染。

D.2.1.7 加工设备出现故障时,立即关机,清理干净。设备维修后必须及时清洗消毒后方可投入生产。

D.2.2 加工生产用水的卫生安全控制,水质应符合 GB 5749 的规定。

D.2.2.1 生产用水的卫生检测,由当地卫生防疫部门每半年检测一次,并保留检测记录,确保符合国家饮用水标准的规定。

D.2.2.2 应制定完整的供水、排水网络系统图,各执行部门须对各自辖区内的加工生产用水阀标识编号。

D.2.2.3 应每月对生产用水管道及污水管道进行一次检查,重点对可能出现问题的交叉连接处进行检查,并予以记录。软管使用后盘起挂在架子或墙壁上,管口不许接触地面。

D.2.2.4 开工前、工作期间应对软管进行监测、防止虹吸、回流和交叉现象的发生,并予以记录。

D.2.2.5 纠正

当监测发现加工用水存在问题时,质检部门的 HACCP 小组必须及时评估,如有必要,应终止使用存在问题的加工用水，至问题得到解决，并重新检测合格后，方准继续使用。

D.2.3 食品接触面的状况和情况

D.2.3.1 食品接触面系指加工器具、刀具、工作台面、传送带、产品周转箱、盘、手推车、储水池、手套、围裙、套袖等。

D.2.3.2 食品接触面的监测

D.2.3.2.1 监测的目的是确保食品接触面的设计、安装、制作便于卫生操作、维护、保养、清洁及消毒，以符合卫生要求。

D.2.3.2.2 监测对象是接触面的状况，食品接触面的清洁和消毒，使用消毒剂的类型和浓度，接触食品的传送带、加工器具、刀具、手套、套袖、外衣、围裙、加工用碎冰的清洁及状态等。

D.2.3.2.3 监测方法有：视觉检查、化学检测、微生物检测、验证检查。

D.2.3.3 生产用的工作台、运输车、链条及其他工具如盘、刀均应用不锈钢材质或无毒白色塑料制成。

D.2.3.4 每天班前、班后将所有工器具进行全面清洗消毒；在加工过程中断、重新启动前也应重新清洗消毒，并予以记录。

D.2.3.5 工作服每天由洗衣房进行一次统一清洗消毒。洗衣房设有消毒装置，对清洗后的工作服进行消毒。不同清洁区的工作服分别清洗消毒，清洁和脏的工作服应分区域放置。

D.2.3.6 生产车间应设空气消毒设施。

D.2.3.7 化验室对生产中及消毒后的接触面（工器具、工作服、手套）及车间空气进行相关微生物的检测，一旦发现问题及时纠偏。

D.2.4 防止交叉污染

D.2.4.1 交叉污染是指通过原料与成品、食品加工者或加工环境把物理的、化学的、生物的污染转移到成品的过程。

D.2.4.2 控制交叉污染的范围涉及工器具、工作服、手套、外包装物料等到食品。

D.2.4.3 手、设备、机械等在接触了不卫生的物品后应及时清洗消毒。

D.2.4.4 生产间内禁止使用竹、木器具，禁止堆放与生产无关的物品。

D.2.4.5 所有速冻食品加工中生产的废弃物用专用容器收集和盛放，并应及时清除，处理时防止交叉污染。

D.2.4.6 在清洗、消毒车间的设备和工具时不能污染产品。

D.2.4.7 清洁区、非清洁区用隔离门分开，两区工作人员不得串岗，原料与成品隔离。工器具不得交叉。

D.2.4.8 车间废水排放从清洁度高的区域流向清洁度低的区域，污水直接排入下水道。

D.2.4.9 非加工区域内工作人员不得进入加工区域。

D.2.5 洗手消毒及卫生间设施

D.2.5.1 建立一套完善的洗手、消毒及卫生间设施，洗手、消毒设施应为非手触式，设置在车间入口处，在卫生间、车间内有醒目的标识，能够满足生产加工和卫生的需要。

D.2.5.1.1 洗手、消毒及卫生间设施的清洁、维护与卫生保持有专人负责。

D.2.5.1.2 车间入口处有鞋、靴消毒池，用有效的消毒剂消毒。各种消毒剂应交叉使用，配制消毒液要有配制记录。

D.2.5.1.3 洗手的消毒水温度为25 ℃左右，消毒剂具有良好的杀菌效果，消毒液浓度的标识要醒目。

D.2.5.1.4 流动的消毒车以一定的消毒频率（建议每隔30 min或60 min）对人员进行消毒。

D.2.5.2 洗手消毒方法、频率

D.2.5.2.1 制定明确的消毒方法、时间、频率。

D.2.5.2.2 由质检部门对洗手消毒进行监控，并做好记录。化验室定期做表面微生物的检验，并给予记录。

D.2.5.3 厕所设施

D.2.5.3.1 厕所设施与车间相连，门不直接朝向车间。

D.2.5.3.2 良好的入厕习惯：换下工作服→卫生间拖鞋→入厕→洗手消毒→干手(用干手器)→换拖鞋→换上工作服。

D.2.5.3.3 厕所采用单个冲水式设置，通风良好，地面干燥，保持清洁，无异味，并有防蚊蝇设施。

D.2.5.4 车间的消毒制度

D.2.5.4.1 车间以一定的消毒频率(建议每小时一次)对工器具进行消毒：清水→清洗剂→清水→82 ℃热水→清水→擦干晾干。

D.2.5.4.2 每班班后对地面进行清洗消毒：清水→清洗剂或热水→消毒剂→清水。

D.2.6 有毒化学物质的标记、储存和使用

D.2.6.1 所有使用的化学物质要有主管部门批准生产、销售和使用说明的证明，化学物质的使用说明包括主要成分、药性、使用剂量的注意事项等。

D.2.6.2 应制定并公布有毒化学物的使用、储存规章制度，并对操作人员进行培训。

D.2.6.3 有专门的场所、固定容器储存有毒化学物。

D.2.6.4 有毒化学物的储存和使用有专人管理，定期检查，做好记录。

D.2.6.5 对有毒清洁剂、消毒剂、杀虫剂做好标志与登记，列明名称、毒性、生产厂名、生产日期、使用剂量、注意事项、使用方法等。

D.2.6.6 对清洁剂、消毒剂、杀虫剂等有毒化学物的使用要严格控制，以防止污染食品接触面和包装材料。

D.2.7 员工的健康与卫生控制

D.2.7.1 从事速冻食品生产的人员必须经过卫生防疫部门体检合格，获得健康证明，方可上岗。

D.2.7.1.1 加工（检验）人员每年进行一次健康检查，伤寒及带菌者、细菌性痢疾及带菌者、化脓性或渗出性脱屑皮肤病患者、活动性肺结核、传染性肝炎患者、手外伤未愈者，不得直接参加速冻食品加工工作，痊愈后经卫生防疫部门检查合格后方可重新上岗。

D.2.7.1.2 发现患有疾病或可能患有疾病的人员及时报告。

D.2.7.2 每年定期或不定期对员工进行培训，记录存档。

D.2.8 虫害的去除

D.2.8.1 应加强对蚊蝇、老鼠等的控制。

D.2.8.2 制定虫害防治计划和实施计划。控制重点场所包括厕所、下脚料出口、垃圾箱周围、食堂等虫害孳生的地方。

D.2.8.3 防止措施

D.2.8.3.1 清除蚊蝇、鼠类易孳生的地方。

D.2.8.3.2 采用风幕、纱窗、暗道、捉鼠板、水封等措施，防止虫害进入车间，绝对禁止使用老鼠药。

D.2.8.3.3 对厂区采用药物喷洒的方法捕杀有害飞虫。

D.2.8.3.4 确保车间、库房等区无蚊蝇、老鼠等虫害。

D.2.8.4 组织者每月定期对车间库房进行检查，发现问题立即进行纠正，并做好检查记录。

附 录 E
（资料性附录）
判 断 树

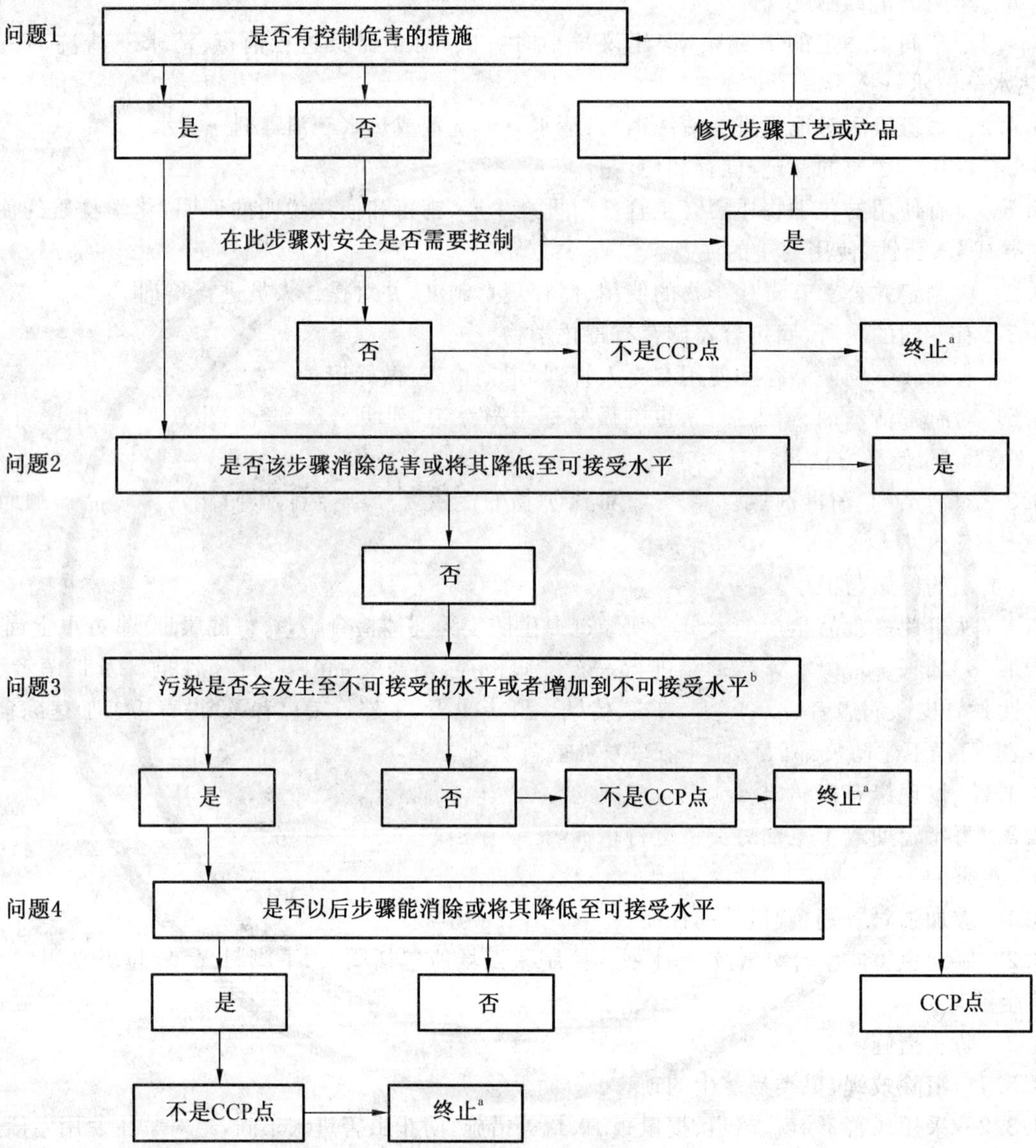

注：本图引自 CAC/RCP 1-1969,Rev.4(2003)的附件。

[a] 按描述的过程进行至下一个危害。

[b] 在识别 HACCP 计划中的关键控制点时，需要在总体目标范围内对可接受水平和不可接受水平作出规定。

图 E.1 CCP 识别顺序图

参 考 文 献

[1] Recommended International Code of Practice General Principles of Food Hygiene, CAC/RCP 1-1969, Rev. 4(2003)

ICS 67.040
X 00

中华人民共和国国家标准化指导性技术文件

GB/Z 25008—2010

饲料和食品链的可追溯性体系设计与实施指南

Traceability in the feed and food chain—Guideline for system design and implementation

2010-09-02 发布

2010-12-01 实施

中华人民共和国国家质量监督检验检疫总局
中国国家标准化管理委员会
发布

前　言

本指导性技术文件基于 GB/T 22005/IDT 22005:2007《饲料和食品链的可追溯性　体系设计与实施的通用原则和基本要求》,从可操作性角度,给出了帮助组织设计和实施饲料和食品链可追溯体系的应用指南。

本指导性技术文件的附录 A 和附录 B 为资料性附录。

本指导性技术文件由全国食品安全管理技术标准化技术委员会(SAC/TC 313)提出并归口。

本指导性技术文件起草单位:山东省标准化研究院、中国标准化研究院、中国物品编码中心、得利斯集团有限公司、荣成泰祥水产食品有限公司、山东鲁花集团有限公司、上海华光酿酒药业有限公司、青岛华东葡萄酿酒有限公司。

本指导性技术文件主要起草人:钱恒、刘丽梅、刘文、王玎、高永超、赵莹、吴新敏、刘俊华、王云争、苏冠群、郑乾坤、刘扬瑞、赵红红、安洁、李银塔。

饲料和食品链的可追溯性 体系设计与实施指南

1 范围

本指导性技术文件为饲料和食品链可追溯体系的设计和实施提供指南。

本指导性技术文件适用于按照GB/T 22005—2009 建立饲料和食品链可追溯体系的各方组织。

2 规范性引用文件

下列文件中的条款通过本指导性技术文件的引用而成为本指导性技术文件的条款。凡是注日期的引用文件,其随后所有的修改单(不包括勘误的内容)或修订版均不适用于本指导性技术文件,然而,鼓励根据本指导性技术文件达成协议的各方研究是否可使用这些文件的最新版本。凡是不注日期的引用文件,其最新版本适用于本指导性技术文件。

GB/T 22005—2009 饲料和食品链的可追溯性 体系设计与实施的通用原则和基本要求(ISO 22005:2007,IDT)

3 术语和定义

GB/T 22005—2009 确立的以及下列术语和定义适用于本指导性技术文件。

3.1

追溯单元 traceable unit

需要对其来源、用途和位置的相关信息进行记录和追溯的单个产品或同一批次产品。

注:追溯包括追踪(tracking)和溯源(tracing)两个方面。

3.2

外部追溯 external traceability

对**追溯单元**(3.1)从一个组织转交到另一个组织时进行追踪和(或)溯源的行为。外部追溯是饲料和食品链上组织之间的协作行为。

注1:追踪是指从供应链的上游至下游,跟随**追溯单元**(3.1)运行路径的能力。

注2:溯源是指从供应链下游至上游识别**追溯单元**(3.1)来源的能力。

3.3

内部追溯 internal traceability

一个组织在自身业务操作范围内对**追溯单元**(3.1)进行追踪和(或)溯源的行为。内部追溯主要针对一个组织内部各环节间的联系。

3.4

基本追溯信息 basic traceability data

能够实现组织间和组织内各环节间有效链接的必需信息,如生产者、生产批号、生产日期、生产班次等。

3.5

扩展追溯信息 extended traceability data

除基本追溯信息外,与食品追溯相关的其他信息,可以是食品质量或用于商业目的的信息。

4 可追溯体系的原则和目标

见 GB/T 22005—2009 第 4 章的内容。

5 体系设计

组织应明确追溯目标(见 GB/T 22005—2009 的 4.3),了解相关法规和政策要求,按照 5.1 和 5.2 的要求设计可追溯体系,并建立相应程序,形成文件。

5.1 设计原则

在可追溯体系的策划和实施过程中,应:

a) 考虑可操作性,采用"向前一步,向后一步"原则,即每个组织只需要向前溯源到产品的直接来源,向后追踪到产品的直接去向;

b) 根据追溯目标、实施成本和产品特征,适度界定追溯单元、追溯范围和追溯信息。

5.2 设计步骤

5.2.1 确定追溯单元

组织应明确可追溯体系目标中的产品和(或)成分,对产品和批次进行定义,确定追溯单元。

5.2.2 明确组织在饲料和食品链中的位置

组织可通过识别上下游组织来确定其在饲料和食品链中的位置,明确交易产品和业务,理清组织与供应链上下游组织之间的关系,以便于产品及信息的协调和沟通。

5.2.3 明确物料流向,确定追溯范围

组织应明确物料流向,以确保能够充分表达组织与上下游组织之间以及本组织内部操作流程之间的关系。

5.2.3.1 物料流向

组织应明确可追溯体系所覆盖的物料流向。物料流向包括但不限于:

——源于外部的过程和分包工作;

——原料、辅料和中间产品投入点;

——组织内部操作中所有步骤的顺序和相互关系;

——终产品、中间产品和副产品放行点。

5.2.3.2 追溯范围

组织依据追溯单元流动是否涉及到不同组织,可将追溯范围划分为外部追溯和内部追溯(参见附录 A)。当追溯单元由一个组织转移到另一个组织时,涉及到的追溯是外部追溯。外部追溯按照"向前一步,向后一步"的设计原则实施,以实现组织之间和追溯单元之间的关联为目的,需要上下游组织协商共同完成。若追溯单元仅在组织内部各部门之间流动,涉及到的追溯是内部追溯。内部追溯与组织现有管理体系相结合,是组织管理体系的一部分,以实现内部管理为目标,可根据追溯单元特性及组织内部特点自行决定。

5.2.4 确定追溯信息

5.2.4.1 需要记录的信息

组织应确定不同追溯范围内需要记录的追溯信息,以确保饲料和食品链的可追溯性。需要记录的信息包括但不限于:

——来自供应方的信息;

——产品加工过程的信息;

——向顾客和(或)供应方提供的信息。

5.2.4.2 信息划分和确定原则

为方便和规范信息的记录和数据管理,宜将追溯信息划分为基本追溯信息和扩展追溯信息。追溯

信息划分和确定原则如表1所示。

表1 追溯信息划分和确定原则

<table>
<tr><td rowspan="2">追溯信息</td><td colspan="2">追溯范围</td></tr>
<tr><td>外部追溯</td><td>内部追溯</td></tr>
<tr><td>基本追溯信息[a]</td><td>以明确组织间关系和追溯单元来源与去向为基本原则；
是能够“向前一步，向后一步”链接上下游组织的必需信息。</td><td>以实现追溯单元在组织内部的可追溯性、快速定位物料流向为目的；
是能够实现组织内各环节间有效链接的必需信息。</td></tr>
<tr><td>扩展追溯信息[b]</td><td>以辅助基本追溯信息进行追溯管理为目的，一般包含产品质量或商业信息。</td><td>更多的为企业内部管理、食品安全和商业贸易服务的信息。</td></tr>
<tr><td colspan="3">a 基本追溯信息必须记录，以不涉及商业机密为宜。
b 宜加强扩展追溯信息的交流与共享。</td></tr>
</table>

5.2.5 确定标识和载体

5.2.5.1 确定编码原则和标识方法

应对追溯单元及其必需信息进行编码，优先采用国际或国内通用的或与其兼容的编码，如通用的国际物品编码体系(GS1)，对追溯单元进行唯一标识，并将标识代码与其相关信息的记录一一对应。

注：GS1系统是在商品条码的基础上发展而来，包含编码体系、数据载体、电子数据交换等内容，编码体系是整个GS1系统的核心，它能为贸易项目、物流单元、位置等提供全球唯一的标识，越来越多的国家和地区采用GS1系统对食品进行追溯编码。

5.2.5.2 选择载体

根据技术条件、追溯单元特性和实施成本等因素选择标识载体。载体可以是纸质文件、条码或射频识别(radio frequency identification，RFID)标签等。标识载体应保留在同一种追溯单元或其包装上的合适位置，直到其被消费或销毁为止。若标识载体无法直接附在追溯单元或其包装上，则至少应保持可以证明其标识信息的随附文件。应保证标识载体不对产品造成污染。

注：RFID技术是一种基于射频原理实现的非接触式自动识别技术。RFID技术已被广泛应用于物流与供应链管理、食品安全、物品追溯等多领域。

5.2.6 确定记录信息和管理数据的要求

组织应规定数据格式，确保数据与标识的对应。在考虑技术条件、追溯单元特性和实施成本的前提下，确定记录信息的方式和频率。且保证记录信息清晰准确，易于识别和检索。数据的保存和管理，包括但不限于：

——规定数据的管理人员及其职责；

——规定数据的保存方式和期限；

——规定标识之间的关联方式；

——规定数据传递的方式；

——规定数据的检索规则；

——规定数据的安全保障措施。

5.2.7 明确追溯执行流程

当有追溯要求时，应按如下顺序和途径进行：

a) 发起追溯请求。任何组织均可发起追溯请求。

b) 响应。当追溯发起时，涉及到的组织应将追溯单元和组织信息提交给与其相关的组织，以帮助实现追溯的顺利进行。追溯可沿饲料和食品链逐环节进行。与追溯请求方有直接联系的上游和(或)下游组织响应追溯请求，查找追溯信息。若实现既定的追溯目标，追溯响应方将查找结果反馈给追溯请求方，并向下游组织发出通知；否则应继续向其上游和（或）下游组织发起追溯请求，直至查出结果为止（参见附录B）。追溯也可在组织内各部门之间进行，追溯响应类似上述过程。

c) 采取措施。若发现安全或质量问题，组织应依据追溯界定的责任，在法律和商业要求的最短时间内采取适宜的行动，包括但不限于：
——快速召回或依照有关规定进行妥善处置；
——纠正或改进可追溯体系。

5.3 文件要求

应符合 GB/T 22005—2009 中 5.7 的要求。

5.4 饲料和食品链上组织间和组织内的协作

追溯管理者应确保对组织上下游之间实施的外部追溯和组织内部实施的内部追溯的各个设计要素进行有效的沟通与协作，从而确保饲料和食品链可追溯体系的有效性。实施沟通的人员应接受适当培训，沟通结果应予以记录和保存。沟通的内容包括但不限于：

——追溯目标；
——组织在饲料和食品链中的位置；
——物料的流向；
——追溯信息的划分和确定原则；
——追溯信息的编码原则和标识方法；
——追溯信息载体的选择；
——信息的记录和数据管理要求；
——追溯的执行流程；
——可追溯体系的更新和改进结果；
——保证饲料和食品链可追溯性所必要的其他协作方式。

6 体系实施

6.1 总则

见 GB/T 22005—2009 中 6.1 的内容。

6.2 制定可追溯计划，明确人员职责

6.2.1 制定可追溯计划

组织应制定可追溯计划，并考虑该计划与组织其他管理体系的兼容性。可追溯计划是针对某一特定追溯单元的追溯方式、资源和活动顺序的文件，根据追溯单元特性和追溯要素的要求制定，包括已识别的所有要求。可追溯计划应直接或通过引用适当的文件化程序或其他文件，指导组织具体实施可追溯体系。多数必要的可追溯计划文件一般即是可追溯体系文件的一部分，可追溯计划只需要引用并指明如何应用于具体情况，以达到规定的追溯目标。

可追溯计划至少应规定：
——可追溯体系的目标；
——所适用的产品；
——追溯的范围和程度；
——如何标识追溯单元；
——记录的信息及如何管理数据。

6.2.2 明确人员职责

组织应成立追溯工作组，明确各成员责任，指定组织高层管理人员担任追溯管理者，确保追溯管理者的职责、权限。追溯管理者应具有以下方面的权利和义务：

——向组织传达饲料和食品链可追溯性的重要性；

——保持上下游组织之间及组织内部的良好沟通与合作；

——确保可追溯体系的有效性。

6.3 制定培训计划

组织应开发和实施培训计划，规定培训的频次和方式，提供充分的培训或其他有效措施以确保追溯工作人员能够胜任，并保持工作组教育、培训、技能和经验的适当记录。

培训的内容包括但不限于：

——GB/T 22005—2009 标准；

——本指导性技术文件；

——可追溯体系与其他管理体系的兼容性；

——追溯工作组的职责；

——追溯相关技术；

——可追溯体系的设计和实施；

——可追溯体系的内部审核和改进。

6.4 监视

组织应建立可追溯体系的监视方案，确定需要监视的内容、时间间隔和条件。监视应包括：

——适合追溯有效性、运行成本的定性和定量测量；

——对追溯目标的满足程度；

——是否符合追溯适用的法规要求；

——标识混乱、信息丢失及产生其他不良绩效的历史证据；

——对纠正措施进行分析的足够的数据记录和监测结果。

6.5 使用关键绩效指标评价体系有效性

组织应建立关键绩效指标，以测量可追溯体系的有效性。关键绩效指标包括但不限于：

——追溯单元标识的唯一性；

——各环节标识的有效关联；

——追溯信息可实现上下游组织间及组织内部的有效链接与沟通；

——信息有效期内可检索。

7 内部审核

组织应按照管理体系内部审核的流程和要求，建立内部审核的计划和程序，对可追溯体系的运行情况进行内部审核。以是否符合本指导性技术文件中关键绩效指标(参见 6.5)的要求作为体系符合性的标准。如体系有不符合性表现，应记录不符合规定要求的具体内容，以方便查找不符合的原因和体系的持续改进。组织应记录内部审核产生的活动，形成文件。

内部审核计划和程序的内容包括但不限于：

——审核的准则、范围、频次和方法；

——策划、实施审核、报告结果和保持记录的职责和要求；

——收集、分析审核结果的数据，识别体系改进或更新的需求。

可追溯体系不符合要求的主要表现有：

——违反法律法规要求；

——体系文件不完整；

——体系运行不符合目标和程序的要求；

——设施、资源不足；

——产品或批次无法识别；

——信息记录无法传递。

导致不符合的典型原因有：

——目标变化；

——产品或过程发生变化；

——信息沟通不畅；

——缺乏相应的程序或程序有缺陷；

——员工培训不足，缺乏资源保障；

——违反程序要求和规定。

8 评审与改进

追溯工作组应系统评价内部审核的结果（应符合 GB/T 22005—2009 第 8 章的要求）。当证实可追溯体系运行不符合或偏离设计的安排和（或）体系的要求时，组织应采取适当的纠正措施和（或）预防措施，并对纠正措施和（或）预防措施实施后的效果进行必要的验证，提供证据证明已采取措施的有效性，保证体系的持续改进。

纠正措施和（或）预防措施应包括但不限于：

——立即停止不正确的工作方法；

——修改可追溯体系文件；

——重新梳理物料流向；

——增补或更改基本追溯信息以实现饲料和食品链的可追溯性；

——完善资源与设备；

——完善标识、载体，增加或完善信息传递技术和渠道；

——重新学习相关文件，有效进行人力资源管理和培训活动；

——加强上下游组织之间的交流协作与信息共享；

——加强组织内部的交流互动。

附　录　A
（资料性附录）
饲料和食品链各方追溯关系示意图

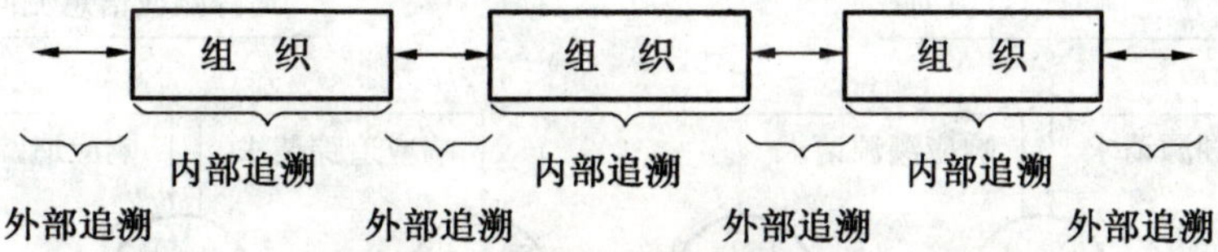

图 A.1　饲料和食品链各方追溯关系示意图

附 录 B
（资料性附录）
追溯请求和响应示意图

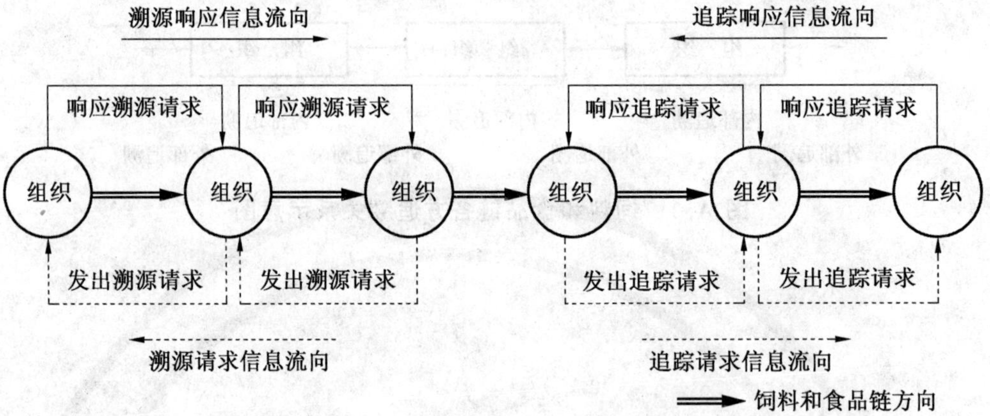

图 B.1 追溯请求和响应示意图

参 考 文 献

[1] GB/T 19001—2000 质量管理体系 要求

[2] GB/T 19538—2004 危害分析与关键控制点(HACCP)体系及其应用指南

[3] GB/T 22000—2006 食品安全管理体系 食品链中各类组织的要求

[4] SN/T 1443.1—2004 食品安全管理体系 第1部分:要求

[5] CAC/GL 60:2006 Principles for Traceability/Product Tracing as a Tool Within a Food Inspection and Certification System

[6] BS CWA 14659:2003 Traceability of fishery products—Specification on the information to be recorded in farmed fish distribution chains

[7] BS CWA 14660:2003 Traceability of fishery products—Specification on the information to be recorded in captured fish distribution chains

[8] GS1 Global Traceability Standard. GS1. September 2007

[9] Can-Trace Technology Guidelines. GS1 Canada. March 2006

[10] Traceability in the U. S. Food Supply: Economic Theory and Industry Studies. United States Department of Agriculture(USDA). March 2004

ICS 67.050
X 04

中华人民共和国国家标准

GB/T 25009—2010

蛋制品生产管理规范

Criterion of producing management for egg products

2010-09-02 发布　　2010-12-01 实施

中华人民共和国国家质量监督检验检疫总局
中国国家标准化管理委员会　发布

前　言

本标准由中国商业联合会提出。

本标准由全国肉禽蛋制品标准化技术委员会归口。

本标准主要起草单位：中国商业联合会商业标准中心、福建光阳蛋业股份有限公司、欧福（中国）集团、湖北神丹健康食品有限公司、大连韩伟食品有限公司、太阳食品（天津）有限公司、福州闽台机械有限公司、福建省红太阳精品有限公司、江苏雨润食品产业集团、中国肉类协会。

本标准主要起草人：余劼、刘华侨、刘文、戴淑香、陈相富、俞兆志、董世建、严国圣、赵宁、徐宏、靳晓蕾、刘振宇。

蛋制品生产管理规范

1 范围

本标准规定了蛋制品加工的总则、文件要求、原辅料要求、厂房与设施、生产设备、人员的要求及管理、卫生管理、生产过程管理、质量管理和标识等的要求。

本标准适用于蛋制品加工企业生产过程的质量管理。

2 规范性引用文件

下列文件中的条款通过本标准的引用而成为本标准的条款。凡是注日期的引用文件，其随后所有的修改单(不包括勘误的内容)或修订版均不适用于本标准，然而，鼓励根据本标准达成协议的各方研究是否可使用这些文件的最新版本。凡是不注日期的引用文件，其最新版本适用于本标准。

GB 2760 食品添加剂使用卫生标准

GB 5749 生活饮用水卫生标准

GB 7718 预包装食品标签通则

GB 14881 食品企业通用卫生规范

GB 14930.1 食品工具、设备用洗涤剂卫生标准

GB 14930.2 食品工具、设备用洗涤消毒剂卫生标准

食品召回管理规定 国家质量监督检验检疫总局令[2007]第98号

食品标识管理规定 国家质量监督检验检疫总局令[2007]第102号

3 术语和定义

下列术语和定义适用于本标准。

3.1

蛋制品 egg products

以禽蛋为主要原料(蛋含量占50%以上)，经相关加工工艺制成的各类成品或半成品。

4 总则

4.1 企业应建立有效的蛋制品加工质量管理体系，形成文件，加以实施和保持，并予以持续改进。

4.2 企业应确定蛋制品加工质量管理体系的范围。该范围应规定所涉及的产品或产品类别、加工和生产场所。

4.3 企业应：

a) 识别、评估、预防或控制产品对消费者健康有可能产生的特定危害，以确保产品的食用安全；

b) 监视、评价、防范在已放行产品中有可能产生的特定危害，以保障产品的食用安全；

c) 在保障产品食用安全所需的食品链范围内，做好与危害预防、控制、防范过程有效性相关信息在企业内外的沟通；

d) 实施必要的措施，以验证并保证危害的预防、控制和防范过程的持续有效性。

4.4 企业应确保对任何影响产品符合蛋制品加工质量要求的外包过程实施控制，并在质量管理体系中加以识别和验证。

5 文件要求

5.1 原则

企业应建立下列文件：

a) 制定蛋制品加工质量方针和目标所形成的文件；

b) 企业为确保蛋制品加工质量管理体系有效建立、实施和更新所需的文件；

c) 程序文件；

d) 过程所需的记录。

5.2 文件控制

蛋制品加工质量管理体系所要求的文件应予以控制。记录是一种特殊类型的文件，应依据5.3的要求进行控制。

应编制形成文件的程序，以规定以下方面所需的控制：

a) 文件需经企业负责人批准后发布、实施，以确保文件的准确、完善及可操作性；

b) 必要时对其进行评审与更新，并再次批准、发布；

c) 记录文件更改的原因和证据；

d) 确保文件的更改和现行修订状态得到识别；

e) 确保在使用时可获得适用文件的有关版本；

f) 确保文件保持清晰、易于识别；

g) 确保与蛋制品质量管理体系相关的外来文件得到识别，并控制其分发；

h) 防止作废文件的非预期使用，对需保留的作废文件进行适当的标识。

5.3 记录控制

应建立并保持记录，以提供符合要求和蛋制品加工质量管理体系有效运行的证据。记录应保持清晰、全面、准确、易于识别和检索。应编制形成文件的程序，以规定记录的标识、贮存、保护、检索、保存期限和处置所需的控制。

6 原、辅料要求

6.1 蛋的收购和保存

6.1.1 蛋源应来自健康家禽在1周内所产的蛋，并符合相关产品标准。

6.1.2 禽蛋应贮存在温度为0 ℃～25 ℃的场所。贮存应避免受到灰土、禽粪、昆虫及有害物的污染。

6.1.3 盛蛋的容器和相关设备，每次用完应清洁消毒，不应对存放的禽蛋构成污染。

6.1.4 禽蛋入库前应进行分选，入库时要分类、分区堆码。

6.2 辅料应符合相关国家标准或行业标准的规定。

6.3 食品添加剂

6.3.1 食品添加剂的质量应符合相关产品的国家标准或行业标准的规定。

6.3.2 食品添加剂的使用范围和使用量应符合GB 2760的规定。

7 厂房和设施

7.1 建筑要求

新建、扩建和改建的厂房应符合GB 14881的有关规定。

7.2 厂房及车间布置

7.2.1 应设置与生产能力及其工艺要求相匹配的设施。

7.2.2 作业区内应有符合工艺流程要求的工作空间。

7.2.3 生产车间应按照作业流程需要及卫生要求进行合理布置。

7.2.4 清洁作业区应设置更衣室、清洗和洗手消毒区、风淋室等员工进入车间的过渡区。

7.2.5 检验室应有足够的空间安置相关仪器设备。微生物检验场所应与其他场所分隔。

7.3 车间要求

车间的天花板、墙壁与门窗、地面与排水、供水、采光和照明、通风设施和温度控制装置、洗手、消毒设施、更衣室、卫生间、安全设施均应符合相关标准和规定。

8 生产设备

8.1 配置

根据加工各类蛋制品的生产工艺要求,配备相应的生产加工设备。

8.2 安全与卫生

所有的机械设备,应易于检查,便于拆卸和清洁消毒。

8.3 检验、检测和计量设备

根据蛋制品生产检验的需要,应配置相关的检验、检测和计量仪器设备。

9 人员的要求及管理

9.1 人员的要求

9.1.1 应设置生产、产品质量及卫生的专职管理人员。

9.1.2 生产管理负责人和质量管理负责人不宜相互兼任。

9.1.3 生产管理、质量管理负责人和卫生专职管理人员应具备相关专业学历或经过相关专业培训。

9.1.4 检验人员应具备专业检验资格和相应的检测技能。

9.2 人员管理

质量管理应由多种专业人员负责,他们应包括从事卫生管理、生产加工、工艺制定、实验室检验、设备维护、原辅料采购、仓贮物流管理等项的工作人员。

9.2.1 人员的能力、意识与培训

9.2.1.1 应具有从事蛋制品生产基本知识和加工工艺的人员。

9.2.1.2 应具有理解和掌握应用蛋制品生产过程和蛋制品质量管理体系标准的能力。

9.2.2 人员的健康和卫生要求

应按 GB 14881 的有关规定执行。

9.2.3 人员培训

9.2.3.1 蛋制品企业应制定年度业务培训计划,组织各部门负责人和从业人员参加各种岗前、在职培训及有关专业知识的学习,并建立培训档案。

9.2.3.2 从事蛋制品生产操作和监管的人员,应在蛋制品加工技术及其相关的专业知识领域受到过适当培训。

9.2.3.3 直接或间接接触蛋制品加工的相关人员,应经过蛋制品加工安全知识的岗前培训。

10 卫生管理

10.1 制度

10.1.1 工厂应制定卫生管理制度,内容应至少包括环境、厂房设施、生产设备、清洗消毒、人员管理等方面。

10.1.2 应有完善的检查计划和考核标准,实行岗位责任制,并有完整的记录作为管理与考评的依据。

10.2 环境卫生管理

10.2.1 厂区内草木要定期修剪,保持环境整洁。

10.2.2 雨、污水分离排放,排水系统保持畅通,不应有污渍蓄积。

10.2.3 废弃物应委托有资质的专业单位(或符合相关条件的组织)妥善处理。

10.2.4 厂区内污物管理按 GB 14881 的有关规定执行。

10.3 厂房设施卫生管理

10.3.1 应建立维护保养制度,保持良好的使用状态。

10.3.2 各项设施应保持清洁完好,并做到及时维修和更新。

10.4 生产设备卫生管理

10.4.1 设备、容器和管道(含连接的管道)根据产品加工的需要应定期清洁或清洗消毒,生产用的器具应定期清洗消毒。

10.4.2 生产区内应设原料(或半成品)和包装材料的暂存区。暂存区内的物品待生产结束时应及时清理出场。

10.5 清洗与消毒

10.5.1 应制定安全、有效的清洗和消毒方法及作业程序。

10.5.2 清洗及消毒的药剂,应采取严格的管理措施和限制,并应明示其使用方法。

10.5.3 用于清扫、洗涤和消毒的设备、用具以及清洁剂、消毒剂和杀虫剂应放置在专用场所,由专人妥善保管。

10.5.4 选用的洗涤剂、洗涤消毒剂应符合 GB 14930.1 和 GB 14930.2 的有关规定。与食品接触的设备及用具的清洁用水应符合 GB 5749 的规定。

10.6 除虫、灭害管理

应按 GB 14881 的有关规定执行。

10.7 个人卫生管理

10.7.1 生产操作人员应保持良好的个人清洁卫生习惯。

10.7.2 生产人员应规范穿着清洁、统一的工作服、鞋、帽,清洁区的生产人员应佩戴口罩,不应穿工作服、工作鞋进厕所或离开生产加工场所。

10.7.3 生产人员不应戴首饰(含手表、戒指、项链、挂坠、耳环、耳坠等物),不应戴假睫毛、留长指甲、涂指甲油、佩戴任何类型的假指甲和其他与生产操作无关的物品进入生产作业区。

10.7.4 生产作业区内不准抽烟,不应随地吐痰,不应有妨碍食品卫生的行为。

10.7.5 进入生产作业区参观的人员和其他管理人员,应穿戴防护性工作服,并遵守本章提到的个人卫生要求。

11 生产过程管理

11.1 总体要求

产品生产前应确认或制定产品加工工艺(含关键控制环节)、操作规程、产品配方、产品质量标准和检验规则,并形成文件加以控制。根据加工工艺要求,对生产过程实施控制,确定关键控制环节,对关键控制环节人员进行相关培训,对生产设备的状态要进行鉴定,并有过程控制记录。

11.2 原辅料管理

11.2.1 应制定原辅料(含食品添加剂)、包装材料的采购标准、品质规格、检验项目及检验方法,制定过磅、取样、检验、判定、审核、领用等作业程序,并切实执行。贮存时应防潮、防霉和分区,并给予标识。

11.2.2 应选择有资质的原辅料供应商。采购的原辅料、食品添加剂应符合相关国家标准或行业标准或经备案的企业标准。

11.2.3 鲜蛋应根据 6.1 的规定收购和保存。

11.3 生产工艺流程和关键控制环节

应确立生产流程及其关键控制环节。

11.3.1 蛋粉

11.3.1.1 生产工艺流程

11.3.1.1.1 全蛋粉

鲜蛋分选→洗蛋→打蛋→全蛋液→过滤→冷却→贮存→均质→巴氏杀菌→冷却暂存→喷雾干燥→过筛→除铁→装袋→称重→封口封箱→金属探测→成品检验—（合格）→入库

成品检验—（不合格）→另行处理

11.3.1.1.2 蛋黄粉

鲜蛋分选→洗蛋→打蛋→分离→蛋黄液→过滤→冷却→贮存→均质→巴氏杀菌→冷却暂存→喷雾干燥→过筛→除铁→装袋→称重→封口封箱→金属探测→成品检验—（合格）→入库

成品检验—（不合格）→另行处理

11.3.1.1.3 蛋白粉

鲜蛋分选→洗蛋→打蛋→分离→蛋白液→过滤→冷却→贮存→脱糖→喷雾干燥→过筛→除铁→充填→巴氏杀菌→金属探测→成品检测—（合格）→入库

（贮存→巴氏杀菌→喷雾干燥；充填→装袋称重→巴氏杀菌）

成品检测—（不合格）→另行处理

11.3.1.2 关键控制环节

a) 鲜蛋分选；

b) 洗蛋；

c) 巴氏杀菌；

d) 金属探测。

11.3.2 蛋液

11.3.2.1 生产工艺流程

11.3.2.1.1 全蛋液

洗蛋→打蛋→过滤→冷却→贮存→巴氏杀菌→冷却→过滤→充填→成品检测—（合格）→入库

成品检测—（不合格）→另行处理

11.3.2.1.2 蛋黄液

洗蛋→打蛋→分离→过滤→（蛋黄液）冷却→贮存→巴氏杀菌→过滤→充填→成品检测—（合格）→入库

成品检测—（不合格）→另行处理

11.3.2.1.3 **蛋白液**

洗蛋→打蛋→分离→过滤→（蛋白液）冷却→贮存→巴氏杀菌→过滤→充填→成品检测（合格）→入库

成品检测（不合格）→另行处理

11.3.2.2 **关键控制环节**

a) 鲜蛋分选；

b) 洗蛋；

c) 巴氏杀菌；

d) 金属探测。

11.3.3 **皮蛋生产**

11.3.3.1 **生产工艺流程**

腌料检测←腌料配制←辅料检验

腌料检测↓

鲜蛋分选→洗蛋→腌制→成熟抽检→清洗→干燥→质量选别（合格）→包装→成品检验（合格）→入库

质量选别（不合格）→另行处理

成品检验（不合格）→另行处理

11.3.3.2 **关键控制环节**

a) 鲜蛋分选；

b) 洗蛋；

c) 腌料检测；

d) 质量选别。

11.3.4 **熟咸蛋生产**

11.3.4.1 **生产工艺流程**

腌料检测←腌料配制←辅料检验

腌料检测↓

鲜蛋分选→洗蛋→腌制→成熟抽检→清洗→干燥→质量选别（合格）→真空包装→高温杀菌

质量选别（不合格）→另行处理

→冷却晾干→包装→成品检验（合格）→入库

成品检验（不合格）→另行处理

11.3.4.2 **关键控制环节**

a) 鲜蛋分选；

b) 洗蛋；

c) 腌料检测；

d) 质量选别；

e) 高温杀菌。

11.3.5 生咸蛋、咸蛋黄和咸蛋清生产

11.3.5.1 生产工艺流程

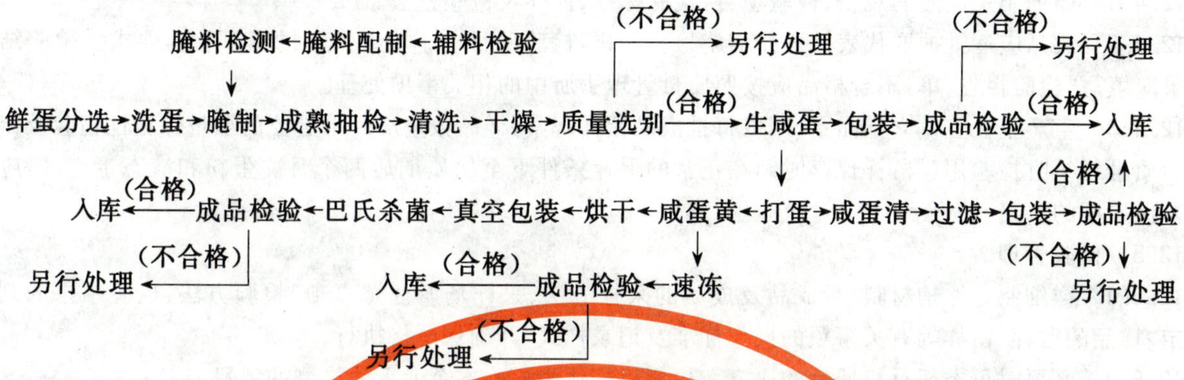

11.3.5.2 关键控制环节

a) 鲜蛋分选；
b) 洗蛋；
c) 腌料检测；
d) 质量选别；
e) 巴氏杀菌；
f) 速冻。

11.3.6 卤蛋生产

11.3.6.1 生产工艺流程

11.3.6.2 关键控制环节

a) 鲜蛋分选；
b) 洗蛋；
c) 高温杀菌。

11.4 设备的保养和维修

11.4.1 严格执行设备操作规程，出现故障及时排除。

11.4.2 做好设备的日常维修和保养工作。

11.4.3 设备应有使用维护和保养记录。

12 质量管理

12.1 应制定质量管理手册。

12.2 原辅材料(含食品添加剂和包装材料)质量管理

12.2.1 原辅材料(含食品添加剂和包装材料)进场要建立索证索票制度。

12.2.2 经判定合格的原辅材料(含食品添加剂和包装材料)应遵照“先进先出”的原则进行管理和使用。

12.3 加工过程中的质量管理

12.3.1 生产企业应依据产品生产流程中的危害性分析与危害性评估结果，确定质量关键控制点，并制定控制标准与控制措施，一旦偏离控制标准时应采取相应的纠正措施和预防措施。

12.3.2 详细制定质量关键控制点的检验项目、检验标准、抽样及检验方法等，严格执行并记录。

12.4 成品的质量管理

12.4.1 详细制定成品的规格、检验项目、检验标准、抽样及检验方法。

12.4.2 成品应逐批抽取代表性样品实施检验分析，检验项目应不低于产品的出厂检验要求。检验结果应填写“检验报告”单，不合格品应按照质量管理手册中的相关事项处理。

12.4.3 生产企业宜设立样品室，用以每批成品留样观察，样品数量应满足必要的质量保存性检验及产生质量纠纷时检验用。留样保存时间在正常的保存条件下至保质期后两个月。蛋粉和液态蛋产品，应是保质期的1倍～2倍。

12.5 检验管理

12.5.1 详细制定原辅材料、半成品及成品的采样方法、采样场所注意事项、检验方法、检验结果的判定、样品的贮存、留样等有关事项的操作标准及记录样式，并确保严格执行。

12.5.2 必要时可委托具权威性的研究和检测机构代为检验本企业无法检测的项目。

12.5.3 检验计划实施过程和有必要重新检验时取样的有关事项，以及不合格品处理事项应有专人负责。

12.5.4 质量管理部门应及时向生产部门、仓库部门通报检验结果等有关事项。

12.6 贮存管理

12.6.1 原、辅料贮存应防潮防霉，并分类明码存放。

12.6.2 成品仓库应干燥、通风、阴凉，无不良气味，仓库容量应与生产能力相适应。

12.6.3 经检验合格的成品应按其要求贮存在成品库内，液态蛋制品应贮存在0 ℃～4 ℃的库内，冰蛋制品应贮存在≤－18 ℃的冷库，各类蛋粉、咸蛋、皮蛋、卤蛋和咸蛋黄制品可在常温下贮存，并做好仓库贮存条件的管理和记录。成品应按品种、批次分类存放，并有明显标志。

12.6.4 仓库应有温度、湿度记录，存放的物品应定期检查，发现异常应及时处理。

12.6.5 仓库出货顺序应按“先进先出”的原则，并对外观品质进行检查。包装破损或经长时间贮存质量有较大劣化的可能者，应重新检验合格方可出货。

12.6.6 成品仓贮应有存量记录，成品出厂应做出货记录，内容包括批号、出货时间、地点、对象、数量等，以便发生问题时可迅速追溯。

12.6.7 仓库不应贮存有毒、有害物品或其他易腐、易燃品以及可能引起串味的物品。贮存物品应与地面、墙壁保持适当的距离。

12.7 运输管理

12.7.1 装运前应对进出货用的容器、车辆等运输工具进行卫生检查。运输工具应无污染、无虫害、无异味。有可能造成污染原料、半成品或成品的物品禁止与原料、半成品或成品一起运输。

12.7.2 应避免日光直射、雨淋和撞击，并能根据产品的特性，选择适合的车辆进行装运，如对于液态蛋制品应用0 ℃～4 ℃的冷藏车装运。

12.8 成品售后管理

12.8.1 应建立成品售后管理制度，对顾客提出的书面或口头意见、投诉，质量管理部门(必要时协调其他有关部门)应立即追查原因，妥善处理。

12.8.2 建立出厂成品的召回机制，执行《食品召回管理规定》。

12.9 记录管理

12.9.1 工厂所有记录管理应由执行人和负责人签名。记录应以真实、及时、填写规范为原则，不得随意更改，确需更改时应由更改人签名确认。

12.9.2 所有生产和质量管理记录应由生产和质量管理部门进行审核，以确定该作业是否符合规范；检查中发现异常应及时处理。

12.9.3 质量管理记录应以提供正确的判断或可追溯为依据。

12.9.4 所有记录按有关规定进行保存。

13 标识

13.1 预包装定量食品的标签应符合 GB 7718 和《食品标识管理规定》的要求。

13.2 批号管理:应在外包装上以明码或暗码表示生产批号,以利仓贮管理及成品可追溯作业。

ICS 35.240.60;47.020.99
U 07

中华人民共和国国家标准

GB/T 25010—2010/ISO/PAS 16917:2002

船舶和海上技术
海运、联运和保安数据传输标准

Ships and marine technology—Data transfer standard for maritime, intermodal transportaion and security

(ISO/PAS 16917:2002,IDT)

2010-09-02 发布　　2010-12-01 实施

中华人民共和国国家质量监督检验检疫总局
中国国家标准化管理委员会 发布

前　言

本标准等同采用国际标准 ISO/PAS 16917:2002《船舶和海上技术　海运、联运和保安数据传输标准》(英文版)。

本标准等同翻译 ISO/PAS 16917:2002。

为便于使用,本标准做了下列编辑性修改:

——“本共同规范”一词改为“本标准”;

——国际标准第 3 章中部分术语的缩略语在术语下另起一行排列,本标准按引用的 GB/T 18391—2002《信息技术　数据元的规范与标准化》(ISO/IEC 11179:1999,IDT)的编排格式与术语排在同一行并用括号标识。

本标准的附录 A 和附录 B 为资料性附录。

本标准由中国船舶工业集团公司提出。

本标准由全国海洋船标准化技术委员会(SAC/TC 12)归口。

本标准起草单位:中国船舶工业综合技术经济研究院。

本标准主要起草人:康元、杨洪锋。

ISO 前言

国际标准化组织(ISO)是世界性的标准化专门机构。国际标准的起草工作由 ISO 技术委员会负责。任何对技术委员会已经建立的领域感兴趣的成员团体,都可以参加该委员会工作。与 ISO 合作的国际组织、政府部门和非政府组织,同样可以参与此项工作。ISO 与国际电工委员会(IEC)在电工标准的各领域紧密合作。

本国际标准根据 ISO/IEC 导则第二部分规定的要求起草。

技术委员会的主要任务是起草国际标准。技术委员会编制的国际标准草案要提交成员团体投票,发布一项国际标准,至少需要 75%的参与表决的国家成员团体投票赞同。

在其他情况下,尤其是对标准有急迫的市场需要时,技术委员会可以决定公布其他类型的规范性文件:

——ISO 共同规范(ISO/PAS):表示 ISO 工作组内的技术专家之间的协定,参与投票表决的委员超过 50%通过后,可以发布;

——ISO 技术规范(ISO/TS):表示技术委员会成员之间的协定,参与投票表决的委员超过 2/3 通过后,可以发布。

ISO/PAS 或 ISO/TS 在发布三年后要进行审查,以确定是在未来三年里继续使用,还是经修订后成为国际标准或撤销。如果 ISO/PAS 或 ISO/TS 被确认继续使用,则经过三年后还要进行审查,那时,或将其转变国际标准,或撤销。

需要提请注意的是,本文件中某些内容可能已经获得了专利权。ISO 并不对全部或部分有专利权的内容负责。

ISO/PAS 16917 由船舶和海上技术技术委员会(ISO/TC 8)下属的计算机应用委员会(SC 10)起草。

引　言

0.1　背景

工业界和政府部门都意识到了以电子形式交换数据的必要，该需要被特定的商业需求所驱动，并导致数据传输标准的推出。运输业对于业内成员间的大量信息交换尤其依赖。数据传输需求既包含了用于运输的资产运输，又包含了货运所需的商业信息。其结果是，一些机构在共同努力以促进数据交换的发展，如标准组织、联合国和贸易组织。数据交换的需求涉及与货物运输有关的海运、联运和港口安全，因此，建立一个适宜的数据交换标准便成为一件急迫的事情。

数据交换标准及框架已经被建立，包括了特定商业过程的模型和需要交换的数据集的识别。很多特殊的商业需求要求符合 EDI 数据报文的规定。STEP(GB/T 16656.1)标准解决了海运特定数据交换问题。这些标准包含了软件中的数据定义、限制以及在其他方面应用时的灵活性。EDI 和 STEP 需要耗资昂贵的复杂软件来实施，因此，主要工作是由大型组织及其贸易伙伴来实现。世界范围的数据交换，包括中小型企业都需要基于互联网的低成本、灵活的数据传输方法。新方法的实施包含了所有系统间的通用数据定义，并且不妨碍 EDI 或 STEP 的继续应用。

新要求包括商业及安全相关数据的广泛搜索，以及在分散数据库间将指定数据与其他数据相链接的能力。很明显，要满足商业和政府部门数据交换的需求，就需要一些标准对数据元素进行定义。互联网在数据交换中起到至关重要的作用，但是，目前主要的限制在于对数据所表述的意义缺乏共同的理解。因此，涉及特定领域的数据定义必须由了解需求的工业组织开发出来，然后记录其他数据位置的数据字典的定义，并连接到成员组织的数据库。这不需要任何组织改变他们自己数据的格式，但是允许他们对标准数据字典定义进行映射以便数据交换。

数据交换技术的发展导致了文档交换和技术的改变。从变化的数据传输技术中分离出相对固定的数据定义，将便于新技术的实施。

数据交换的需求应该从海运、联运及港口设施等相关设备的建造和运行开始。设备的商业运营需要更大量的数据交换，包括货物文件、运输设备的运行和终端。政府需要涉及人员安全和环境的信息交换，以及潜在安全风险传输数据的快速识别。

数据交换涉及整个运输过程，在下列过程中都存在信息交换的需要：

——船舶和设备的建造和运行；

——货船和相关设备的建造和运行；

——港口和终端的建造和运行；

——货物和货船的追踪(货物可见性)；

——商业文件(发货人、经纪人、运输工具)的交换；

——电子商务对运输的支持(执照、条款、燃料箱、服务)；

——船舶和货运的监测，包括货物、船舶和人员的安全检查；

——海关职责和关税的收集。

上述运输过程的每个环节都开发了数据交换程序以满足他们的需要。但是，这些系统并未设计成可与外部组织进行数据交换，即使应用了相同的传输基础技术，数据也是按照不同的方式记录的，而全球性的运输需要具有在所有相关部门之间数据交换的能力。本标准贯彻了已发布的 ISO 标准，且不需要改变现在已有的数据库就可以解决这些基本需求。

0.2 GB/T 25010 的目的

本标准的目的是使涉及海运、联运的运输信息及保安信息可以在不同组织之间进行方便、高效地传输。运输保安信息需要获取包括卡车、火车及航运等更为广泛的数据。本标准提供了世界范围内进行数据库连接的方法，以便在不需要人工干预及改变数据存储形式的情况下，就可以在计算机之间传输数据。本标准不适用于规范商业和国际贸易的官方文件格式，这需要进一步制定更多标准才能解决。本标准用准确的术语定义了数据元素，使其可用于多种数据传输文件中，并以与传输文件相独立的标准形式在数据字典中定义了数据元素。本标准还规定了数据字典的组织和维护要求，以及在世界范围内相似数据之间进行连接的要求。数据交换将应用于正常情况下的海运业务，包括商业的和军事的运输，或在保证的条件下在世界范围分散的数据库中采集和交换数据。数据搜索和交换过程应该是高效和低费用的，通过访问互联网，依靠映射数据字典中的公共数据元素来连接不同数据结构的数据库。

0.3 GB/T 25010 介绍

GB/T 25010 为解决海运和联运过程中的数据交换需求而定义和组织了有意义的数据。数据的含义和结构在无须人工干预的电子交换层面上被定义。数据元素将在表示特定商业领域的数据字典中定义。数据传输采用数据交换报文协议来完成(例如：EDI、STEP/EXPRESS、XML 等)。本标准规定了由包含特定领域数据元的数据字典组成的参考数据库。本标准还提供数据字典内数据之间的参考连接。本标准对应用数据字典和商业领域数据模型的数据提供了索引、结构化和连接的通用方法，并支持在运输设备寿命周期和商业应用过程中进行数据交换。本标准参考了 GB/T 18391 的规定，并以该标准作为构建数据字典的基础。

本标准规定了四部分内容：

1） 以标准形式(数据字典)定义数据，见第 4 章；

2） 针对数据的索引和搜索建立了模型(例如：XML 模型和主题映射)，见第 5 章和第 6 章；

3） 数据向其他场合映射相同数据的方法实例(例如：主题映射)，见第 6 章；

4） 在计算机系统之间以电子方式传输合并数据的 XML 和 EDI 标准，以及其他语言，见第 7 章。

船舶和海上技术
海运、联运和保安数据传输标准

1 范围

本标准规定了与海运、公路运输和铁路运输有关的货物和人员的信息表示方法。包括：

——在运输设备的整个寿命周期(见图1)内,建造和运营过程中需要交换的信息的定义。

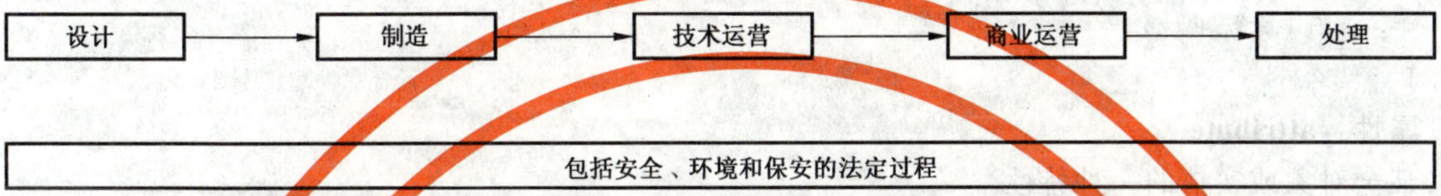

图1 运输设备寿命周期

——在运输设备的商业运营及货物运输(见图2)过程中需要交换的信息的定义。

图2 货物运输过程

本标准规定的内容可在以下两者间交换:运输过程中运输资产获得和运营,包括资产的生产过程需要的信息和商业运营过程中需要的信息以及两者的法定信息,以支持国际贸易所需的商业活动。运输设备运行和商业经营之间的连续信息交换,也是运输过程的一部分。在上图中显示了海运和联运对数据交换的需求过程和阶段。

本标准适用于数据库和数据仓库的实施,其中数据库和数据仓库使运输过程中不同参与者之间可以共享数据。

定义数据字典的目的是允许与基本定义相关的数据可以映射到工业界和政府数据库中的数据多重事件中。

2 规范性引用文件

下列文件中的条款通过本标准的引用而成为本标准的条款。凡是注日期的引用文件,其随后所有的修改单(不包括勘误的内容)或修订版均不适用于本标准,然而,鼓励根据本标准达成协议的各方研究是否可使用这些文件的最新版本。凡是不注日期的引用文件,其最新版本适用于本标准。

GB/T 18391—2002(所有部分) 信息技术 数据元的规范与标准化[ISO/IEC 11179:1999(所有部分),IDT]

3 术语和定义

下列术语、缩略语和定义适用于本标准。

3.1 通用术语和缩略语

3.1.1

EDI

电子数据内部交换。

3.1.2

STEP

符合 GB/T 16656.1 规定的产品模型数据表达和交换标准。

3.1.3

数据传输文件　data-transfer document

标准化的记录数据元设定(如:EDI、XML)。

3.1.4

XML

可扩展的置标语言。

3.2　引用 GB/T 18391—2002(ISO/IEC 11179:1999,IDT)的术语

注:适用于本标准。

3.2.1

属性　attribute

某全对象或实体的一种特性。

3.2.2

属性值　attribute value

某种属性的一个实例表示。

3.2.3

已审核数据元　certified data element

已登录的数据元。符合 GB/T 18391.1 规定的质量要求。

3.2.4

分类方案　classification scheme

依据对象的共性如:来源、构成、结构、应用和功能等将其排列或分组。

3.2.5

分类方案条款　classification scheme item

分类方案内容的一个成分。

注:可以是分类法或本体论的一个节点,主题词表中的一个术语等。

3.2.6

分类成分　classified component

可以根据一个以上的分类方案进行分类的数据元的成分。

注:这些成分包括:对象类,特性,表示类,数据元概念,值域和数据元。

3.2.7

备注　comments

关于数据元的注释。

3.2.8

概念　concept

在一组对象共同特性的基础上抽象出来的思想。

[ISO 1087:1990]

3.2.9

相关环境　context

对使用名称或产生名称的应用环境或应用规程的指明或描述。

3.2.10

数据　data

对事实、概念或指令的一种形式化表示,适用于以人工或自动方式进行通信,解释或处理。

3.2.11

数据字典　data dictionary

涉及其他数据应用和结构数据的数据库，即用于存储元数据的数据库。又见数据元字典。

[ANSI X3.172—1990]

3.2.12

数据元　data element

用一组属性描述定义、标识、表示和允许值的数据单元。

3.2.13

数据元概念　data concept

能以数据元形式表示，且与任何特定的表示法无关的一种概念。

3.2.14

数据元字典　data element dictionary

列出并定义了所有相关数据元的一种信息资源。又见注册簿。

3.2.15

数据元面　data element facet

易于分类的数据元的任一方面。

注：包括对象类、特性、表示和数据元概念。

3.2.16

数据元名称　data element name

用于标识数据元的主要手段，由一个或多个词构成的命名。

3.2.17

数据元注册系统　data element registry

由注册机构保存的用于描述数据元含义和表示形式的信息资源，包括注册标识符、定义、名称、值域、元数据和管理属性等。又见注册簿。

3.2.18

数据元值　data element value

数据元允许值集合中的一个值。又见数据值。

3.2.19

数据标识符(DI)　data identifier

由注册机构分配给数据元的标识符(一串字符或其他图形符号)。

3.2.20

数据项　data item

数据元的一个具体值。

3.2.21

数据模型　data model

以反映信息结构的某种方式对数据组织的描述。

3.2.22

数据管理者　data steward

对特定的一系列数据资源管理负责的个人或组织。

3.2.23

数据类型　datatype

由数据元操作决定的采用采集字母、数字和/或符号的格式，以描述数据元的值。

3.2.24

数据元值的数据类型　datatype of data element value

表示数据元值的不同值的集合。

3.2.25

数据值　data value

值域中的一个元素。

3.2.26

定义　definition

表述人和事物的基本特性，或者人或事物类别的词或短语：要回答"×是什么?"或"一个×属于什么?"这样的问题；一个词或词组含义的表示。一个数据元基本特性的描述，并使之区别于其他数据元。

[韦氏新世界英语大词典，第三版，1986]

3.2.27

域　domain

一种属性的可能数据值的集合。又见值域。

注：也可参见业务域。

[GB/T 5271]

3.2.28

实体　entity

任何具体的或抽象的事物，包括事物间的联系。又见对象类。

[GB/T 5271]

3.2.29

穷举域　enumerated domain

由所有允许值的列表表示的值域。

3.2.30

表示形式　form of representation

数据元表示形式的名称或描述。如："数量值"，"代码"，"文本"，"图标"。又见表示术语。

3.2.31

标识符　identifier

注册机构内与语言无关的数据元的唯一标识符。又见数据标识符。

注：给定相关环境的对象的无歧义的名称。

3.2.32

信息　information

(信息处理中)关于对象的知识，如：事实、事件、事物、处理或想法，包括在某些相关环境中有特定含义的概念。

[GB/T 5271]

3.2.33

信息交换　information interchange

以某种方式发送和接收数据的过程，该方式不会使指定数据的信息内容或含义在传输中被修改。

3.2.34

国际注册数据标识符(IRDI)　international registration data identifier

数据元的一个国际唯一标识符。

3.2.35

关键字　keyword

用于数据元检索的一个或多个有意义的字词。

3.2.36

表示格式　layout of representation

在数据元值之内字符的格式表示用字符串表现。

3.2.37

词法　lexical

有关一种语言的词或词汇，而非它的语法和结构。

3.2.38

数据元值的最大长度　maximum size of data element values

表示数据元值的(对应数据类型的)存储单元的最大数值。

3.2.39

元数据　metadata

定义和描述其他数据的数据。

3.2.40

数据元值的最小长度　minimum size of data element values

表示数据元值的(对应数据类型的)存储单元的最小数值。

3.2.41

名称　name

人们标识对象和概念的基本方式。赋予数据元的单字或多字的名称。

3.2.42

对象　object

可以想象或感觉的对象的任一部分。

[ISO 1087:1990]

3.2.43

对象类　object class

现实世界中的想法、抽象概念或事物的集合，有清楚的边界和含义，并且特性和其行为遵循同样的规则而能够加以标识。

3.2.44

对象类术语　object class term

数据元名称的成分，用于表示其所属的对象类。例如：雇员。

3.2.45

允许的数据元值　permissible data element values

依据在相应属性中规定的表示形式、布局、数据类型、最大范围和最小范围，表示数据元允许事例的集。

注：该集可以依据名称、参照来源、列举事例的表示或产生事例的规则而加以指定。

3.2.46

特性　property

对象类的所有个体所共有的某种性质。

3.2.47

特性术语　property term

数据元名称的一个成分，用于表述对象类的特性(数据元名称的一个成分，表述数据元所属类别)。

3.2.48

限定词　qualifier

帮助定义和呈递唯一性概念的术语。

3.2.49

限定术语　qualifier term

帮助定义和区分数据库中某个名称的词或词组。

3.2.50

已登录数据元　recorded data element

提交的数据元,包含了所有必选属性并已被记录,但其内容可能不满足本标准中规定的质量要求。

3.2.51

注册簿　register

一套文件档案(纸质文件,电子文件或复合文件)内有已注册的数据元和相关信息。又见数据元注册系统。

3.2.52

注册　registration

赋予数据元一个明确无二义的标识符以使感兴趣的各方可以获得关于这些数据元的元数据。

3.2.53

注册申请者　registration applicant

需要从注册机构获得标识符的组织、个人等。

3.2.54

注册机构(RA)　registration authority

经授权对数据元或其他对象注册的组织。

3.2.55

注册机构标识符(RAI)　registration authority identifier

赋予注册机构的标识符。

3.2.56

注册状态　registration status

数据元在进行注册期间所处各种状态的标示。

3.2.57

相关数据参照　related data reference

数据元与相关数据间的参照。

3.2.58

表示　representation

值域、数据类型的组合,必要时也包括度量单位或字符集。

3.2.59

表示类别　representation category

用于表示数据元的符号、字符或其他表示的类型。

3.2.60

表示术语　representation term

数据元名称的成分,用于描述数据元的表示形式。

3.2.61

主管机构　responsible organization

对必选属性负责的机构或其所属部门。数据元就是由这些必选属性决定的。

3.2.62

语义学　semantics

有关词义注释的语言学分支学科(韦氏)。

3.2.63

分隔符　separator

在名称中连接或分隔成分的符号或空格,又称分界符。

3.2.64

已标准化数据元　standardized data element

在数据元注册系统中可以优先使用的已审核数据元。

3.2.65

结构设置　structure set

在相关环境中放置对象的方法,用以展示与其他对象的关系。如:各种实体关系模型、分类法和本体论法。

3.2.66

提交机构(SO)　submitting organization

对数据元注册系统的数据元提出增补、变更、取消、删除或撤出的机构或其所属部门。

3.2.67

同义名称　synonymous name

与给定名称有区别但表示相同的数据元概念的单字或多字的指称。

3.2.68

句法　syntax

语言表述的结构以及支配语言结构的规则。字符或字符组间的各种关系,这些关系与字符或字符组的含义、解释和使用方式无关。

3.2.69

分类法　taxonomy

依据类及其子类间的固有关系进行分类的方法。

3.2.70

术语　term

以语言表述的形式对某一特定语言中已经定义的概念的标示。

[ISO 1087:1990]

3.2.71

主题词表　thesaurus

按给定顺序排列参照词汇,其中显示和标识了词汇间的关系。

3.2.72

关系类型　type of relationship

数据元与相关数据间关系的一种表述。

3.2.73

值域　value domain

允许值的集合。

3.2.74

版本　version

注册机构内,一套逐渐完善的数据元规范中的一个数据元规范发布的标识。

3.2.75

版本标识符(VI)　version identifier

赋予版本的一个标识符。用于提交或修改数据元注册。

4 数据字典(GB/T 18391)

4.1 目的

数据字典描述了在特定商业领域内用于交换的商业数据元的数据库要求。数据字典在计算机之间进行信息交换的数据传输文档层面上描述了数据元,因此,需要以无歧义术语来对其定义,对数据元的描述还应包括提供与其他远程数据库上与其相似或相同数据相连接的信息。

4.2 数据字典标准

GB/T 18391 描述了数据字典中数据的必要结构。与 GB/T 18391 相关的背景和目的的进一步介绍见附录 A。

5 数据模型

5.1 一般要求

数据字典是涉及数据(数据元)使用和构造的数据库。数据模型描述了数据信息结构的组成形式。对数据字典中数据的组织应使其可访问,以便在不同应用程序中使用数据并可交换。数据模型应符合有关约定的要求。以下对数据模型进行了描述和例举(另一种方法在 GB/T 17645.42 的 PLIB 中说明)。

5.2 数据字典的数据模型

数据字典在数据模型基础上构建,数据模型应符合 GB/T 18391 中的要求、术语和定义。数据字典的数据模型(或模型元)应符合 GB/T 18391 规定的表示法,并在该表示法中增加必要的上下文关系。本模型表达了支持海运及联运运输数据定义及交换的数据元管理,这些运输数据用于改善运输过程及国际保安形势。模型元的构造应独立于特定实际过程的实现,并捕获数据元之间的相关关系,以允许在不造成数据异常或损害数据完整性前提下进行更新和修改数据。

与 GB/T 18391 兼容的模型元最基础的结构单元是类和特性。对类和特性的主要描述如下,它们在模型元中的表示方法示例见图 3。

类是具有共同结构和行为对象的类型集合。类用分层结构组织(子类和超类)。每个类可以没有或有多个适用特性。分层结构必须允许以最小的代价灵活地加入新类和编辑现存类。

特性是可以用数值描述的类成员的属性或方面。特性通过类分层结构向下扩展。

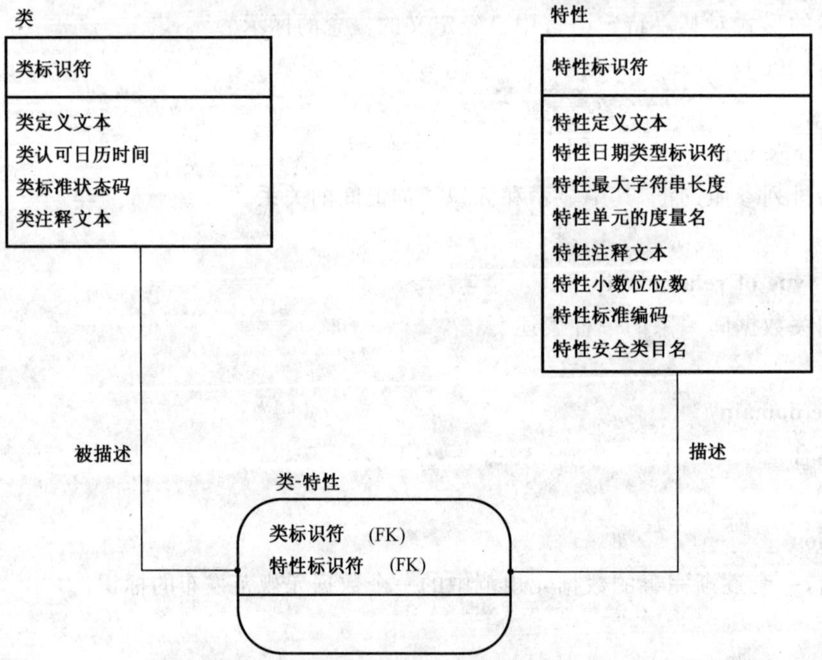

图 3 与 GB/T 18391 兼容的模型元示例

5.3 应用域数据模型

5.3.1 规范化的业务模型

本模型描述了在货物海运和联运应用域中所产生的数据之间的关系(运输资产的生产遵循同样的过程),同样的方法论适用于构造模型元。本模型规定了数据关系和支持应用域处理数据的业务规则,而且,对于描述应用域内数据传输模型的初始构造和逻辑扩展均是必要的先决条件。本模型的构建会收录进数据字典,以便海运和联运保安过程的所有参与者都可以发现和使用应用域数据元。本模型特性在5.3.2数据传输模型的基本描述中反映。海运和联运应用域模型示例见图4。

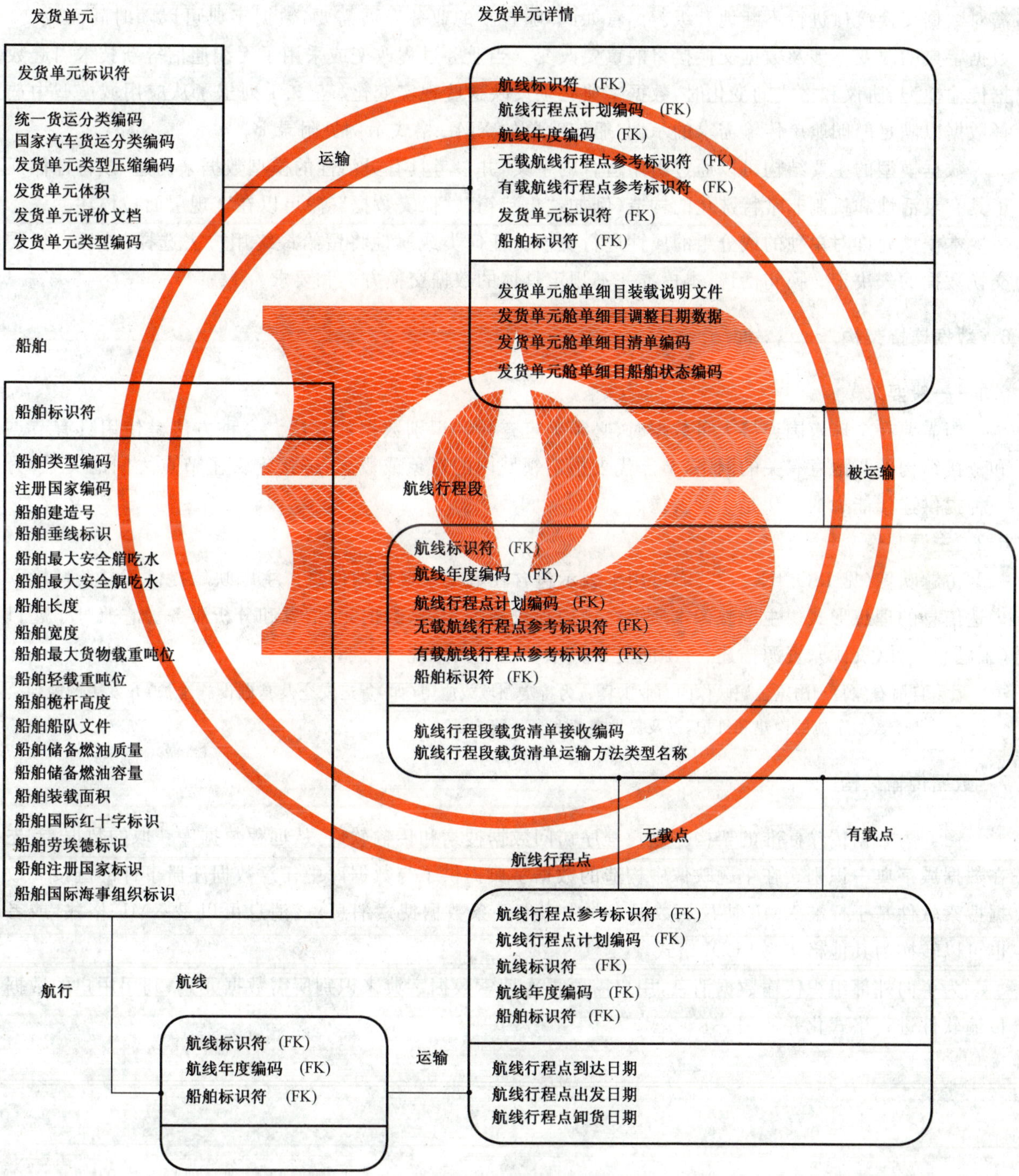

图4 应用域模型部分示例

5.3.2 数据传输数据模型

本数据模型主要描述了数据传输文件，该文件由数据模型中的数据成分组成，且在数据字典中包含了数据模型的数据元。根据复杂程度和数据传输量，本模型可以象 XML 文档条目一样简单。数据模型的维护与 XML 文档条目维护相同，并且以 XML 格式产生数据传输文档。本数据模型以通用模式开发，任意组的类和属性都可以作为交换模型集成在一起，并将数值实例化作为 XML 交换文档传输。本方法论确保当字典和本体变化后，数据模型保持稳定。使用本技术最主要的优势是节省开发数据交换接口时所需的资源。这可以通过通用数据模型来实现，通用数据模型应不随时间改变而改变，并且，不需对数据交换接口进行不断地升级。尽管如此，随着新的业务发展需要，数据字典可以随时间而改变。数据字典的改变不涉及数据交换接口的重要改变。当业务过程改变或采用了无线通信等新技术引起数据传输模型、协议和格式的变化时，数据字典必须反映这些现实变化。5.3.1 列出了从应用域模型中选择数据以满足船舶舱单传输需求的示例，船舶舱单的 XML 格式示例见附录 B。

数据模型的主要结构可以通过引用适合的字典，并参考具有灵活性的模型数据来构造，该特性保证了具有灵活性和机制非常特殊化的构造(例如:“集装箱”、“保安数据”等)可以在实现层面被描述。

本模型允许对单独的或分组的属性进行交换。任何类或属性将留给最终用户去选择，并且由想要交换数据的人决定。换句话说，本标准并不规定具体的数据交换方案和要求。

6 数据连接架构

6.1 一般要求

当需要在全球范围连接大量数据时，必须确定查找和识别数据的方法。一种方法是使用具有节点和链接结构的与语意有关的网络，节点代表指定领域内的对象或概念，链接定义了节点之间的关系；另一种提供连接能力的方法是主题映像。

6.2 主题映像

主题映像(见 ISO/IEC 13250)可用于表示包含在数据字典内的信息。主题映像提供了复杂环境下表达信息的理想形式。主题映像本质上在域内提供数据索引、数据元、信息和分析服务。它兼顾了题目(主题)、事件(资源)、资源描述、资源间复杂关系和上下文环境。

注：目前有编写和浏览主题映像的商业工具。为特定领域或应用(如:货运安全及基础设施维护)开发主题映像会便于数据字典的构建和维护，以及提供搜索和分析能力。

7 数据传输架构

图 5 为数据传输标准的架构。用户程序访问数据搜索和传输软件，从远程数据库获取的数据，首先在数据域字典中识别。在主题映像中构造的数据字典提供了与数据库中任意数据注册事件的链接。数据搜索软件基于标准 XML 协议从数据字典中产生一条数据搜索消息，该消息可以是 XML 格式，或者也可以转换为其他格式，如 EDI 格式。

为了向外部组织传输数据消息，用户需要再次搜索数据字典来识别所需数据元素，利用用户的数据传输软件进行格式化并使用。

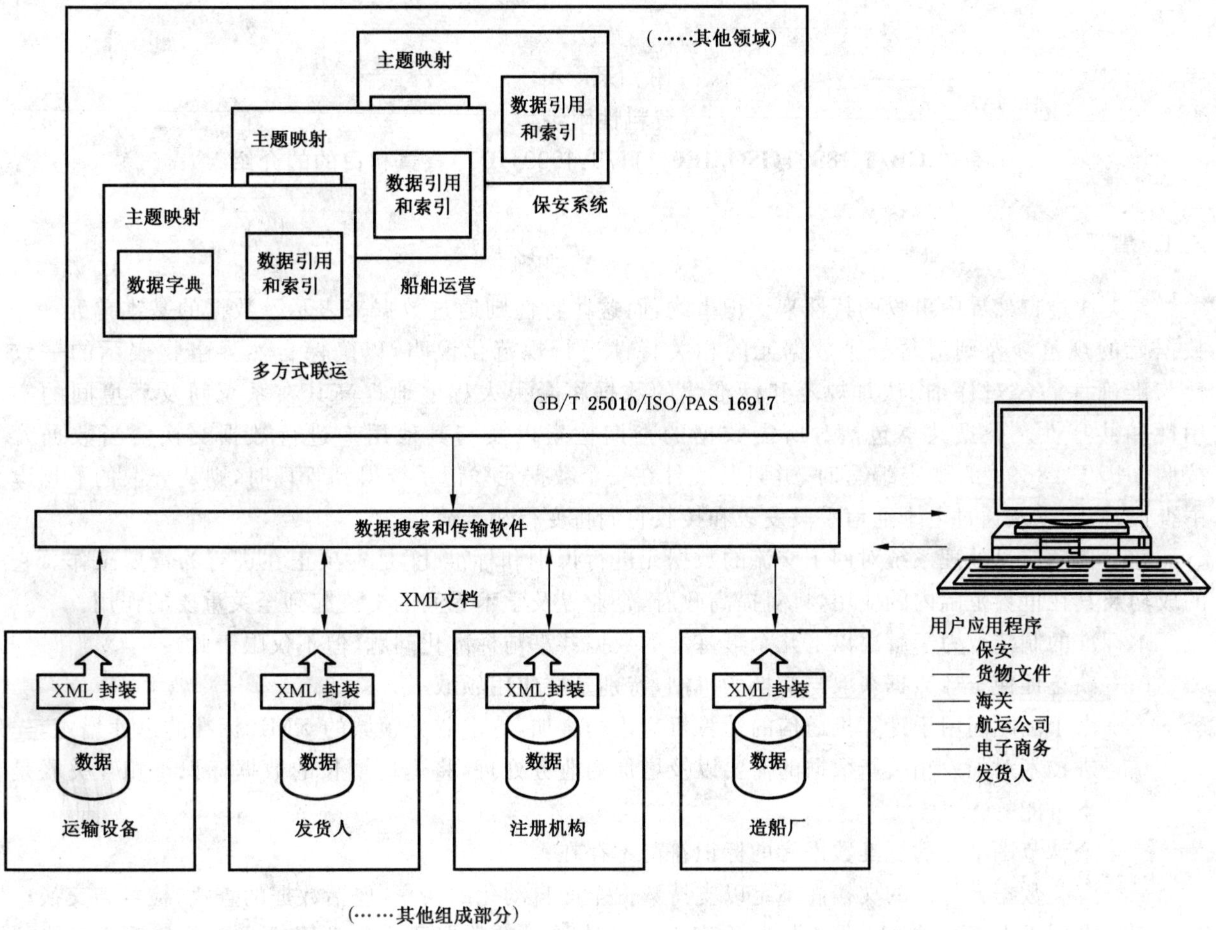

图 5 数据传输标准的架构

8 数据字典开发和支持

8.1 数据字典开发

每个数据字典应由特定领域的专家开发。

8.2 数据字典维护

数据字典应由对数据定义有特殊兴趣和知识的工业域工作组(Industry Domain Groups)实施和维护。

8.3 数据元素注册

数据元素/对象必须采用注册技术,以确保无歧义定义。

8.4 数据注册地点

注册应在互联网上进行。

附 录 A
（资料性附录）
有关 GB/T 18391(ISO/IEC 11179:1999,IDT)背景和目的的介绍

A.1 背景

人类通过自然界中事物的特性来认识事物，而这些特性则通过数据来表示。数据的基本单元——数据元的规范涉及到对每一个数据元的相关特性进行规范化说明，以确保自然界事物表示的一致性与准确性。经过仔细、认真规范和标准化的数据将会很大程度地提高其在系统间及环境间的实用性和共享性。数据共享包括对所需数据的查询检索以及与其他用户进行数据交换。当数据元按照 GB/T 18391 的规定编写时，并且其文件在一个数据元登记系统得到管理时，则从分散的数据库中查找、检索以及通过电子通信手段发送和接收它们将变得相当简便。

通过自动信息处理系统对用于交流的数据元进行识别和标准化，是一项正在进行的重要工作。它的成功及其在世界范围内的应用，将对提高政府、企业界及学术界间的交流起到至关重要的作用。

本标准的制定致力于解决以下几个最基本的数据共享与标准化问题(但不仅限于此)：

——缺乏促使全球数据获取与交换的机制，特别是在应用领域；

——由于国际间用于计算机通信的计算机应用的增加，特定业务领域的 XML 标准的迅速增殖，先进技术对加入相关新数据的需要以及增加的业务处理，将迅速增长的数据标识符相互关联是不可能的；

——全球范围唯一的标准数据元的标识符尚不存在；

——有关数据元特性的文档尚不足以支持数据全面自动化的共享，包括数据的查找、检索与交换；

——在成千上万的数据元中查找和检索某一具体的标准数据元是非常困难或者是几乎不可能的事情；

——目前尚不存在通用的方法对标准数据元进行有效的组织；

——尽管有些数据在一个机构内已经标准化，但机构间公用的数据标准却很少；

——机构间数据的交换导致了专用数据交换表示方法的激增；

——数据定义和描述的精确程度尚不能支持数据的再利用以及用户多样化的需求；

——现有用于缩减冗余逻辑数据的目录结构尚不能满足需要；

——由于标准数据元的缺乏而使全球实施电子数据交换(EDI)受到阻碍，EDI 报文的内容需要标准数据元。

为了推动电子通信的全球化，国际标准界通过持续不断的努力，确定了开放系统互联环境(OSIE)。在该环境内，不同的计算机硬件及应用系统可实现信息共享。开放性信息处理系统所需的四个基本要素(硬件、软件、通信和数据)中的三个(硬件、软件和通信)要素，已经或正在制定为相关标准，而 GB/T 18391 作为数据规范，为开放性信息系统的第四个基本要素提供了在 OSIE 内实现数据共享的机制。

系统要做到真正的开放，数据必须是易于交换的且可以在各种不同的应用环境内及其相互间进行共享，它可以跨越区域化的网络和分布式的网络。为了数据的共享，数据的使用者与拥有者必须对其含义、表示和标识的理解是一致的。例如：为了理解数据的含义，数据使用者必须获得关于数据的描述。数据必须得到充分的描述，并应使使用者可以通过很方便的途径得到这些描述。数据元登记系统提供了对数据元内容及表示进行组织的方法，以确保数据描述的一致性，并使数据设计者和使用者较为方便地对其进行定位。数据的统一规范化将为整个软件开发生命周期中的数据检索、交换和一致性的使用提供便利。具有规范意义和形式的信息单元则被称为“已标准化数据元”。

A.2 目的

GB/T 18391 规定的数据元标准化和注册要求,使理解和共享数据成为可能。相对于传统的数据管理办法,按 GB/T 18391 要求来描述数据元标准化及其注册,将使一个共享数据环境的产生花费更少的时间和精力。

GB/T 18391 的目的在于如何就离散性数据元的描述及其语义内容(元数据,它以一种一致、标准的方式来表达数据元)的表达与维护提供具体的指南。它还就数据元注册系统的建立提供指南。

GB/T 18391 的初衷是通过电子信息交换以满足国际范围数据开放化交换的需要,它还能:

——便于数据的获取和注册;

——加速数据的访问及应用;

——依据元数据描述的特性,运用智能软件简化数据操作;

——促成用于计算机辅助软件工程(CASE)工具和数据存储的数据表示元模型的开发;

——方便电子数据的交换与数据的共享。

GB/T 18391 将使以下信息系统和人们之间的数据传递获益:

——一个机构内;

——不同的机构间;

——跨越所有软件、硬件层面和地理、机构、政治及人类语言的界限。

关于数据元的元数据被存储于数据元注册系统中。数据元注册系统支持数据及其描述的共享。注册是将支持数据共享的元数据文件化的过程。注册应在数据元层面进行,使其含义得到最大程度的理解。GB/T 18391 将使最终用户能自信、准确、无歧义地解释其所想要表达的意思。

附 录 B
（资料性附录）
数据传输数据模型

从 5.3.1 的应用模型示例中选取数据，满足“船舶舱单”数据传输需要的以 XML 格式表示的示例如下：

```
〈? xml version="1.0" encoding="UTF-8"?〉
〈xs:schena smins:xs="http://w3.org/2001/XMLSchema"〉
  〈xs:element name="SHIP"〉
    〈xs:complexType〉
      〈xs:sequence〉
        〈xs:element name="SHIP_IDENTIFIER"〉
            〈xs:simpleType〉
                    〈xs:restriction base="xs:string"〉
                            〈xs:maxLength value="6"/〉
                    〈/xs:restriction〉
            〈/xs:simpleType〉
        〈xs:element〉
        〈xs:element name="SHIP_IDENTIFIER_MARITIME_ORGANIZATION_IDENTIFIER"〉
            〈xs:simpleType〉
                    〈xs:restriction base="xs:string"〉
                            〈xs:maxLength value="10"/〉
                    〈/xs:restriction〉
            〈/xs:simpleType〉
        〈/xs:element〉
        〈xs:element ref="VOYAGE" minOccurs="1" maxOccurs="1/"〉
      〈/xs:sequence〉
    〈/xs:complexType〉
  〈/xs:element〉

  〈xs:element name="VOYAGE"〉
    〈xs:complexType〉
      〈xs:sequence〉
        〈xs:element name="VOYAGE_IDENTIFIER"〉
            〈xs:simpleType〉
                    〈xs:restriction base="xs:string"〉
                        〈xs:maxLength value="4"/〉
                    〈/xs:restriction〉
            〈/xs:simpleType〉
        〈xs:element〉
        〈xs:element name="VOYAGE_YEAR_IDENTIFIER"〉
```

```
            〈xs:simpleType〉
                  〈xs:restriction base=”xs:string”〉
                        〈xs:maxLength value=”4”/〉
                  〈/xs:restriction〉
            〈/xs:simpleType〉
      〈/xs:element〉
    〈/xs:sequence〉
  〈/xs:complexType〉
〈/xs:element〉

〈xs:element name=”SHIPMENT-UNIT”〉
  〈xs:complexType〉
    〈xs:sequence maxOccurs=”unbounded”〉
      〈xs:element name=”SHIPMENT-UNIT_IDENTIFIER”〉
            〈xs:simpleType〉
                  〈xs:restriction base=”xs:string”〉
                        〈xs:maxLength value=”50”/〉
                  〈/xs:restriction〉
            〈/xs:simpleType〉
      〈/xs:element〉
      〈xs:element name=”UNIFORM-FREIGHT-CLASSIFICATION_CODE”〉
            〈xs:simpleType〉
                  〈xs:restriction base=”xs:string”〉
                        〈xs:maxLength value=”50”/〉
                  〈/xs:restriction〉
            〈/xs:simpleType〉
      〈/xs:element〉
      〈xs:element name=”SHIPMENT-UNIT_VOLUME” type=”xs:integer”/〉
      〈xs:element ref=”VOYAGE-ITINERARY-SEGMENT”/〉
    〈/xs:sequence〉
  〈xs:complexType〉
〈/xs:element〉
〈xs:element name=”VOYAGE-ITINERARY-SEGMENT”〉
  〈xs:complexType〉
    〈xs:sequence〉
      〈xs:element name=”ONLOAD_VOYAGE-ITINERARY-POINT_REFERENCE_IDENTIFER”〉
            〈xs:simpleType〉
                  〈xs:restriction base=”xs:string”〉
                        〈xs:maxLength value=”2”/〉
                  〈/xs:restriction〉
            〈/xs:simpleType〉
      〈/xs:element〉
      〈xs:element name=”OFFLOAD_VOYAGE-ITINERARY-POINT_REFERENCE_IDENTIFER”〉
```

```
                <xs:simpleType>
                    <xs:restriction base="xs:string">
                        <xs:maxLength value="2"/>
                    </xs:restriction>
                </xs:simpleType>
            </xs:element>
        </xs:sequence>
    </xs:complexType>
  </xs:element>
</xs:schema>
```

参 考 文 献

[1] GB/T 5271(所有部分) 信息技术 词汇[ISO/IEC 2382(所有部分),IDT].

[2] GB/T 16656(所有部分) 工业自动化系统与集成 产品数据表达与交换[ISO 10303(所有部分),IDT].

[3] GB/T 17645.42 工业自动化系统与集成 零件库 第42部分:描述方法学:构造零件族的方法学(GB/T 17645.42—2001,ISO 13584-42:1998,IDT).

[4] ISO 1087:1990 Terminology—Vocabulary.

[5] ISO/IEC 10744:1997 Information technology—Hypermedia/Time-based Structuring Language(HyTime).

[6] ISO/IEC 13250 Information technology—SGML applications—Topic maps.

ICS 47.020.05
U 05

中华人民共和国国家标准

GB/T 25011—2010

船舶防污漆中滴滴涕含量的测试及判定

Test method and determination for DDT content of marine antifouling paints

2010-09-02 发布　　2010-12-01 实施

中华人民共和国国家质量监督检验检疫总局
中国国家标准化管理委员会　发布

前　言

本标准由中国船舶重工集团公司提出。

本标准由全国海洋船标准化技术委员会船用材料分技术委员会(SAC/TC 12/SC 4)归口。

本标准主要起草单位:中国船舶重工集团公司第七二五研究所、上海开林造漆厂、海军装备技术研究所、清华大学、环境保护部环境保护对外合作中心。

本标准主要起草人:陶乃旺、杜伟娜、曹京宜、黄俊、周云瑞、黄婷、李彦文。

船舶防污漆中滴滴涕含量的测试及判定

1 范围

本标准规定了采用气相色谱法测定船舶防污漆中滴滴涕(简称DDT,包括异构体及其衍生物)含量的试剂、仪器设备、取样、试验步骤、结果判定和试验报告等。

本标准适用于船舶防污漆中DDT含量的测定,亦适用于识别以DDT为杀生剂的船舶防污漆。

2 规范性引用文件

下列文件中的条款通过本标准的引用而成为本标准的条款。凡是注日期的引用文件,其随后所有的修改单(不包括勘误的内容)或修订版均不适用于本标准,然而,鼓励根据本标准达成协议的各方研究是否可使用这些文件的最新版本。凡是不注日期的引用文件,其最新版本适用于本标准。

GB/T 3186 色漆、清漆和色漆与清漆用原材料 取样(GB/T 3186—2006,ISO 15528:2000,IDT)

3 基本原理

本试验方法主要是利用带电子捕获检测器的气相色谱仪进行测定。

电子捕获检测器是一种选择性检测器,对含卤族、S、P、N、O电负性强元素的物质,响应很大,而对非电负性物质,则响应很小。因DDT含电负性强的氯元素,利用电子捕获检测器这一特性,可以检测出微量的DDT(包括四种形式,即p,p'-DDE、o,p'-DDT、p,p'-DDD及p,p'-DDT)。

本标准利用色谱纯的正己烷提取样品,对待测样品采用14%丙基苯氰和86%二甲基聚硅氧烷混合固定液进行分离、电子捕获检测器进行检测、外标法进行定量。

4 试剂

有机溶剂应经重蒸,并经色谱验证无干扰物质存在后使用。试验用试剂包括:

a) 正己烷:色谱纯;

b) 色谱标准样品:p,p'-DDE、o,p'-DDT、p,p'-DDD、p,p'-DDT,含量98%~99%,色谱纯;

c) 无水硫酸钠:分析纯;

d) 载气:氮气,纯度99.999%,经去氧管过滤,氧的含量低于0.000 5%,氢的含量低于0.000 1%;

e) 标准储备液:精确称取p,p'-DDE、o,p'-DDT、p,p'-DDD、p,p'-DDT各10 mg,分别移入100 mL棕色容量瓶中定容,以正己烷稀释至刻度,混匀,在4 ℃下贮存待用(样品储存期为2个月);

f) 混合标准工作液:根据电子捕获检测器的灵敏度及线性要求,分别量取一定量4种标准储备液于同一容量瓶中,用正己烷稀释至刻度,配制成几种浓度的标准工作液,在4 ℃下贮存待用(样品储存期为2个月)。

5 仪器设备

试验主要仪器设备包括:

a) 带电子捕获检测器的气相色谱仪;

b) 色谱柱:ϕ0.32 mm×30 m毛细管柱,涂以14%丙基苯氰和86%二甲基聚硅氧烷混合固定液;

c) 振荡器;

d) 微量注射器:5 μL、10 μL;

e) 高速离心机:3 000 r/min～15 000 r/min;

f) 分析天平:感量为 0.1 mg;

g) 筒形漏斗:内径 2.0 cm,高 5 cm。

6 取样

按 GB/T 3186 的规定进行取样。

7 试验步骤

7.1 试验数量

试验应进行平行双样测试。

7.2 提取

7.2.1 称取待测船舶防污漆 0.900 0 g～1.100 0 g 置于 20 mL 试管中。

7.2.2 加入色谱纯的正己烷溶剂约 10 mL,用玻璃棒充分搅匀,棒上的固体用正己烷溶剂冲回试管内,继续添加溶剂到试管的 4/5 处。为防止溶剂蒸发,用软木塞将试管塞住后放入振荡器中振荡 20 min～30 min。

7.2.3 取出试管,放入离心机内,在转速 3 000 r/min～15 000 r/min 下分离 20 min～30 min。

7.2.4 移出试管上层溶液,置于 100 mL 容量瓶中。

7.2.5 重复 7.2.2～7.2.4 操作 3 次,并合并试管上层溶液于 100 mL 容量瓶中。

7.3 净化

正己烷提取液(7.2.5)再经过装有适量脱脂棉(正己烷溶剂浸泡 30 min,取出晾干后的脱脂棉)及 1 cm 厚无水硫酸钠的筒型漏斗脱水,滤入 100 mL 的容量瓶中,用色谱纯正己烷溶剂定容至刻度为待测样品。

7.4 色谱测定

7.4.1 仪器工作参数

仪器工作参数设定如下:

a) 汽化室温度:250 ℃;

b) 柱温度:200 ℃;

c) 检测器温度:280 ℃;

d) 载气流速:50 mL/min～80 mL/min,根据仪器的情况选用。

7.4.2 仪器调整

调节仪器重复性条件为:一个样品连续注射进样两次,其峰面积相对偏差不大于 7%时,即认为仪器处于稳定状态。

7.4.3 进样

7.4.3.1 进样方式为注射进样。

7.4.3.2 一次进样量为 5 μL。

7.4.3.3 用清洁注射器在待测样品中抽吸几次,排除所有气泡后,抽取所需进样体积,迅速注射入色谱仪中,并立即拔出注射器。

7.4.4 色谱的测量

7.4.4.1 以峰的起点和终点的连线作为峰底,以峰高极大值对时间轴作垂线,对应的时间即为保留时间,此线从峰顶至峰底间的线段即为峰高。

7.4.4.2 用微量注射器抽取 5 μL 正己烷溶剂,按 7.4.1 设置的色谱测定条件,进行基线校正。在载气流速为 74 mL/min 条件下,正己烷溶剂的保留时间为 0.9 min,其色谱图见图 1。

图 1 色谱纯正己烷色谱图

7.4.4.3 DDT 测定:用微量注射器抽取 5 μL 待测样品(7.3),按 7.4.1 设置的色谱测定条件,进行测试。DDT 的四种形式出峰顺序为 p,p'-DDE、o,p'-DDT、p,p'-DDD、p,p'-DDT,在载气流速为 74 mL/min 条件下,其保留时间分别为 8.4 min、11.2 min、14.4 min、15.8 min。混合标准工作液色谱图见图 2。

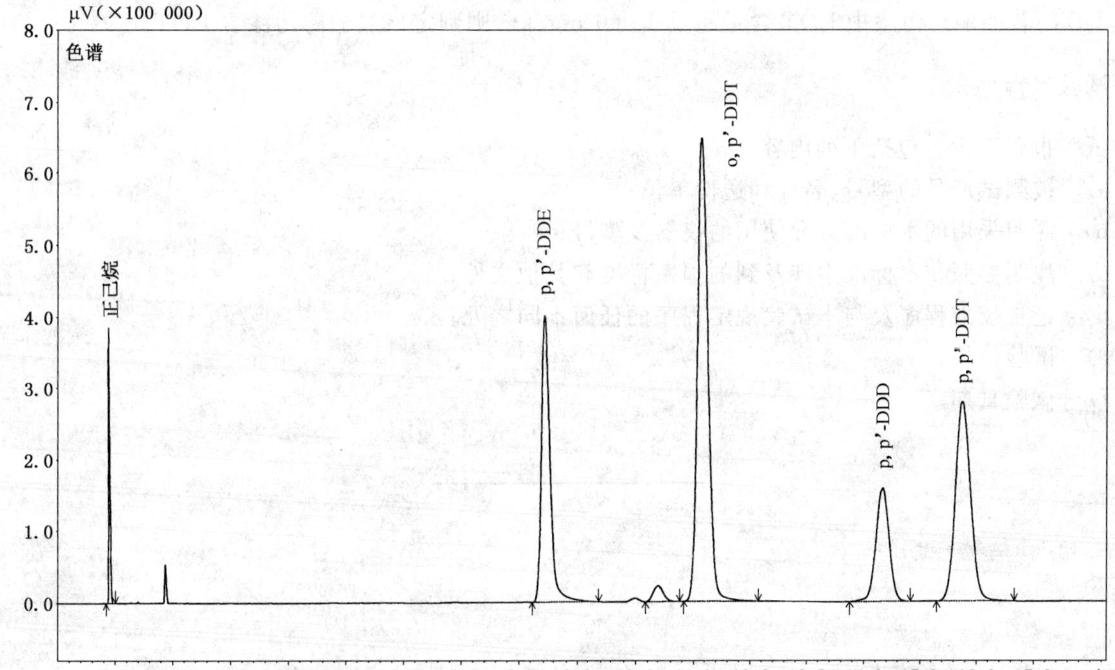

图 2 混合标准工作液色谱图

7.4.5 结果表示

试样中 DDT 及其异构体、衍生物的单一含量可按公式(1)计算:

$$W_i = (A_1/A_2) \times (m_1/m_2) \times (V_1/V_2) \quad \cdots\cdots(1)$$

式中：

W_i——试样中 DDT 及其异构体、衍生物的单一含量的数值，单位为毫克每千克(mg/kg)；

A_1——被测定试样各组分的峰面积；

A_2——各组分标准的峰面积；

m_1——单一标准溶液的含量的数值，单位为纳克(ng)；

m_2——被测定试样的取样量的数值，单位为克(g)；

V_1——被测定试样的稀释体积的数值，单位为毫升(mL)；

V_2——被测定试样的进样体积的数值，单位为微升(μL)。

试样中 DDT 及其异构体、衍生物的总含量可按公式(2)计算：

$$W = \sum_{i=1}^{4} W_i \quad \cdots\cdots(2)$$

式中：

W——试样中 DDT 及其异构体、衍生物的总含量的数值，单位为毫克每千克(mg/kg)。

计算结果保留小数点后两位。

计算所得到的两个平行试样的平均值。

8 精密度

同一操作者采用相同的仪器设备，在相同操作条件下，在短的时间间隔内，对同一被试船舶防污漆所得到的两个结果之间的相对偏差，在置信水平为 95%时应不超过 10%。

9 结果判定

根据第 7 章的检测结果，若船舶防污漆中 DDT 总含量不超过 1 000 mg/kg，则判定该船舶防污漆不含 DDT；若船舶防污漆中 DDT 含量超过 1 000 mg/kg，则判定该船舶防污漆含 DDT。

10 试验报告

试验报告至少应包括下列内容：

a) 被测试产品的型号、名称和送检单位；

b) 注明采用的本标准号和使用的仪器及型号；

c) 注明参照在本标准中涉及到的国家标准和其他文件；

d) 记录校准程序及与本试验规定程序的任何不同之处；

e) 试验结果；

f) 试验日期。

ICS 47.020.50
U 23

中华人民共和国国家标准

GB/T 25012—2010

船舶A类机器处所固定式局部水基灭火系统通用技术条件

General specification for fixed water-based local application fire-fighting systems for use in category A machinery spaces

2010-09-02 发布 2010-12-01 实施

中华人民共和国国家质量监督检验检疫总局
中国国家标准化管理委员会 发布

前　言

本标准由中国船舶工业集团公司提出。

本标准由全国船用机械标准化技术委员会(SAC/TC 137)归口。

本标准附录A为资料性附录。

本标准起草单位:中国船舶工业综合技术经济研究院、南京消防器材股份有限公司、九江中船长安消防设备有限公司、公安部天津消防研究所。

本标准主要起草人:汪远、梁俊、龙寅、莫英华、李毅。

船舶A类机器处所固定式局部水基灭火系统通用技术条件

1 范围

本标准规定了船舶A类机器处所固定式局部水基灭火系统(以下简称“灭火系统”)的术语和定义、要求、试验方法等。

本标准适用于灭火系统的设计、制造和验收。

2 规范性引用文件

下列文件中的条款通过本标准的引用而成为本标准的条款。凡是注日期的引用文件,其随后所有的修改单(不包括勘误的内容)或修订版均不适用于本标准,然而,鼓励根据本标准达成协议的各方研究是否可使用这些文件的最新版本。凡是不注日期的引用文件,其最新版本适用于本标准。

GB 4208—2008 外壳防护等级(IP代码)(IEC 60529:2001,IDT)

GB/T 4968 火灾分类

GB/T 16283 固定灭火系统基本术语

IMO 国际消防安全规则(FSS)

IMO MSC/Circ.1165 经修订的用于机器处所和货泵舱的等效水基灭火系统认可指南

3 术语与定义

在GB/T 4968和GB/T 16283中确立的以及下列术语和定义适用于本标准。

3.1

灭火 fire extinction

通过直接使用足够量的水基灭火剂,减少火灾热释放率,完全扑灭火焰,消除炽热部分,直至无物质发生燃烧的过程。

3.2

抑火 fire suppression

急剧减少火的热释放率,阻止火的蔓延以及减少过火面积。

3.3

水基灭火剂 water-based extinguishing medium

混有或不混有能增强灭火能力的添加剂的淡水或海水,以下简称水。

3.4

局部水基灭火系统 water-based local-application fire-fighting system

由供水设备、探测装置、报警阀组或主控阀、水流报警装置(水流指示器或压力开关)、信号反馈装置等组件,以及分配管网、喷头组成,当特定区域或保护对象发生局部火灾时喷水以控火、抑火、灭火或防护冷却的灭火系统。

3.5

A类机器处所 machinery space of category A

装有下列设备的处所和通往这些处所的围蔽通道:

a) 用做主推进的内燃机;

b) 用做非主推进的合计输出功率不小于 375 kW 的内燃机；

c) 任何燃油锅炉和燃油装置，或锅炉以外的任何燃油设备，如惰性气体发生器、焚烧炉等。

3.6

保护对象 protection objective

符合下列条件的对象：

a) 布置在 500 总吨及以上客船和 2 000 总吨及以上货船上，总容积超过 500 m^3（含机舱顶棚在内）的 A 类机器处所内的用作主推进装置的内燃机；

b) 用作各类驱动动力源（如发电机、空压机、液压泵等）的内燃机；

c) 锅炉（包括蒸汽和热油锅炉）、焚烧炉、燃油型惰气发生器和燃油装置（如热油加热器、加热的燃油分油机）。

3.7

保护处所 protected space

安装有局部水基灭火系统的总容积超过 500 m^3（含机舱顶棚在内）的 A 类机器处所。

3.8

保护区域 protected area

由局部水基灭火系统对保护对象提供覆盖保护的区域。

4 要求

4.1 灭火系统组成

灭火系统一般由供水设备、探测装置、报警阀组或主控阀、水流报警装置（水流指示器或压力开关）、信号反馈装置、选择阀及分配管网、喷头等组成。

4.2 外观

4.2.1 灭火系统各部件应无加工缺陷或机械损伤，部件外表面应进行防腐处理，防腐涂层、镀层应完整、均匀。

4.2.2 灭火系统如设有灭火剂贮存容器、加压或启动装置气瓶，应在容器的外表正面标注内贮灭火剂或气体的名称，字迹应明显、清晰。

4.2.3 灭火系统如具有自动启动功能，则应在保护处所的每一入口外部设置警示标志，注明所使用的灭火剂和系统自动启动的可能性。

4.2.4 灭火系统的每一操作部位均应标明操作或使用方法，在每一选择阀上应有清晰而耐久的标志，标明保护处所或保护对象的名称或代号以及灭火剂流动的方向；在每一手动启动部位应用文字或图形符号标明操作方法；在每一单向阀上应标明灭火剂或介质的流动方向。

4.3 启动要求

4.3.1 灭火系统应能手动启动。手动启动应具有防止误动作的措施。

4.3.2 对于无人值班的机器处所，灭火系统应能自动和手动启动，但在某一时刻只能由一种方式启动。灭火系统的自动启动应具有延迟启动功能。延迟时间在 0 s～30 s 范围内可调，分档可调时每档间隔应不大于 5 s，延迟时间设定误差应不大于设定时间的 20%。延迟期间在保护处所应有声光报警。当灭火系统处于自动启动工作状态时，灭火系统启动应至少由两种类型的探测器组合共同激活。任意一种探测器探测到火灾信号后，应能触发火灾报警。

4.3.3 灭火系统如设有区域选择阀，灭火系统启动时，应在选择阀开启后或同时开启主控阀。

4.3.4 灭火系统应能即刻启动，灭火系统供水不应延时。

4.3.5 灭火系统的启动不应导致失电或者使船舶的机动性降低。

4.3.6 灭火系统启动时，应在保护处所、机舱集控室和驾驶室发出声光报警信号，该警报应表明所启动的灭火系统，并应区别于船舶“探火与失火报警系统”的报警。

4.3.7 当灭火系统采用总线制探测系统时，宜与船舶“探火与失火报警系统”相互独立，若其满足《国际消防安全规则(FSS)》第9章2.1.4的要求，则两探测系统可部分公用；当灭火系统采用多线制探测系统时，则应与船舶“探火与失火报警系统”相互独立。

4.3.8 灭火系统的每一保护区域均应设置单独的探测分路。

4.4 运行要求

4.4.1 灭火系统应能在风机运转并向保护处所送风的情况下正常工作；否则灭火系统启动时应能自动关闭风机，以保证灭火系统正常工作。

4.4.2 灭火系统及其部件应具有船用环境适应性，能承受船舶正常的环境温度变化、振动、湿度、碰撞、冲击、阻塞和腐蚀的影响。安装在保护处所内的部件应能承受火灾期间可能出现的高温。

4.4.3 灭火系统压力源如置于保护处所内，则其电气部件应至少具有 GB 4208—2008 中 IP54 的防护等级。如果灭火系统本身不带动力源，则仅需由船舶的主电源供电。

4.4.4 灭火系统应配置压力测试装置，以确定灭火系统的压力满足要求。

4.4.5 灭火系统应能连续喷水至少 20 min。

4.5 工程设计安装

4.5.1 在保护处所内，灭火系统应按不同的保护区域进行分区，彼此间相互独立。

4.5.2 当保护处所内同时布置有两台及两台以上的主机时，灭火系统对主机的保护应至少分成两个单独保护区域。

4.5.3 当保护处所内同时布置有两台及两台以上驱动发电机用柴油机时，灭火系统对柴油机的保护，应至少分成两个单独保护区域。每台驱动发电机用柴油机宜设置各自独立的灭火系统予以保护。

4.5.4 主推进柴油机和发电机用柴油机不应用同一区域来保护。

4.5.5 同一保护区域应采用相同的喷头。灭火系统喷头的有效覆盖范围应能覆盖整个保护对象。

4.5.6 灭火系统最不利点处喷头的工作压力不应低于最低工作压力。灭火系统中任意喷头的工作压力不应高于最高工作压力。

4.5.7 喷头的流量按公式(1)计算。

$$q = K\sqrt{10P} \qquad \cdots\cdots(1)$$

式中：

q——喷头流量的数值，单位为升每分钟(L/min)；

P——喷头工作压力的数值，单位为兆帕(MPa)；

K——喷头流量系数。

4.5.8 灭火系统的设计流量按公式(2)计算，灭火系统的设计流量应满足保护处所最大分区的流量要求。

$$Q_s = k\sum_{i=1}^{n} q_i \qquad \cdots\cdots(2)$$

式中：

Q_s——灭火系统设计流量的数值，单位为升每分钟(L/min)；

k——安全系数，应取1.05～1.10；

n——灭火系统启动后同时喷放的喷头数量；

q_i——喷头实际流量的数值，单位为升每分钟(L/min)，应按喷头的实际工作压力计算。

4.5.9 灭火系统管道内径宜保证管道内的水流速度为经济流速，必要时可超过 5 m/s，但不应大于 10 m/s。

4.5.10 管道的沿程水头损失按 4.5.10.1～4.5.10.5 规定的方法计算。

4.5.10.1 对于分配管网工作压力不大于 1.21 MPa 的低压单相流固定式局部水基灭火系统，管道的沿程水头损失可按公式(3)计算。

$$i = 0.0000107 \times \frac{V^2}{d_j^{1.3}} \quad \cdots\cdots(3)$$

式中：

i——管道沿程水头损失的数值，单位为兆帕每米(MPa/m)；

V——管道内水流流速的数值，单位为米每秒(m/s)，宜取 $V \leqslant 5$ m/s；

d_j——管道计算内径的数值，单位为米(m)，取值应按管道的内径减 1 mm 确定。

4.5.10.2 对于无添加剂的低压单相流灭火系统，管道沿程水头损失，也可按公式(4)计算。

$$i = 6.05 \times 10^4 \times \frac{Q^{1.85}}{C^{1.85} d^{4.87}} \quad \cdots\cdots(4)$$

式中：

Q——管道流量的数值，单位为升每分钟(L/min)；

C——摩擦损失系数，对于钢管、铜管和不锈钢管 C 取 150；

d——管道内径的数值，单位为毫米(mm)。

4.5.10.3 对于分配管网工作压力大于 1.21 MPa 的中、高压单相流灭火系统管道的沿程水头损失应按公式(5)计算。

$$i = 0.2252 \times \frac{f\rho Q^2}{d^5} \quad \cdots\cdots(5)$$

式中：

f——管道内壁摩擦系数，根据雷诺数、管道内壁相对粗糙度查附录 A 的图 A.1 穆迪图得出；

ρ——水密度的数值，单位为千克每立方米(kg/m³)，按表 1 选取；

Q——管道流量的数值，单位为升每分钟(L/min)。

4.5.10.4 雷诺数应按公式(6)计算：

$$Re = 21.22 \times \frac{Q\rho}{d\mu} \quad \cdots\cdots(6)$$

式中：

Re——雷诺数；

μ——水动力黏度的数值，单位为厘泊(cP)，按表 1 选取。

表 1 水的密度及动力黏度

温度/℃	密度 ρ/(kg/m³)	动力黏度 μ/cP
4.4	999.9	1.50
10.0	999.7	1.30
15.6	998.8	1.10
20.0	998.2	1.00
26.7	996.6	0.85
30.0	995.7	0.80
32.2	995.4	0.74
37.8	993.6	0.66
40.0	992.2	0.65
50.0	988.1	0.55

4.5.10.5 管道内壁相对粗糙度应按公式(7)计算。

$$\eta = \frac{\varepsilon}{d} \quad \cdots\cdots(7)$$

式中：

η——管道内壁相对粗糙度；

ε——管道内壁粗糙度的数值，单位为毫米(mm)，按表2选取。

表2 管道内壁粗糙度

管道材料	管道内壁粗糙度 ε/mm
紫铜、镍铜	0.001 5
不锈钢	0.045 1

4.5.11 灭火系统管道和阀门的局部水头损失宜采用当量长度法计算，管道局部水头损失也可按管道沿程水头损失的20%～30%计算。

4.5.12 当采用泵作为压力源部件时，泵的流量应满足灭火系统设计流量的要求。泵的输出压力按公式(8)计算。

$$H = \sum h + P_0 + Z/100 \qquad (8)$$

式中：

H——泵的输出压力或灭火系统入口供水压力的数值，单位为兆帕(MPa)；

$\sum h$——管道沿程水头损失与局部水头损失之和，单位为兆帕(MPa)；

P_0——最不利点处喷头实际工作压力的数值，单位为兆帕(MPa)；

Z——最不利点处喷头与淡水舱的最低水位或灭火系统入口管水平中心线之间的高程差，当灭火系统入口管或淡水舱最低水位高于最不利点处喷头时，应取负值，单位为米(m)。

4.5.13 当灭火系统采用水泵作为压力源时，灭火系统的供水可与固定式主水基灭火系统合并，只要能同时满足两个灭火系统的流量和压力要求。灭火系统也可作为固定式主水基灭火系统的一个分区，只要能满足《国际消防安全规则(FSS)》第7章和IMO MSC/Circ.1165的相关规定，且应能与主灭火系统相隔离。当灭火系统采用压缩气体作压力源时，应采用氮气作为驱动气体，气瓶应布置在保护处所外的单独处所。

4.5.14 若保护处所采用了固定式高倍泡沫灭火系统或气溶胶灭火系统作为主固定式灭火系统，则应采取适当的措施防止局部水基灭火系统影响上述灭火系统灭火的有效性。

4.5.15 灭火系统的压力源部件应设置在保护区域外。

4.5.16 灭火系统所用泵应满足下列要求：

a) 泵应能自动启动。

b) 当手动启动泵时，应在下列位置发出信号：

1) 在泵周围可见位置；

2) 机舱控制室；

3) 控制站(若有)。

c) 泵启动时，发出的信号应包括下列内容：

1) 电源有/无；

2) 水流指示和喷放位置；

3) 泵运转；

4) 驱动柴油机的油压(若有)。

4.5.17 灭火系统应在保护处所内外各设置一套操作控制装置(包括压力源、报警阀组或主控阀、选择阀的启动装置)，其中一套应设置在A类机器处所内的保护区域外，另一套应设置在A类机器处所外。两套灭火系统均应设置在便于到达并不易被失火所阻隔之处。

4.5.18 喷头的有效覆盖面积应符合下列要求：

a) 当灭火系统喷头按照3×3网格布置时，如果通过5.2.2.4.2中a、b、c三点灭火试验，喷头有效覆盖范围应为喷头所围区域四周内移 1/4 喷头间距后所围成的面积，如图 1a)所示。

b) 当灭火系统喷头按照 3×3 网格布置时，如果通过 5.2.2.4.2 中 c、d、e 三点灭火试验，喷头有效覆盖范围应为喷头所围区域的面积，如图 1b)所示。

c) 当灭火系统喷头按照 2×2 网格布置时，如果通过 5.2.2.4.2 中 c、d、e 三点灭火试验，喷头有效覆盖范围应为喷头所围区域的面积，如图 1c)所示。

d) 当灭火系统喷头单列布置时，如果通过 5.2.2.4.2 中 a、b 两点灭火试验，喷头有效覆盖范围应为沿喷头排列方向的外端喷头位置向内移长度 1/4 喷头间距和以单列喷头中心线各外移宽度为 1/4 喷头间距所围面积，如图 1d)所示。

e) 当灭火系统喷头单列布置时，如果通过 5.2.2.4.2 中 a、b、d 三点灭火试验，喷头有效覆盖范围应为沿喷头排列方向的外端喷头位置和以单列喷头中心线外移宽度为 1/4 喷头间距所围面积，如图 1e)所示。

f) 当灭火系统采用单喷头布置时，有效覆盖范围应为喷头正下方由前述试验所确定的喷头间距的 1/2 所围面积，如图 1f)所示。

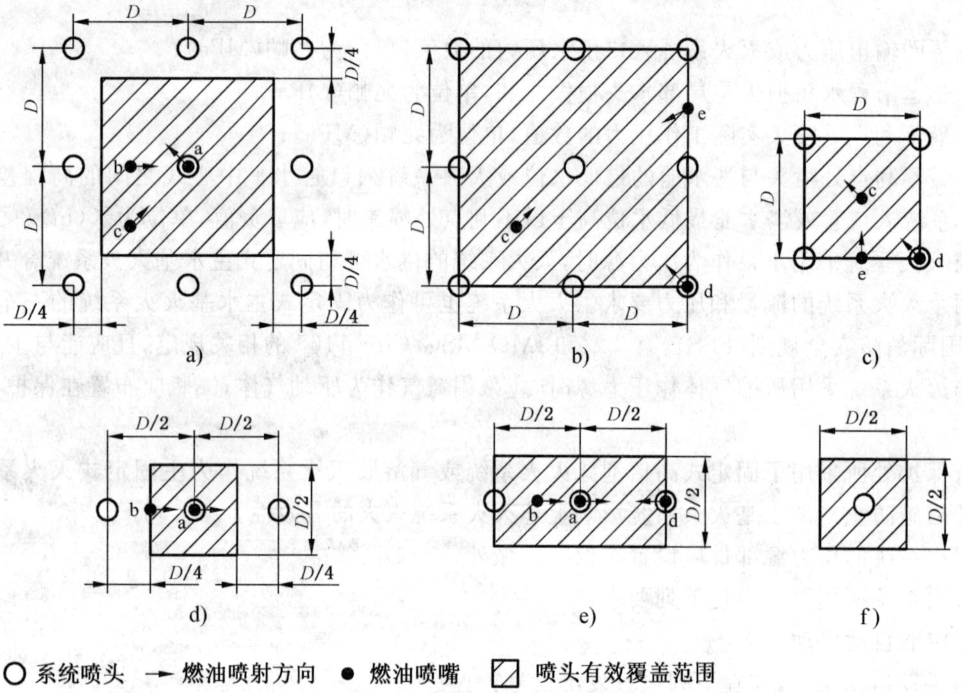

图 1

4.5.19 水基灭火剂宜为淡水。灭火系统管路材料宜选用不锈钢。

4.5.20 灭火系统应有防止喷头被水中的杂质或管路、阀门和水泵的锈蚀所阻塞的措施。灭火系统淡水柜进水管和水泵前应设置滤清器。滤清器滤网应采用耐腐蚀金属材料。

4.5.21 若灭火系统设置压力水柜，其常备充注量应在保证最不利点处喷头压力符合要求的前提下，达到水泵 1 min 排量的 2 倍。压力水柜的容积应不小于常备充注淡水量的 2 倍。且其布置应使柜内能保持一定的空气压力，以保证当柜内常备充注淡水量被使用时，柜内压力不低于喷头的工作压力加上柜底至灭火系统中最高位置喷头的水头压力。压力水柜应设置柜内水位显示装置和低水位报警装置，并设有在压力下补充空气和淡水的适当设施。

4.5.22 喷头的布置应避免将水直接喷射到废气透平增压器、柴油机的进气口、发电机等不宜进水部位，且应避开影响其正常喷射的障碍物。喷头和管路不应妨碍对机器设备进行日常维护所需通道。当机舱内装有行车或其他可移动设备时，喷头和管路不应妨碍该类设备的工作。

4.5.23 为避免阻挡物对灭火效果的影响，或为避免将水直接喷射到不宜进水部位，或为避开其他安装好的设备,可以适当调整喷头的位置,或增设附加喷头。

4.6 性能

4.6.1 灭火系统应在启动后 5 min 内灭火,且不应复燃。

4.6.2 灭火系统的喷射强度、喷头压力、喷头最大间距、喷头的最低和最高工作压力,喷头与保护对象的最小和最大间距均应满足经灭火试验确认的试验参数。

4.6.3 灭火系统管路应畅通。

5 试验方法

5.1 外观

用目测的方法检查灭火系统的外观。结果应符合 4.2 的要求。

5.2 灭火

5.2.1 试验目的

5.2.1.1 本试验用于评价灭火系统单个(排)喷头布置和喷头网格布置对轻柴油喷射火的灭火性能。

5.2.1.2 本试验用以确定如下设计和安装参数:

a) 喷头最大间距;

b) 喷头与保护对象的最小和最大间距;

c) 在保护区域外布置喷头的必要性;

d) 喷头最低和最高工作压力。

5.2.2 试验准备

5.2.2.1 灭火系统

制造商应提供喷头和灭火系统的其他部件,还应同时提供设计安装手册和使用说明,以及足以对部件进行判断的图样和技术资料。

5.2.2.2 试验处所

试验围蔽处所应具有足够的体积,其面积至少为 100 m^2,高度至少为 5 m。在灭火试验时,试验围蔽处所应能提供足够的自然通风或强制通风,以确保在试验过程中灭火系统启动前,试验处所内的氧浓度能保持在 20%(体积浓度)以上。

5.2.2.3 喷头布置

喷头按 3×3 或 2×2 网格布置,安装在试验围蔽处所顶板下至少 1 m 处。所有喷头安装间距相同,安装方向垂直向下。喷头最大间距应符合制造商的设计安装手册。

5.2.2.4 试验火情

5.2.2.4.1 试验火情应为公称热释放率 1 MW 和 6 MW 的轻柴油喷射火,其参数如表 3 所示。燃油喷嘴应水平安装,安装高度距离地面 1 m,安装位置距离试验围蔽处所的墙壁至少 4 m,安装方向直接朝向喷头网格的中心。

表 3 喷射火参数

燃油喷嘴类型	喷射角 120°至 125°,全锥形	喷射角 80°,全锥形
燃油公称压力/MPa	0.80	0.85
燃油质量流量/(kg/s)	0.16±0.01	0.03±0.005
燃油温度/℃	20±5	20±5
公称热释放率/MW	6	1

5.2.2.4.2 试验火情中燃油喷嘴的布置应符合下列规定:

a) a 点,在喷头网格中心喷头的正下方,朝向网格一角;

b) b 点,在喷头网格中心两个喷头中点,朝向网格中心点;

c） c点，在喷头网格的四个喷头中心点，朝向网格中心点；

d） d点，在喷头网格边缘的一个喷头正下方，朝向网格中心点；

e） e点，在喷头网格边缘的两个喷头中点，朝向网格中心点。

图1表示了上述火情位置和方向。

5.2.2.5 测量参数

5.2.2.5.1 在试验前，测量燃油喷射系统的燃油流量和压力，应符合5.2.2.4.1的要求。

5.2.2.5.2 在试验期间，测量并记录燃油喷射系统的压力。

5.2.2.5.3 在燃油喷嘴正下方100 mm处，设置火源氧浓度测点。在试验期间测量并记录该处氧浓度。

5.2.2.5.4 在试验期间，测量并记录灭火系统的压力和流量。

5.2.3 试验程序

5.2.3.1 控制火源预燃时间，保证每次试验燃油喷嘴点燃后15 s内灭火系统能投入工作。

5.2.3.2 每次试验灭火后，燃油喷射系统继续运行至少15 s。

5.2.3.3 每次试验灭火后，灭火系统继续运行至少1 min。

5.2.3.4 试验期间应观察和记录下列参数：

a） 试验开始时间；

b） 燃油喷嘴点燃时间；

c） 灭火系统启动时间；

d） 灭火时间；

e） 燃油喷射停止时间；

f） 灭火系统切断时间；

g） 复燃时间；

h） 试验终止时间。

5.2.4 试验结果

结果应符合4.6.1的要求。

5.3 动作

5.3.1 试验时，手动启动灭火系统任一保护分区，检查灭火系统水泵、选择阀等部件的动作及报警情况。

5.3.2 对于周期性无人值班的机器处所中布置的自动启动灭火系统，应能通过触发任一保护分区中的探测装置来启动灭火系统，检查灭火系统的报警和动作情况。

5.3.3 结果应符合4.3的要求。

5.4 效用

试验时，应选择任意保护分区进行30 s的效用试验，试验时用透明塑料罩罩住喷头集水并检查灭火系统的畅通性和观察喷头工作性能。结果应符合4.6.2和4.6.3的要求。

附　录　A
（资料性附录）
管道内壁摩擦系数选取参考图

灭火系统管道内壁摩擦系数按图 A.1 选取。

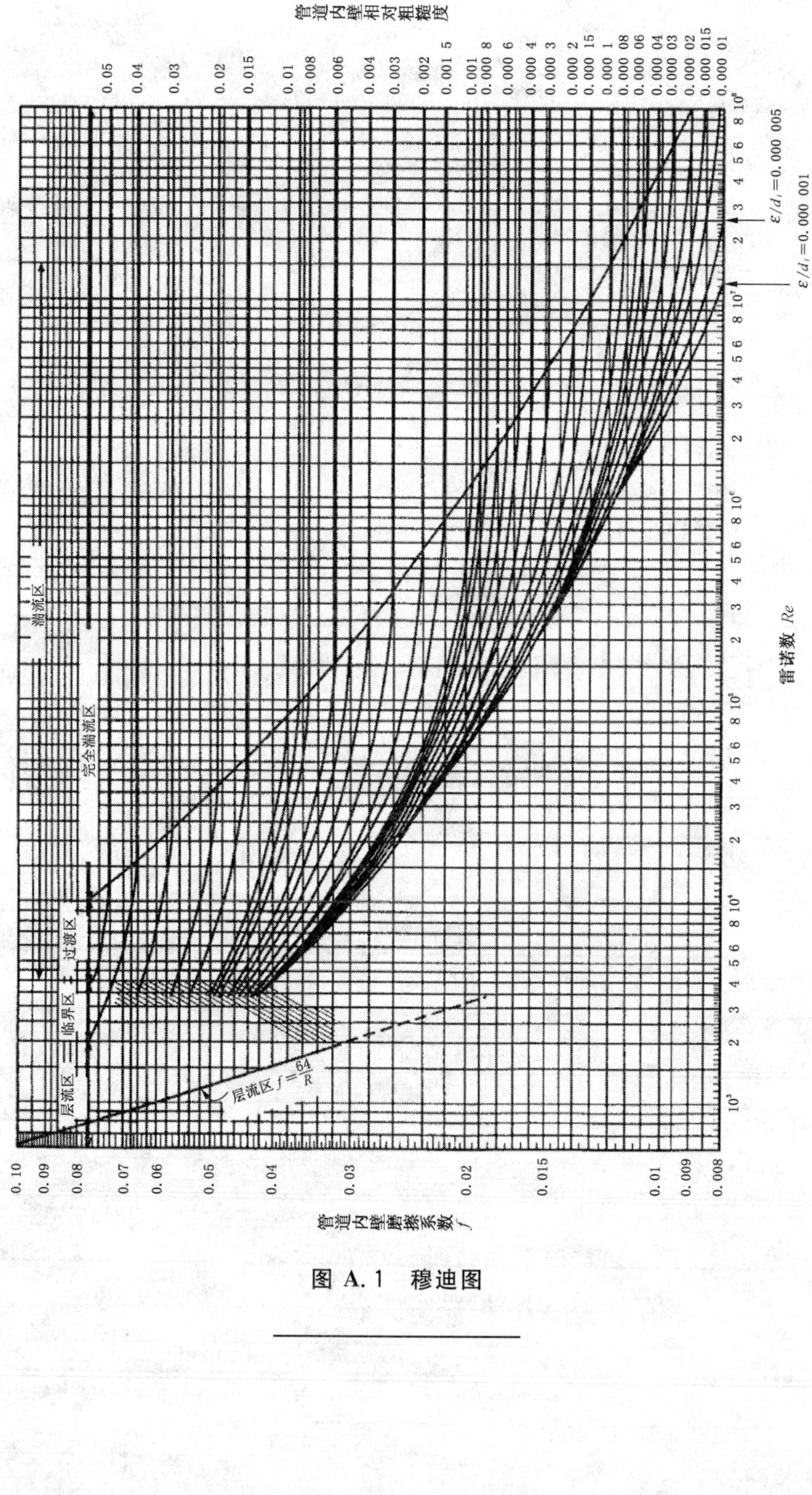

图 A.1　穆迪图

ICS 47.020.70
U 65

中华人民共和国国家标准

GB/T 25013—2010/ISO 16273:2003

船舶和海上技术 高速船夜视仪操作与性能要求、试验方法和要求的试验结果

Ships and marine technology—Night vision equipment for high-speed craft—Operational and performance requirements, methods of testing and required test results

(ISO 16273:2003,IDT)

2010-09-02 发布 2010-12-01 实施

中华人民共和国国家质量监督检验检疫总局
中国国家标准化管理委员会 发布

前　言

本标准等同采用 ISO 16273:2003《船舶和海上技术　高速船夜视仪　操作与性能要求、试验方法和要求的试验结果》(英文版)。

本标准等同翻译 ISO 16273:2003。

为了便于使用,本标准做了下列编辑性修改:

——第 1 章中“本国际标准的所有文本中用斜体字标识出引用的 IMO MSC.94(72),并在括弧中标识出决议号及段落的编号。”改为“本标准中所有引用 IMO MSC.94 决议的文本用方括弧标识出决议号及其章条号”。

——“本国际标准”一词改为“本标准”;

——用小数点‘.’代替作为小数点的逗号‘,’;

——删除国际标准的前言、引言;

——表述方式按照 GB/T 1.1—2000 的规定修改。

本标准的附录 A、附录 B 和附录 C 为资料性附录。

本标准由中国船舶工业集团公司提出。

本标准由全国海洋船标准化技术委员会航海仪器分技术委员会(SAC/TC 12/SC 5)归口。

本标准起草单位:中国船舶工业综合技术经济研究院。

本标准主要起草人:严苹。

船舶和海上技术 高速船夜视仪 操作与性能要求、试验方法和要求的试验结果

1 范围

本标准适用于安装在高速船上的夜视仪的操作和性能要求及其试验方法，高速船需符合IMO的国际高速船安全规则（HSC规则）第13章的要求，并且高速船夜视仪应符合IMO MSC.94(72)的性能标准。

本标准中所有引用IMO MSC.94(72)决议的文本用方括弧标识出决议号及其章条号。

随着有关夜视系统性能的研制数据的积累，期望不久对性能要求和试验程序进行复审。

2 规范性引用文件

下列文件中的条款通过本标准的引用而成为本标准的条款。凡是注日期的引用文件，其随后所有的修改单（不包括勘误的内容）或修订版均不适用于本标准，然而，鼓励根据本标准达成协议的各方研究是否可使用这些文件的最新版本。凡是不注日期的引用文件，其最新版本适用于本标准。

IEC 61162 海上导航和无线电通信设备及系统 数字接口

IEC 60945 海上导航和无线电通信设备及系统 一般要求 测试方法和要求的测试结果

IMO A.694(17)决议 作为全球海上遇险与安全系统（GMDSS）组成部分的船用无线电设备和电子助航设施的一般要求

IMO MSC.94(72)决议 高速船夜视仪性能标准

HSC规则 国际高速船安全规则

STANAG 4349 (MAS/186-陆地/4349,1996年6月19日)。

3 术语和定义

下列术语和定义适用于本标准。

3.1

夜视仪 night vision equipment

可以在夜间探测水面上物体的外形及其相对于本船的位置的任何技术定位装置。

[IMO MSC.94(72)决议 4]

3.2

高速船 high speed craft

符合《国际高速船安全规则》第1章定义的任何船舶。

[IMO MSC.94(72)决议 4]

3.3

航行试航测试目标 test target for sea trail

模拟可在海面上发现的有实际危险的水面物体，例如，无灯光的小船、漂浮的原木、油桶、容器、浮标、冰、有害波浪和鲸鱼等。

[IMO MSC.94(72)决议 4]

3.4

发出可视灯光的船　lit vessel

装有标准航行灯的船舶。其航行灯呈船首尾纵向排列，由 5 只 12 V、21 W 无遮蔽灯组成，水平间距为 1 m，高度为海平面上 4 m。

4　总则和操作要求

4.1　引言

本章包含的要求与其他章无对应关系，并且不能用可重复的测试方法验证。

本章包括适用的 IEC 60945 的总则和操作要求。

制造商应说明符合本章要求，并且应提供相关的文档。应检查的说明和文档，以及若有必要应检查受试验设备(EUT)。

制造商还应说明 EUT 的组成和 EUT 的各组件对应 IEC 60945 规定的耐用性与抗环境条件等级。

4.2　要求的功能及可用性[IMO MSC.94(72)决议 5.1]

夜视仪应能在夜间探测距本船一定距离范围内的海面上的物体，而且能够实时地显示图象信息，以辅助避碰和安全导航。

4.3　连续工作[IMO MSC.94(72)决议 5.2.1]

高速船在海上导航时，甲板上的夜视仪从日落后到日出前的时间内应能够连续工作。夜视仪应在通电后 15 min 以内进入工作状态。

4.4　标准测试目标[IMO MSC.94(72)决议 5.2.2]

标准测试目标应是黑色金属目标，其大小至少 50%浸入水中，水面以上保持 1.5 m 长×0.5 m 高，并正对着预定的探测方向。管理部门可以要求用其他更小的目标反映现场的情况。

4.5　探测距离[IMO MSC.94(72)决议 5.2.3]

考虑到视场的要求，当标准测试目标在海水中至少浸没 24 h，在没有云和月光的平均星光条件下，夜视仪探测到距离不小于 600 m 的标准测试目标的最小概率应为 90%。

4.6　视场[IMO MSC.94(72)决议 5.2.4]

要求的水平视场至少应为 20°，船首两侧各 10°。竖直视场至少应为 12°，而且使夜视仪能充分满足本标准的性能要求，并能看见水平线。

可以选择性地提供其他的视场。应采用非锁定开关进行选择，当解锁时可返回到要求的视场。

4.7　视场的扫视和倾斜范围[IMO MSC.94(72)决议 5.2.5]

夜视仪的视场轴线应至少能够在水平方向向两边各移动 20°。

视场的仰角应至少能够调整 10°以补偿船舶的配平。

4.8　视场的扫视速度[IMO MSC.94(72)决议 5.2.6]

由一个单控元件激活，夜视仪的视场轴线应能够以最低 30°/s 的角速度自动地回到扫描前位置。系统应该能够以最低 30°/s 的角速度扫视。

4.9　艏向标志指示[IMO MSC.94(72)决议 5.2.7]

在视场内时，船舶的图示艏向标志应在显示器上指示出来，显示误差不大于±1°。

在视场外时，应提供一个相对方位误差不大于±1°的可视指示。

4.10　横摇或纵倾[IMO MSC.94(72)决议 5.2.8]

当船舶横摇和/或纵倾在±10°以内时，夜视仪的性能应符合本标准的性能要求。

4.11　清晰视野[IMO MSC.94(72)决议 5.2.9]

应具有从操作位置能有效清洁传感头/镜头的配置。管理部门可提出某些附加的设备要求，如除冰设备。

4.12 光的干扰[IMO MSC.94(72)决议 5.2.10]

对于在海上和港口经常遇到的物体，由于眩光、反射、浮散，或任何来自周围环境的影响，夜视仪应有虽受其干扰而不降低监视器显示清晰度的保证措施。

4.13 故障、警告、报警和指示[IMO MSC.94(72)决议 5.3]

夜视仪应包括对任何失效的视觉指示。

4.14 软件要求[IMO MSC.94(72)决议 5.4]

软件的操作特性应满足以下特殊要求：

——[IMO MSC.94(72)决议 5.4.1.1]用软件方式进行所实现功能的自我描述；

——[IMO MSC.94(72)决议 5.4.1.2]用户界面状态显示；

——[IMO MSC.94(72)决议 5.4.1.3]防篡改软件保护。

如果使用软件实现夜视仪的某些功能，软件应符合 IEC 60945 中适用的要求。

如果使用任何的软件，制造商应提供一个用软件方式实现的功能描述并说明如何符合要求。

"用软件方式进行所实现功能的自我描述"应是通过菜单的描述清楚地表示菜单（或类似方式）的可用功能，而不是通过单独的控制表示可用的功能。

"用户界面状态"可以是具有操作功能的指示器。

"软件保护"可以设置密码或隐藏。

4.15 控制和人机工程学[IMO MSC.94(72)决议 6]

夜视仪的设计应符合探测人机工程学原理。

操作控制器的数量应限制在最低的操作要求。

操作模式应避免可同时使用两种控制功能，例如扫视、竖直微调、视场的控制和其他基本功能。

应清晰地标记每个操作控制器的功能。

夜视仪的操作功能应通过操作控制器直接激活，应避免用菜单控制方式。

应可在黑暗中清晰识别夜视仪的操作控制器。如果采用照明，应可调节其亮度。

夜视仪的操作控制器应符合 IMO A.694(17)决议和 IEC 60945 中适用的要求。

4.16 信息显示[IMO MSC.94(72)决议 6.3]

应连续显示夜视仪的工作状态。

显示应无眩耀和无闪烁。应能显示对角线长度至少为 180 mm 的可视图像。

如果提供多个可选视场（见 4.6），在操作位置应连续地指示所选定的视场。

显示器显示图像的高宽比应与传感器以及默认值（原实物图像）的相同。

4.17 耐久性和抗环境条件[IMO MSC.94(72)决议 7.1]

夜视仪应承受 IMO A.694(17)决议和 IEC 60945 中所规定的环境条件。若有必要，夜视仪应有防强光保护。

4.18 电和电磁干扰[IMO MSC.94(72)决议 7.2]

夜视仪的电和电磁干扰方面的性能应符合 IMO A.694(17)决议和 IEC 60945 的要求。

4.19 电源[IMO MSC.94(72)决议 7.3]

夜视仪的电源应符合 IMO A.694(17)决议和 IEC 60945 的要求。

4.20 安装[IMO MSC.94(72)决议 7.4]

文档（见 4.26）中应包括符合 4.20 要求的下列全部安装说明。

夜视仪控制器应安装在导航和操纵工作站内，并在驾驶人员易于到达的范围内。

专用显示器的观测距离不应超过图像对角线长度的 2.3 倍（即专用夜视工作站）。

对于一般的桥楼用显示器，显示器的观测距离不应该超过图像对角线长度的 8 倍，但位于图像对角线 2.3 倍的距离也应可以观测。

夜视仪传感器的安装应按以下要求：

a) 按4.7要求的水平扫视区域在任一侧30°的扇形区内没有盲区；

b) 在正前方要求的视场中，船舶本身的盲角产生大于两倍船长的情况下，不应降低竖直倾斜的传感器在水面上的可视性。

在逆风和/或真风不大于100 kn、船舶横摇和/或纵倾不超过±10°的情况下，夜视仪的安装应不降低操作和探测功能。

受到船舶正常系泊或航行期间所产生振动的情况下，不应降低夜视仪的性能。

4.21 维修［IMO MSC.94(72)决议7.5］

有关夜视仪的维修应符合IMO A.694(17)决议和IEC 60945的要求。若制造商要求在规定的周期内进行维修，应提供操作时间表。

4.22 接口［IMO MSC.94(72)决议8］

与其他无线电和导航设备的接口应符合IEC 61162的要求。应提供图像记录用的可识别的标准视频输出。

4.23 备用和重置［IMO MSC.94(72)决议9］

航行中扫视倾斜装置出现故障时，传感器应能够固定在船首位置。

4.24 安全防护［IMO MSC.94(72)决议10］

夜视仪的安全特性应符合IMO A.694(17)决议和IEC 60945的要求。

4.25 标记和识别［IMO MSC.94(72)决议11］

夜视仪和任何辅助设备应清晰、持久地标记以下数据：

—— 制造商的标识；

—— 设备类型编号或型式试验中使用的样机标识；

—— 部件的序列号；

—— 磁罗经的安全距离。

夜视仪的标记还应符合IMO A.694(17)决议和IEC 60945的要求。

4.26 文件［IMO MSC.94(72)决议12］

夜视仪交付时应附带技术文件。如果适用，技术文件应包括以下信息：

一般信息：

——制造商；

——型式名称；

——夜视仪的一般描述；

——辅助设备及描述。

安装说明：

——一般安装说明；

——电源(电压、功率消耗、频率)和接地信息；

——暴露和保护设备的标识。

夜视仪的操作：

——功能、控制、显示的说明；

——启动程序的说明；

——夜视仪校准和误差信息；

——夜视仪的测试能力；

——所用软件和接口的说明。

故障检修、维修和服务：

——要求的专用工具、维修材料和备件(例如，保险丝、备用传感器)；

—— 高速船甲板上夜视仪保养和维护；

——可用的设施。

夜视仪的文件还应符合 IMO A.694(17)决议和 IEC 60945 的要求。

4.27 环境要求

本条中的各项均为 IMO A.694(17)决议及 IEC 60945 中详述的要求,并且第 6 章中给出了可重复的测试方法。

5 一般试验条件

5.1 一般要求

应首先进行环境和安全试验,然后是实验室试验和海上试航,以检验同样的 EUT 是否符合技术要求。如果需要通电试验,应使用 IEC 60945 规定的正常试验电压。

第 4 章中详述了要求而没有详述具体试验的项目,应通过夜视仪外观检查或文件进行确定。制造商应提供对 EUT 的全面技术说明。

5.2 正常温度、湿度和严酷试验条件

试验条件应符合 IEC 60945。

6 环境试验

6.1 一般要求

环境试验是用于评估 EUT 在预计使用的物理条件下的结构适应性。在每次环境试验结束之后(如有规定也含试验期间),EUT 应符合性能检查要求。不需要进行设备预处理。

6.2 环境试验范围

6.2.1 符合 IEC 60945 要求的试验

只要适用,夜视仪应符合 IEC 60945 的要求,并通过规定的试验。

6.2.2 摇摆和倾斜试验

本试验的目的是证明系统在 4.10 要求的船舶运动条件下的耐用性。

EUT 应固定在水平方向每 8 s 产生$-10°\sim+10°$摇摆周期的平台上。

EUT 应经受 30 min 的摇摆周期,期间应进行功能的特性检查(6.3)。在摇摆周期期间 EUT 应无降级地连续工作。

EUT 应固定在产生$\pm10°$的周期性倾斜平台上重复试验。

6.2.3 光干扰

当按 8.4.3 试验时,EUT 应符合 4.12 的要求。

6.3 性能检查

性能检查将证明 EUT 在经受环境试验和任何其他指定的试验后仍能工作。

性能检查应保证 EUT 符合以下要求:

——如果适用,重新选择视场;

——扫视范围;

——扫视速度;

——竖直平衡调整;

——传感器和显示器操作。

夜视仪应能显示和周围环境一致的清晰的物体图片。

7 实验室试验

7.1 引言

实验室试验应对通过了第 6 章中规定的环境试验的 EUT 进行试验。

技术试验的目的是对所有类型的夜视仪提供进行实验室控制的试验方法。该试验结果将用于比较测试性能和已制定的标准，而这些标准已经过海上试验验证，符合高速船夜间导航的需求。

实验室试验已完成测试 EUT 的各种能力，包括人机界面、显示、机械操作和传感器。

实验室试验的方法和程序得出的结果和预先的试验结果相比较后，可以可靠地预计系统在海上的性能。

7.2 热成像系统的测试

7.2.1 热成像系统

应按 STANAG 4349 的要求测试最小可分辨温差(MRTD)和/或最小可探测温差(MDD)。应给出一般性的描述，包括观察者人数、舱室和目标温度以及其他相关数据。

水平和竖直测试的图像应用图表记录，图表的横轴为线性标度的空间频率(cycles/mrad)，纵轴为对数标度的温差 Δt(℃)。

应至少测量 4 个目标。应在 Δt 为 1 ℃的图表中标出需要的目标。用于测量的目标的空间频率应大于等于或者小于：

水平：目标相当于即时视场($IFoV_t$)＝1.5/600＝0.002 5 rad ＝2.5 mrad，或目标相当于频率(Fr_t)＝1/$IFoV_t$＝1/2.5＝0.4 cycles/mrad

竖直：目标相当于即时视场($IFoV_t$)＝0.5/600＝0.000 83 rad＝0.83 mrad，或目标相当于频率(Fr_t)＝1/$IFoV_t$＝1/0.83＝1.2 cycles/mrad

7.2.2 范围预计

推荐采用以下步骤并记录结果。

预计范围的计算应用通常可接受的软件模式进行，例如，Acquire FLIR92 或 TRM3 或附录 A 附属的算法和图 A.1 和图 A.2。应计算 600 m 处探测的可能性。

应采用测量的 MRTD 图表和以下输入数据：

表 1 中图像的不同类型应采用不同的大气常数。

表 1 图像类型的大气常数

起始和截止波长	大气常数[a]
中波：3.2 μm～5 μm ： σ_{a1}	0.56 km^{-1}
长波：8 μm～12 μm ： σ_{a2}	0.21 km^{-1}
[a] 参见附录 A。	

路径长度：0.6 km。

温度当量 Δt：1.0 ℃

应用以下每目标尺寸线对的数值进行 3 种不同的计算：

——0.66；

——1.3；

——1.6。

7.3 有源图像增强系统

7.3.1 照明器光谱

照明器不应干扰高速船或其他船舶桥楼人员的夜视。

为了保护船桥人员夜视，照明器应有滤光片，其发射可见光谱(450 nm～650 nm)不超过 0.2%的亮度(用人眼适暗反应计算时)。

7.3.2 有源图像增强系统的测试

考虑到今后对本标准的修改推荐以下步骤，并记录结果。

7.3.2.1 图像增强传感器

受测的图像增强传感器应放置在实验室的光学测量台架上，能够控制照度等级（照明器所用的同一光谱）延伸到 1×10^{-4} lx。暗管应有一个已知的性能记录。

以下步骤用来设定性能，并提供高分辨率曲线评价性能：

a) 安排一个孔径光阑多样的系统照明器改变亮度等级，用以在黑暗的实验室提供唯一的照明。

b) 在至少 25 m 的固定范围处设置传感器，以使高分辨率图表清晰呈现。

c) 选择一个 25%、40%和 60%的目标对比的高分辨率图表。在黑暗的实验室，对高分辨率图表中的每个样式图，调整照明器上的孔径光阑，并确定系统的空间频率限值。

d) 应测量图表位置的入射照度等级。

e) 能够标示出高分辨率图表（空间频率对应照度等级）。用完成探测任务 90%的概率下假设的扫视到目标的周期数，在一定范围重新标示空间频率轴。

7.3.2.2 红外照明器

受测的系统用红外照明器应放置在光学测量台架上，进行以下的测量：

a) 光发射光谱。

b) 光发射强度（可在方便的距离下进行），测量的光发射强度用以产生图 1 中的照明衰减曲线。

c) 照明器水平和竖直发射强度图表。如果照明器跟踪传感器探测头移动，光发射（距离修正）应至少保持超过 20°以上。如果照明器和船舶的航向相对固定，光发射应至少保持超过 60°以上。如果供应商声明有多个照明器，数据可用综合的图表提供。

7.3.2.3 范围预测

应标示出图像的高分辨率曲线和照明器衰减曲线。两条曲线的交点确定了有源系统的范围性能，见图 1。

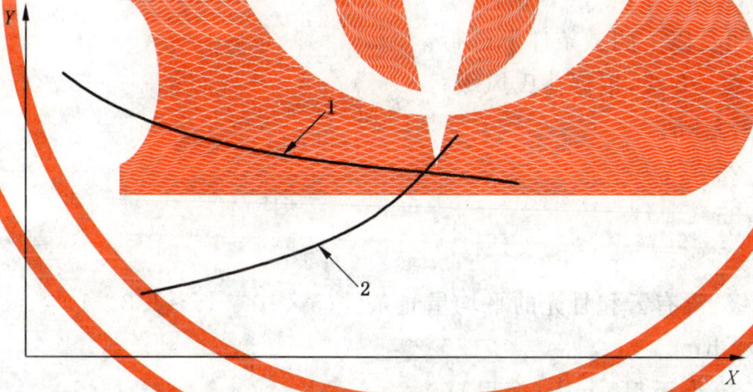

1——照明衰减曲线；

2——图像的高分辨率曲线；

X——范围(m)/空间频率(cycles/mrad)[a]；

Y——照度等级(lx)。

[a] 数轴有两个刻度。可以使用附录 A 给出的公式由空间频率计算出范围。

图 1 有源图像增强系统的范围预计

由于气压的影响，计算照明衰减的消光系数是 $\sigma_{a3}=0.22\ km^{-1}$。应另外考虑由于"测光距离规律"产生的衰减（亮度$\leqq 1/R^2$，$R$ 为范围）。

要求的结果：

两条曲线的交点应标出至少 600 m 范围的等效值。

典型的图表参见附录 B 图 B.1。

7.4 其他技术

目前可以使用有源照射增强系统和热成像系统。本条考虑到为采用未来技术进一步修订本标准。

8 航行试验

8.1 引言

应用同一个 EUT 进行航行试验，该 EUT 通过了第 6 章中规定的环境试验，并经过了第 7 章中规定的实验室试验。

夜视仪应在认证前通过航行试验。应记录试验条件和试验结果。适用的报告格式可参见附录 C。航行试验应在夜间正常试验条件(见 8.3)下进行测量和记录。

批准的代理商应该持有一个航行试验的结果和实验室试验结果矩阵图表。初始的输入应用 EUT 的传感器产生，用于各种船在规定环境条件下的航行试验。航行试验期间，照明器应作为 EUT 的一部分使用。航行试验应测试 EUT 的实际性能。

注：航行试验数据的精确记录可允许在未来修改本规定时进一步制定有强度的试验室确认程序。

8.2 航行试验的测试目标

航行试验测试目标应使用 6 mm 厚黑色密封防海水的铝盒子，并已浸没在海水中至少 24 h。盒子应用阳极电镀或用漆涂成黑色。如果涂漆，EUT 所用的颜色不应比阳极电镀铝的亮，且在光谱带内的反射不应比阳极电镀铝的大。

应做好测量目标试验面中心实际温度的准备。

当至少 50％的盒子浸没在水里时，水面上盒子的大小为：

——长 1.5 m；

——宽 1.5 m；

——高 0.5 m。

管理部门可以根据现场情况选择用其他更小的目标。

8.3 试验条件

航行试验应在夜间及以下测试条件下进行：

——表面海况：2 级～5 级，根据蒲氏风级；

——风速：4 kn～22 kn；

——水温：1 ℃～25 ℃；

——气温：0 ℃～35 ℃；

——湿度：40％～96％；

——自然照度等级：没有云和月光的平均星光条件(5×10^{-4} lx～1.3×10^{-3} lx)；

——日落后至少 2 h；

——好的可见度：不小于 5 n mile(海里)；

——船速：≥8 kn；

——传感器于水位线上的高度：8 m～10 m。

8.4 试验步骤

8.4.1 一般要求

测试目标(按 8.2 要求)的试验面在水中应至少浸没 24 h，以便能够以开敞的水域为背景接近测试目标。

按 4.20 规定的安装要求，航行试验所用的 EUT 的传感器应架设在船舶水位线以上的高度为 8 m～10 m 处。航行试验开始之前和试验期间，应用标定的测量设备测试并记录以下数据：

——水温；

——气温；

——湿度；

——传感器在水位线以上的高度；

——测试目标温度；

——目标-背景对比；

——气压；

——船对地速度；

——自然照度等级；

——可见度；

——风速。

应观察和记录以下内容：

——海况，根据蒲福海浪等级；

——天空状况；

——目标条件和标识；

——试航场地。

如果实际条件不满足试验条件，则不应进行航行试验。

参见附录 C 给出的格式记录测量和观察结果，包括时间。

8.4.2 探测距离评估

试验前目标应在试验区域放置 24 h。安装了 EUT 的船舶应逐渐远离测试目标到至少 1 200 m 的距离，之后以最小 8 kn 的速度向目标行进，使目标保持在艇首扇区±5°以内。

目标应放置在没有背景干扰源的开阔水域，以使试验以开敞的水域为背景进行。船舶应以 90°±10°角度接近目标的一个表面。

雷达操作员应观察目标，连续地测量实际距离。夜视仪的观察人员（或多个观察人员）应观察 EUT 的监测器，并可正常操作 EUT。

监测器探测到目标时，雷达操作员应测试目标的实际距离。应记录测试数据。本步骤应重复进行 10 次。10 次中可以允许出现 1 个故障（如，视场探测距离小于 600 m）。如果 10 次运作中出现 2 个故障，可以增加运行总数 20 次，如果不再有故障发生，则 EUT 合格。

8.4.3 光干扰

安装了 EUT 的船舶应在与测试目标保持 500 m 距离处，目标应在船舶的航向标线 5°以内。应在 90°±10°角度处出现目标的一个表面。

发出可视灯光的船（定义见 3.4）应在距 1 500 m 处最近的点，沿船首十字线（bow-crossing）航向以大约 5 kn 的速度行进。

观察人员应该在穿越期间监视目标，以确定显示的目标在穿越期间保持清晰可见。

附 录 A
(资料性附录)
范围预测计算

按公式(A.1)将MRTD(最小可分辨温度差)曲线的“空间频率”转换为“范围(R)”。

$$R=\frac{\sqrt{A_t}}{N_{90\%}}f \qquad \cdots\cdots\cdots(A.1)$$

式中：

R——预计范围，其中可探测到目标；

A_t——目标区域(=1.5 m×1.5 m)；

$N_{90\%}$——达到90%探测概率的线对数量(=1.3线对)；

f——空间频率，单位为cycles/mrad。

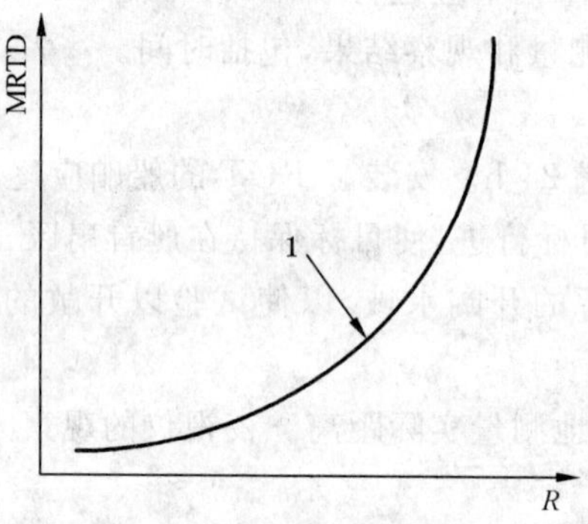

1——$MRTD_{20}$。

图 A.1 典型MRTD与范围的相对曲线

按公式(A.2)计算目标表观温差(Δt)，并在MRTD与R的图上画出Δt的曲线图。

$$\Delta t=\Delta t_0\exp(-\sigma R) \qquad \cdots\cdots\cdots(A.2)$$

式中：

Δt_0——初始温差，1 ℃。

σ——大气消光系数：

——3.2 μm～5 μm体系为0.56 km^{-1}；

——8 μm～12 μm体系为0.21 km^{-1}。

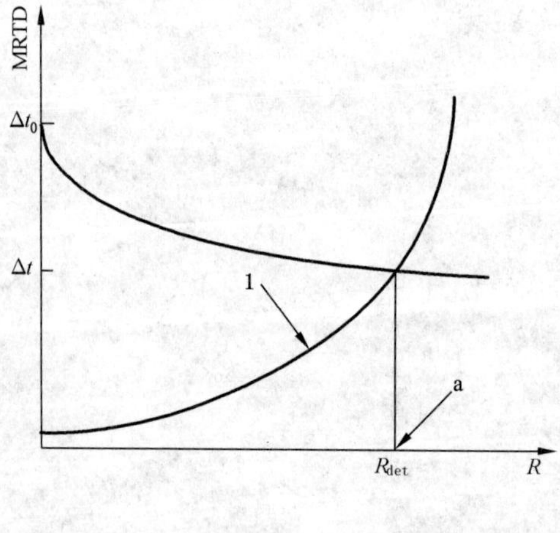

1——$MRTD_{20}$。

[a] 探测距离。

图 A.2 由MRTD预测范围性能曲线图

用图 A.2 中的图线确定探测距离(R_{det})。

探测距离应不小于 0.6 km。

注：按照“电-光成像系统性能”(SPIE 光学工程出版物)，由 $N_{50\%}=0.75$ 线对计算出探测概率为 90% 的线对数量($N_{90\%}=1.3$ 线对)。

附 录 B
（资料性附录）
红外照明器，典型图例

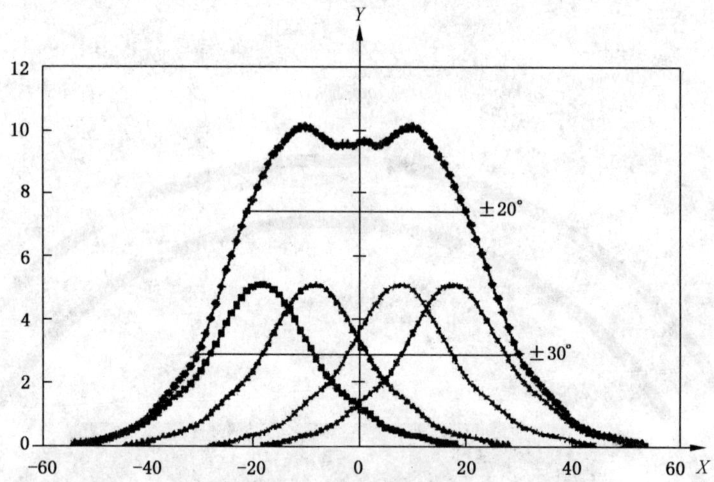

X——度；
Y——照明等级，lx。

图 B.1 4IR 照明器水平角功率分布与合成响应图

本示例中的 4 个照明器相对于本船舶航向的角度为：
+18°、+8°、-8°、-18°。

附 录 C
（资料性附录）
航行试验记录

公司/申请人

……………………………………………………………………………………

夜视仪名称

……………………………………………………………………………………

夜视仪类型和级别

……………………………………………………………………………………

试验组织部门

……………………………………………………………………………………

试验船舶

……………………………………………………………………………………

文件参考资料

……………………………………………………………………………………

C.1 夜视仪标识

下列设备用于试验

C.1.1 传感器探头	
类型	
传感器技术	
镜头/光学系统	
C.1.2 显示器	
类型	
尺寸	
单色/彩色	
C.1.3 照明器 （仅适用于有源图像增强系统）	
类型	
使用的编号	
试验船上的位置	

备注/注释

....

....

....

接受的试验

签字 日期

....

C.2 试航安装详细说明

试验日期

....

试验地点

....

纬度 经度

....

C.2.1 传感器探头	详细说明
船舶名称	
船舶长度	
传感器安装高度	
照明器安装高度(如果已安装)	
照明器的数量(如果已安装)	

C.2.2 测试目标	详细说明
设计/序列号	
水上部分表面尺寸	
测试目标温度	
表面色彩	
表层本质(删除)	涂漆/阳极氧化/其他(状态)

C.2.3 试航条件	详细说明	
	试航行进开始	试航行进结束
空气温度/℃		
水温度/℃		
可视性/NM		
目标背景对比		
湿度/%RH		
大气压/mBar		
风速/kn		
海况/Bft		
天空状况		
自然照明/lx		

备注/注释

....

....

....

C.3 探测距离评估

C.3.1	标准探测行进			
行进	时间	相对陆地的船舶速度	探测距离	备注
1				
2				
3				
4				
5				
6				
7				
8				
9				
10				

C.3.2	二次连续探测行进			
行进	时间	相对陆地的船舶速度	探测距离	备注
11				
12				
13				
14				
15				
16				
17				
18				
19				
20				

C.4 光干扰

C.4.1	穿越发出可视灯光的船				
行进	时间	传感器	确认清晰地观察到目标√		
			穿越前	在同一方位	穿越后
1		静态			
2		静态			

备注/注释

………………………………………………………………………………………………

………………………………………………………………………………………………

………………………………………………………………………………………………

试航完成

试验日期

试航工程师姓名

………………………………………………………………………………………………

签字　　　　　　　　　　　　　　　　　　日期

……………………………………………　　……………………………………………

参 考 文 献

[1] IMO A.830决议 报警和指示器规则

ICS 47.020.50
U 47

中华人民共和国国家标准

GB/T 25014—2010

船用隔舱传动装置

Marine bulkhead gearing

2010-09-02 发布 2010-12-01 实施

中华人民共和国国家质量监督检验检疫总局
中国国家标准化管理委员会 发布

前 言

本标准由中国船舶重工集团公司提出。

本标准由全国船用机械标准化技术委员会(SAC/TC 137)归口。

本标准起草单位:中国船舶重工集团公司第七〇四研究所、江苏华阳重工科技股份有限公司。

本标准主要起草人:丁郁华、盛伟群、奚崇德、汪国君。

船用隔舱传动装置

1 范围

本标准规定了船用隔舱传动装置(以下简称传动装置)的产品分类、要求、检验方法、检验规则、标志、包装和运输。

本标准适用于运输原油、石油产品及液体化学品船舶的泵舱与机舱之间的隔舱(转速不大于3 000 r/min)的传动装置的设计、制造、试验和验收。

2 规范性引用文件

下列文件中的条款通过本标准的引用而成为本标准的条款。凡是注日期的引用文件,其随后所有的修改单(不包括勘误的内容)或修订版均不适用于本标准,然而,鼓励根据本标准达成协议的各方研究是否可使用这些文件的最新版本。凡是不注日期的引用文件,其最新版本适用于本标准。

GB/T 699 优质碳素结构钢

GB/T 700 碳素结构钢(GB/T 700—2006,ISO 630:1995,Structural steels—Plates,wide flats,bars,sections and profiles,NEQ)

GB/T 1176 铸造铜合金技术条件(GB/T 1176—1987,neq ISO 1338:1977)

GB/T 13384 机电产品包装通用技术条件

GB/T 13871.4 密封元件为弹性体材料的旋转轴唇形密封圈 第4部分:性能试验程序(GB/T 13871.4—2007,ISO 6194-4:1999,Rotary shaft lip type seals—Part 4:Performance test procedures,MOD)

HG/T 2069 旋转轴唇形密封圈两半轴式径向力测定技术条件

HG/T 2811 旋转轴唇形密封圈橡胶材料

JB/T 7942.1 压杆式油枪

3 产品分类

3.1 结构型式

按传动装置的冷却方式分为下列两类:

a) 船用水冷却传动装置——S型,见图1;

b) 船用空气冷却传动装置——K型,见图2。

3.2 基本参数

S型隔舱传动装置的基本参数见表1;K型隔舱传动装置的基本参数见表2。

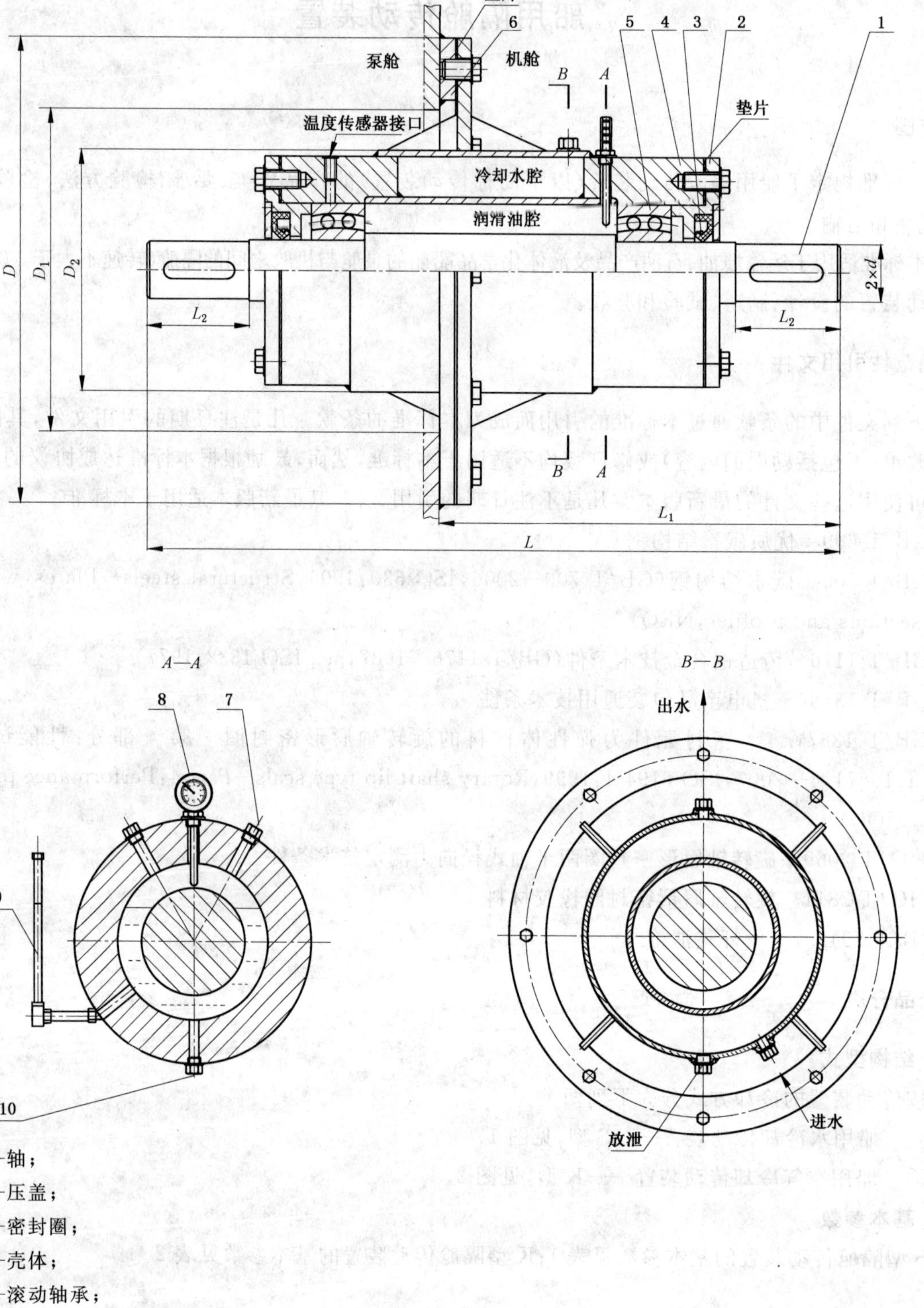

1——轴；
2——压盖；
3——密封圈；
4——壳体；
5——滚动轴承；
6——座板；
7——进油口；
8——温度传感器；
9——油标；
10——出油口。

图 1　S型隔舱传动装置

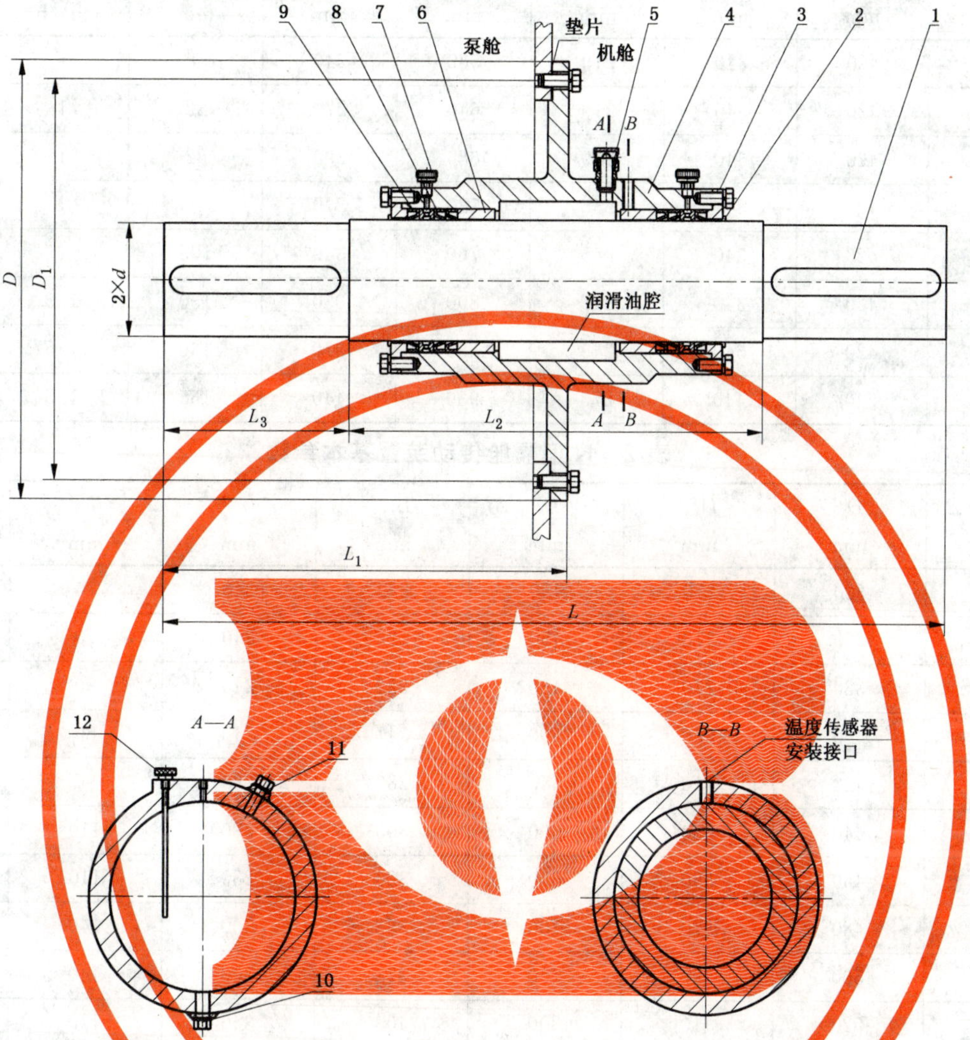

1——轴；

2——定位卡环；

3——压盖；

4——壳体；

5——透气罩；

6——滑动轴承；

7——油杯；

8——密封圈；

9——密封圈；

10——出油口；

11——进油口；

12——测油棒。

图 2　K 型隔舱传动装置

表 1 S型隔舱传动装置基本参数

轴端直径 d/mm	D/mm	D_1/mm	D_2/mm	L/mm	L_1/mm	L_2/mm	冷却水量/(m^3/h)	质量/kg
30	420	340	219	580	240	58	1	73
40	420	340	219	640	270	82	1	80
50	420	340	219	680	290	82	1	92
60	420	340	245	720	310	105	1	98
70	420	340	245	760	340	105	1	110
80	420	340	245	800	350	130	1.5	132
90	420	340	245	880	370	130	1.5	168
100	540	440	273	930	440	165	1.5	190

表 2 K型隔舱传动装置基本参数

轴端直径 d/mm	D/mm	D_1/mm	L/mm	L_1/mm	L_2/mm	L_3/mm	质量/kg
25	320	250	450	222	240	70	38
30	360	270	450	222	240	70	42
40	380	270	450	222	240	80	55
45	400	290	500	247	240	80	60
50	420	310	550	280	280	90	63
60	440	330	600	305	280	110	75
70	460	350	650	320	280	110	87
80	480	370	700	353	300	140	112
90	500	390	750	378	300	140	125
100	520	410	800	403	340	170	150
110	550	410	850	428	340	170	162
120	580	460	900	453	380	200	180
130	600	460	950	478	380	200	192
140	620	500	1 000	503	420	230	210
150	640	500	1 050	528	420	230	222

3.3 产品标记

3.3.1 型号表示方法

隔舱传动装置的表示方法以产品名称、轴端直径和国家标准号组成，其形式如下：

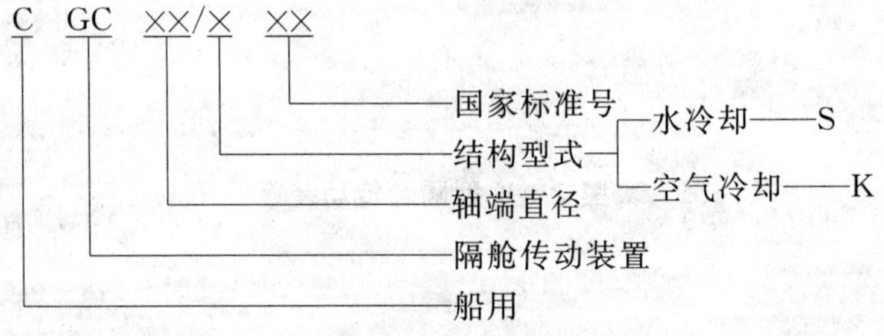

3.3.2 标记示例

船用隔舱传动装置轴端直径为 80 mm，水冷却式船用隔舱传动装置的标记为：

CGC 80/S GB/T 25014—2010。

4 要求

4.1 尺寸

传动装置的尺寸应符合表 1 和表 2 的要求。

4.2 质量

传动装置的质量应符合表 1 和表 2 的要求。

4.3 外观质量

4.3.1 传动装置的外表不应有毛刺、飞边、氧化皮、锈蚀、切屑、油污和灰尘。

4.3.2 传动装置外部表面应涂底漆和灰色油漆，且色泽均匀，表面不应起皮。

4.4 材料

4.4.1 传动装置的主要零部件材料见表 3。

表 3 主要零部件材料

序号	零件名称	材料		
		名称	牌号	标准号
1	轴	优质碳素结构钢	35	GB/T 699
2	壳体	优质碳素结构钢	20	GB/T 699
3	座板	碳素结构钢	Q235A	GB/T 700
4	压盖	铸造铜合金	ZCuZn31Al2	GB/T 1176
5	滑动轴承	铸造铜合金	ZCuSn10Zn2	GB/T 1176
6	密封圈	丁腈橡胶	NBR220	HG/T 2811

4.4.2 允许使用机械物理性能优于表 3 规定的材料。

4.4.3 当冷却水腔使用海水冷却时，冷却水腔材料应采取防腐材料或防腐措施。

4.5 设计与结构

4.5.1 传动装置的适用环境见表 4。

表 4 适用环境

型式	适用轴系转速/(r/min)	适用工作温度/℃	适用轴系直径/mm
S 型	≤3 000	0～+65	30～100
K 型	≤1 000	—	25～150

4.5.2 S 型传动装置

4.5.2.1 传动装置应至少由一对调心滚子轴承、旋转轴唇形橡胶密封圈等组成。

4.5.2.2 传动装置的冷却水腔及润滑油腔应设有温度显示传感监测装置和油位指示仪器。

4.5.2.3 传动装置应配备管路接头及透气放泄螺塞。

4.5.2.4 传动装置装在泵舱侧的轴承处应配有温度传感器的安装接口，当温度超过 65 ℃应能触发报警。

4.5.2.5 油标接口应符合 JB/T 7042.1 的要求。

4.5.2.6 冷却水进口压力 0.5 MPa。

4.5.2.7 壳体为钢结构件或铸钢件。

4.5.2.8 轴的两端应至少有一端为弹性联轴器。

4.5.3 K型传动装置

4.5.3.1 传动装置应设空气冷却腔，并配有排气孔。

4.5.3.2 传动装置应采用加锂基润滑脂密封的滑动轴承。

4.5.3.3 轴的两端应至少有一端为弹性联轴器。

4.5.3.4 传动装置装在泵舱侧的轴承处应配有温度传感器的安装接口，当温度超过65℃应能触发报警。

4.5.3.5 壳体为钢结构件或铸钢件。

4.6 性能

4.6.1 密封性

4.6.1.1 S型传动装置的水腔在0.5 MPa水压下、油腔在0.1 MPa油压下保持5 min，应无渗漏。

4.6.1.2 K型传动装置的油腔在0.1 MPa油压下保持5 min，应无渗漏。

4.6.2 磨耗量

S型传动装置在连续运转100 h后，其密封圈磨耗量应不大于0.02 mm。

4.6.3 漏油量

传动装置的漏油量应不大于0.5 mL/h。

4.6.4 壳体温度

4.6.4.1 S型传动装置的壳体水腔部分温度应不超过80℃，油腔部分温度应不超过65℃。

4.6.4.2 K型传动装置的壳体温度应不超过70℃。

4.6.5 可靠性

4.6.5.1 S型传动装置的平均故障间隔时间(*MTBF*)应不少于5 000 h。

4.6.5.2 K型传动装置的平均故障间隔时间(*MTBF*)应不少于2 000 h。

5 检验方法

5.1 尺寸

用量具测量传动装置的尺寸，结果应符合4.1的要求。

5.2 质量

用衡具测量传动装置的质量，结果应符合4.2的要求。

5.3 外观质量

用目视法检查传动装置的外观质量，结果应符合4.3的要求。

5.4 材料

检验材料的材质报告，结果应符合4.4的要求。

5.5 密封性

5.5.1 S型传动装置在水腔注入0.65 MPa淡水，油腔注入0.2 MPa滑油下，保持5 min，将整套装置浸入水中，观察有无气泡，结果应符合4.6.1.1的要求。

5.5.2 K型传动装置用螺塞封紧油杯孔，在透气罩上接入0.15 MPa压力空气，保持5 min，同时将整套装置浸入水中，观察有无气泡，结果应符合4.6.1.2的要求。

5.6 磨耗量

按HG/T 2069的规定进行试验，结果应符合4.6.2的要求。

5.7 漏油量

将传动装置置于试验台架上，在最大转速下运转100 h，按GB/T 13871.4规定的试验方法，测量油位的漏油量，结果应符合4.6.3的要求。

5.8 壳体温度

将传动装置置于试验台架上，在最大转速下运转100 h，用温度计或温度传感器测量壳体温度，并记录数据，结果应符合4.6.4的要求。

5.9 可靠性

按合同规定的评估方法进行试验，结果应符合4.6.5的要求。

6 检验规则

6.1 检验分类

传动装置的检验分为：

a) 型式检验；

b) 出厂检验。

6.2 型式检验

6.2.1 检验时机

有下列情况之一时应进行型式检验：

a) 首制产品；

b) 设计结构有较大变动，可能影响产品的性能；

c) 质量监督部门有要求时。

6.2.2 检验项目

型式检验的检验项目见表5。

表5 检验项目

序号	检验项目	型式检验	出厂检验	要求的章条号	检验方法的章条号
1	尺寸	√	√	4.1	5.1
2	质量	√	√	4.2	5.2
3	外观质量	√	√	4.3	5.3
4	材料	√	√	4.4	5.4
5	密封性	√	√	4.6.1	5.5
6	磨耗量	√	—	4.6.2	5.6
7	漏油量	√	—	4.6.3	5.7
8	壳体温度	√	—	4.6.4	5.8
9	可靠性	√	—	4.6.5	5.9
注：√必检项目；—不检项目。					

6.2.3 受检样品数

型式检验的受检样品数为每规格一台。

6.2.4 合格判据

当受检传动装置的所有检验项目均符合要求时，则判定传动装置的型式检验合格。若受检传动装置的材料项目不符合要求时，则判定传动装置的型式检验不合格；若受检传动装置其他检验项目不符合要求时，应加倍取样复验。复验符合要求，仍判传动装置的型式检验合格；复检仍不符合要求时，则判定传动装置的型式检验不合格。

6.3 出厂检验

6.3.1 检验项目

出厂检验的检验项目和顺序见表5。

6.3.2 受检样品数

出厂的每台产品应进行出厂检验。

6.3.3 合格判据

当受检传动装置的所有检验项目均符合要求时,则判定传动装置的出厂检验合格。若受检传动装置的材料项目不符合要求时,则判定传动装置的出厂检验不合格;若受检传动装置其他检验项目不符合要求时,应采取改进措施后复验。复验符合要求,仍判传动装置的出厂检验合格;复检仍不符合要求时,则判定传动装置的出厂检验不合格。

7 标志

在产品明显部位应贴有铭牌,铭牌应注明下列内容:

a) 制造厂名和商标;

b) 产品名称;

c) 产品标记;

d) 制造日期或生产批号;

e) 检验合格印章。

8 包装和运输

8.1 包装

8.1.1 产品包装按GB/T 13384进行。

8.1.2 产品出厂时应附有产品检验合格证和装箱单。

8.2 运输

在运输中应采取防雨、防撞击、防吊索磨损的措施。

ICS 47.020.50
U 22

中华人民共和国国家标准

GB/T 25015—2010

移 船 绞 车

Ship-shifting winch

2010-09-02 发布　　2010-12-01 实施

中华人民共和国国家质量监督检验检疫总局
中国国家标准化管理委员会　发布

前　言

本标准由中国船舶工业集团公司提出。

本标准由全国船用机械标准化技术委员会(SAC/TC 137)归口。

本标准起草单位:中国船舶工业综合技术经济研究院、南京中船绿洲机器有限公司。

本标准主要起草人:汪远、常仲明、陈建锋、王亚钧、潘良高。

移　船　绞　车

1　范围

本标准规定了船用移船绞车(以下简称“绞车”)的分类、要求、试验方法、检验规则以及标志、包装、运输和贮存。

本标准适用于打桩船、挖泥船等工程船舶用绞车的设计、制造和验收。

2　规范性引用文件

下列文件中的条款通过本标准的引用而成为本标准的条款。凡是注日期的引用文件,其随后所有的修改单(不包括勘误的内容)或修订版均不适用于本标准,然而,鼓励根据本标准达成协议的各方研究是否可使用这些文件的最新版本。凡是不注日期的引用文件,其最新版本适用于本标准。

GB/T 3893　造船及海上结构物　甲板机械　术语和符号(GB/T 3893—2008,ISO/FDIS 3828:2007,IDT)

GB/T 8918—2006　重要用途钢丝绳(ISO 3154:1988,Stranded wire ropes for mine hoisting—Technical delivery requirements,MOD)

3　术语

GB/T 3893 确立的以及下列术语和定义适用于本标准。

3.1

右式绞车　right-hand winch

当位于绞车操纵侧,面对出绳方向,卷筒驱动装置在卷筒右侧的绞车。

3.2

左式绞车　left-hand winch

当位于绞车操纵侧,面对出绳方向,卷筒驱动装置在卷筒左侧的绞车。

4　分类

4.1　型式

根据原动机布置方式的不同,绞车分为左式绞车和右式绞车,参见图 1。

a) 左式绞车　　　　b) 右式绞车

图 1　绞车示意图

4.2　标记

4.2.1　绞车的型号编制方法如下:

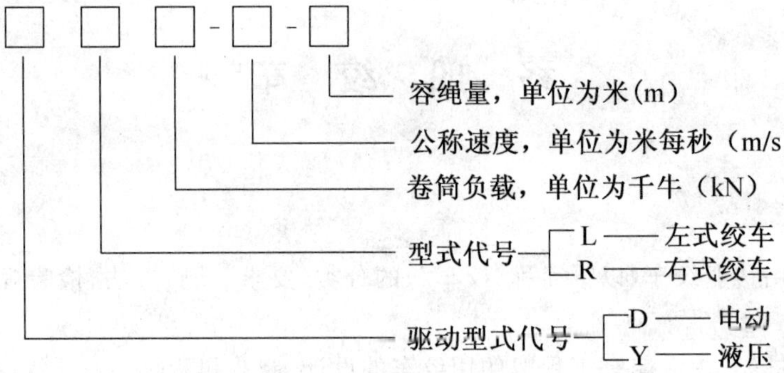

4.2.2 标记示例：

液压驱动，卷筒负载为 80 kN，公称速度为 0.25 m/s，容绳量为 200 m 的右式绞车标记为：

移船绞车 GB/T 25015—2010 YR80-0.25-200。

5 要求

5.1 基本要求

5.1.1 绞车的轻载速度应至少为公称速度的 2 倍。

5.1.2 绞车的公称速度应为 0.1 m/s、0.15 m/s、0.2 m/s、0.25 m/s 四者之一。

5.1.3 绞车的支持负载应不小于卷筒负载的 2.7 倍。

5.1.4 绞车所用钢丝绳的最小破断负载应不小于 1.25 倍的支持负载。

5.2 设计与结构

5.2.1 绞车应具有在单卷筒上操作、保持和储存钢丝绳的功能。

5.2.2 绞车应具有独立的原动机驱动，且能倒转。

5.2.3 绞车应具有最少以卷筒负载连续工作 60 min 的能力。

5.2.4 卷筒所用钢丝绳应为符合 GB/T 8918—2006 的抗拉强度为不小于 1 670 N/mm^2 的圆股钢丝绳。

5.2.5 卷筒直径应不小于绳索直径的 16 倍。

5.2.6 卷筒长度应能储存全部钢丝绳而不超过 5 层。

5.2.7 当全部钢丝绳卷绕在卷筒上时，卷筒凸缘超出外层钢丝绳的高度应不小于钢丝绳直径的 1.5 倍。如果绞车有排绳装置，则可不受本条限制。

5.2.8 卷筒上的钢丝绳应相互正叠，不应有半个绳索直径偏置于两个邻层之间。

5.2.9 电动绞车应配备自动控制制动装置，液压绞车应配备自动控制停车装置，当操作手柄或手轮移到停止或制动位置或绞车无动力时，控制制动(停车)装置应自动起制动作用。

5.2.10 绞车应设置卷筒制动装置，且应为常闭式，脱开方式手动与自动均可，其最大保持力为支持负载。

5.2.11 操纵装置的运动方向应设有明显的永久性标志，当手轮顺时针转动或手柄拉向操作者为收绞钢丝绳，反之为放绳。

5.2.12 除非用户与制造厂另有协议，不论采用何种动力，当人工控制时，操纵手柄应能自动回到制动或停止位置。

5.2.13 可在绞车上安装自动排绳装置。

5.2.14 当用原动机额定力矩计算传动装置及其他受影响零件的应力时，受力零件的应力不应超过材料屈服强度的 40%。

5.2.15 在恶劣工况条件下原动机以最大扭矩作用时，计算受影响零件的应力不应超过材料屈服强度的 90%。

5.2.16 绞车在支持负载作用下，计算受影响零件的应力不应超过材料屈服强度的 90%。

5.3 性能

5.3.1 卷筒制动装置应能承受绞车的支持负载，且制动后卷筒不应转动。

5.3.2 电动绞车所配备的自动控制制动装置应能承受 1.25 倍的卷筒负载，并能在最大转速下停止卷筒转动而不发生故障。

5.3.3 液压绞车的自动控制停车装置应能承受 1.25 倍的卷筒负载，且每分钟的滑移量不应超过 1 m。

5.3.4 对于有自动张力的绞车，回收负载应不小于卷筒负载的 50%。

5.3.5 对于有自动张力的绞车，放出负载应不大于卷筒负载的 2 倍。

6 试验方法

6.1 轻载

6.1.1 试验时，绞车正反向各运转 15 min。

6.1.2 在试验期间应检查下列项目：

a) 轻载速度。

b) 电动绞车测量电动机的电流、电压；液压绞车测量马达进出口压差，轻载速度可通过换算来求得。

c) 有无异常噪声和振动。

6.1.3 结果应符合 5.1.1 的要求。

6.2 卷筒负荷

6.2.1 型式检验时，以绞车额定负荷的 50%、75%分别连续运转 15 min，以额定负荷连续运转 30 min。

6.2.2 出厂检验时，以绞车额定负荷的 50%、75%分别连续运转 10 min，以额定负荷连续运转 15 min。

6.2.3 在试验期间应检查下列项目：

a) 公称速度；

b) 电动机的电流、电压或马达进出口压差；

c) 减速器、液压系统的油温及有无漏油现象；

d) 卷筒离合器(若有)及制动器操纵手柄(手轮)是否灵活轻便；

e) 有无异常噪声和振动；

f) 排绳装置(若有)的工作情况(没有带载运转的条件，可用空运转代替)。

6.2.4 对于试验期间所测公称速度的数值，结果应符合 5.1.2 的要求。

6.3 支持负载

刹紧卷筒刹车，以适当的方式加载 2 min，检查卷筒制动装置和卷筒转动情况。结果应符合 5.3.1 的要求。

6.4 控制制动(停车)装置

绞车在公称速度下运行时停止操作，检查控制停车装置(液压绞车)/自动控制制动装置(电动绞车)的工作情况。结果应符合 5.3.2 或 5.3.3 的要求。

6.5 回收负载

对于有自动张力的绞车，将原动机调定在自动控制最大转矩，在卷筒上仅缠绕单层钢丝绳，启动绞车，以适当的方式加载，当卷筒开始向收绳方向转动时，检测卷筒出绳处绳索的拉力。结果应符合 5.3.4 的要求。

6.6 放出负载

对于有自动张力的绞车，将原动机调定在自动控制最大转矩，在卷筒上仅缠绕单层钢丝绳，启动绞车，以适当的方式加载，当卷筒以相反于施加驱动力矩方向开始放出钢丝绳时，检测卷筒出绳处绳索的拉力。结果应符合 5.3.5 的要求。

7 检验规则

7.1 检验分类

绞车的检验分为型式检验和出厂检验。

7.2 型式检验

7.2.1 绞车有下列情况之一时，应进行型式检验：

a) 新产品或老产品转产；

b) 正式生产后，若结构、材料、工艺有较大改变，可能影响产品性能；

c) 长期停产恢复生产；

d) 国家质量监督机构提出进行型式检验要求。

7.2.2 绞车的型式检验项目见表 1。

表 1 检验项目

序号	检验项目	型式检验	出厂检验	要求章条号	试验方法章条号
1	轻载	√	√	5.1.1	6.1
2	卷筒负载	√	√	5.1.2	6.2
3	支持负载	√	√	5.3.1	6.3
4	控制制动(停车)装置	√	√	5.3.2、5.3.3	6.4
5	回收负载	√	√	5.3.4	6.5
6	放出负载	√	√	5.3.5	6.6
注：√必检项目。					

7.2.3 绞车的型式检验的样品数量为一台。

7.2.4 绞车全部检验项目符合要求，判为型式检验合格。若有不符合要求的项目，应加倍取样复验。若复验符合要求，仍判定绞车型式检验合格；若复验仍有不符合要求的项目，则判定绞车的型式检验不合格。

7.3 出厂检验

7.3.1 每台绞车均应进行出厂检验。

7.3.2 出厂检验项目见表 1。

7.3.3 全部检验项目符合要求的绞车，判定出厂检验合格。若有不符合要求的项目，允许修复后进行复验。若复验符合要求，仍判定该台绞车出厂检验合格；若复验仍有不符合要求的项目，则判定该台绞车出厂检验不合格。

8 标志、包装、运输和贮存

8.1 绞车应在明显位置设置铭牌，铭牌应标明下列内容：

a) 产品名称；

b) 产品型号；

c) 出厂编号；

d) 主要技术参数；

e) 质量；

f) 检验印记；

g） 制造日期；

h） 制造厂名称。

8.2 绞车各零部件的包装应可靠，装箱应牢固。

8.3 绞车在运输过程中应固定并具有防腐蚀、防潮等措施。

8.4 绞车应贮存在干燥通风处。

ICS 47.020.90
U 47

中华人民共和国国家标准

GB/T 25016—2010

船用空调器通用技术条件

General specification for air condition of ship

2010-09-02 发布　　2010-12-01 实施

中华人民共和国国家质量监督检验检疫总局
中国国家标准化管理委员会　发布

前言

本标准由中国船舶工业集团公司提出。

本标准由全国船用机械标准化技术委员会(SAC/TC 137)归口。

本标准起草单位:中国船舶工业综合技术经济研究院、泰兴船舶机械厂。

本标准主要起草人:汪远、周泽生、丁新路、蔡振仲。

船用空调器通用技术条件

1 范围

本标准规定了船用空调器(以下简称“空调器”)的技术要求、标志、包装、运输和贮存。

本标准适用于空调器的设计与制造。

2 规范性引用文件

下列文件中的条款通过本标准的引用而成为本标准的条款。凡是注日期的引用文件,其随后所有的修改单(不包括勘误的内容)或修订版均不适用于本标准,然而,鼓励根据本标准达成协议的各方研究是否可使用这些文件的最新版本。凡是不注日期的引用文件,其最新版本适用于本标准。

GB/T 191 包装储运图示标志(GB/T 191—2008,ISO 780:1997,MOD)

GB 713—2008 锅炉和压力容器用钢板(ISO 9328-2:2004,Steel flat products for pressure purposes—Technical delivery conditions—Part 2:Non-alloy and alloy steels with specified elevated temperature properties,NEQ)

GB/T 1176—1987 铸造铜合金技术条件(neq ISO 1338:1977)

GB/T 1527—2006 铜及铜合金拉制管

GB/T 1591—2008 低合金高强度结构钢

GB/T 2423.16—2008 电工电子产品环境试验 第2部分:试验方法 试验J和导则:长霉(IEC 60068-2-10:2005,Environmental testing—Part 2-10:Tests—Test J and guidance:Mould growth,IDT)

GB/T 3783—2008 船用低压电器基本要求

GB/T 5231—2001 加工铜及铜合金化学成分和产品形状

GB/T 5625 扩口式端直通管接头

GB/T 7060 船用旋转电机基本技术要求

GB/T 8890—2007 热交换器用铜合金无缝管

GB/T 8923—1988 涂装前钢材表面锈蚀等级和除锈等级(eqv ISO 8501-1:1988)

GB/T 9439—2010 灰铸铁件(ISO 185:2005,MOD)

GB/T 10746 船用对焊钢法兰(四进位)

GB/T 10747 船用对焊钢环松套钢法兰(四进位)

GB/T 10891 空气处理机组安全要求

GB/T 13306 标牌

CB* 3250 船舶辅机电气控制设备通用技术条件

JB/T 6417 空调用空气过滤器

3 定义

下列术语和定义适用于本标准。

3.1

正常工作 normal working

空调器在规定的工作条件下,其性能参数变化均在预定范围内的工作状态。

4 要求

4.1 环境适应性

4.1.1 空调器在－10 ℃～55 ℃的大气环境条件下应能正常工作。

4.1.2 空调器在下列倾斜、摇摆条件下应能正常工作：

a) 长期横倾±15°，长期纵倾±5°；

b) 横摆±22.5°，纵摇±7.5°；

c) 当船舶长度大于100 m时，纵倾角取500/L(L为船舶总长度，单位为m)。

4.1.3 空调器在振动频率为2 Hz～10 Hz时，位移振幅值为1.0 mm±0.01mm下应能正常工作。

4.1.4 空调器的电气元器件应具有耐2 mg/m³ 盐雾严酷度的性能。外露于空气中的金属电镀件外观变化应满足GB/T 3783的要求。

4.1.5 空调器应有耐40 mg/m³ 浓度油雾的性能。

4.1.6 空调器的电气元器件应具有耐霉性能，其外露于空气中的绝缘零件应能满足GB/T 2423.16—2008中二级长霉的要求。

4.2 外观质量

4.2.1 空调器外表面除锈应达到GB/T 8923—1988中规定的Sa2.5级。

4.2.2 空调器外表面应用船用防锈底漆加面漆涂装，涂层应均匀，色调一致，油漆不应有剥落、卷皮、裂纹、气泡、流痕和杂色等缺陷。

4.2.3 空调器的管路排列应整齐，并加以固定，需经常操作的阀件，应设置在便于操作的位置处。

4.2.4 空调器上应有工作情况的标志，如通风机旋转方向的指示箭头、仪器和控制按钮的识别标记，并在适当的位置附有电气线路图。

4.3 材料

4.3.1 空调器主要零部件选用的材料见表1，也可选用性能不低于表1的其他材料。

表1 空调器主要零部件材料表

部件名称		材料	
		牌号	标准号
冷凝器	传热管	HAL77-2 或 Bfe10-1-1	GB/T 8890—2007
	端盖	HT200 或 ZcuZn16Si4	GB/T 9439—2010 或 GB/T 1176—1987
管板		20 或 ZCuA19Mn2 或 16Mn 或 BFe10-1-1	GB/T 1591—2008 或 GB/T 1176—1987 或 GB 713—2008 或 GB/T 5231—2001
蒸发器	传热管	T3	GB/T 1527—2006
	传热翅片	T2、T3	GB/T 1527—2006

4.3.2 紧固件、连接件均应采用耐蚀材料或作防腐处理。

4.3.3 采用黑色金属制成的所有部件表面均应作防腐处理。

4.3.4 空调器应采用无毒、不可燃烧、不会爆炸、无窒息性、高温下不易分解，且蒸发压力和冷凝压力较适宜的制冷剂。

4.3.5 隔热材料应无毒、无异味、不吸潮、能阻燃，且不应采用石棉或石棉制品。

4.4 设计与结构

4.4.1 蒸发器的壳体底部应设盛水盘，其边框高度应保证空调器在船舶倾斜和摇摆时应无凝水溢出。盛水盘应设有低位泄水口。

4.4.2 制冷压缩机吸入管及冷媒水管等有凝水的管路，应包覆阻燃隔热材料。

4.4.3 空调器壳体内表面，应敷设符合 GB/T 10891 规定的绝热材料。

4.4.4 空调器空气进口处应设有符合 JB/T 6417 规定的空气滤清器。

4.4.5 蒸发器蒸发盘管每通路的允许长度应保证制冷剂压力降在允许范围内。

4.4.6 空调器的电机应选用符合 GB/T 7060 的船用电机。电机的冷态绝缘电阻应不低于 5 MΩ，热态绝缘电阻应不低于 2 MΩ。

4.4.7 空调器的电气设备应可靠接地，带电部分对地与非带电部分间的绝缘电阻应大于 2 MΩ。

4.4.8 风机应采用船用低噪声风机，对裸露在冷凝滴水环境中的风机电机，应有防护设施。

4.4.9 采用分布器的制冷系统，宜采用外平衡热力膨胀阀，温度传感器应固定在蒸发器出口处的回气管上，并包覆阻燃隔热材料。

4.4.10 在制冷系统管路的适当位置上，应设置干燥过滤器及水分指示器。

4.4.11 制冷工况时，电气控制系统应保证制冷压缩机与风机、冷却水泵联锁。水泵和风机未启动前，压缩机不能投入运行。

4.4.12 制热工况时，电气控制系统应保证风机与加热器、加湿器联锁，电磁阀应与风机联锁，风机未启动前，加热器、加湿器不能投入运行。加热器、加湿器停止工作后，风机应延时 1 min 停机。

4.4.13 对冷热型空调器，电气控制系统应保证制冷机组与加热器互为联锁。

4.4.14 电气控制设备应保证制冷设备具有独立的压力保护和过载保护功能。

4.4.15 空调器应能顺利排出凝水。

4.4.16 空调器外壳应无凝露。

4.4.17 空调器应设置安全可靠的吊装设施。

4.4.18 直接传动的开启式压缩机组，应采用可拆卸的弹性联轴器。

4.4.19 中央空调的各功能段应安装在一个公共的底座上，并应采取隔振措施。

4.4.20 单元空调的箱体高度应尽量降低，其上部或后壁应加支撑。对于易产生振动的金属薄板结构的表面应涂上厚度不小于金属板厚度 3 倍的阻尼材料。

4.4.21 制冷机组应设置安全保护装置，在下列状态下应能进行自动安全保护动作：

a) 制冷压缩机吸气压力过低；
b) 制冷压缩机排气压力过高，冷凝压力过高；
c) 油压差过低(非压力润滑时除外)；
d) 冷却水断水或压力过低(或水流量过低)；
e) 压缩机停机延时启动；
f) 冷媒水流量过低，冷媒水出口温度过低(对冷水机组而言)。

4.4.22 空调器的电气控制系统应保证制冷机组在 4.4.21b)、c)、f)规定的保护动作后，制冷机组不应自动恢复运转，待故障排除后采用手动复位。

4.4.23 空调器中的电气控制系统应能进行各种压力、温度、机组运行状态的控制与显示，并能在 4.4.21 规定的保护装置动作时进行报警及停机。

4.4.24 中央空调器制冷机组的压力容器应设置安全阀，安全阀的开启压力应不大于该压力容器的设计压力；单元式空调器制冷机组的压力容器应设置熔点为 65 ℃的易熔塞。

4.4.25 制冷剂管路的通径不大于 32 mm 时采用拉制铜管；若管路的通径大于 32 mm 时采用无缝钢管。管子应采用钎焊方式进行连接。若管子连接必须采用法兰或螺纹接头连接时，法兰应符合 GB/T 10746或 GB/T 10747 的规定；螺纹接头应符合 GB/T 5625 的规定。不应采用平面法兰或平肩螺纹接头。

4.4.26 分体式空调器的内外机组间连接管路的连接距离应不大于 10 m，管子的弯曲半径应不小于 200 mm。

4.4.27 冷暖型组装式空调器宜采用蒸汽加热和热水加热，单元式空调器可采用电加热器。加热蒸汽应为饱和蒸汽，其压力应不小于0.3 MPa。加热用热水的温度应不小于60 ℃。若设置蒸汽加热系统的空调器应设置蒸汽加湿系统。加湿系统应能使舱室内的空气相对湿度保持在40%±10%范围内。

4.4.28 冷热交换盘管迎面风速超过2.5 m/s时，应设置挡水设施。

4.5 性能

4.5.1 中央空调、单元空调工况应分别符合表2和表3的规定。

表2 中央空调工况

单位为摄氏度

工况	进风参数		冷却水参数
	干球温度	湿球温度	进水温度(海水)
名义制冷工况	31±0.5	24±0.5	32±0.5
最大制冷工况	37±1.0	29±0.5	32±0.5
低温制冷工况	21±1.0	15±0.5	17±0.5
凝露工况	27±1.0	24±0.5	23±0.5

表3 单元式空调工况

单位为摄氏度

工况	进风参数		冷却水参数
	干球温度	湿球温度	进水温度(海水)
名义制冷工况	27.0±0.5	19.5±0.5	32±0.5
最大制冷工况	32.0±0.5	22.5±0.5	34±0.5
低温制冷工况	19.5±0.5	14.0±0.5	—
凝露工况	27.0±1.0	24.0±0.5	—
名义制热工况	22.0±0.5	—	—

4.5.2 空调器在名义工况下测量的风量、制冷量、制热量和机外静压应不小于其名义值的93%。

4.5.3 空调器在最大制冷工况时，应能正常运行。

4.5.4 空调器在低温制冷工况时，应达到下列要求：

a) 运行不应发生任何故障；

b) 蒸发盘管上不应导致形成阻断空气流通的霜层或冰层；

c) 风量减少值不应超过名义值的25%，且不应带有水滴；

d) 融霜时泄水应畅通。

4.5.5 空调器在凝露工况时，应达到下列要求：

a) 不应有凝结水从外壳滴落或从通风口吹出；

b) 凝结水排泄应畅通。

4.5.6 空调器在制冷工况下实测的输入功率值应不大于其额定功率的115%。

4.5.7 电源电压在额定电压的90%～110%范围内变动时空调器应能正常工作。

4.5.8 空调器在名义工况下，噪声的A计权声压级应小于表4～表6的规定值。

表4 中央空调器的噪声值

制冷量/W	A计权声压级/dB
<60 000	<75
6 000～<120 000	<80
≥120 000	<85

表 5　单元空调器(柜式)的噪声值

制冷量/W	A 计权声压级/dB
＜5 000	＜65
5 000～＜10 000	＜70
10 000～≤30 000	＜75

表 6　单元空调器(分体式)的噪声值

制冷量/W	A 计权声压级/dB	
	内置机组	外置机组
＜5 000	＜50	＜50
5 000～＜10 000	＜55	＜60
10 000～≤30 000	＜60	＜70

4.5.9　空调器的电气元件应符合 GB/T 3783—2008 的规定。

4.5.10　空调器的电气控制箱应符合 CB* 3250 的规定。

4.5.11　空调器在介电强度电压为 2 500 V 时，不应击穿或闪络。

4.5.12　电加热器的冷态绝缘电阻应不小于 50 MΩ；热态绝缘电阻应不小于 1 MΩ。

4.5.13　空调器电气控制箱的外壳防护等级为 IP22，电加热器外壳的防护等级为 IP44。

4.5.14　空调器的安全性能应符合 GB/T 10891 的要求。

4.5.15　在最大制冷工况下，当电压为 90%～105%的额定值时，空调器应能启动和运行。

4.5.16　承受冷却水压力的部件，应能承受不小于 1.5 倍的设计压力。

5　标志、包装、运输和贮存

5.1　标志和包装

5.1.1　空调器应有铭牌，铭牌应符合 GB/T 13306 的要求并采用铜质材料制作，铭牌上应包括下列内容：

a)　制造厂名称；

b)　产品型号和标准号；

c)　制冷量、制热量、制冷剂、电压、电流、频率、相数、功率、质量等；

d)　生产编号和出厂日期。

5.1.2　空调器包装前，应进行必要的清洗、防护和防锈措施，所带的附件应固定在箱内。

5.1.3　包装箱内应有装箱单、备件清单、产品合格证、使用说明书，如有船检要求则需附船检证书。

5.1.4　包装箱外应有符合 GB/T 191 规定的"小心轻放"、"不可倒置"、"防雨"等字样和图样。

5.1.5　包装箱外应标明以下文字：

a)　产品型号；

b)　名称；

c)　出厂编号；

d)　包装日期；

e)　收货单位名称和地址；

f)　制造厂名和地址；

g)　净重及毛重；

h） 包装箱尺寸。

5.2 运输和贮存

5.2.1 空调器应按包装箱的运输标志进行运输，在运输中应避免雨雪淋袭。

5.2.2 空调器应存放在通风干燥的仓库内。

ICS 47.020.20
U 48

中华人民共和国国家标准

GB/T 25017—2010

船艉轴油润滑密封装置

Marine oil lubrication stern shaft sealing apparatus

2010-09-02 发布　　2010-12-01 实施

中华人民共和国国家质量监督检验检疫总局
中国国家标准化管理委员会　发布

前　言

本标准由中国船舶重工集团公司提出。

本标准由全国船用机械标准化技术委员会(SAC/TC 137)归口。

本标准起草单位:中国船舶重工集团公司第七〇四研究所、江苏华阳重工科技开发股份有限公司。

本标准主要起草人:丁郁华、张海燕、殷家荣、奚崇德。

船艉轴油润滑密封装置

1 范围

本标准规定了船艉轴油润滑密封装置(以下简称油密封装置)的产品分类、要求、检验方法、检验规则、标志、包装、运输与贮存。

本标准适用于艉轴中心线与水面距离不大于 20 m,艉轴衬套外径的线速度不大于 7 m/s 的动力轴系艉轴管油润滑密封装置的设计、制造和验收。

2 规范性引用文件

下列文件中的条款通过本标准的引用而成为本标准的条款。凡是注日期的引用文件,其随后所有的修改单(不包括勘误的内容)或修订版均不适用于本标准,然而,鼓励根据本标准达成协议的各方研究是否可使用这些文件的最新版本。凡是不注日期的引用文件,其最新版本适用于本标准。

GB/T 699 优质碳素结构钢

GB/T 700 碳素结构钢(GB/T 700—2006,ISO 630:1995,Structural steels—Plates,wide flats,bars,sections and profiles,NEQ)

GB/T 1176 铸造铜合金技术条件(GB/T 1176—1987,neq ISO 1338:1977)

CB/T 3862—1999 船舶机械术语 轴系及传动装置

GB/T 9439 灰铸铁件(GB/T 9439—2010,ISO 185:2005,MOD)

GB/T 13384 机电产品包装通用技术条件

GB/T 13871.4—2007 密封元件为弹性体材料的旋转轴唇形密封圈 第4部分:性能试验程序(ISO 6194-4:1999,Rotary shaft lip type seals—Part 4:Performance test procedures,MOD)

GB/T 14975 结构用不锈钢无缝钢管(GB/T 14975—2002,ASTM A269:2000,NEQ)

HG/T 2811 旋转轴唇形密封圈橡胶材料

YB(T) 11 弹簧用不锈钢丝

3 术语和定义

CB/T 3862—1999 确立的以及下列术语和定义适用于本标准。

3.1

本体 main body

与艉轴管前后端联结配匹的部件。

3.2

密封座 seal carrier

用于安装和定位密封圈的部件。

3.3

压盖 gland

用于夹持和定位密封圈的外端部件。

3.4

轴衬套 axis bushing

防止艉轴受到腐蚀和磨损的套。

3.5

传动夹环　grip ring

固定在艉轴上并依靠其夹紧力与艉轴产生摩擦力而随之一起转动的剖分式部件。

3.6

挡圈　elastic ring

置于螺旋桨与轴衬套间的垫圈。

4　产品分类

4.1　型式

油密封装置按安装的位置不同分为前、后密封装置两种：

a)　前密封装置设二道圈，示意图见图 1；

b)　后密封装置设置三道圈或四道圈，按功能分为防砂型、挡物型、防砂防渔网型、挡物防渔网型，示意图见图 2～图 3。

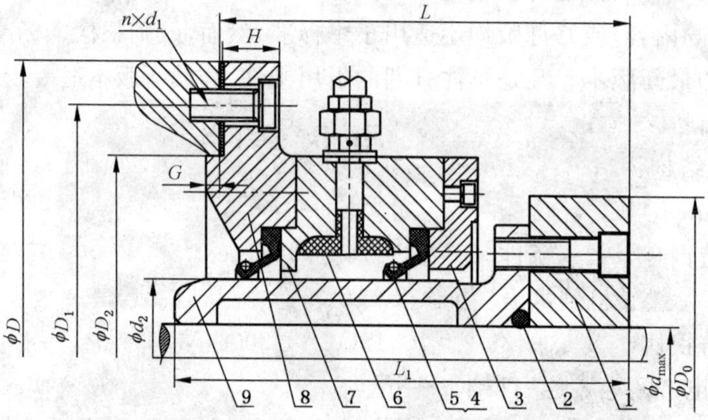

1——传动夹环；

2——O 型密封圈；

3——前压盖；

4——密封圈；

5——弹簧；

6——循环器；

7——前密封座；

8——前本体；

9——前轴衬套。

图 1　前密封装置示意图

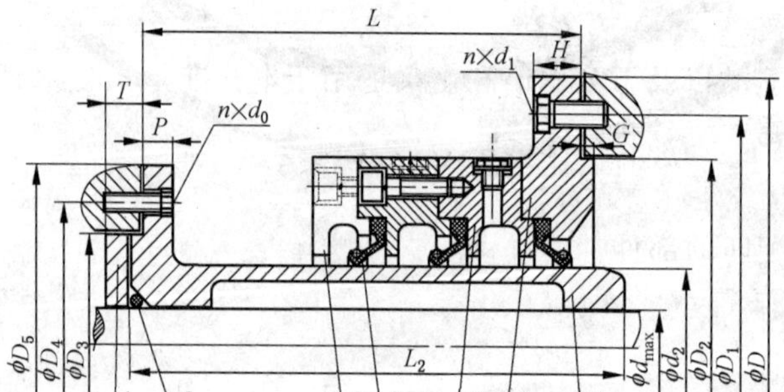

a）三道密封圈

1——后挡圈；

2——O 型密封圈；

3——后压盖；

4——密封圈；

5——弹簧；

6——后密封座；

7——后本体；

8——后轴衬套。

图 2　后密封装置示意图

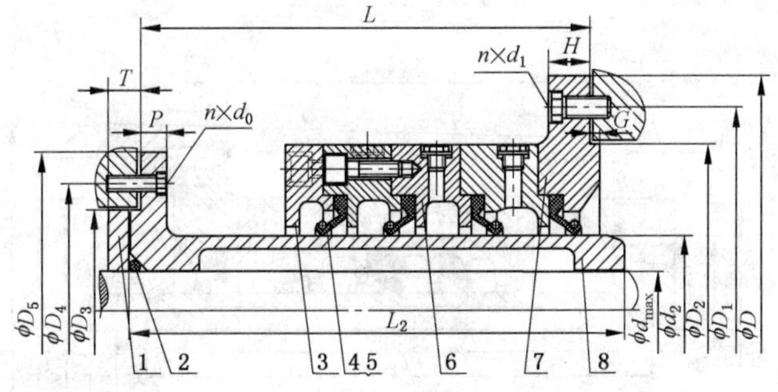

b）四道密封圈

图 2（续）

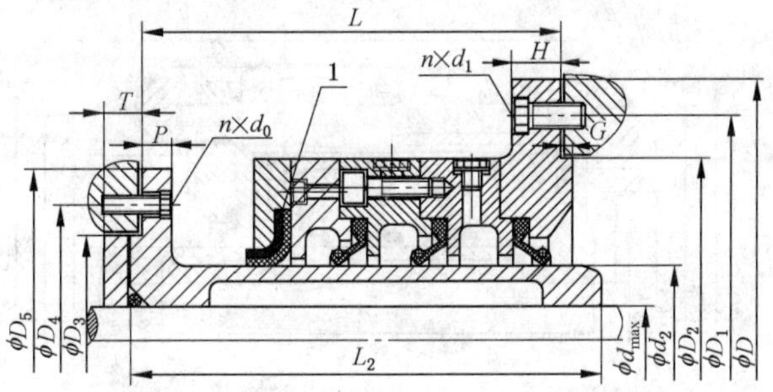

1——防砂橡胶板。

a）三道密封圈防砂型示意图

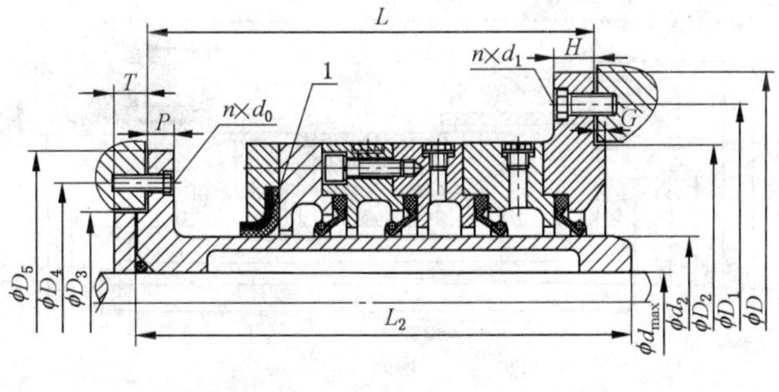

1——防砂橡胶板。

b）四道密封圈防砂型示意图

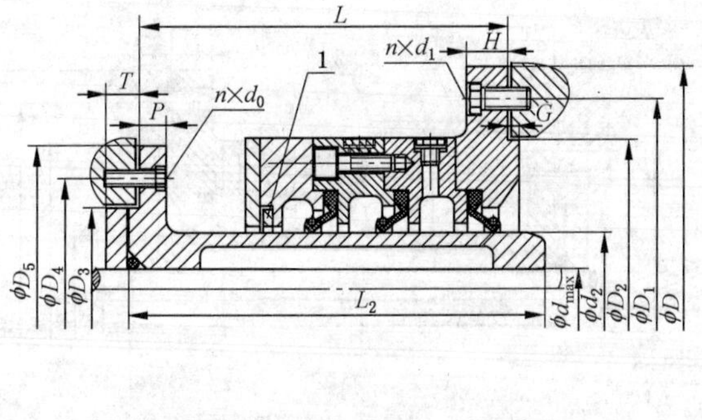

1——挡物环。

c）三道密封圈挡物型示意图

图 3　功能型密封装置示意图

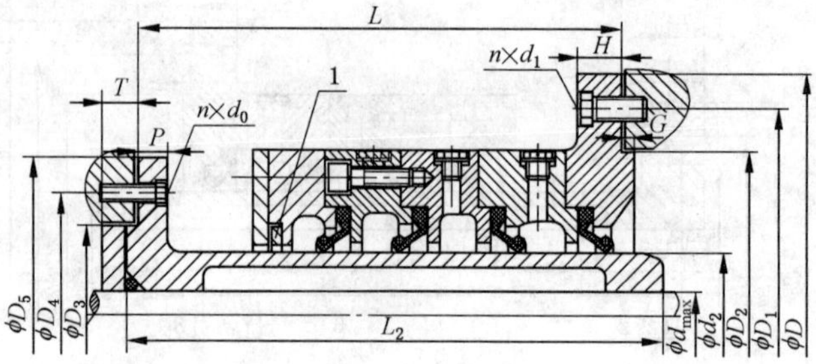

1——挡物环。

d）四道密封圈挡物型示意图

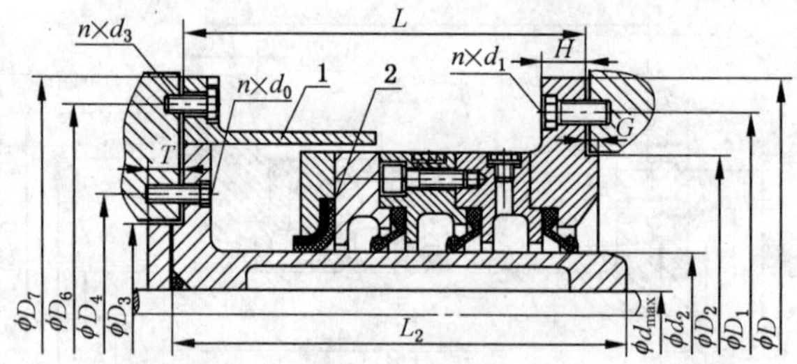

1——防网绳罩；

2——防砂橡胶板。

e）三道密封圈防砂防渔网型示意图

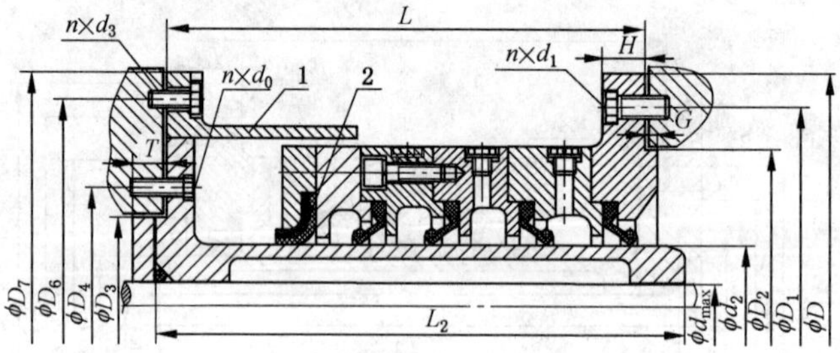

1——防网绳罩；

2——防砂橡胶板。

f）四道密封圈防砂防渔网型示意图

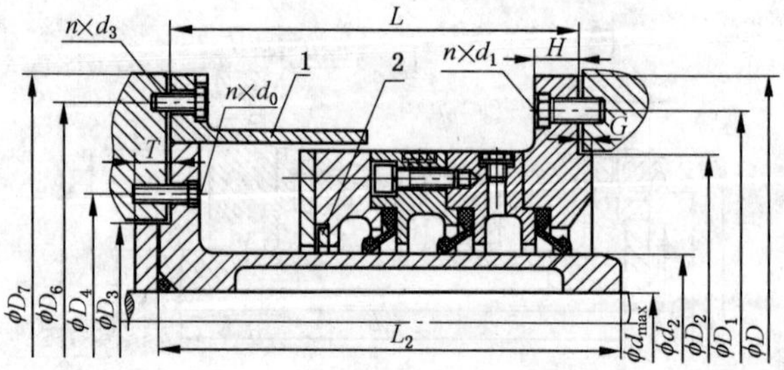

1——防网绳罩；

2——挡物环。

g）三道密封圈挡物防渔网型示意图

图 3（续）

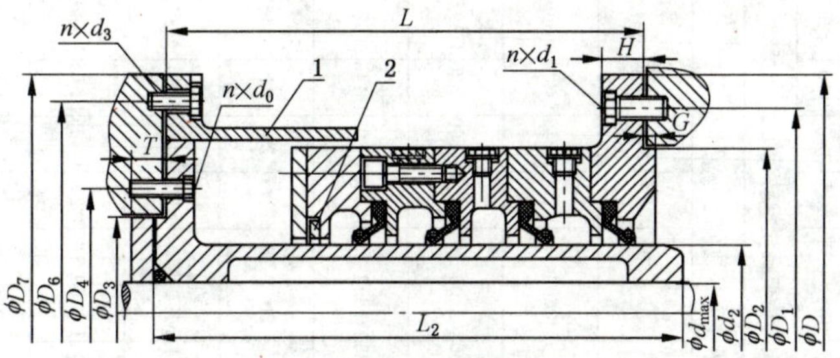

1——防网绳罩；

2——挡物环。

h）四道密封圈挡物防渔网型示意图

图 3（续）

4.2 基本参数

密封装置的基本参数见表 1。

4.3 产品标记

4.3.1 型号表示方法

油密封装置的表示方法以产品名称和技术特征组成，产品型号标记方法如下：

C Y □ □ □-□/□

- □（最后）——艉轴轴径
- □（倒数第二）——衬套外径
- □（第五）——功能特性：防砂、挡物、防砂防渔网、挡物防渔网，分别用 F、D、FW、DW 表示
- □（第四）——密封圈的道数
- □（第三）——Q 表示前密封，H 表示后密封
- Y——油润滑
- C——船用

4.3.2 标记示例

4.3.2.1 轴衬套外径为 300 mm、艉轴轴径 280 mm、2 道密封圈的油润滑前艉轴密封装置标记为：

船用油润滑密封装置　CYQ2-300/280　GB/T 25017—2010。

4.3.2.2 轴衬套外径为 450 mm、艉轴轴径 425 mm、3 道密封圈、具有防砂和防渔网功能的油润滑后艉轴密封装置标记为：

船用油润滑密封装置　CYH3FW-450/425　GB/T 25017—2010。

表 1　基本参数

单位为毫米

衬套外径 d_2		70	90	110	125	140	155	170	190	200	220	240	260	280	300	330	355	380	400	420	450	480	500	530	560	600	630	670	710	750	800	850	900	950	1 000	1 060	1 120	1 180	1 250
最大轴径 d_{max}		50	75	95	110	125	140	155	175	185	205	220	240	260	280	310	330	355	375	395	425	455	475	500	530	560	590	630	670	710	750	795	840	890	940	990	1 040	1 090	1 150
安装开挡 L	Q	130	130	130	130	130	145	145	145	145	145	160	160	160	160	160	184	184	184	184	206	206	206	206	224	224	241	241	270	270	270	270	290	290	290	310	310	310	310
	H3	160	160	160	160	160	160	160	160	160	160	170	175	175	175	175	195	195	200	200	225	225	225	225	240	240	245	245	280	280	310	310	330	330	330	350	355	355	370
	H4	180	180	180	180	180	200	200	200	200	200	215	220	220	220	220	235	235	240	240	270	270	270	270	285	285	290	290	330	330	365	365	385	385	385	405	410	410	425
	H3F、DW	180	180	180	180	180	180	180	180	180	180	190	195	195	195	195	215	215	220	220	245	245	245	245	260	260	260	265	按实际需要确定										
	H4F、DW	200	200	200	200	200	220	220	220	220	220	240	240	240	240	240	255	255	260	260	290	290	290	290	305	305	310	310	按实际需要确定										
衬套加夹环长度 L_1		145	145	145	145	145	160	160	160	160	160	175	175	175	175	175	195	195	195	195	220	220	220	220	240	240	255	255	285	285	285	285	305	305	305	325	325	325	325
夹环外径 D_0		140	140	175	190	200	210	230	250	260	280	310	330	350	370	400	430	460	480	500	530	560	580	610	650	690	730	785	830	870	915	960	1 010	1 060	1 130	1 200	1 250	1 300	1 380
本体法兰外径 D		205	225	245	275	305	305	320	340	350	370	425	445	465	485	515	565	590	610	630	675	705	725	755	820	860	890	930	990	1 030	1 090	1 140	1 200	1 250	1 300	1 400	1 460	1 520	1 595
安装孔中心距 D_1		180	200	220	245	260	275	290	310	320	340	390	410	430	450	480	525	550	570	590	630	660	680	710	765	805	835	875	930	970	1 030	1 080	1 135	1 185	1 235	1 325	1 385	1 445	1 520
安装孔数 n/个		8	8	8	8	8	8	8	8	8	8	12	12	12	12	12	12	12	12	12	12	12	12	12	12	12	12	12	16	16	20	20	20	20	20	24	24	24	24
安装孔径 d_1		M10	M10	M10	M12	M12	M12	M12	M12	M12	M12	M16	M16	M16	M16	M16	M20	M20	M20	M20	M20	M20	M20	M20	M24	M24	M24	M24	M24	M24	M24	M24	M24	M24	M24	M30	M30	M30	M30
凸肩直径 D_2		155	155	195	210	225	240	255	275	285	305	345	365	385	405	435	475	500	520	540	575	605	625	655	700	740	770	810	865	905	960	1 010	1 065	1 115	1 165	1 245	1 305	1 365	1 440
凸肩深度 G		5	5	5	5	5	6	6	6	6	6	7	7	7	7	7	7	7	7	7	8	8	8	8	9	9	9	9	10	10	10	10	11	11	11	11	11	11	11
安装法兰厚度 H		15	15	15	15	15	20	20	20	20	20	20	20	20	20	20	30	30	30	30	30	30	30	30	35	35	35	35	40	40	40	40	45	45	45	50	50	50	50
衬套长度 L_2	H3	180	180	180	180	180	180	180	180	180	180	190	195	195	195	195	215	215	220	220	245	245	245	245	260	260	265	265	300	300	330	330	350	350	350	370	375	375	390
	H4	200	200	200	200	200	220	220	220	220	220	235	240	240	240	240	255	255	260	260	290	290	290	290	305	305	310	310	350	350	393	393	417	417	417	436	441	441	461
	H3F、DW	200	200	200	200	200	200	200	200	200	200	210	215	215	215	215	235	235	240	240	265	265	265	265	280	280	280	280	按实际需要确定										
	H4F、DW	220	220	220	220	220	240	240	240	240	240	260	260	260	260	260	275	275	280	280	310	310	310	310	325	325	330	330	按实际需要确定										

表 1（续）

单位为毫米

衬套凸肩外径 D_3	80	100	125	145	155	175	200	214	224	240	260	284	300	320	360	384	406	424	450
衬套中心距 D_4	100	120	145	164	170	194	220	240	250	270	290	310	330	346	390	416	440	460	486
衬套法兰外径 D_5	120	140	165	184	195	214	240	270	280	300	320	340	360	375	425	450	480	500	520
艉轴轴肩 T	12	12	12	12	12	12	12	12	12	12	12	12	12	12	12	18	18	18	18
衬套安装孔数 n/个	8	8	8	8	8	8	8	8	8	8	8	8	12	12	12	12	12	12	12
衬套安装孔径 d_0	M8	M8	M8	M8	M8	M8	M8	M12	M12	M12	M12	M12	M12	M12	M12	M16	M16	M16	M16
衬套法兰厚度 P	12	12	12	12	12	12	12	12	12	12	12	15	15	15	15	15	15	20	20
防网安装孔数 n/个	8	8	8	8	8	8	8	10	10	10	10	12	12	12	12	16	16	16	16
防网安装孔径 d_3	M10	M10	M10	M10	M10	M10	M10	M10	M10	M10	M12	M12	M16	M16	M16	M16	M16	M16	M16
防网中心距 D_6	205	225	245	260	280	305	320	340	345	365	410	427	450	485	505	540	580	595	620
防网法兰外径 D_7	250	270	290	305	325	350	365	385	390	410	460	475	505	545	565	595	635	650	675

衬套凸肩外径 D_3	476	510	526	550	588	620	670	710	740	780	825	870	920	970	1 040	1 100	1 160	1 220	1 290
衬套中心距 D_4	510	550	560	590	630	660	710	750	790	836	890	950	1 010	1 070	1 110	1 170	1 230	1 290	1 360
衬套法兰外径 D_5	550	590	600	630	675	700	760	800	840	885	945	1 000	1 070	1 130	1 170	1 230	1 300	1 360	1 430
艉轴轴肩 T	18	18	18	18	20	20	20	20	20	20	20	20	20	20	20	20	20	20	20
衬套安装孔数 n/个	12	12	12	12	12	12	12	12	12	16	16	16	16	16	20	20	20	24	24
衬套安装孔径 d_0	M16	M20	M20	M20	M20	M20	M24	M24	M24	M24	M24	M24	M24	M24	M24	M24	M30	M30	M30
衬套法兰厚度 P	20	20	20	20	20	20	25	25	25	25	30	30	35	35	35	35	40	40	40
防网安装孔数 n/个	16	16	16	16	16	16	16	16	按实际需要确定										
防网安装孔径 d_3	M16	M16	M16	M16	M20	M20	M20	M20	按实际需要确定										
防网中心距 D_6	650	682	700	730	780	830	860	895	按实际需要确定										
防网法兰外径 D_7	705	740	755	785	845	895	925	960	按实际需要确定										

注 1：Q 代表前密封装置。

注 2：H3 代表三道密封圈型后密封装置。

注 3：H4 代表四道密封圈型后密封装置。

注 4：H3F 代表三道密封圈防砂型后密封装置。

注 5：H4F 代表四道密封圈防砂型后密封装置。

注 6：DW 代表挡物防渔网型密封装置。

5 要求

5.1 尺寸

油密封装置的尺寸应符合表1的要求。

5.2 外观

5.2.1 后密封装置不允许磕、碰、划伤。

5.2.2 组合件的所有零件应清理和清洗干净，不得有毛刺、飞边、氧化皮、锈蚀、切屑、油污、着色剂和灰尘。

5.3 材料

密封装置的主要零部件材料见表2，允许使用性能不低于规定材料的其他材料代替。

表2 主要零部件材料

零件名称	材料		
	名称	牌号(代号)	标准号
密封圈	丁腈橡胶[a]	XA7453	HG/T 2811
	氟橡胶[b]	XD7433	
弹簧	不锈钢丝	1Cr18Ni9	YB(T)11
后本体、后密封座、后压盖、后挡圈	40-2锰黄铜[c]	ZCuZn40Mn2	GB/T 1176
	灰铸铁[d]	HT200	GB/T 9439
前本体、前密封座、前压盖、传动夹环	碳素结构钢[c]	Q235A	GB/T 700
	灰铸铁[d]	HT200	GB/T 9439
轴衬套	不锈钢管	1Cr18Ni12Mo2Ti	GB/T 14975
	优质碳素钢	45#表面镀铬	GB/T 699
防网绳罩	碳素结构钢	Q235A	GB/T 700

[a] 适用于线速度≤5 m/s，工作温度为−5 ℃～80 ℃，工作压力≤0.3 MPa的工作条件。

[b] 适用于线速度>5 m/s，工作温度为−5 ℃～120 ℃，工作压力≤0.3 MPa的工作条件。

[c] 适用于海洋船。

[d] 适用于内河船。

5.4 设计与结构

5.4.1 油密封装置应设有油腔，前密封装置油腔内应设置循环器。

5.4.2 前密封装置外配循环油柜，容积一般取10L或15L，其安装位置仅高于密封装置的上端外壳体，并设有低油位报警。

5.4.3 油密封装置应配备相应的油管、接头、透气和放油螺塞。

5.4.4 油密封装置在安装时各油腔应加注滑油，以免密封圈发生干磨擦。

5.4.5 油密封装置与艉轴管和浆毂的结合面应配有密封垫圈。

5.4.6 油密封装置各紧固件及螺塞均应采用埋入式，顶端不应露出实体外端，以防止网绳缠绕。

5.4.7 后密封装置一般宜按照规格尺寸和船东是否要求而设置有防滑油泄漏管路(系统)的结构。

5.5 性能

5.5.1 密封性

油密封装置在动态及静态时的泄漏量应满足表3的要求。

表 3 动态及静态时的泄漏量

衬套直径/mm		≤330	≤530	≤800	≤1 250
泄漏量/(mL/h)	动态	≤5	≤10	≤12	≤15
	静态	0			

5.5.2 耐磨性

运转 100 h 密封圈的唇口磨耗量应不大于 0.02 mm。

5.5.3 外壳体耐压强度

油密封装置外壳体在 0.3 MPa 压力下，应历时 0.5 h 不渗漏。

5.6 可靠性

油密封装置运行平均故障间隔时间(*MTBF*)应不少于 6 400 h。

6 检验方法

6.1 尺寸

用测量工具检测，结果应符合 5.1 的要求。

6.2 外观

目测检查密封装置的外观，结果应满足 5.2 的要求。

6.3 材料

检查并核对密封装置的材料牌号和材质证明书，结果应符合 5.3 的要求。

6.4 密封性

按 GB/T 13871.4—2007 规定的试验方法进行，结果应符合 5.5.1 的要求。

6.5 耐磨性

油密封的耐磨性试验按下列方法进行：

a) 卸下紧箍弹簧，在常温下平放三昼夜，测量密封圈的唇口直径；

b) 将密封圈按测量顺序编号后装上弹簧，并组装密封装置；

c) 将密封装置总成装于试验台，按使用工况：密封轴径的线速度 7 m/s，密封装置外界的水压为 0.3 MPa，循环润滑油的温度在 40 ℃～60 ℃间进行试验，累计运行 1 000 h；

d) 拆下密封圈，卸下紧箍弹簧，再在常温下平置三昼夜后测量唇口直径；

e) 按公式(1)计算磨损量，结果应符合 5.5.2 的要求。

$$f=\frac{\sum_{i=1}^{n}(D_i-d_i)}{n\times 2}\times 10\% \qquad (1)$$

式中：

f——磨损量，单位为毫米(mm)；

D——试验前密封圈的唇口直径，单位为毫米(mm)；

d——试验后密封圈的唇口直径，单位为毫米(mm)；

n——密封圈的道数。

6.6 外壳体耐压强度

油密封装置的外壳体耐压强度按下列方法进行测试：

a) 将密封装置的本体，密封座、压盖组装成整体(外壳体)，要确保接合面在 0.3 MPa 的压力下不渗漏，并将两端面封死；

b) 将外壳体的一个加油口与压缩空气源接通，其余所有孔口堵死，浸没于水中；

c) 通入 0.3 MPa 的压缩空气，保压 30 min，观察水中是否有气泡出现，结果应符合 5.5.3 的要求。

6.7 可靠性

按合同或产品技术条件中规定的方法进行，结果应符合5.6的要求。

7 检验规则

7.1 检验分类

密封装置的检验分型式检验和出厂检验。

7.2 型式检验

7.2.1 检验时机

有下列情况之一时，应进行型式检验：

a) 首制产品；

b) 设计结构有较大变动，可能影响产品的性能；

c) 质量监督部门有要求时。

7.2.2 项目和顺序

型式检验的项目和顺序见表4。

表4 检验项目和顺序

序号	检验项目	要求的章条号	检验方法的章条号	型式检验	出厂检验
1	尺寸	5.1	6.1	√	√
2	外观	5.2	6.2	√	√
3	材质	5.3	6.3	√	√
4	密封性	5.5.1	6.4	√	√
5	耐磨性	5.5.2	6.5	√	—
6	外壳体耐压强度	5.5.3	6.6	√	—
7	可靠性	5.6	6.7	√	—
注：√表示必检项目；—表示不检项目。					

7.2.3 受检样品数

从型式检验产品批中提交一件。

7.2.4 合格判据

密封装置型式检验的检验项目全部符合要求，则可判定型式检验合格。若有不符合要求的项目时允许加倍取样进行复验，复验符合要求可判定型式检验合格；仍不符合要求时，则判为该产品型式检验不合格。

7.3 出厂检验

7.3.1 项目和顺序

出厂检验的检验项目见表4。

7.3.2 受检样品数

密封装置应逐个进行出厂检验。

7.3.3 合格判据

密封装置出厂检验的项目全部符合要求，则判定该装置出厂检验合格。若有不符合要求的项目时允许采取改进措施后进行复验，复验符合要求可判定装置出厂检验合格；仍不符合要求时，则判为该产品出厂检验不合格。

8 标志、包装、运输与贮存

8.1 标志

8.1.1 在产品明显部位应注明下列产品标志：

a) 制造厂名和商标；

b) 产品名称；

c) 产品型号；

d) 制造日期或生产批号。

8.1.2 包装标志按 GB/T 13384 包装箱箱面的标志规定。

8.2 包装

8.2.1 产品包装按 GB/T 13384 进行。

8.2.2 产品包装随机技术文件应包括产品检验合格证、安装使用说明书、随机资料与备件、装箱单。

8.3 运输

在运输中应采取防雨、防撞击、防翻滚等损坏包装箱的措施。

8.4 贮存

8.4.1 密封装置及密封环应贮存在通风良好的室内，贮存室的温度应在－15 ℃～＋35 ℃之间，产品不得受潮，不得接触酸、碱、油类和有损橡胶及腐蚀金属的物质，并距热源 1 m 以外。

8.4.2 橡胶密封环应用硬质纸盒或塑料盒包装，平整放置，不可悬挂。

ICS 47.020.20
U 48

中华人民共和国国家标准

GB/T 25018—2010

船艉轴水润滑密封装置

Marine water lubrication stern shaft sealing apparatus

2010-09-02 发布　　2010-12-01 实施

中华人民共和国国家质量监督检验检疫总局
中国国家标准化管理委员会　发布

前　言

本标准由中国船舶重工集团公司提出。

本标准由全国船用机械标准化技术委员会(SAC/TC 137)归口。

本标准起草单位:中国船舶重工集团公司第七〇四研究所、江苏华阳重工科技股份有限公司、无锡市宏源弹性器材有限公司。

本标准主要起草人:丁郁华、张海燕、胡年丰、宗培林、杨华根、奚崇德。

船艉轴水润滑密封装置

1 范围

本标准规定了船艉轴水润滑密封装置(以下简称水密封装置)的产品分类、要求、检验方法、检验规则、标志、包装、运输与贮存。

本标准适用于艉轴中心线与水面距离不大于 20 m 的水面船舶和海洋平台动力轴系艉轴管水密封装置的设计、制造和验收。

2 规范性引用文件

下列文件中的条款通过本标准的引用而成为本标准的条款。凡是注日期的引用文件,其随后所有的修改单(不包括勘误的内容)或修订版均不适用于本标准,然而,鼓励根据本标准达成协议的各方研究是否可使用这些文件的最新版本。凡是不注日期的引用文件,其最新版本适用于本标准。

GB/T 700 碳素结构钢(GB/T 700—2006,ISO 630:1995,Structural steels—Plates,wide flats,bars,sections and profiles,NEQ)

GB/T 1040.2—2006 塑料 拉伸性能的测定 第 2 部分:模塑和挤塑塑料的试验条件(ISO 527-2:1993,IDT)

GB/T 1176 铸造铜合金技术条件(GB/T 1176—1987,neq ISO 1338:1977)

GB/T 1220 不锈钢棒

GB/T 2054 镍及镍合金板

GB/T 2056 电镀用铜、锌、镉、镍、锡阳极板

GB/T 2411—2008 塑料和硬橡胶 使用硬度计测定压痕硬度(邵氏硬度)(ISO 868:2003,IDT)

GB/T 3489—1983 硬质合金 孔隙度和非化合碳的金相测定(eqv ISO 4505:1978)

GB/T 3849—1983 硬质合金洛氏硬度(A 标尺)试验方法(eqv ISO 3738-1:1982)

GB/T 3850—1983 致密烧结金属材料与硬质合金密度测定方法(eqv ISO 3369:1975)

GB/T 3851—1983 硬质合金横向断裂强度测定方法(eqv ISO 3327:1982)

GB/T 3960—1983 塑料滑动摩擦磨损试验方法

GB/T 4237 不锈钢热轧钢板和钢带

GB/T 4240 不锈钢丝[GB/T 4240—2009,ASTM A580:1998(2004),MOD]

GB/T 13384 机电产品包装通用技术条件

HG/T 2811 旋转轴唇形密封圈橡胶材料

JB/T 8871 机械密封用硬质合金密封环毛坯

3 术语和定义

下列术语和定义适用于本标准。

3.1

气胎 tire

在螺旋桨艉轴静止状态下,用压缩空气使其膨胀并阻止海水轴向进入的橡胶件。

3.2

水密封座 water seal carrier

用于放置和定位密封圈的部件。

3.3

气密封座 airtight seal carrier

用于夹持和定位气胎的部件。

3.4

传动夹环 drive grip ring

固定在艉轴上并依靠其夹紧力与艉轴产生摩擦力而随之一起转动的剖分式部件。

4 产品分类

4.1 结构型式

水密封装置分为橡胶环型、填料函型、弹簧片型、柱弹簧型四种,结构型式见图 1～图 4。

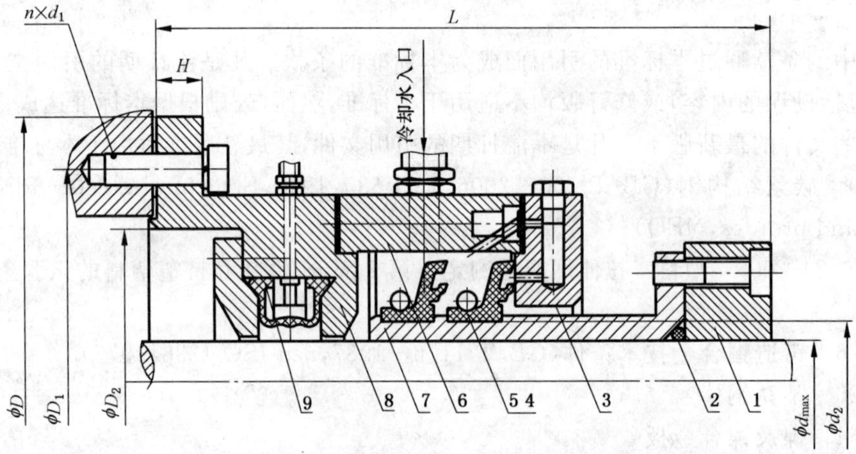

1——传动夹环;
2——O 型密封圈;
3——端密封盖;
4——橡胶密封环;
5——弹簧;
6——水密封座;
7——轴衬套;
8——气密封座;
9——气胎。

图 1 橡胶环型结构示意图

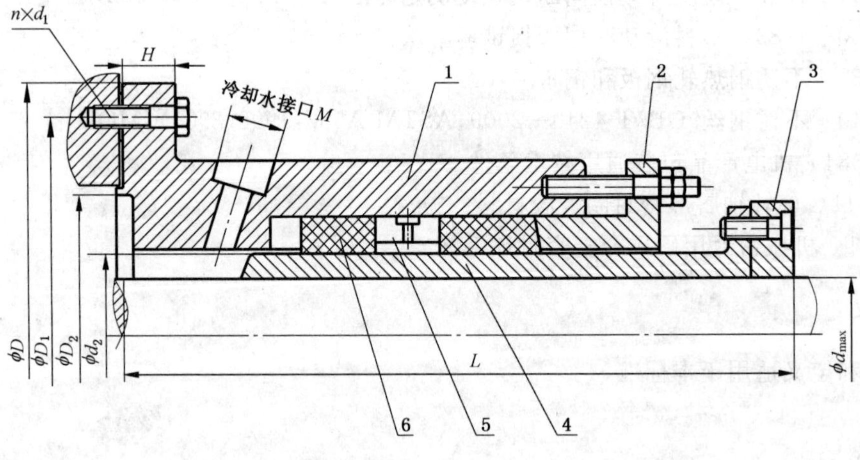

1——本体;
2——压盖;
3——传动夹环;
4——轴衬套;
5——分配器;
6——填料。

图 2 填料函型结构示意图

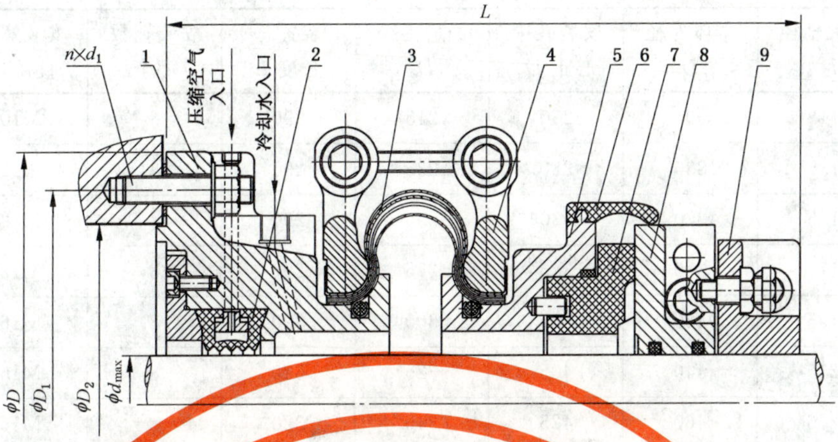

1——安装底座；
2——可充气密封；
3——Ω弹性体；
4——主卡圈；
5——静环托架；
6——防溅罩；
7——静环；
8——动环；
9——传动夹环。

图3 弹簧片型结构示意图

1——安装底座；
2——密封座；
3——防溅圈；
4——托架；
5——传动夹环；
6——柱弹簧；
7——动环；
8——静环；
9——锌环。

图4 柱弹簧型结构示意图

4.2 基本参数

4.2.1 橡胶环型水密封装置基本参数应符合表1的规定。

表1 橡胶环型水密封装置的基本参数

单位为毫米

轴衬套外径 d_2	最大轴径 d_{max}	本体外径 D	安装孔中心距 D_1	凸肩内径 D_2	装置总长度 L	安装孔数 n/个	安装螺栓直径 d_1	安装法兰厚度 H
70	55	250	225	105	290	8	M10	20
90	75	265	240	180	290	8	M10	20
110	95	285	260	195	290	8	M10	20

表 1（续）

单位为毫米

轴衬套外径 d_2	最大轴径 d_{max}	本体外径 D	安装孔中心距 D_1	凸肩内径 D_2	装置总长度 L	安装孔数 n/个	安装螺栓直径 d_1	安装法兰厚度 H
130	115	300	260	215	290	8	M10	20
150	135	330	280	235	290	8	M12	20
170	155	370	330	255	290	8	M12	25
190	175	380	345	275	290	8	M12	25
210	195	420	385	305	320	8	M16	25
230	215	440	405	325	320	8	M16	25
250	230	460	425	345	320	8	M16	25
270	250	480	445	365	320	8	M16	25
290	270	530	475	385	320	12	M16	25
310	290	540	495	405	320	12	M16	25
330	310	540	515	425	320	12	M16	25
350	325	590	550	445	320	12	M20	25
370	345	620	570	465	320	12	M20	25
390	365	640	590	485	320	12	M20	25
410	385	670	615	515	345	12	M20	30
430	405	690	635	535	345	12	M16	30
450	425	710	655	555	345	12	M20	30
470	445	730	675	575	345	12	M20	30
490	465	750	695	595	345	12	M20	30
510	480	800	745	615	345	12	M24	30
530	500	830	765	635	345	12	M24	30
550	520	840	785	655	345	12	M24	30
570	540	870	805	675	345	12	M24	30
590	550	890	825	695	345	12	M24	30
610	570	910	845	705	365	16	M24	36

4.2.2 填料函型水密封装置的的基本参数见表 2。

表 2 填料函型水密封装置的基本参数

单位为毫米

轴衬套外径 d_2	最大轴径 d_{max}	本体外径 D	安装孔中心距 D_1	凸肩内径 D_2	装置总长度 L	安装法兰厚度 H	冷却水接口 M	安装孔数 n/个	安装螺栓直径 d_1
70	55	250	225	165	290	18	M22×1.5	8	M10
90	75	265	240	180	290	18	M22×1.5	8	M10
110	95	285	260	195	290	18	M27×1.5	8	M10
130	115	300	260	215	290	18	M27×1.5	8	M10

表 2（续）

单位为毫米

轴衬套外径 d_2	最大轴径 d_{max}	本体外径 D	安装孔中心距 D_1	凸肩内径 D_2	装置总长度 L	安装法兰厚度 H	冷却水接口 M	安装孔数 n/个	安装螺栓直径 d_1
150	135	330	280	235	290	20	M27×1.5	8	M12
170	155	345	320	255	290	20	M27×1.5	8	M12
190	175	365	340	275	290	25	M27×1.5	8	M12
210	195	420	385	305	320	25	M27×1.5	8	M16
230	215	440	405	325	320	25	M33×2	8	M16
250	235	460	425	345	320	25	M33×2	8	M16
270	255	480	445	365	320	25	M33×2	8	M16
290	275	530	475	385	320	25	M33×2	12	M16
310	290	550	495	405	320	25	M36×2	12	M16
330	310	580	515	425	320	25	M36×2	12	M20
350	330	590	550	445	320	25	M36×2	12	M20
370	350	620	570	465	320	25	M36×2	12	M20
390	370	640	590	485	320	25	M36×2	12	M20
410	380	670	615	515	345	30	M42×2	12	M20
430	400	690	635	535	345	30	M42×2	12	M20
450	420	710	655	555	345	30	M42×2	12	M20
470	440	730	675	575	345	30	M42×2	12	M20
490	460	750	695	595	345	30	M42×2	12	M24
510	470	800	745	615	345	30	M48×2	12	M24
530	490	830	765	635	345	30	M48×2	12	M24
550	510	840	785	655	345	30	M48×2	12	M24
570	530	870	805	675	345	30	M48×2	12	M24
590	550	890	825	695	345	30	M48×2	12	M24

4.2.3　弹簧片型水密封装置的的基本参数见表 3。

表 3　弹簧片型水密封装置的基本参数

单位为毫米

最大轴径 d_{max}	安装法兰最大外径 D	安装孔中心距 D_1	凸肩直径 D_2	轴向长度 L	安装孔数 n/个	安装螺栓直径 d_1
110	305	278	250	325	8	10
145	340	310	280	330	8	12
160	375	345	315	360	8	12
190	405	375	345	360	8	12
215	460	413	374	374	8	16
230	460	413	374	374	8	16

表 3（续） 单位为毫米

最大轴径 d_{max}	安装法兰最大外径 D	安装孔中心距 D_1	凸肩直径 D_2	轴向长度 L	安装孔数 n/个	安装螺栓直径 d_1
250	480	433	390	380	8	16
300	580	530	480	430	8	20
350	630	580	530	430	8	20
400	680	630	580	430	12	20
450	760	704	645	510	12	24
510	820	764	705	530	12	24
530	820	764	705	530	12	24

4.2.4 柱弹簧型水密封装置的基本参数见表 4。

表 4 柱弹簧型水密封装置的基本参数 单位为毫米

最大轴径 d_{max}	安装底座最大外径 D	安装孔中心距 D_1	凸肩直径 D_2	轴向长度 L	安装孔数 n/个	安装螺栓直径 d_1
110	340	300	158	194	8	10
130	360	320	178	194	8	10
145	375	335	193	194	8	10
160	412	366	208	208	8	12
190	442	396	238	208	8	12
215	466	420	270	216	10	12
230	480	435	285	216	10	12
300	558	512	360	230	12	12
325	585	535	385	230	12	12
350	610	560	410	230	12	12
380	656	602	500	250	10	16
420	698	642	540	250	10	16
450	730	675	570	250	10	16
480	775	715	610	280	10	20
510	810	750	640	300	12	20
530	830	770	660	300	12	20

4.3 产品标记

4.3.1 型号表示方法

水密封装置的表示方法以产品名称、技术特征组成，产品型号标记方法如下：

C SM □/□ 型式：

X——橡胶环型；T——填料函型；

P——弹簧片型；Z——柱弹簧型

X、T——轴衬套外径

P、Z——艉轴轴径

水润滑密封装置

船用

4.3.2 标记示例

4.3.2.1 轴衬套外径为 325 mm 的橡胶环型水密封装置标记为：

船用水润滑艉轴密封装置 CSM 325/X GB/T 25018—2010。

4.3.2.2 轴衬套外径为 410 mm 的填料函型水密封装置标记为：

船用水润滑艉轴密封装置 CSM 410/T GB/T 25018—2010。

4.3.2.3 艉轴轴径为 450 mm 的弹簧片型水密封装置标记为：

船用水润滑艉轴密封装置 CSM 450/P GB/T 25018—2010。

4.3.2.4 艉轴轴径为 190 mm 的柱弹簧型水密封装置标记为：

船用水润滑艉轴密封装置 CSM 190/Z GB/T 25018—2010。

5 要求

5.1 尺寸

水密封装置的结构尺寸宜符合表 1～表 4 的要求。

5.2 外观

5.2.1 水密封装置不应有磕、碰、划伤。

5.2.2 弹簧片型水密封装置的 Ω 形弹性体表面应平整光滑，无毛刺、凹凸痕和任何机械划伤。

5.2.3 所有零件应清理干净，不得有毛刺、飞边、氧化皮、锈蚀、切屑、油污、着色剂和灰尘。

5.3 材料

5.3.1 橡胶环型水密封装置及填料函型水密封装置主要零部件的材料见表 5，允许使用性能高于规定材料的其他材料代替。

表 5 橡胶环型水密封装置及填料函型水密封装置主要零部件材料

零件名称	材料		
	名称	牌号	标准号
橡胶密封环	丁腈橡胶[a]	XA7453	HG/T 2811
	氟橡胶[b]	XD7433	
弹簧	不锈钢丝	1Cr18Ni9	GB/T 4240
气胎	丁腈橡胶	XA7453	HG/T 2811
本体、气密封座、水密封座	锰黄铜	ZCuZn40Mn2	GB/T 1176
	铝黄铜	ZCuZn31Al2	
轴衬套	锰黄铜	ZCuZn40Mn2	
端密封盖、压盖	不锈钢	1Cr18Ni9Ti	GB/T 4237
传动夹环	碳素结构钢	Q235A	GB/T 700
“O”型密封圈	氟橡胶	XD7433	HG/T 2811
分配器	不锈钢	1Cr18Ni9Ti	GB/T 4237
填料	油麻丝	—	—

[a] 适用于线速度≤5 m/s；工作温度－5 ℃～80 ℃；工作压力≤0.3 MPa 的工作条件。

[b] 适用于线速度>5 m/s；工作温度－5 ℃～120 ℃；工作压力≤0.3 MPa 的工作条件。

5.3.2 弹簧片型水密封装置主要零部件的材料见表 6，允许使用性能高于规定材料的其他材料代替。

表6　弹簧片型水密封装置主要零部件材料

零件名称	材料		
	名　称	牌　号	标准号
安装底座	锡青铜	ZCuSn3Zn8Pb6Ni1	GB/T 1176
动环			
主卡圈			
传动卡环			
静环	复合材料	—	—
Ω形弹簧片	镍白铜	NCu28-2.5-1.5	GB/T 2054
防溅罩	氯丁橡胶(CR)	I-4	HG/T 2811
充气密封	丁晴橡胶	XA7441	
静环托架	锡青铜	ZCuSn3Zn8Pb6Ni1	GB/T 1176

静环材料应选用聚四酰乙酸脂或聚乙烯乙酸脂类工程复合材料，其物理性能应符合表7规定，且应能满足耐海水腐蚀、耐工作温升不小于50 ℃的工作环境要求。

表7　静环材料物理性能

项　目	要　求	试验方法
抗拉强度/MPa	13～17	GB/T 1040.2—2006
断后伸长率/%	240～290	
邵氏硬度/D	50～58	GB/T 2411—2008
吸水率/%	0.01～0.02	GB/T 3960—1983
摩擦系数	0.15～0.2	

5.3.3　柱弹簧型水密封装置主要零部件的材料见表8，允许使用性能高于规定材料的其他材料代替。

表8　柱弹簧型水密封装置主要零部件材料

零件名称	材料		
	名　称	牌　号	标准号
安装底座	不锈钢	0Cr18Ni9	GB/T 1220
密封座			
托架			
防溅圈			
传动卡环			
动环	硬质合金	—	JB/T 8871
静环			
柱弹簧	不锈钢	1Cr18Ni9	GB/T 1220
锌环	锌	Zn1	GB/T 2056

动环和静环材料应选用镍基硬质合金或碳硅硬质合金材料，其物理性能应符合表9或表10规定，且应能满足耐海水腐蚀、耐工作温升不小于80 ℃的工作环境要求。

表 9　动环与静环材料物理性能(镍基硬质合金)

项　目	要　求	试验方法
横向断裂强度/MPa	≥1 450	GB/T 3851—1983
密度/(g/cm^3)	14.3～14.9	GB/T 3850—1983
硬度/HRA	88～89	GB/T 3849—1983
孔隙度/μms	≤0.2	GB/T 3489—1983

表 10　动环与静环材料物理性能(碳硅硬质合金)

项　目	要　求	试验方法
横向断裂强度/MPa	≥1 450	GB/T 3851—1983
密度/(g/cm^3)	2.95～3.25	GB/T 3850—1983
硬度/HRA	83～94	GB/T 3849—1983
显气孔率/%	≤0.25	GB/T 3489—1983

5.4　设计与结构

5.4.1　橡胶环型水密封装置的设计与结构应满足以下要求：

a)　水密封装置主要结构应由一个充气径向密封和一个双道端面密封装置组成,充气密封和端面密封置于同一个壳体内,且端面密封设有备用密封环；

b)　装置应配备相应的冷却水接头、压缩空气接头、透气放泄螺塞；

c)　水密封装置与艉轴的结合面应配有密封垫圈；

d)　橡胶密封环不应有气孔和裂纹。

5.4.2　填料函型水密封装置的设计与结构应能满足以下要求：

a)　主要结构由两道填料密封组成,中间由分配器隔开；

b)　应配备相应的冷却水接头、透气放泄螺塞。

5.4.3　弹簧片型水密封装置应能满足以下要求：

a)　Ω形弹性体应能在设计的位移补偿范围内自动补偿密封摩擦副的磨损和轴系振动与冲击的弹性变形；

b)　应能在轴系最大可能弯曲变形的情况下不产生机械卡轴现象。

5.4.4　柱弹簧型水密封装置应能满足以下要求：

a)　由硬质合金动、静环构成密封摩擦副,动环在柱弹簧弹性力的作用下推动动环保持密封摩擦副实现动态端面水密封；

b)　采用锌环延长水密封装置的抗腐蚀寿命。

5.5　性能

5.5.1　密封性

5.5.1.1　静态

在轴系静止状态下,水密封装置的水泄漏量为0。

5.5.1.2　动态

5.5.1.2.1　橡胶环型水密封装置与填料函型水密封装置的动态密封性应满足表11的要求。

表 11　橡胶环型、填料函型水密封装置的动态密封性要求

衬套直径/mm	≤190	≤330	≤490	≤610	≤850
动态试验漏水量/(L/h)	≤0.6	≤0.9	≤1.2	≤1.6	≤2.0

5.5.1.2.2　弹簧片型水密封装置在轴系正常运转状态下,水泄漏量应不大于每100 mm 轴径每小时1.5 L。

5.5.1.2.3 柱弹簧型水密封装置在轴系正常运转状态下，水泄漏量应不大于0.1 L/h。

5.5.2 耐磨性

5.5.2.1 橡胶环型水密封装置与填料函型水密封装置的磨擦副每运转100 h的磨耗量不大于0.02 mm。

5.5.2.2 弹簧片型水密封装置在其相对旋转线速度不大于7.5 m/s情况下运转100 h，动静环的磨耗量之和不大于1.5 μm/h。

5.5.2.3 柱弹簧型水密封装置在其相对旋转线速度不大于7.5 m/s情况下运转100 h，动静环的磨耗量之和不大于0.5 μm/h。

5.5.3 轴向位移补偿量

弹簧片型水密封装置应能满足表12规定的轴向最大位移补偿量要求。

表12 轴向最大位移补偿量

单位为毫米

轴径	110	145	160	190	215	230	250	300	350	400	450	510	530
补偿量	6	8	8	8	10	10	10	12	12	16	16	20	20

5.5.4 外壳体耐压强度

水密封装置外壳体在0.3 MPa压力下，历时0.5 h不渗漏。

5.5.5 温升

水密封装置外壳体在正常工作状态下的温升应不大于30 ℃。

5.6 可靠性

水密封装置的平均故障间隔时间(*MTBF*)为：

a) 橡胶环型、填料函型应不少于6 400 h；

b) 弹簧片型应不少于3 000 h；

c) 柱弹簧型应不少于8 000 h。

6 检验方法

6.1 尺寸

用测量工具检测，结果应符合5.1的要求。

6.2 外观

用目测检查水密封装置的外观，结果应满足5.2的要求。

6.3 材料

审定产品图样、进库原材料和零件的材质检验报告，结果应满足5.3的要求。

6.4 密封性

6.4.1 静态

6.4.1.1 橡胶环型、填料函型水密封装置

将水密封装置按使用要求安装于试验台，按水密封装置的使用环境，在试验液仓中注满80%的水(水平面应高于外壳最大直径，且高度差不小于200 mm)。在水中通入0.3 MPa的压缩空气，保持8 h，观察储存泄漏水的容器，结果应符合5.5.1.1的要求。

6.4.1.2 弹簧片型、柱弹簧型水密封装置

将水密封装置试验样品安装于试验台架上，在0.3 MPa试验水压下，运行3 h，每隔0.5 h取一次样，记录水的泄漏量。其结果应符合5.5.1.1的要求。

6.4.2 动态

6.4.2.1 橡胶环型、填料函型水密封装置

在静态试验状态下，在油杯中注入润滑脂后，起动试验台，分别以低速(1～1.5) m/s，中速(3.5～

4.5) m/s,高速(6～7) m/s,各正反转运行 1 h。测量每小时运行后存储于容器中的泄漏水,结果应符合 5.5.1.2.1 的要求。

6.4.2.2 弹簧片型水密封装置

弹簧片型水密封装置的动态密封性按下列方法进行测试:

a) 将水密封装置试验样品安装于试验台架上,按正常操作程序启动试验台,使试验样品处于正常工作状态。

b) 将经摩擦副处的泄漏水储存于容器中。在给定的试验水压力下,每小时测量一次泄漏水量,以公升为单位。连续测量 3 h,记录水泄漏量的平均值,以每小时为计量单位。

c) 以平均每小时水泄漏量除以轴径即为实际水泄漏量值。

d) 调整试验水压力,以每 0.05 MPa 为一级,重复上述试验过程。试验水压力最大值按水面船舶吃水深度压力的 1.5 倍提出。在没有明确规定情况下按不大于 0.3 MPa 要求进行试验,实际水泄漏量应符合 5.5.1.2.2 的要求。

6.4.2.3 柱弹簧型水密封装置

柱弹簧型水密封装置的动态密封性按下列方法进行测试:

a) 将水密封装置试验样品安装于试验台架上,按正常操作程序启动试验台,使试验样品处于正常工作状态。

b) 将经摩擦副处的泄漏水储存于容器中。在给定的试验水压力下,每小时测量一次泄漏水量,以公升为单位。连续测量 3 h,记录水泄漏量的平均值,以每小时为计量单位。在没有明确规定情况下,按不大于 0.3 MPa 要求进行试验,实际水泄漏量应符合 5.5.1.2.3 的要求。

6.5 耐磨性

6.5.1 橡胶环型水密封装置

测量动态试验前后密封环的高度差,结果应符合 5.5.2.1 的要求。

6.5.2 弹簧片型、柱弹簧型水密封装置

水密封装置的耐磨性按下列方法进行测试:

a) 记录水密封装置试验样品中摩擦副静环和动环试验前的原始厚度。

b) 将水密封装置试验样品安装于试验台架上,按正常操作程序启动试验台,使试验样品处于正常工作状态。摩擦副相对旋转线速度不大于 7.5 m/s,试验水压为 0.3 MPa。

c) 使水密封装置试验样品连续运转不少于 100 h,停机检测水密封装置试验样品中摩擦副静环和动环的厚度并与其原始厚度比较,实际磨耗量应符合 5.5.2.2 和 5.5.2.3 的要求。

6.6 轴向位移补偿量

弹簧片型水密封装置的轴向位移补偿量按下列方法进行测试:

a) 将弹簧片型水密封装置轴向置于压力试验机上,Ω 形弹性体应处于自由状态。

b) 对水密封装置轴向进行预压缩变形两次,预变形行程不小于 5 mm,记录两次预压缩变形后的水密封装置的轴向尺寸,作为水密封装置的原始自由状态轴向尺寸。

c) 从 Ω 形弹性体自由状态开始,均匀缓慢地压缩试验样品。每增加压缩变形 0.5 mm,然后释放压力至 0,测量水密封装置经压缩再恢复自由状态后的轴向尺寸,并与水密封装置的原始自由状态轴向尺寸作比较。

d) 当水密封装置经压缩再恢复自由状态后的轴向尺寸与原始自由状态轴向尺寸之差大于 0.5 mm 时停止试验,记录其前一次水密封装置的压缩量,作为该水密封装置的最大弹性位移补偿量,结果应符合 5.5.3 的要求。

6.7 外壳体耐压强度

水密封装置的外壳体耐压强度按下列方法进行测试:

a) 将试验样品安装于试验台架上,使其处于待启动状态。

b) 关闭水密封装置上的冷却水排泄通道,开启冷却水进入通道。缓慢调整试验水压,自0值开始逐渐升高,观察试验样品外壳体是否有水泄漏或其他不正常现象。

c) 调整试验水压力最高至0.3 MPa,保压0.5 h。外壳体耐压强度应符合5.5.4的要求。

6.8 温升

用温度计测量水密封装置在连续运转不少于2 h情况下外壳体表面的温升,结果应符合5.5.5的要求。

6.9 可靠性

按合同或产品技术条件中规定的方法进行。

7 检验规则

7.1 检验分类

水润滑密封装置的检验分型式检验和出厂检验。

7.2 型式检验

7.2.1 有下列情况之一时,应进行型式检验:

a) 首制产品;

b) 设计结构有较大变动,可能影响产品的性能;

c) 质量监督部门有要求时。

7.2.2 型式检验的项目和顺序按表13规定。

表13 检验项目和顺序

序号	检验项目	要求的章条号	检验方法的章条号	型式检验	出厂检验
1	尺寸	5.1	6.1	√	√
2	外观	5.2	6.2	√	√
3	材料	5.3	6.3	√	√
4	密封性	5.5.1	6.4	√	√
5	耐磨性	5.5.2	6.5	√	—
6	轴向位移补偿量	5.5.3	6.6	√	—
7	外壳体耐压强度	5.5.4	6.7	√	—
8	温升	5.5.5	6.8	√	—
9	可靠性	5.6	6.9	√	—
注:√表示必检项目;—表示不检项目。					

7.2.3 在型式试验批中任选一件。

7.2.4 水密封装置型式检验的检验项目全部符合要求,则可判定型式检验合格。若有不符合要求的项目时允许加倍取样进行复验,复验符合要求可判定型式检验合格;仍不符合要求时,则判定该产品型式检验不合格。

7.3 出厂检验

7.3.1 出厂检验的检验项目和顺序按表13规定。

7.3.2 水密封装置应逐个进行出厂检验。

7.3.3 水密封装置出厂检验的项目全部符合要求,则判定该装置出厂检验合格。若有不符合要求的项目时允许采取改进措施后进行复验,复验符合要求可判定装置出厂检验合格;仍不符合要求时,则判定该产品出厂检验不合格。

8 标志、包装、运输与贮存

8.1 标志

8.1.1 产品标志应注明下列内容：

a) 制造厂名和商标；

b) 产品名称；

c) 产品型号；

d) 制造日期或生产批号；

e) 出厂编号。

8.1.2 包装标志按 GB/T 13384 包装箱箱面的标志规定。

8.2 包装

8.2.1 产品包装按 GB/T 13384 进行。

8.2.2 产品包装随机技术文件应包括产品检验合格证、安装使用说明书、随机资料与备件、装箱单。

8.3 运输

在运输中应采取防雨、防撞击、防翻滚等损坏包装箱的措施，包装箱不应损坏。

8.4 贮存

8.4.1 水密封装置应在不施加外负荷状态下贮存。

8.4.2 水密封装置应贮存在通风良好的室内，贮存室的温度应在－15 ℃～＋35 ℃之间，在贮存期间内应采取防潮，防火，防酸、碱性气体和液体腐蚀的措施，不应接触有损橡胶及腐蚀金属的物质，并距热源 1 m 以外。

ICS 47.020.50
U 23

中华人民共和国国家标准

GB/T 25019—2010

船用三氟甲烷灭火装置

Trifluoromethane fire extinguishing equipment for ship

2010-09-02 发布 2010-12-01 实施

中华人民共和国国家质量监督检验检疫总局
中国国家标准化管理委员会 发布

前言

本标准的附录A为资料性附录。

本标准由中国船舶工业集团公司提出。

本标准由全国船用机械标准化技术委员会(SAC/TC 137)归口。

本标准起草单位:中国船舶工业综合技术经济研究院、江西三星气龙新材料股份有限公司、九江中船长安消防设备有限公司、公安部天津消防研究所。

本标准主要起草人:汪远、凌文刚、莫英华、董海斌。

船用三氟甲烷灭火装置

1 范围

本标准规定了船用三氟甲烷灭火装置(以下简称“灭火装置”)的产品分类、技术要求、试验方法、检验规则、标志、包装、运输和贮存。

本标准适用于灭火装置的设计、生产和验收。

2 规范性引用文件

下列文件中的条款通过本标准的引用而成为本标准的条款。凡是注日期的引用文件，其随后所有的修改单(不包括勘误的内容)或修订版均不适用于本标准，然而，鼓励根据本标准达成协议的各方研究是否可使用这些文件的最新版本。凡是不注日期的引用文件，其最新版本适用于本标准。

GB/T 191 包装储运图示标志(GB/T 191—2008,ISO 780:1997,MOD)

GB/T 600 船舶管路阀件通用技术条件

GB/T 699—1999 优质碳素结构钢

GB/T 700—2006 碳素结构钢(ISO 630:1995,Structural steels—Plates,wide flats,bars,sections and profiles,NEQ)

GB/T 1176—1987 铸造铜合金技术条件(neq ISO 1338:1977)

GB/T 1220—2007 不锈钢棒

GB/T 1527—2006 铜及铜合金拉制管

GB/T 3032 船舶管路附件的标志

GB/T 3077—1999 合金结构钢(neq DIN EN 10083-1:1991)

GB/T 3783 船用低压电器基本要求

GB 5099 钢制无缝气瓶(GB 5099—1994,neq ISO 4705:1983)

GB/T 5646 扩口式管接头套管

GB/T 5647 扩口式管接头用A型螺母

GB/T 8163—2008 输送流体用无缝钢管(EN 10216-1:2004,NEQ)

GB 8335 气瓶专用螺纹

GB/T 9115.2 凹凸面对焊钢制管法兰

GB/T 13808—1992 铜及铜合金挤制棒(neq JIS H3250:1986)

CB* 56 管子平肩螺纹接头

CB* 821 低压管子螺纹接头

CB* 822 高压管子螺纹接头

CB 1146.2 舰船设备环境试验与工程导则 低温

CB 1146.3 舰船设备环境试验与工程导则 高温

CB 1146.4 舰船设备环境试验与工程导则 湿热

CB 1146.6 舰船设备环境试验与工程导则 冲击

CB 1146.8 舰船设备环境试验与工程导则 倾斜和摇摆

CB 1146.9 舰船设备环境试验与工程导则 振动(正弦)

CB 1146.11　舰船设备环境试验与工程导则　霉菌

CB 1146.12　舰船设备环境试验与工程导则　盐雾

CB 1146.15　舰船设备环境试验与工程导则　外壳防水

JB/T 5527　船用压力表

ISO 14520-10　气体灭火系统　物理性能和系统设计　第10部分:三氟甲烷(HFC 23)灭火剂

3　术语和定义

下列术语和定义适用于本标准。

3.1

正常工作　normal working

灭火装置在规定的工作条件下,其性能参数变化均在预定范围内的工作状态。

4　产品分类

灭火装置按装置结构分为如下两种型式:

a)　系统装置:该装置是将三氟甲烷灭火剂贮存容器置于专用的储瓶间,当保护区域发生火灾时,灭火剂通过分配阀(包括气控施放阀、三通转换阀),再经过管网输送至相应的保护区域实施灭火,适合使用于多个保护区域及大规模空间。

b)　预制装置;该装置是将灭火设备的基本功能一体化组装成柜式装置置于保护区域内,当发生火灾时,灭火剂直接由装置上方的喷头喷射至保护区域实施灭火,适合使用于单一保护区域或小规模空间。

5　要求

5.1　设计与总成

5.1.1　灭火装置组成

灭火装置一般由遥控施放装置、气瓶组、气控施放阀、施放箱、三通转换阀组、管路及附件和喷头等组成。装置简图见图1。

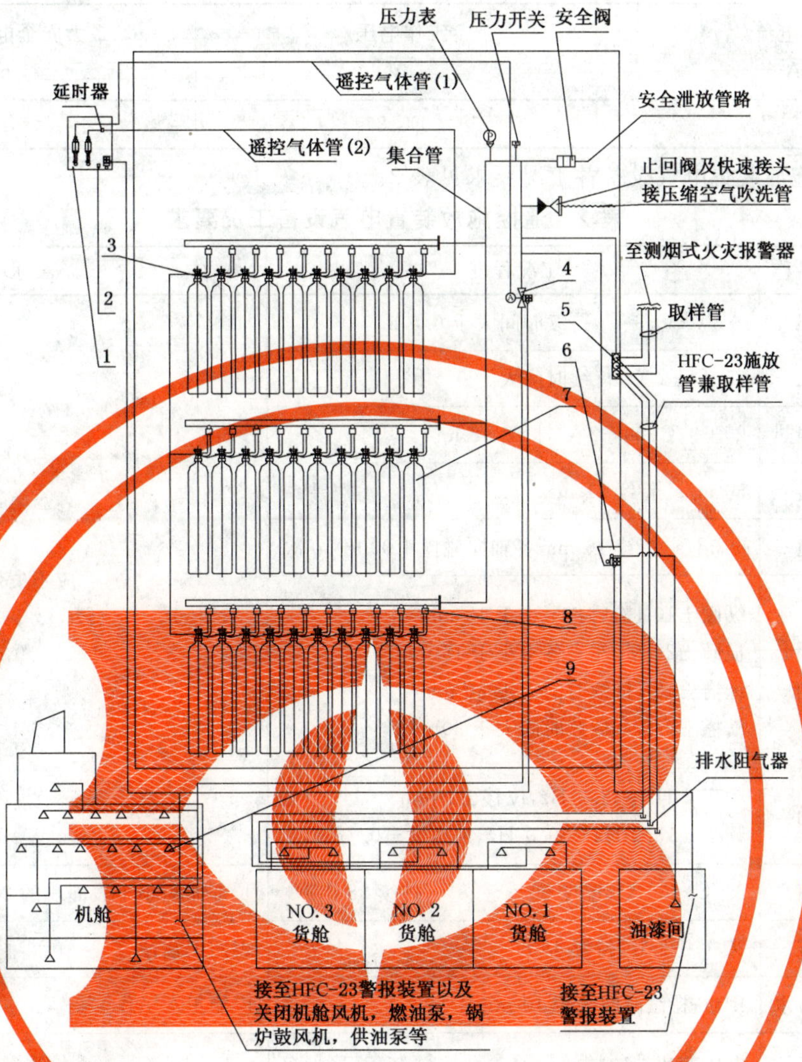

1——遥控施放装置；
2——蜂鸣器；
3——容器阀；
4——气控施放阀；
5——三通转换阀；
6——施放箱；
7——气瓶组；
8——液体单向阀；
9——喷头。

图1 灭火装置总成

5.1.2 遥控施放装置

5.1.2.1 遥控施放装置基本参数见表1。

5.1.2.2 遥控施放装置由储气装置、延时装置、阀门开启装置、行程开关等组成。实现上述功能的零部件应安放于一箱体内。

5.1.2.3 遥控施放装置应具有两路施放功能、先后开启气控施放阀和容器阀的功能、开启储气瓶容器阀时的延时功能及开门反馈功能。

5.1.2.4 遥控施放装置中储气设备工作压力的正负偏差应不大于10%。

表 1　遥控施放装置的基本参数

工作电流/ A	工作电压/ V	最大安全电流(5 min)/ mA
3	DC 24	150

5.1.2.5　遥控施放装置电气设备各工况要求见表 2。

表 2　遥控施放装置电气设备工况要求

<table>
<tr><th>序号</th><th>项目名称</th><th>工况程度</th><th>要求</th></tr>
<tr><td>1</td><td>低温</td><td>−30 ℃±3 ℃,持续时间大于 0.5 h</td><td rowspan="7">应不失效</td></tr>
<tr><td>2</td><td>高温</td><td>55 ℃±2 ℃,持续时间大于 0.5 h</td></tr>
<tr><td>3</td><td>交变湿热</td><td>25±3 ℃/50±2 ℃,持续 48 h</td></tr>
<tr><td>4</td><td>冲击</td><td>50 m/s² 持续 11 ms</td></tr>
<tr><td>5</td><td>碰撞</td><td>50 m/s² 持续 16 ms,各轴向碰撞 1 000±10 次</td></tr>
<tr><td>6</td><td>倾斜和摇摆</td><td>纵倾±10°,前后各不小于 15 min
横倾±22.5°,左右各不小于 15 min
纵摇±10°,持续时间大于 30 min
横摇±22.5°,持续时间大于 30 min</td></tr>
<tr><td>7</td><td>振动</td><td>频率 2 Hz～13.2 Hz,位移±1 mm
频率>13.2 Hz～80.0 Hz,加速度±0.7g</td></tr>
<tr><td>8</td><td>霉菌</td><td>28 ℃～30 ℃,湿度 90%～98%,持续 28 d</td><td>长霉面积小于表面积的 25%</td></tr>
<tr><td>9</td><td>盐雾</td><td>35 ℃±2 ℃,持续 48 h</td><td>表面无锈蚀</td></tr>
<tr><td>10</td><td>外壳防水</td><td>IP44,持续时间大于 10 min</td><td>应能正常工作</td></tr>
<tr><td>11</td><td>电源波动</td><td>电压变化±10%
频率变化±5%
电压变化±20%
频率变化±10%
电压变化−25%～+30%</td><td>应能正常工作</td></tr>
<tr><td>12</td><td>绝缘性能</td><td>548 V,25 Hz～100 Hz,持续 1 min</td><td>无击穿或闪络,绝缘电阻不小于 1 MΩ</td></tr>
<tr><td>13</td><td>功能</td><td>接上正常使用负载</td><td>应能正常工作</td></tr>
</table>

5.1.2.6　通往有人在内工作或出入的处所中的遥控施放装置或施放阀上,应能发出三氟甲烷施放报警信号。从报警开始至启动的延时时间应为 20 s～40 s。

5.1.2.7　遥控施放装置的电气行程开关应接入三氟甲烷施放报警装置与机舱风机、燃油泵切断控制系统中。

5.1.3　气瓶组

5.1.3.1　气瓶组的示意图和基本参数见图 2 和表 3。

5.1.3.2　气瓶应符合 GB 5099 的要求。

5.1.3.3　气瓶组应配有检漏装置。

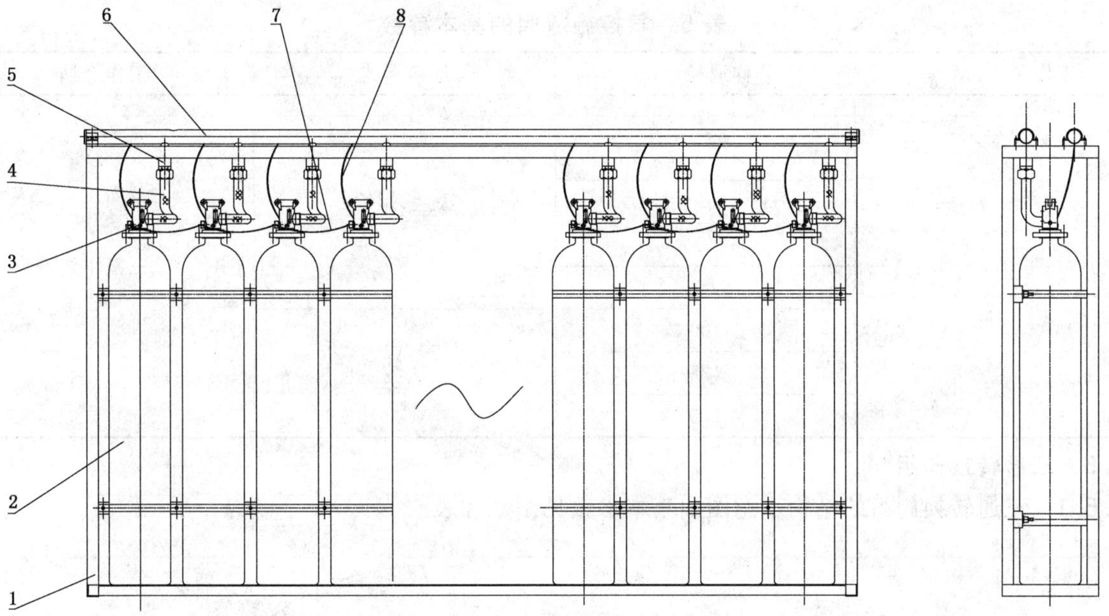

1——框架；
2——无缝钢瓶；
3——容器阀；
4——连接管；
5——液体单向阀；
6——集流管；
7——气动控制管；
8——安全泄放管。

图 2 气瓶组示意图

表 3 气瓶组的基本参数

最大工作压力/MPa	气瓶公称容积/L	最大充装密度/(kg/m³)	每组瓶数/个
13.7	40、70、80、90	760	≤10

5.1.3.4 气瓶体上应漆以红色且写有黄色“三氟甲烷”字样，检验印记涂白色漆。

5.1.3.5 气瓶组铭牌上应清晰而永久地标明以下内容：

a) 质量；

b) 外型尺寸；

c) 液压试验压力；

d) 出厂编号和检验印记。

5.1.3.6 气瓶容器与气瓶的接口应为锥螺纹，锥螺纹应符合 GB 8335 的要求。

5.1.3.7 容器阀的基本参数见表 4。

表 4 容器阀的基本参数

工作压力/MPa	公称通径/mm	适用介质
13.7	20、25、32、40	三氟甲烷

5.1.3.8 每个容器阀至集合管的连接管上应装有液体单向阀。

5.1.3.9 容器阀应装设金属虹吸管，且尾部为斜切口，并应延伸至距容器底部 2 mm～3 mm。

5.1.3.10 液体单向阀的公称通径应与容器阀通径相对应。

5.1.3.11 液体单向阀的公称压力为 13.7 MPa，介质为三氟甲烷。

5.1.4 气控施放阀

5.1.4.1 气控施放阀应具有手动和气动启动功能。

5.1.4.2 气控施放阀的基本参数见表 5。

表 5 气控施放阀的基本参数

工作压力/MPa	公称通径/mm	连接形式	工作介质
13.7	32	法兰、螺纹	三氟甲烷
	40		
	50		
	65		
	80		
	100	法兰	
	125		
	150		

5.1.5 三通转换阀组

5.1.5.1 三通转换阀组的结构示意图和基本参数见图 3 和表 6。

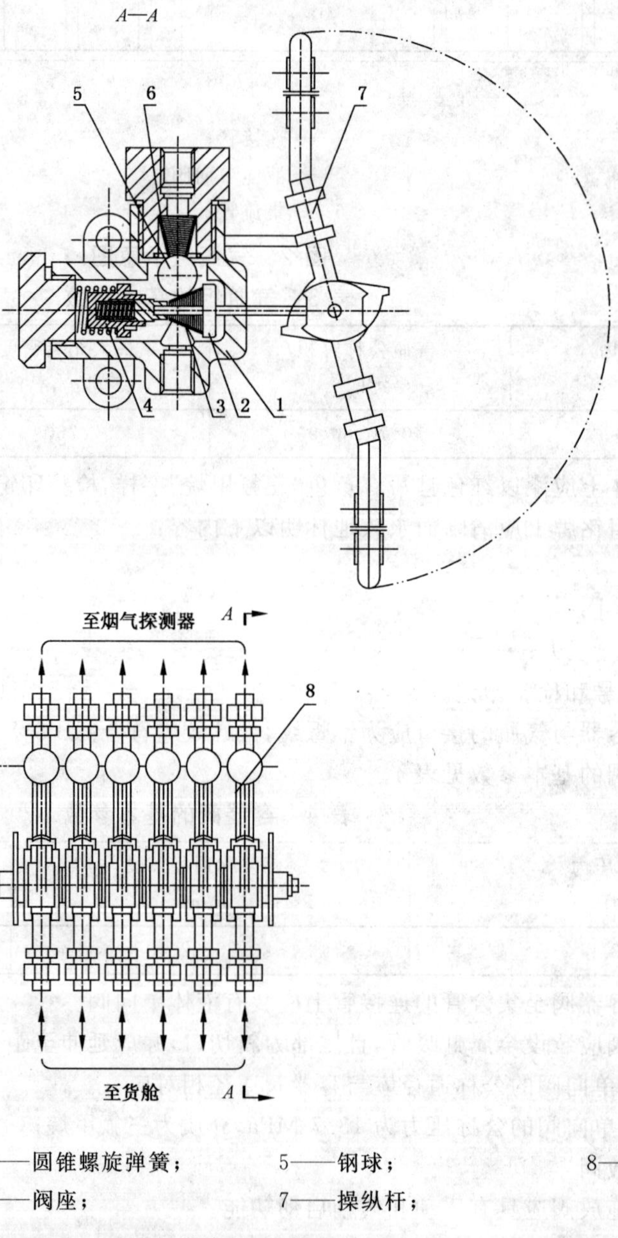

1——阀体；
2——轴；
3、6——圆锥螺旋弹簧；
4——阀座；
5——钢球；
7——操纵杆；
8——手柄。

图 3 三通转换阀组结构示意图

表 6 三通转换阀的基本参数

工作压力/MPa	公称通径/mm	适用介质
13.7	20	三氟甲烷

5.1.5.2 三通阀组由若干三通转换阀组成，每组转换阀数量由系统设计决定。

5.1.6 **施放箱**

5.1.6.1 施放箱的结构示意图见图 4。

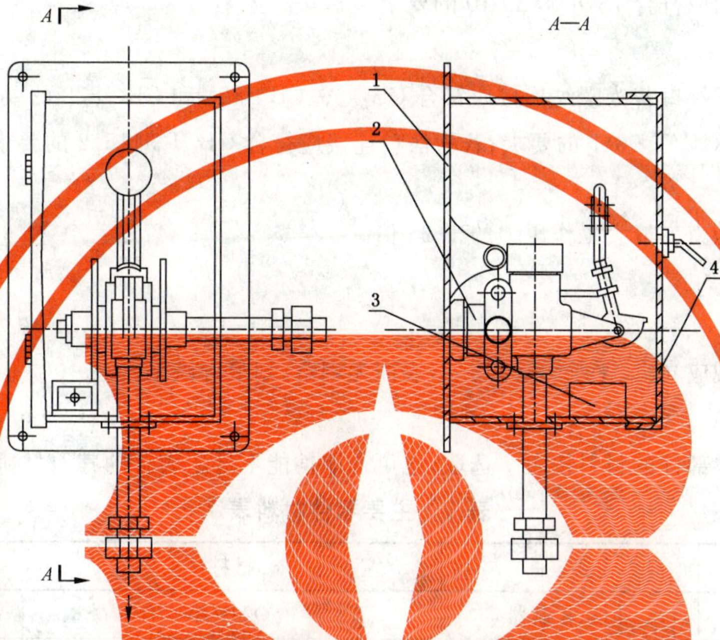

1——箱体；

2——三通转换阀；

3——行程开关；

4——箱盖。

图 4 施放箱结构示意图

5.1.6.2 施放箱总装后，应把行程开关接入报警装置。施放箱体上应有操作标牌，“操作标牌”应至少包括以下内容：

a) 只有在需要施放三氟甲烷时，才能打开箱盖；

b) 打开箱盖，自动发出三氟甲烷施放报警；

c) 确认被保护区域的所有人员已经离开；

d) 关闭被保护区域的所有风机及开口；

e) 扳下施放箱内三通转换阀的操作杆；

f) 打开相应的三氟甲烷气瓶容器阀。

5.1.7 **喷头**

如货仓中没有配置火灾报警装置则喷头应具有集烟功能，并应符合系统设计要求。

5.1.8 **灭火剂输送管道**

5.1.8.1 灭火剂输送管管径应根据预计输送的三氟甲烷数量来确定。相应的管道规格参见附录 A。

5.1.8.2 灭火剂输送管至施放箱的总管上应装设精度为 2.5 级的压力表，压力表应符合 JB/T 5527 的要求。

5.1.8.3 灭火剂输送管至施放阀的总管上应装设压缩空气吹洗管接头，接头的工作压力应不小于13.7 MPa。

5.1.8.4 灭火剂输送管至施放阀的封闭管道上应设置安全阀，安全阀宜为膜片式安全阀。

5.1.8.5 在通往货舱的灭火剂输送管的最低部位应设置排水阻气装置。

5.1.9 阀件

灭火装置的阀件应符合 GB/T 600 的要求。

5.1.10 灭火剂

三氟甲烷灭火剂应符合 ISO 14520-10 的要求。

5.1.11 接口

灭火装置的管子接口若为螺纹连接应符合 CB* 56、CB* 821 和 CB* 822 的要求；若为扩口连接应符合 GB/T 5646 和 GB/T 5647 的要求；若为法兰连接应符合 GB/T 9115.2 的要求。

5.1.12 安全阀

安全阀的泄放压力为最大工作压力的 1.25 倍。

5.2 技术要求

5.2.1 外观

灭火装置的外观应光滑、平整、色泽均匀，表面无剥落、划痕等缺陷。

5.2.2 材料

灭火装置主要零部件的材料按表 7 选取，也可选取性能不低于表 7 的其他材料。

表 7 主要零件材料表

<table>
<tr><th>部件名称</th><th>主要零件</th><th>材料</th><th>标准号</th></tr>
<tr><td>遥控施放装置</td><td>箱体、控制器</td><td>Q235-A</td><td>GB/T 700—2006</td></tr>
<tr><td rowspan="3">容器阀</td><td>阀体、压紧螺钉、活塞</td><td>HPb59-1</td><td rowspan="2">GB/T 13808—1992</td></tr>
<tr><td rowspan="2">安全膜片</td><td>QSn6.5-0.1</td></tr>
<tr><td>2Cr13</td><td>GB/T 1220—2007</td></tr>
<tr><td rowspan="5">气控施放阀</td><td>阀体</td><td>20</td><td>GB/T 699—1999</td></tr>
<tr><td>阀盘、固定螺栓</td><td>2Cr13</td><td>GB/T 1220—2007</td></tr>
<tr><td>转轴</td><td>40Cr</td><td>GB/T 3077—1999</td></tr>
<tr><td>压臂</td><td>Q235-A</td><td>GB/T 700—2006</td></tr>
<tr><td>气缸</td><td>2Cr13</td><td>GB/T 1220—2007</td></tr>
<tr><td rowspan="4">转换阀</td><td>阀体</td><td>ZCuAl9Mn2</td><td>GB/T 1176—1987</td></tr>
<tr><td>轴</td><td>2Cr13</td><td>GB/T 1220—2007</td></tr>
<tr><td>操纵杆</td><td>H62</td><td>GB/T 13808—1992</td></tr>
<tr><td>弹簧</td><td>50CrVA</td><td rowspan="2">GB/T 3077—1999</td></tr>
<tr><td>气瓶组</td><td>气瓶</td><td>30CrMo</td></tr>
<tr><td>液控单向阀</td><td>阀体、阀盖、阀芯</td><td rowspan="2">HPb59-1</td><td rowspan="2">GB/T 13808—1992</td></tr>
<tr><td>喷头</td><td>喷头</td></tr>
<tr><td>管路</td><td>管子</td><td>铜管
或镀锌无缝钢管</td><td>GB/T 1527—2006
或 GB/T 8163—2008</td></tr>
</table>

5.2.3 环境条件

5.2.3.1 大气条件

灭火装置在下列大气环境条件下应能正常工作：

a) 环境温度为－20 ℃～50 ℃；

b) 交变湿热 25 ℃±3 ℃/50 ℃±2 ℃，相对湿度不大于 95%，持续 48 h。

5.2.3.2 倾斜与摇摆

灭火装置在表 8 所示的倾斜、摇摆环境下，应能正常工作。

表 8 倾斜、摇摆值

单位为度

横 倾	纵 倾	横 摇	纵 摇
±15	±5	±22.5	±7.5

5.2.3.3 盐雾

灭火装置在 2 mg/m^3 盐雾条件下应能正常工作。

5.2.3.4 霉菌

灭火装置在相对湿度为 90%～98%，温度为 28 ℃～30 ℃的条件下，持续 28 d，长霉面积小于表面积的 25%。

5.2.3.5 冲击

装置各组成部件在表 9 所规定的冲击值下应能正常工作。

表 9 冲击值

安装姿态	垂向	背向	侧向
落锤高度/m	0.3		
摆角/(°)	37		
冲击次数/次	3		

5.2.3.6 振动

装置各组成部件在表 10 所规定的振动值下应能正常工作。

表 10 振动值

频率/Hz	位移幅值/mm	加速度幅值 g
2～10	1.0±0.01	—
>10～100	—	0.7±0.01

5.2.4 电源

5.2.4.1 电源为交流电时，电压变化为额定电压的－10%～6%；稳态频率变化为额定频率的±5%。

5.2.4.2 直流供电时的电压变化为额定电压的－10%～6%。

5.2.4.3 蓄电池供电的电压变化为额定电压的－25%～30%。

5.2.5 外壳防护等级

灭火装置所有电气控制设备的外壳防护等级应符合 GB/T 3783 的要求。

5.2.6 绝缘性能

灭火装置在 500 V，25 Hz～100 Hz 和绝缘电阻不小于 1 MΩ 的条件下，持续 1 min，应无击穿或闪络。

5.2.7 强度与密封

灭火装置各部件的密封与强度要求见表 11。

表 11 部件密封与强度要求

序号	部件名称		内容	压力/MPa	要求
1	容器阀	阀体	液压强度	20.55	保压 5 min,应无变形和破坏
		总装体	气密	15.10	保压 5 min,应无气泡产生
2	容器阀与气瓶装瓶后		气密	15.10	浸入水中保压 1 min,应无气泡产生
3	容器阀与液体单向阀之间连接管		液压密性	20,55	保压 5 min,不应有渗漏现象
4	液体单向阀		液压强度	20.55	保压 5 min,应无变形和破坏
			气密	15.10	浸入水中保压 1 min,应无气泡产生
5	气控施放阀	阀体	液压强度	20.55	保压 5 min,应无变形和破坏
		阀总装体	气密	15.10	浸入水中保压 1 min,应无气泡产生
6	三通转换阀	阀体	液压强度	20.55	保压 5 min,应无变形和破坏
		阀总装体	气密	15.10	浸入水中保压 1 min,应无气泡产生

5.2.8 手动操作要求

容器阀的应急启动手动操作应符合下列要求:

a) 手动操作力不应大于 150 N;

b) 指拉操作力不应大于 50 N;

c) 指推操作力不应大于 10 N;

d) 所有手动操作位移均不应大于 300 mm。

5.2.9 安全膜片

安全膜片在 18.1 MPa±1 MPa 的压力下应能爆破。

6 试验方法

6.1 延时时间

测量从启动遥控施放装置到装置施放出控制气体的时间。结果应符合 5.1.2.6 的要求。

6.2 外观

用目测法检查灭火装置的外观。结果应符合 5.2.1 的要求

6.3 材料

检查并核对灭火装置所使用的材料牌号和材质说明书。结果应符合 5.2.2 的要求。

6.4 环境条件

6.4.1 高温

按照 CB 1146.3 规定的方法进行高温试验。结果应符合 5.2.3.1 的要求。

6.4.2 低温

按照 CB 1146.2 规定的方法进行低温试验。结果应符合 5.2.3.1 的要求。

6.4.3 交变湿热

按照 CB 1146.4 规定的方法,对灭火装置进行交变湿热试验。结果应符合 5.2.3.1 的要求。

6.4.4 倾斜与摇摆

按照 CB 1146.8 规定的方法,对灭火装置进行倾斜与摇摆试验。结果应符合 5.2.3.2 的要求。

6.4.5 盐雾

按照 CB 1146.12 规定的方法,对灭火装置进行盐雾试验。结果应符合 5.2.3.3 的要求。

6.4.6 霉菌

按照 CB 1146.11 规定的方法，对灭火装置进行霉菌试验。结果应符合 5.2.3.4 的要求。

6.4.7 冲击

按照 CB 1146.6 规定的方法，对灭火装置进行冲击试验。结果应符合 5.2.3.5 的要求。

6.4.8 振动

按照 CB 1146.9 规定的方法，对灭火装置进行振动试验。结果应符合 5.2.3.6 的要求。

6.5 电源

按照 GB/T 3783 规定的方法，对灭火装置的电源进行试验。结果应符合 5.2.4 的要求。

6.6 外壳防护

按照 CB 1146.15 规定的方法，对灭火装置进行外壳防护试验。结果应符合 5.2.5 的要求。

6.7 绝缘性

按照 GB/T 3783 规定的方法，对灭火装置进行绝缘强度试验。结果应符合 5.2.6 的要求。

6.8 密封性

对容器阀、气瓶、容器阀与气瓶装配后，液体单向阀、气控施放阀、转换阀分别通以表 11 规定的压力。结果应符合 5.2.7 的要求。

6.9 耐压强度

对容器阀、气瓶、容器阀与气瓶装配后，液体单向阀、气控施放阀、转换阀分别通以表 11 规定的压力。结果应符合 5.2.7 的要求。

6.10 手动操作

6.10.1 被检阀门处于最大工作压力状态，测力计的精度应不低于 2.5 级。

6.10.2 将被测阀门的手动操作机构与测力计相联，通过测力计启动被检阀门。记录最大操作力，测量并记录最大操作行程。结果应符合 5.2.8 的要求。

6.11 安全膜片

6.11.1 每批安全膜片抽取 10%进行试验。

6.11.2 试验所用装置用液压源应具备消除压力脉冲的稳压功能，压力测量仪表的精度不应低于 1.5 级，试验装置的升压速率应在使用压力范围内可调，压力测量仪表应有瞬时记录功能。

6.11.3 试验时，将被检样品进口与试验装置相联，排除连接管路和样品内腔的空气后，封闭样品的所有出口，以不大于 0.5 MPa/s 的速率缓慢升压至安全膜片爆破，记录爆破压力。结果应符合 5.2.9 的要求。

7 检验规则

7.1 检验分类

灭火装置的检验分为型式检验和出厂检验两类。

7.2 型式检验

7.2.1 灭火装置的型式检验的项目见表 12。

表 12 检验项目表

序号	检验项目	型式检验	出厂检验	要求的章条号	试验方法的章条号
1	延时时间	√	√	5.1.2.6	6.1
2	外观	√	√	5.2.1	6.2
3	材料	√	√	5.2.2	6.3
4	高温	√	—	5.2.3.1	6.4.1

表 12（续）

序号	检验项目	型式检验	出厂检验	要求的章条号	试验方法的章条号
5	低温	√	—	5.2.3.1	6.4.2
6	交变湿热	√	—	5.2.3.1	6.4.3
7	倾斜、摇摆	√	—	5.2.3.2	6.4.4
8	盐雾	√	—	5.2.3.3	6.4.5
9	霉菌	√	—	5.2.3.4	6.4.6
10	冲击	√	—	5.2.3.5	6.4.7
11	振动	√	—	5.2.3.6	6.4.8
12	电源	√	—	5.2.4	6.5
13	外壳防护	√	—	5.2.5	6.6
14	绝缘性	√	√	5.2.6	6.7
15	密封性	√	√	5.2.7	6.8
16	耐压强度	√	√	5.2.7	6.9
17	手动操作	√	○	5.2.8	6.10
18	安全膜片	√	○	5.2.9	6.11
注：√必检验项目；○协商检验项目；—不检项目。					

7.2.2　灭火装置型式检验的数量为一套。

7.2.3　灭火装置型式检验全部项目符合要求，判定灭火装置型式检验合格。若有不符合要求的项目，允许加倍取样复验。复检时所有项目需重新试验，复验时全部项目符合要求仍判灭火装置型式检验合格；若仍有不符合要求的项目，则判定灭火装置型式检验不合格。

7.3　出厂检验

7.3.1　灭火装置应逐套进行出厂检验。

7.3.2　灭火装置出厂检验项目见表 12。

7.3.3　灭火装置出厂检验全部项目符合要求，判定灭火装置出厂检验合格。若有不符合要求的项目，允许采取措施后复验。复检时该项目需重新试验，复验时全部项目符合要求仍判灭火装置出厂检验合格；若仍有不符合要求的项目，则判定该套灭火装置出厂检验不合格。

8　标志、包装、运输和贮存

8.1　标志

8.1.1　灭火装置应设置铭牌。铭牌材料应采用耐腐蚀材料制作。

8.1.2　铭牌应标有如下内容：

a）产品名称；

b）产品型号；

c）主要技术参数；

d）制造厂名；

e）出厂编号；

f）制造年月。

8.1.3　装置管路附件的标志应满足 GB/T 3032 的要求。

8.2　包装

8.2.1　灭火装置应采用木板箱包装。包装箱应牢固，内壁应防雨。

8.2.2 装置和零件与箱板应防振撞。装置与箱底板应用螺栓固定。

8.2.3 箱外应有符合 GB/T 191 规定的“小心轻放”、“不可倒置”、“防雨”等字样和图样。

8.2.4 气瓶组和遥控施放装置应单独装箱。

8.2.5 包装箱外应书写下列内容：

a) 产品名称；

b) 型号、规格；

c) 净重、毛重、箱外形尺寸；

d) 发、收货单位名称和地址。

8.2.6 包装箱内随机文件应包括如下内容：

a) 装箱清单；

b) 电气原理图及接线图；

c) 使用说明书；

d) 产品合格证及船检证书。

8.3 运输和贮存

8.3.1 灭火装置在运输过程中应防止日晒、雨淋。

8.3.2 灭火装置应放置在环境温度不高于 50 ℃的处所内贮存。

附 录 A
（资料性附录）
三氟甲烷灭火装置管道规格

A.1 灭火装置管道规格

灭火装置管道规格尺寸见表 A.1。

表 A.1 三氟甲烷灭火系统管道规格

集合管 外径×壁厚/(mm×mm)	气体输送管道 外径×壁厚/(mm×mm)	内径尺寸	
		mm	in(英吋)
22×3.0	22×3.0	15	1/2
27×3.5	27×3.5	20	3/4
34×4.5	34×4.5	25	1
42×4.5	42×4.5	32	5/4
48×4.5	48×4.5	40	3/2
60×5.0	60×5.0	50	2
76×5.0	76×5.0	65	5/2
89×5.5	89×5.5	80	3
114×6.0	114×6.0	100	4
140×7.5	140×7.5	125	5
168×9.0	168×9.0	150	6
注：表中数值符合 GB/T 8163—2008 的要求。			

ICS 29.280
S 82

中华人民共和国国家标准

GB/T 25020.1—2010

电气化铁路接触网钢支柱 第1部分:格构式支柱

Steel pole for overhead contact system of electrified railway—Part 1:Lattice pole

2010-09-02 发布

2010-12-01 实施

中华人民共和国国家质量监督检验检疫总局
中国国家标准化管理委员会 发布

前　言

GB/T 25020《电气化铁路接触网钢支柱》分为四个部分：

——第1部分：格构式支柱；

——第2部分：方形钢管支柱；

——第3部分：环形钢管支柱；

——第4部分：H形支柱。

本部分为GB/T 25020的第1部分。

本部分由中华人民共和国铁道部提出。

本部分由中铁电气化局集团有限公司归口。

本部分起草单位：中国铁道科学研究院铁道建筑研究所、中铁电气化局集团有限公司、中铁电气化勘测设计研究院有限公司、中铁电气化局集团保定制品有限公司、铁道第三勘察设计院、中铁电气化局集团宝鸡器材有限公司。

本部分主要起草人：魏齐威、安湘英、王作祥、刘峰涛、季增元、仲新华、李玖红、张曼华、余福鼎。

电气化铁路接触网钢支柱
第1部分:格构式支柱

1 范围

GB/T 25020 的本部分规定了电气化铁路接触网格构式钢支柱的技术要求、检验规则、试验方法、标志、出厂证明书、保管及运输等要求。

本部分适用于电气化铁路接触网格构式钢支柱(以下简称格构式钢柱),客运专线不宜采用。城市轨道交通采用的同类接触网格构式钢支柱可参照本部分执行。

2 规范性引用文件

下列文件中的条款通过 GB/T 25020 的本部分的引用而成为本部分的条款。凡是注日期的引用文件,其随后所有的修改单(不包括勘误的内容)或修订版均不适用于本部分,然而,鼓励根据本部分达成协议的各方研究是否可使用这些文件的最新版本。凡是不注日期的引用文件,其最新版本适用于本部分。

GB/T 41 六角螺母 C级(GB/T 41—2000,eqv ISO 4034:1999)

GB/T 95 平垫圈 C级(GB/T 95—2002,eqv ISO 7091:2000)

GB/T 97.1 平垫圈 A级(GB/T 97.1—2002,eqv ISO 7089:2000)

GB/T 470 锌锭(GB/T 470—2008,ISO 752:2004,MOD)

GB/T 700—2006 碳素结构钢(ISO 630:1995,NEQ)

GB/T 1591 低合金高强度结构钢

GB/T 2694—2003 输电线路铁塔制造技术条件

GB/T 3098.1 紧固件机械性能 螺栓、螺钉和螺柱(GB/T 3098.1—2000,idt ISO 898-1:1999)

GB/T 3098.2 紧固件机械性能 螺母 粗牙螺纹(GB/T 3098.2—2000,idt ISO 898-2:1992)

GB/T 5117 碳钢焊条

GB/T 5118 低合金钢焊条

GB/T 5293 埋弧焊用碳钢焊丝和焊剂

GB/T 5780 六角头螺栓 C级(GB/T 5780—2000,eqv ISO 4016:1999)

GB/T 5782 六角头螺栓(GB/T 5782—2000,eqv ISO 4014:1999)

GB/T 6170 1型六角螺母(GB/T 6170—2000,eqv ISO 4032:1999)

GB/T 8110 气体保护电弧焊用碳钢、低合金钢焊丝

GB/T 12470 埋弧焊用低合金钢焊丝和焊剂

GB/T 13912 金属覆盖层 钢铁制件热浸镀锌层技术要求及试验方法(GB/T 13912—2002,ISO 1461:1999,MOD)

GB/T 18230.6 栓接结构用1型六角螺母 热浸镀锌(加大攻丝尺寸)A和B级 5、6和8级(GB/T 18230.6—2000,eqv ISO 7413:1984)

GB 50205—2001 钢结构工程施工质量验收规范

3 术语和定义

下列术语和定义适用于本部分。

3.1

标准检验弯矩　standard test bending moment

支柱在承载能力极限状态下，基础顶面处（支柱法兰盘底面）悬挂方向的弯矩标准值，即支柱的标称容量，用“M_k”表示，此时风速对应结构设计风速。

3.2

高强度螺栓连接副　set of high strength bolt

高强度螺栓和与之配套的螺母、垫圈的总称。

3.3

普通螺栓连接副　set of generic bolt

普通螺栓和与之配套的螺母、垫圈的总称。

3.4

环境温度　ambient temperature

制作或安装时现场的温度。

3.5

局部厚度　partial thickness

在基本测量面内进行规定次数厚度测量的算术平均值。

4　分类与命名

4.1　分类

格构式钢柱为一立体桁架结构，分为软横跨钢柱和直腿桥钢柱。格构式钢柱的规格、外形尺寸及检验弯矩见表1、表2。

表1　钢柱的规格、外形尺寸及标准检验弯矩

<table>
<tr><th rowspan="2">钢柱规格</th><th rowspan="2">标准检验弯矩 M_k/
kN·m</th><th>柱高/
m</th><th colspan="2">柱底尺寸/
mm</th><th colspan="2">柱顶尺寸/
mm</th></tr>
<tr><th>L</th><th>h_1</th><th>b_1</th><th>h_2</th><th>b_2</th></tr>
<tr><td>$\mathrm{Gs}\,\frac{150}{13}$</td><td>150</td><td rowspan="5">13</td><td rowspan="5">1 000</td><td rowspan="5">600</td><td rowspan="5">500</td><td rowspan="5">400</td></tr>
<tr><td>$\mathrm{Gs}\,\frac{200}{13}$</td><td>200</td></tr>
<tr><td>$\mathrm{G}\,\frac{150}{13}$</td><td>150</td></tr>
<tr><td>$\mathrm{G}\,\frac{200}{13}$</td><td>200</td></tr>
<tr><td>$\mathrm{G}\,\frac{250}{13}$</td><td>250</td></tr>
<tr><td>$\mathrm{G}\,\frac{200}{15}$</td><td>200</td><td rowspan="2">15</td><td rowspan="2">1 200</td><td rowspan="2">800</td><td rowspan="2">400</td><td rowspan="2">400</td></tr>
<tr><td>$\mathrm{G}\,\frac{250}{15}$</td><td>250</td></tr>
<tr><td>$\mathrm{G}\,\frac{300}{15}$</td><td>300</td><td rowspan="3">15</td><td rowspan="3">1 200</td><td rowspan="3">800</td><td rowspan="3">400</td><td rowspan="3">400</td></tr>
<tr><td>$\mathrm{G}\,\frac{350}{15}$</td><td>350</td></tr>
<tr><td>$\mathrm{G}\,\frac{400}{15}$</td><td>400</td></tr>
</table>

表 1（续）

钢柱规格	标准检验弯矩 M_k/kN·m	柱高/m	柱底尺寸/mm		柱顶尺寸/mm	
		L	h_1	b_1	h_2	b_2
$G\frac{450}{15}$	450					
$G\frac{500}{15}$	500	15	1 200	800	400	400
$G\frac{550}{15}$	550					
$G\frac{600}{15}$	600					
$Gz\frac{200}{15}$	200					
$Gz\frac{250}{15}$	250					
$Gz\frac{300}{15}$	300	15	800	600	400	300
$Gz\frac{350}{15}$	350					
$Gz\frac{400}{15}$	400					
$Gz\frac{450}{15}$	450					
$G\frac{250\text{-}250}{15}$	250-250					
$G\frac{300\text{-}250}{15}$	300-250					
$G\frac{350\text{-}250}{15}$	350-250	15	1 200	1 200	400	400
$G\frac{400\text{-}250}{15}$	400-250					
$G\frac{450\text{-}250}{15}$	450-250					
$G\frac{650}{20}$	650	20	1 800	1 000	600	600
$G\frac{800}{20}$	800					

表 2　直腿桥钢柱的规格、外形尺寸及标准检验弯矩

钢柱规格	标准检验弯矩 M_k/kN·m	柱高/m	柱底尺寸/mm		柱顶尺寸/mm	
		L	h_1	b_1	h_2	b_2
$Gq\frac{80}{9}$	80	9	800	600	180	415
$Gq\frac{100}{9}$	100					

表 2（续）

钢柱规格	标准检验弯矩 M_k/ kN·m	柱高/ m	柱底尺寸/ mm		柱顶尺寸/ mm	
		L	h_1	b_1	h_2	b_2
Gq $\frac{120}{9}$	120	9	800	600	480	415
Gq $\frac{200}{9}$	200					
Gq $\frac{80}{11.5}$	80	11.5	800	600	390	365
Gq $\frac{100}{11.5}$	100					
Gq $\frac{120}{11.5}$	120					
Gq $\frac{200}{11.5}$	200					
Gq $\frac{80}{12}$	80	12	800	600	370	355
Gq $\frac{100}{12}$	100					
Gq $\frac{120}{12}$	120					
Gq $\frac{200}{12}$	200					
Gq $\frac{80}{12.5}$	80	12.5	800	600	350	350
Gq $\frac{100}{12.5}$	100					
Gq $\frac{120}{12.5}$	120					
Gq $\frac{200}{12.5}$	200					

4.2 格构式钢柱规格表示方法

4.2.1 规格结构

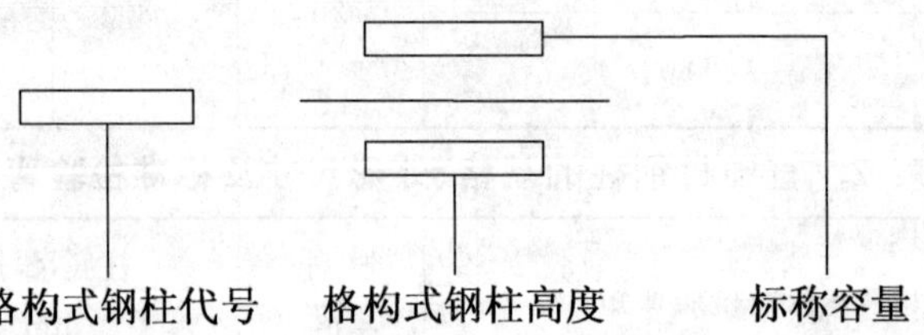

4.2.2 符号含义

格构式钢柱代号：G 表示格构式钢柱；Gs 表示格构式双线腕臂柱；Gz 表示格构式窄型钢柱；Gq 表示格构式直腿桥钢柱；钢柱作打拉线下锚柱使用时，用 Gm 表示。

标　称　容　量：表示钢柱标称容量，单位为千牛米（kN·m）。此项为一项者，表示垂直线路方向的标称容量；此项为两项者，为不打拉线下锚柱，第一项表示垂直线路方向的标称容量,第二项表示平行线路方向的标称容量。

格构式钢柱高度:表示格构式钢柱高度,单位为米(m)。

4.2.3 规格示例

示例:G $\frac{350}{15}$

表示标称容量为 350 kN·m 的格构式钢柱,其柱高为 15 m。

5 技术要求

5.1 一般要求

格构式钢柱应按本部分和技术文件的要求制造,但经供需双方协议,也可设计生产其他规格的格构式钢柱。

5.2 原材料

5.2.1 钢材

5.2.1.1 钢材采用 Q235B、Q345 钢,钢材应具有质量证明书,其质量应符合 GB/T 700—2006 和 GB/T 1591的规定。

5.2.1.2 当钢柱工作温度低于－20 ℃时,不允许采用沸腾钢。

5.2.1.3 钢材表面质量应符合 GB 50205—2001 的规定。

5.2.2 焊接材料

格构式钢柱所用焊接材料应具有质量证明书,并应符合下列要求:

a) 手工焊接采用的焊条应与主体金属力学性能相适应,并应符合 GB/T 5117 和 GB/T 5118 的规定;

b) 自动焊接或半自动焊接采用的焊丝和相应的焊剂应与主体金属力学性能相适应,并应符合 GB/T 5293、GB/T 8110 和 GB/T 12470 的规定。

5.2.3 螺栓连接副

5.2.3.1 钢柱所用螺栓连接副(螺栓、螺母、垫圈)应采用热浸镀锌防腐,不应使用电镀锌标准连接件。

5.2.3.2 普通螺栓连接副的螺栓、螺母及垫圈应分别符合 GB/T 5780、GB/T 41、GB/T 95 的规定,其机械性能应符合 GB/T 3098.1、GB/T 3098.2 的规定。

5.2.3.3 高强度螺栓连接副的螺栓、螺母及垫圈应分别符合 GB/T 5782、GB/T 6170、GB/T 97.1 的规定,其机械性能应符合 GB/T 3098.1、GB/T 3098.2 及 GB/T 18230.6 的规定。

5.2.4 锌锭

格构式钢柱所用锌锭应具有出厂质量证明书,其质量应符合 GB/T 470 的规定。

5.3 制造要求

5.3.1 下料

5.3.1.1 角钢宜采用机械冲、剪下料,钢板宜采用数控氧-乙炔切割或机械剪切下料。热切割时应采取相应的冷却措施。

5.3.1.2 碳素结构钢在环境温度低于－20 ℃时,低合金结构钢在环境温度低于－15 ℃时,不应进行剪切。

5.3.1.3 气割前应将钢材切割区域表面的铁锈、污物等清除干净,气割后应清除熔渣和飞溅物。

5.3.1.4 角钢及钢板切割后,其断口上不应有裂纹和大于 1.0 mm 的边缘缺棱,切断处切割面平面度应小于 0.05 t(t 为厚度),并不大于 2.0 mm,割纹深度不大于 0.3 mm,局部缺口深度不大于 1.0 mm。

5.3.1.5 切割的允许偏差应符合 GB 50205—2001 的规定。

5.3.2 制弯与制孔

5.3.2.1 碳素结构钢在环境温度低于－16 ℃时,低合金结构钢在环境温度低于－12 ℃时,不应进行折弯成型。

5.3.2.2 零件制弯后，其边缘应圆滑过渡，表面不应有明显的折皱、凹面和损伤，划痕深度不应大于0.5 mm。

5.3.2.3 孔边缘不应有裂纹、飞刺和大于1.0 mm的缺棱。

5.3.2.4 制孔的允许偏差应符合GB 50205—2001的规定。

5.3.3 焊接

5.3.3.1 焊缝应达到：外形均匀、成型良好，焊道与焊道、焊道与基本金属间过渡较平滑，焊渣和飞溅物基本清除干净。

5.3.3.2 影响镀锌质量的焊缝缺陷应进行修磨或补焊，且补焊的焊缝应与原焊缝间保持圆滑过渡。

5.3.3.3 未注明焊缝质量等级的焊缝，按三级焊缝质量检验，焊缝外观质量和焊缝高度应符合GB 50205—2001的规定。

5.3.4 格构式钢柱的矫正

焊接后的格构式钢柱弯曲应采用机械矫正方法，消除由焊接引起的变形。矫正后的格构式钢柱外形尺寸偏差应符合表3的规定。

表3 各部尺寸允许偏差

序号	项目名称	项点类别	允许偏差/mm
1	柱高	B	±20
2	格构式钢柱侧面的挠曲度	A	$L/1\,000$
3	支柱截面的高度	B	+4，−3
4	支柱截面的宽度	B	+4，−3
5	格构式钢柱各截面对角线相差	B	≤5
6	连接法兰盘螺栓孔中心距	A	±1.5
7	连接法兰盘螺栓孔相应对角线偏差	A	≤3.0
8	底座法兰盘螺栓孔中心距	B	±1.5
9	底座法兰盘螺栓孔相应对角线偏差	B	≤5.0
注：A为关键项点，B为主要项点。			

5.4 热浸镀锌技术要求

5.4.1 热浸镀锌

格构式钢柱宜采用热浸镀锌防腐，当采用其他防腐技术时，应满足相关标准要求。格构式钢柱的热浸镀锌应在制作质量检验合格后进行。热浸镀锌应符合GB/T 13912和GB/T 2694—2003的规定。

5.4.2 外形尺寸与外观质量

5.4.2.1 格构式钢柱外形不应扭曲，锌层表面应具有实用性光滑，不允许有锌刺、滴瘤和多余结块，其外观质量应符合表3和GB/T 13912的规定。

5.4.2.2 热浸镀锌后应对格构式钢柱进行矫正，矫正后其外形尺寸应符合表4的规定。

表4 外观质量

序号	项目名称	项点类别	技术要求
1	表面	B	目测锌层表面应连续完整，具有实用性光滑，无粗糙，无起皮，无残留的溶剂渣。允许存在发暗或浅灰色的色彩不均匀区域
2	漏镀	B	每件格构式钢柱漏镀面不应超过10处，每个漏镀面的面积不应超过10 cm^2

表 4（续）

序号	项目名称	项点类别	技术要求
3	锌刺	B	不允许。如有，应清除锌刺部分
4	滴瘤、结块	B	不允许
5	过酸洗	B	不允许
注：B为主要项点。			

5.4.3 **修复**

热浸镀锌漏镀面应用罐装冷喷锌或富锌底漆、面漆各一道进行修复，干膜锌含量不应小于92%。

5.4.4 **锌层附着量和锌层厚度**

5.4.4.1 镀件厚度小于5 mm时，锌附着量不应低于460 g/m^2，即任何局部锌层厚度不应低于65 μm；镀件厚度大于或等于5 mm时，锌附着量不应低于610 g/m^2，即任何局部锌层厚度不应低于86 μm。

5.4.4.2 高强度螺栓连接副的锌层厚度应符合GB/T 13912的规定。

5.4.5 **锌层附着性**

锌层应与金属基体结合牢固，应保证没有剥落或起皮现象，按GB/T 2694—2003规定的试验方法进行锤击试验后，锌层不凸起、不剥离。

5.4.6 **锌层均匀性**

锌层应均匀，用硫酸铜溶液浸蚀四次后不应露铁。

5.5 **结构性能**

5.5.1 **标准检验弯矩**

格构式钢柱加载至标准检验弯矩时，锌层不剥离，不凸起，其柱顶挠度不应大于$\frac{1.5L}{100}$（L为柱高）。

5.5.2 **承载力检验弯矩**

格构式钢柱加载至承载力检验弯矩（为标准检验弯矩的150%）时，各构件不应产生明显的屈服，焊缝不开裂，锌层不剥离、不凸起。

6 试验方法

6.1 **检验用仪器设备**

检验用仪器设备及尺寸测量量具的技术要求见表5。

表5 检验用仪器设备及尺寸测量量具的技术要求

序号	检测仪器名称	量程	精度	分度值
1	拉力传感器及测试仪	(0～100)kN	1%	0.1 kN
		(0～50)kN	1%	0.1 kN
2	游标卡尺	(0～300)mm	±0.02 mm	0.02 mm
		(0～1 000)mm	±0.02 mm	0.02 mm
3	涂层测厚仪	(0～500)μm	±5 μm	1 μm
4	锌层附着性试验装置	锤头重210 g		
5	钢直尺	(0～300)mm (0～1 000)mm	±0.5 mm	1.0 mm
6	钢卷尺	(0～20)m	±0.5 mm	1.0 mm
7	经纬仪	26倍		

6.2　外观及尺寸

6.2.1　格构式钢柱的外观质量检查主要以目测为主。

6.2.2　格构式钢柱的外形基本尺寸用钢卷尺、钢直尺和游标卡尺测量。

6.3　锌层质量检验

6.3.1　锌层厚度测量:取两端和中部三处外观质量合格、面积为 1 cm^2 的矩形表面为基本测量面,每个基本测量面测量五个点,取其算术平均值作为局部厚度。

6.3.2　锌层附着性按 GB/T 2694—2003 规定进行检验。

6.3.3　锌层均匀性按 GB/T 2694—2003 规定进行检验,试样由企业提供相同工艺条件下的测试面积不小于 100 cm^2 的试板。

6.4　结构性能检验

6.4.1　结构性能检验要求

结构性能检验应在锌层质量检验合格后进行。

6.4.2　结构性能检验方法

结构性能检验采用立式试验方法,加载方式见图 1。

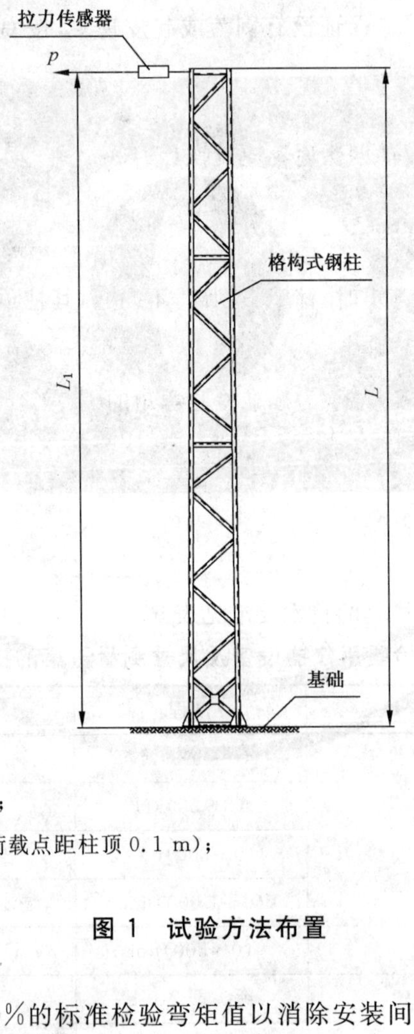

p——水平荷载,单位为千牛(kN);

L_1——荷载点高度,单位为米(m,荷载点距柱顶 0.1 m);

L——支柱高度,单位为米(m)。

图 1　试验方法布置

6.4.3　格构式钢柱的加荷程序

正式测试前应对支柱预加 50%的标准检验弯矩值以消除安装间隙,按标准重新紧固螺栓,卸荷后测量挠度初始值。

第一步:由零按标准检验弯矩 20%的级差加荷至标准检验弯矩的 80%,每次静停时间不少于 1 min;然后按标准检验弯矩 10%的级差继续加荷至标准检验弯矩,每次静停时间不少于 3 min,观察格构式钢柱的变形情况及锌层有否剥离,测量并记录格构式钢柱的挠度值。

第二步：由标准检验弯矩按 50%的级差卸荷至零，每次静停时间不少于 3 min，测量并记录其挠度值。

第三步：由零按标准检验弯矩 20%的级差加荷至标准检验弯矩，测量并记录其挠度值，递增至标准检验弯矩的 120%，每次静停时间不少于 1 min，再按标准检验弯矩 10%的级差继续加荷，递增至标准检验弯矩的 150%（即承载力检验弯矩），每次静停时间不少于 3 min，观察格构式钢柱的变形情况及锌层是否剥离，焊缝是否开裂，各构件是否有明显的屈服，测量并记录格构式钢柱的挠度值。

6.4.4 测量要求

钢柱试验时，将经纬仪放置于垂直悬挂方向，任一级荷载下的钢柱挠度，可用经纬仪直接测出。

6.4.5 基础要求

钢柱试验基础应稳定可靠，不应有基础转角变形。

6.4.6 试验结果评定

6.4.6.1 弯矩计算[见式(1)]

$$M_{\mu i} = p_{\mu i} \cdot L_1 \qquad \cdots\cdots(1)$$

式中：

$M_{\mu i}$——任一级荷载作用下的弯矩值，单位为千牛米(kN·m)；

$p_{\mu i}$——任一级荷载加荷值，单位为千牛(kN)；

L_1——荷载点高度，单位为米(m)。

6.4.6.2 试验结果评定

实测承载力检验弯矩应符合式(2)要求。

$$M_{\mu}^{o} > [\beta_{\mu}] \cdot M_{k} \qquad \cdots\cdots(2)$$

式中：

M_{μ}^{o}——格构式钢柱达到承载力检验标志时的实测弯矩值，单位为千牛米(kN·m)；

β_{μ}——格构式钢柱承载力综合检验系数允许值为 1.5；

M_{k}——标准检验弯矩，单位为千牛米(kN·m)。

6.4.6.3 挠度检验

格构式钢柱挠度检验结果应符合式(3)要求。

$$f_{s}^{0} < [f_{j}] \qquad \cdots\cdots(3)$$

式中：

f_{s}^{0}——标准检验弯矩下柱顶挠度的实测值，单位为毫米(mm)；

$[f_{j}]$——本部分 5.5 中规定的标准检验弯矩下挠度的允许值，单位为毫米(mm)。

7 检验规则

7.1 出厂检验

7.1.1 检查项目

包括外观质量、尺寸偏差、锌层厚度及标准检验弯矩和标准检验弯矩下的挠度检验。

7.1.2 批量

同一规格的格构式钢柱，每 2 000 根为一批；如在一年内生产总数不足 2 000 根，也应作为一个验收批。

7.1.3 抽样

7.1.3.1 外观质量、尺寸偏差和锌层厚度

所有钢柱均进行外观质量、尺寸偏差和锌层厚度检验。

7.1.3.2 结构性能

从外观质量、尺寸偏差及锌层厚度检验合格的产品中，每批随机抽取 1 根进行标准检验弯矩和标准

检验弯矩下的挠度检验。

7.1.4 判定

7.1.4.1 外观质量和尺寸偏差

每根格构式钢柱:A类项点应全部合格;B类项点的不合格判定数等于3(Re=3)。不合格的格构式钢柱应剔除。

7.1.4.2 锌层厚度

每根格构式钢柱锌层厚度符合本部分5.4.4的规定,则判定该产品锌层厚度合格,如有不合格产品应剔除,并重新进行防腐处理。

7.1.4.3 结构性能

格构式钢柱进行标准检验弯矩和标准检验弯矩下的挠度检验时,均符合本部分5.5的规定,则判定该产品的结构性能合格。如其中有一项不合格时,允许从同批产品中再抽取2根进行复验,其中仍有1项不合格时,则判定该批产品结构性能不合格。

7.1.4.4 修复

外观缺陷允许修补的产品应修补完好,经检验合格后,可按合格品验收。

7.1.4.5 总判定

外观质量、尺寸偏差、锌层厚度及结构性能均合格,则判定该批产品为合格。

7.2 型式检验

7.2.1 检验条件

有下列情况之一时,进行型式检验:

a) 当首次投产或结构、材料、工艺有较大改变时;

b) 停产一年或异地生产时;

c) 出厂检验结果与上次型式检验有较大差异时;

d) 当同一规格的格构式钢柱累计生产3 000根或在三年内生产总数不足3 000根时。

7.2.2 检验项目

包括外观质量、尺寸偏差、锌层质量及标准检验弯矩、标准检验弯矩下的挠度和承载力检验弯矩检验。

7.2.3 抽样

7.2.3.1 外观质量、尺寸偏差和锌层厚度

每批随机抽取5根进行外观质量、尺寸偏差和锌层厚度检验。

7.2.3.2 锌层附着性

从外观质量、尺寸偏差、锌层厚度均合格的产品中随机抽取2根。

7.2.3.3 锌层均匀性能

试样由企业提供相同工艺条件下的测试面积不小于100 cm^2 的试板。

7.2.3.4 结构性能

从外观质量、尺寸偏差及锌层质量均合格的产品中随机抽取2根。

7.2.4 判定

7.2.4.1 外观质量和尺寸偏差

受检格构式钢柱:A类项点应全部合格,每根钢柱的B类项点的不合格判定数等于3(Re=3)。受检支柱均合格,则判定外观质量和尺寸偏差检验合格。

7.2.4.2 锌层质量

锌层厚度、附着性及均匀性能的判定如下:

a) 受检格构式钢柱锌层厚度均符合本部分5.4.4的规定,则判定锌层厚度合格。

b) 锌层附着性符合本部分5.4.5的规定,则判定锌层附着性合格。

c) 锌层均匀性能符合本部分 5.4.6 的规定,则判定锌层均匀性能合格。

7.2.4.3 结构性能

受检格构式钢柱进行标准检验弯矩、承载力检验弯矩和挠度检验时,均符合本部分 5.5 的规定,则判定结构性能合格。其中有一项不合格时,则判定结构性能不合格。

7.2.4.4 总判定

外观质量、尺寸偏差、锌层质量和结构性能均合格,则判定型式检验为合格。

8 标志与出厂证明书

8.1 格构式钢柱采用标志牌,其内容应包括:制造厂名、产品名称、规格型号和生产日期。

8.2 格构式钢柱包装应按协议要求的包装方法和包装限重等规定进行。如协议无规定时,一般不包装。

8.3 出厂质量证明书包括下列内容:

a) 证明书编号;

b) 执行标准编号;

c) 制造厂厂名(或厂标)及地址;

d) 产品规格数量及制造年月;

e) 质量检验结果;

f) 制造厂检验部门签章。

9 保管及运输

9.1 格构式钢柱存放场地平整坚实,无积水。格构式钢柱应按种类、型号分区存放,格构式钢柱底层木垫枕应有足够的支撑面,以防止支点下沉。相同型号的格构式钢柱叠放时,各层格构式钢柱的支点应在同一垂直线上,堆放不得超过四层,层间应设垫层,以防止格构式钢柱被压坏或变形。

9.2 吊装格构式钢柱每次不应超过 1 根,且宜采用两点吊装。

9.3 格构式钢柱在装车、运输和卸车时,应妥善固定,保证不发生变形,不损伤锌层。格构式钢柱发运应按交通运输部门的规章办理。

9.4 不允许用人工从车上推下格构式钢柱的方式卸车。

ICS 29.280
S 82

中华人民共和国国家标准

GB/T 25020.2—2010

电气化铁路接触网钢支柱
第2部分：方形钢管支柱

Steel pole for overhead contact system of electrified railway—
Part 2: Square shape tube steel pole

2010-09-02 发布　　2010-12-01 实施

中华人民共和国国家质量监督检验检疫总局
中国国家标准化管理委员会　发布

前　言

GB/T 25020《电气化铁路接触网钢支柱》分为四个部分：

——第1部分：格构式支柱；

——第2部分：方形钢管支柱；

——第3部分：环形钢管支柱；

——第4部分：H形支柱。

本部分为GB/T 25020的第2部分。

本部分由中华人民共和国铁道部提出。

本部分由中铁电气化局集团有限公司归口。

本部分起草单位：中国铁道科学研究院铁道建筑研究所、中铁电气化局集团有限公司、中铁电气化勘测设计研究院有限公司、中铁电气化局集团保定制品有限公司、铁道部产品质量监督检验中心、上海衡峰氟碳材料有限公司。

本部分主要起草人：魏齐威、刘峰涛、季增元、安湘英、王石玉、胡会良、曹傅明、戴贤兴、仲新华。

电气化铁路接触网钢支柱
第2部分:方形钢管支柱

1 范围

GB/T 25020的本部分规定了电气化铁路接触网方形钢管支柱的产品分类、技术要求、试验方法、检验规则、标志和出厂证明书、保管及运输等。

本部分适用于电气化铁路接触网方形钢管支柱(以下简称方钢管柱),城市轨道交通采用的同类接触网方形钢管支柱可参照本部分执行。

2 规范性引用文件

下列文件中的条款通过GB/T 25020的本部分的引用而成为本部分的条款。凡是注日期的引用文件,其随后所有的修改单(不包括勘误的内容)或修订版均不适用于本部分,然而,鼓励根据本部分达成协议的各方研究是否可使用这些文件的最新版本。凡是不注日期的引用文件,其最新版本适用于本部分。

GB/T 470　锌锭(GB/T 470—2008,ISO 752:2004,MOD)

GB/T 700—2006　碳素结构钢(ISO 630:1995,NEQ)

GB/T 709—2006　热轧钢板和钢带的尺寸、外形、重量及允许偏差(ISO 7452:2002,ISO 16160:2000,NEQ)

GB/T 1591　低合金高强度结构钢

GB/T 2694—2003　输电线路铁塔制造技术条件

GB/T 3181　漆膜颜色标准

GB/T 4956—2003　磁性基体上非磁性覆盖层　覆盖层厚度测量　磁性法(ISO 2178:1982,IDT)

GB/T 5117　碳钢焊条

GB/T 5118　低合金钢焊条

GB/T 5210　色漆和清漆　拉开法附着力试验(GB/T 5210—2006,ISO 4624:2002, IDT)

GB/T 5293　埋弧焊用碳钢焊丝和焊剂

GB/T 8110　气体保护电弧焊用碳钢、低合金钢焊丝

GB/T 9286　色漆和清漆　漆膜的划格试验(GB/T 9286—1998,eqv ISO 2409:1992)

GB/T 9761　色漆和清漆　色漆的目视比色 (GB/T 9761—2008,ISO 3668:1998,IDT)

GB/T 11374　热喷涂涂层厚度的无损测量方法(GB/T 11374—1989,neq ISO 2064:1980,ISO 2063)

GB/T 12470　埋弧焊用低合金钢焊丝和焊剂

GB/T 13452.2　色漆和清漆　漆膜厚度的测定(GB/T 13452.2—2008,ISO 2808:2007,IDT)

GB/T 13912　金属覆盖层　钢铁制件热浸镀锌层技术要求及试验方法(GB/T 13912—2002,ISO 1461:1999,MOD)

GB 50205—2001　钢结构工程施工质量验收规范

3 术语和定义

下列术语和定义适用于本部分。

3.1

标准检验弯矩　standard test bending moment

支柱在承载能力极限状态下，基础顶面处(支柱法兰盘底面)悬挂方向的弯矩标准值，即支柱的标称容量，用“M_k”表示，此时风速对应结构设计风速。

3.2

柱顶挠度检验弯矩　test bending moment for mast top deflection

为正常使用极限状态下柱顶挠度检验弯矩，包括悬挂荷载与风荷载，用“M_s”表示，此时风速对应风偏设计风速。

3.3

导高处挠度检验弯矩　test bending moment for contact wire height deflection

为正常使用极限状态下接触线高度(导高)处的挠度检验弯矩，仅包括风荷载作用，用“M_w”表示，此时风速对应风偏设计风速。

3.4

纵向焊缝　longitudinal weld

沿钢管长度方向分布的焊缝。

3.5

横向焊缝　transverse weld

垂直于方钢管柱高度方向分布的焊缝。

3.6

环境温度　ambient temperature

制作时现场的温度。

3.7

局部厚度　partial thickness

在基本测量面内进行规定次数厚度测量的算术平均值。

3.8

干膜厚度　dry film thickness

每层漆变硬时的厚度。

4　分类与命名

4.1　分类

产品横截面为方形，方钢管柱外形见图1，方钢管柱的规格、边长、长度及检验弯矩见表1。

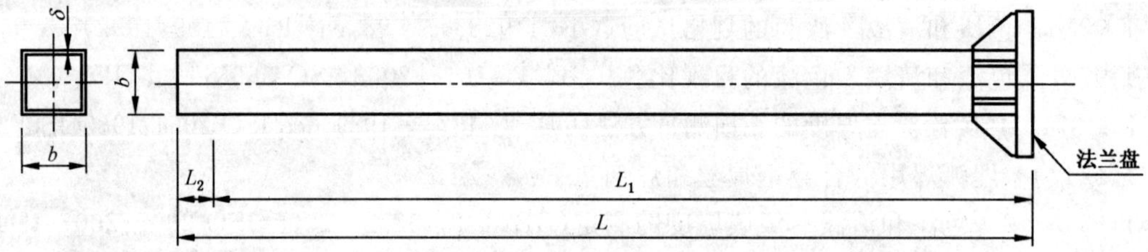

L——柱高；

L_1——荷载点高度；

L_2——柱顶至荷载点距离(0.25 m)；

b——边长；

δ——壁厚。

图1　方钢管柱外形示意图

表 1　电气化铁路接触网方钢管柱

支柱规格	支柱高度 L/m	结构设计风速	风偏设计风速		
		标准检验弯矩 M_k/kN·m	柱顶挠度检验弯矩 M_s/kN·m	导高 6.35 m 处挠度检验弯矩 M_w/kN·m	导高 7.5 m 处挠度检验弯矩 M_w/kN·m
$G_f240\frac{60}{L}$	8～11	60	49	32	25
$G_f240\frac{80}{L}$		80	59	40	30
$G_f240\frac{100}{L}$		100	66	47	36
$G_f240\frac{120}{L}$		120	72	48	36
$G_f240\frac{140}{L}$		140	77	53	39
$G_f240\frac{160}{L}$		160	88	61	45
$G_f240\frac{180}{L}$		180	100	68	50
$G_f240\frac{200}{L}$		200	110	74	56
$G_f260\frac{60}{L}$	8～11	60	48	32	24
$G_f260\frac{80}{L}$		80	64	42	32
$G_f260\frac{100}{L}$		100	75	52	37
$G_f260\frac{120}{L}$		120	78	52	40
$G_f260\frac{140}{L}$		140	91	63	47
$G_f260\frac{160}{L}$		160	100	66	50
$G_f260\frac{180}{L}$		180	109	72	54
$G_f260\frac{200}{L}$		200	122	82	62
$G_f280\frac{80}{L}$	8～11	80	60	40	29
$G_f280\frac{100}{L}$		100	80	53	40
$G_f280\frac{120}{L}$		120	84	56	43
$G_f280\frac{140}{L}$		140	98	66	50
$G_f280\frac{160}{L}$		160	104	70	53
$G_f280\frac{180}{L}$		180	117	79	59
$G_f280\frac{200}{L}$		200	134	90	68

表 1（续）

支柱规格	支柱高度 L/m	结构设计风速	风偏设计风速		
		标准检验弯矩 M_k/kN·m	柱顶挠度检验弯矩 M_s/kN·m	导高 6.35 m 处挠度检验弯矩 M_w/kN·m	导高 7.5 m 处挠度检验弯矩 M_w/kN·m
$G_f300\ \frac{80}{L}$	8～11	80	72	51	37
$G_f300\ \frac{100}{L}$		100	99	66	47
$G_f300\ \frac{120}{L}$		120	96	64	46
$G_f300\ \frac{140}{L}$		140	105	67	53
$G_f300\ \frac{160}{L}$		160	120	80	60
$G_f300\ \frac{180}{L}$		180	130	86	64
$G_f300\ \frac{200}{L}$		200	148	98	74
注：支柱高度 $L\leqslant 9$ m 时，按导高 6.35 m 检验；支柱高度 $L>9$ m 时，按导高 7.5 m 检验。					

4.2 方钢管柱规格表示方法

4.2.1 规格结构

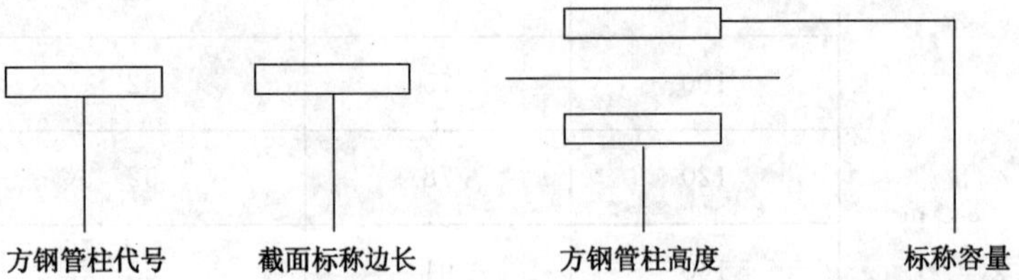

4.2.2 符号含义

方钢管柱代号：G_f 表示方形钢管柱。

标称容量：表示方形钢管柱垂直线路方向的标称容量，单位为千牛米(kN·m)。

截面标称边长：表示方形钢管柱截面标称边长，单位为毫米(mm)。

方钢管柱高度：表示方形钢管柱高度，单位为米(m)。

4.2.3 规格示例

示例：$G_f260\ \frac{120}{9}$

表示标称容量为 120 kN·m 的方形钢管柱，其柱高为 9 m，截面标称边长 260 mm。

4.3 锚柱

所有支柱都可作为打拉线下锚柱使用，但悬挂方向的弯矩与由于下锚所产生悬挂方向的附加弯矩之和应不大于支柱的标准检验弯矩，下锚所产生的垂直分力可忽略不计。

5 技术要求

5.1 一般要求

方钢管柱应符合本部分要求，并按技术文件制造，但经供需双方协议，也可设计生产其他规格的方钢管柱。

5.2 原材料要求

5.2.1 钢材

5.2.1.1 钢材采用 Q235B、Q345 钢，钢材应具有质量证明书，其质量应符合 GB/T 700—2006、GB/T 709—2006和 GB/T 1591 的规定。

5.2.1.2 当方钢管柱工作温度低于−20 ℃时，不允许采用沸腾钢。

5.2.1.3 钢材表面质量应符合 GB 50205—2001 的规定。

5.2.2 焊接材料

方钢管柱所用焊接材料应具有质量证明书，并应符合下列要求：

a) 手工焊接采用的焊条应与主体金属力学性能相适应，并应符合 GB/T 5117 和 GB/T 5118 的规定；

b) 自动焊接或半自动焊接采用的焊丝和相应的焊剂应与主体金属力学性能相适应，并应符合 GB/T 5293、GB/T 8110 和 GB/T 12470 的规定。

5.2.3 锌锭

方钢管柱所用锌锭应具有出厂质量证明书，其质量应符合 GB/T 470 的规定。

5.3 制造要求

5.3.1 焊缝

方钢管柱宜采用折弯机折压成型，可有 1 条或 2 条对称纵向焊缝。柱高小于或等于 11 m 时，钢管支柱不允许有中间横向焊缝。

5.3.2 下料

5.3.2.1 钢板下料宜采用数控氧-乙炔切割或机械剪切，热切割时应采取相应的冷却措施。

5.3.2.2 碳素结构钢在环境温度低于−20 ℃时，低合金结构钢在环境温度低于−15 ℃时，不应进行剪切。

5.3.2.3 气割前应将钢材切割区域表面的铁锈、污物等清除干净，气割后应清除熔渣和飞溅物。

5.3.3 焊接

5.3.3.1 纵向焊缝应采用气体保护焊打底，自动埋弧焊焊接。其他焊缝可采用二氧化碳气体保护焊或手工电弧焊焊接。

5.3.3.2 焊缝应达到：外形均匀、成型良好，焊道与焊道、焊道与基本金属间过渡较平滑，焊渣和飞溅物基本清除干净。

5.3.3.3 影响镀锌质量的焊缝缺陷应进行修磨或补焊，且补焊的焊缝应与原焊缝间保持圆滑过渡。

5.3.3.4 未注明焊缝质量等级的焊缝，按三级焊缝质量检验，焊缝外观质量及焊缝高度应符合 GB 50205的规定。

5.3.4 折弯、矫正及制孔

5.3.4.1 碳素结构钢在环境温度低于−16 ℃时，低合金结构钢在环境温度低于−12 ℃时，不应进行折弯成型和冷矫正。

5.3.4.2 焊接后的方钢管柱弯曲应进行矫正，矫正后的方钢管柱弯曲允许偏差应符合表 2 的规定。

5.3.4.3 孔边缘不应有裂纹、飞刺和大于 1.0 mm 的缺棱。

5.3.4.4 制孔的允许偏差应符合 GB 50205—2001 的规定。

表 2 各部尺寸允许偏差

序号	项 目 名 称	项点类别	允许偏差/mm
1	柱高	B	+20
2	弯曲度	A	$L/1\,000$
3	方钢管柱截面边长	B	±5

表 2（续）

序号	项目名称		项点类别	允许偏差/mm
4	法兰盘	螺栓孔中心距	B	±1.5
5		端板厚度		±1.0
注：A 为关键项点，B 为主要项点。				

5.4 锌层及涂层技术要求

5.4.1 热浸镀锌

方钢管柱宜采用热浸镀锌防腐，当采用其他防腐技术时，应满足相关标准要求。方钢管柱的热浸镀锌应在制作质量检验合格后进行。热浸镀锌应符合 GB/T 13912 和 GB/T 2694—2003 的规定。方钢管柱应设热浸镀锌工艺孔。

5.4.2 外观质量与外形尺寸

5.4.2.1 方钢管柱外形不应扭曲，锌层表面应具有实用性光滑，不允许有锌刺、滴瘤和多余结块，其外观质量应符合表 3 和 GB/T 13912 的规定。

5.4.2.2 热浸镀锌后应对方钢管柱进行矫正，矫正后其外形尺寸应符合表 2 的规定。

表 3 外观质量

序号	项目名称	项点类别	技术要求
1	表面	B	目测锌层表面应连续完整，具有实用性光滑，无粗糙，无起皮，无残留的溶剂渣。允许存在发暗或浅灰色的色彩不均匀区域
2	漏镀	B	每根钢管支柱漏镀面不应超过 10 处，每个漏镀面的面积不应超过 10 cm^2
3	锌灰粘附面积	B	小于 2%外表面积，如大于 2%外表面积应人工进行清理返修
4	锌刺	B	不允许。如有，应清除锌刺部分
5	滴瘤、结块	B	不允许
6	过酸洗	B	不允许
注：B 为主要项点。			

5.4.3 修复

热浸镀锌漏镀面应用罐装冷喷锌或富锌底漆、面漆各一道进行修复，干膜锌含量不应小于 92%。

5.4.4 锌层附着量和锌层厚度

方钢管柱壁厚小于 5 mm 时，锌附着量不应低于 460 g/m^2，即任何局部锌层厚度不应低于 65 μm；壁厚大于或等于 5 mm 时，锌附着量不应低于 610 g/m^2，即任何局部锌层厚度不应低于 86 μm。

5.4.5 锌层附着性

锌层应与金属基体结合牢固，应保证没有剥落或起皮现象，按 GB/T 2694—2003 规定的试验方法进行锤击试验后，锌层不凸起、不剥离。

5.4.6 锌层均匀性

锌层应均匀，用硫酸铜溶液浸蚀四次后不应露铁。

5.4.7 涂料涂装

5.4.7.1 热浸镀锌方钢管柱有涂装要求时，可采用氟树脂涂料（简称：氟碳涂料）双重防腐涂装体系，其技术指标参见附录 A。当采用其他涂装体系时，应满足本部分相关技术要求。

5.4.7.2 表面涂层颜色应具有景观效果，且不应与铁路信号：红、绿、黄色相干扰，并应符合GB/T 3181的规定。

5.4.7.3 涂装样板制作参照HG/T 3792的规定，按指定的颜色制作热浸镀锌钢板涂装样板，样板颜色的目视比色按GB/T 9761的规定进行。

5.4.7.4 涂装应在方钢管柱热浸镀锌检验合格后进行，在方钢管柱出厂前完成。不需喷涂的预留孔部位，应采取适当的喷涂屏蔽措施。

5.4.7.5 涂装工艺要求如下：

a) 热浸镀锌后应及时进行喷涂作业，间隔时间不应超过7 d；
b) 热浸镀锌层表面的污渍、锌灰、锌瘤及毛刺等，应清除干净；
c) 对于在涂装之前已经破坏的锌层需要用环氧富锌底漆进行修补方可进行下一步涂装；
d) 氟碳涂料涂装作业时，环境温度不应低于5 ℃，相对湿度不应大于80%。雨天、雾天及风沙场合不应作业。

5.4.7.6 涂层质量要求如下：

a) 涂料涂层表面应平整均匀，不允许有剥落、起泡、裂纹、气孔，允许有不影响防护性的轻微橘皮、流挂、刷痕和少量杂质；
b) 涂层的色差与样板比较，色差目测不明显，色差$\Delta E \leqslant 2$；
c) 涂层干燥后的干膜总厚度不应低于80 μm；
d) 涂层的附着力可采用拉力试验法或划格试验法试验。采用拉力试验法时，附着力不应低于5.9 MPa；采用划格试验法时，附着力不大于2级。

5.5 结构性能

5.5.1 标准检验弯矩

方钢管柱加载至标准检验弯矩时，锌层、涂层不剥离，不凸起。

5.5.2 柱顶挠度检验弯矩

方钢管柱加载至柱顶挠度检验弯矩时，其柱顶挠度不应大于$\frac{1.5L}{100}$（L为柱高）。

5.5.3 导高处挠度检验弯矩

方钢管柱加载至导高处挠度检验弯矩时，其导高处挠度不应大于50 mm。

5.5.4 承载力检验弯矩

方钢管柱加载至承载力检验弯矩（为标准检验弯矩的150%）时，不应屈服，焊缝不开裂，锌层、涂层不剥离，柱体不产生鼓曲塑性变形（表面凹或凸）。

6 试验方法

6.1 检验用仪器设备

检验用仪器设备及尺寸测量量具的技术要求见表4。

表4 检验用仪器设备及尺寸测量量具的技术要求

序号	检测仪器名称	量程	精度	分度值
1	拉力传感器及测试仪	(0～100)kN	1%	0.1 kN
		(0～50)kN	1%	0.1 kN
2	游标卡尺	(0～300)mm	±0.02 mm	0.02 mm
		(0～1 000)mm	±0.02 mm	0.02 mm
3	涡流测厚仪	(0～500)μm	±5 μm	1 μm
4	磁性测厚仪	(0～500)μm	±5 μm	1 μm

表 4（续）

序号	检测仪器名称	量程	精度	分度值
5	锌层附着性试验装置	锤头重 210 g		
6	钢直尺	(0～300)mm (0～1 000)mm	±0.5 mm	1.0 mm
7	钢卷尺	(0～20)m	±0.5 mm	1.0 mm
8	经纬仪	26 倍		

6.2 外观及尺寸

方钢管柱的外观质量检查主要以目测为主。方钢管柱的外形基本尺寸用钢卷尺、钢直尺和游标卡尺测量。

6.3 锌层及涂层质量检验

6.3.1 锌层质量检验

6.3.1.1 锌层厚度测量

取两端和中部三处外观质量合格、面积为 1 cm^2 的矩形表面为基本测量面，每个基本测量面测量五个点，取其算术平均值作为局部厚度。

6.3.1.2 锌层附着性

按 GB/T 2694—2003 规定进行检验。

6.3.1.3 锌层均匀性

按 GB/T 2694—2003 规定进行检验，试样由企业提供相同工艺条件下的测试面积不小于 100 cm^2 的试板。

6.3.2 锌层和涂层总厚度的测定

按 GB/T 4956—2003 的规定用磁性测厚仪测定，测点位置按 GB/T 11374 规定进行。

6.3.3 涂层质量检验

6.3.3.1 涂层厚度

涂层干燥后的干膜厚度用涡流测厚仪测定，并符合 GB/T 13452.2 的规定。

6.3.3.2 涂层附着力检验

按 GB/T 5210 做拉开试验或按 GB/T 9286 做划格试验。

6.4 结构性能检验

6.4.1 结构性能检验要求

结构性能检验应在锌层及涂层质量检验合格后进行。

6.4.2 结构性能检验方法

结构性能检验采用立式试验方法，钢管支柱受力方向为水平。试验方法布置如图 2。

6.4.3 方钢管柱的加荷程序

正式测试前应对支柱预加 50%的标准检验弯矩值以消除安装间隙，按标准重新紧固螺栓，卸荷后测量挠曲度初始值。

第一步：由零按导高处挠度检验弯矩 25%的级差加荷至导高处挠度检验弯矩值，每次静停时间不少于 1 min，测量并记录支柱的挠度值。

第二步：由导高处挠度检验弯矩卸荷至零，静停时间不少于 3 min，测量并记录其挠度值。

第三步：由零按柱顶挠度检验弯矩 20%的级差加荷至柱顶挠度检验弯矩值的 80%，每次静停时间不少于 1 min；再按柱顶挠度检验弯矩 10%的级差继续加荷至柱顶挠度检验弯矩值，每次静停时间不少于 3 min，观察支柱的变形情况及锌层涂层有否剥离，测量并记录支柱的挠度值。

第四步：由柱顶挠度检验弯矩按 50%的级差卸荷至零，每次静停时间不少于 3 min，测量并记录其挠度值。

第五步:由零按标准检验弯矩 20%的级差加荷至标准检验弯矩,测量并记录其挠度值,递增至标准检验弯矩的 120%,每次静停时间不少于 1 min,再按标准检验弯矩 10%的级差继续加荷,递增至标准检验弯矩的 150%(即承载力检验弯矩),每次静停时间不少于 3 min,观察方钢管柱的变形情况及锌层是否剥离,焊缝是否开裂,柱体是否产生塑性变形(表面凹或凸),测量并记录方钢管柱的挠度值。

第六步:按标准检验弯矩 50%的级差卸荷至零,每次静停时间不少于 3 min,测量并记录其挠度值。

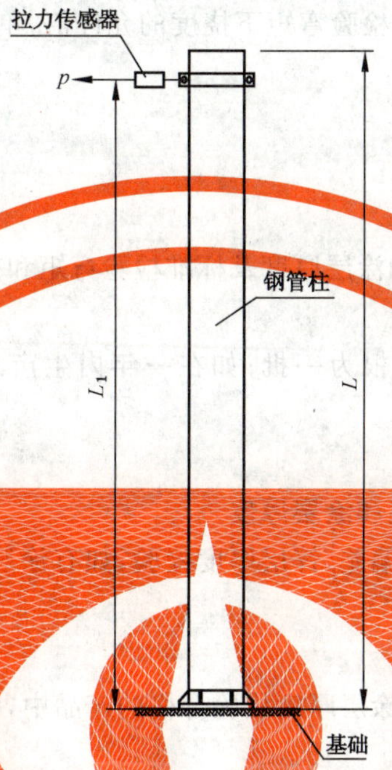

p——水平荷载,单位为千牛(kN);

L——支柱高度,单位为米(m);

L_1——荷载点高度,单位为米(m)。

图 2 试验方法布置

6.4.4 测量要求

方钢管柱试验时,将经纬仪放置于垂直悬挂方向,任一级荷载下的支柱挠度,可用经纬仪直接测出。

6.4.5 基础要求

方钢管柱试验基础应稳定可靠,不应有基础转角变形。

6.4.6 试验结果评定

6.4.6.1 弯矩计算[见式(1)]

$$M_{\mu i} = p_{\mu i} \cdot L_1 \qquad \cdots\cdots(1)$$

式中:

$M_{\mu i}$——任一级荷载作用下的弯矩值,单位为千牛米(kN·m);

$p_{\mu i}$——任一级荷载加荷值,单位为千牛(kN);

L_1——荷载点高度,单位为米(m)。

6.4.6.2 试验结果评定

实测承载力检验弯矩应符合式(2)要求:

$$M_{\mu}^{\circ} > [\beta_{\mu}] \cdot M_{k} \qquad \cdots\cdots(2)$$

式中:

M_{μ}°——方钢管柱达到承载力检验标志时的实测弯矩值,单位为千牛米(kN·m);

β_{μ}——方钢管柱承载力综合检验系数允许值为 1.5;

M_k——标准检验弯矩，单位为千牛米(kN·m)。

6.4.6.3 **挠度检验**

方钢管柱挠度检验结果应符合式(3)要求：

$$f_s^0 < [f_j] \quad \cdots\cdots(3)$$

式中：

f_s^0——柱顶挠度检验弯矩下柱顶挠度的实测值，单位为毫米(mm)；

$[f_j]$——本部分 5.5 中规定的标准检验弯矩下挠度的允许值，单位为毫米(mm)。

7 检验规则

7.1 出厂检验

7.1.1 **检查项目**

包括外观质量、尺寸偏差、锌层和涂层厚度及标准检验弯矩和挠度检验。

7.1.2 **批量**

同一规格的方钢管柱，每 2 000 根为一批；如在一年内生产总数不足 2 000 根，也应作为一个验收批。

7.1.3 **抽样**

7.1.3.1 **外观质量、尺寸偏差和锌层和涂层厚度**

所有钢柱均进行外观质量、尺寸偏差、锌层厚度检验，如有涂装要求的方钢管柱尚需进行涂层厚度检验。

7.1.3.2 **结构性能**

从外观质量、尺寸偏差及锌层和涂层厚度检验合格的产品中，每批随机抽取 1 根进行标准检验弯矩和挠度检验。

7.1.4 **判定**

7.1.4.1 **外观质量和尺寸偏差**

每根方钢管柱：A 类项点应全部合格；B 类项点的不合格判定数等于 3(Re=3)。不合格方钢管柱应剔除。

7.1.4.2 **锌层、涂层厚度**

每根方钢管柱锌层厚度、涂层厚度分别符合本部分 5.4.4 和 5.4.7.6c)的规定，则判定该产品锌层厚度、涂层厚度合格，如有不合格产品应剔除，并重新进行防腐处理。

7.1.4.3 **结构性能**

方钢管柱进行标准检验弯矩和挠度检验时，均符合本部分 5.5 的规定，则判定该产品的结构性能合格。如其中有一项不合格时，允许从同批产品中再抽取 2 根进行复验，其中仍有 1 项不合格时，则判定该批产品结构性能不合格。

7.1.4.4 **修复**

外观缺陷允许修补的产品应修补完好，经检验合格后，可按合格品验收。

7.1.4.5 **总判定**

外观质量、尺寸偏差、锌层厚度、涂层厚度及结构性能均合格，则判定该批产品为合格。

7.2 型式检验

7.2.1 **检验条件**

有下列情况之一时，进行型式检验：

a) 当首次投产或结构、材料、工艺有较大改变时；

b) 停产一年或异地生产时；

c) 出厂检验结果与上次型式检验有较大差异时；

d) 当同一规格的方钢管柱累计生产4 000根或在三年内生产总数不足4 000根时。

7.2.2 检验项目

包括外观质量、尺寸偏差、锌层和涂层质量及标准检验弯矩、挠度和承载力检验弯矩检验。

7.2.3 抽样

7.2.3.1 外观质量、尺寸偏差、锌层和涂层厚度

每批随机抽取5根进行外观质量、尺寸偏差、锌层厚度，如有涂装要求的方钢管柱尚需进行涂层厚度检验。

7.2.3.2 锌层均匀性

试样由企业提供相同工艺条件下的测试面积不小于100 cm^2 的试板。

7.2.3.3 锌层附着性及涂层附着力

从外观质量、尺寸偏差、锌层厚度均合格的产品中随机抽取2根。

7.2.3.4 结构性能

从外观质量、尺寸偏差及防腐性能均合格的产品中随机抽取2根。

7.2.4 判定

7.2.4.1 外观质量和尺寸偏差

受检方钢管柱：A类项点应全部合格；每根方钢管柱的B类项点的不合格判定数等于3(Re=3)。受检方形方钢管柱均合格，则判定该批产品外观质量和尺寸偏差合格。

7.2.4.2 锌层及涂层质量

锌层厚度、附着性、均匀性及涂层质量判定如下：

a) 受检方钢管柱锌层厚度均符合本部分5.4.4的规定，则判定锌层厚度合格。

b) 锌层附着性符合本部分5.4.5的规定，则判定锌层附着性合格。

c) 锌层均匀性能符合本部分5.4.6的规定，则判定锌层均匀性能合格。

d) 涂层质量符合本部分5.4.7.6的规定，则判定涂层质量合格。

7.2.4.3 结构性能

受检方钢管柱进行标准检验弯矩、承载力检验弯矩和挠度检验时，均符合本部分5.5的规定，则判定结构性能合格。其中有一项不合格时，则判定结构性能不合格。

7.2.4.4 总判定

外观质量、尺寸偏差、锌层及涂层质量和结构性能均合格，则判定型式检验为合格。

8 标志与出厂证明书

8.1 方钢管柱采用标志牌，其内容至少应包括：制造厂名、产品名称、规格型号和生产日期。

8.2 方钢管柱包装应按协议要求的包装方法和包装限重等规定进行。如协议无规定时，一般不包装。

8.3 出厂质量证明书包括下列内容：

a) 证明书编号；

b) 执行标准编号；

c) 制造厂厂名(或厂标)及地址；

d) 产品规格数量及制造年月；

e) 质量检验结果；

f) 制造厂检验部门签章。

9 保管及运输

9.1 方钢管柱存放场地平整坚实，无积水。方钢管柱应按种类、型号分区存放，方钢管柱底层木垫枕应有足够的支撑面，以防止支点下沉。相同型号的方钢管柱叠放时，各层方钢管柱的支点应在同一垂直线

上，堆放不得超过五层，层间应设垫层，以防止方钢管柱被压坏或变形。

9.2 吊装方钢管柱每次不应超过2根，且宜采用两点吊装。

9.3 方钢管柱在装车、运输和卸车时，应妥善固定，保证不发生变形，不损伤涂层。方钢管柱发运应按交通运输部门的规章办理。

9.4 不允许用人工从车上推下方钢管柱的方式卸车。

附 录 A
（资料性附录）
氟碳涂料涂装体系的技术要求

A.1 涂料涂装体系

涂料涂装体系见表 A.1。

表 A.1 涂装体系

序号	涂层名称	每道干膜最小厚度/μm	至少道数	干膜(锌层)最小厚度/μm	涂层总厚度/μm
1	基体热浸锌层	—	—	86	—
2	底漆	40	1	40	80
3	氟碳面漆	20	2	40	

A.2 底漆技术要求

底漆符合表 A.2 的要求。

表 A.2 底漆的技术要求

项目		单位	技术要求
涂层颜色和外观		—	灰色，颜色均一，漆膜平整
黏度(涂 4 杯)		s	≥60
干燥时间	表干	h	≤1
	实干	h	≤24
耐冲击		cm	≥50
附着力	拉开法	MPa	≥5.9
	划格法	级	≤2
耐盐水性		h	48

A.3 氟碳面漆技术要求

面层涂料要具有超高的耐候性，具有优异耐酸、耐碱、耐盐及其他化学物质腐蚀的化学性能及优异的力学性能，并符合表 A.3 和 HG/T 3792 的规定。

表 A.3 氟碳面漆的技术要求

项目		单位	技术要求
溶剂可溶物氟含量		%	≥22
涂层颜色和外观		—	颜色均一，漆膜平整
不挥发份	实体色	%	≥55
	金属色		≥45
黏度(涂 4 杯)		s	≥30
重涂性		重涂无障碍	

表 A.3（续）

项目		单位	技术要求
干燥时间（24 ℃，相对湿度 50%）	表干	h	≤2
	实干	h	≤24
耐弯曲		mm	≤2
耐冲击		cm	≥50
附着力	拉开法	MPa	≥5.0
	划格法	级	≤2
耐碱性（5%NaOH）		h	168
耐酸性（5%H_2SO_4）		h	168
耐水性		h	168
耐人工气候老化		h	4 000 h 不起泡，不脱落，不开裂 粉化≤1，变色≤2，失光≤2

参 考 文 献

[1] HG/T 3792 交联型氟树脂涂料.

ICS 29.280
S 82

中华人民共和国国家标准

GB/T 25020.3—2010

电气化铁路接触网钢支柱 第3部分:环形钢管支柱

Steel pole for overhead contact system of electrified railway— Part 3:Steel tube pole

2010 09 02 发布　　　　2010-12-01 实施

中华人民共和国国家质量监督检验检疫总局
中国国家标准化管理委员会　发布

前　言

GB/T 25020《电气化铁路接触网钢支柱》分为四个部分：

——第1部分：格构式支柱；

——第2部分：方形钢管支柱；

——第3部分：环形钢管支柱；

——第4部分：H形支柱。

本部分为GB/T 25020的第3部分。

本部分由中华人民共和国铁道部提出。

本部分由中铁电气化局集团有限公司归口。

本部分起草单位：中国铁道科学研究院铁道建筑研究所、中铁电气化局集团有限公司、中铁电气化勘测设计研究院有限公司、中铁电气化局集团保定制品有限公司、铁道部产品质量监督检验中心、宝鸡接触网器材检测中心。

本部分主要起草人：魏齐威、刘峰涛、季增元、安湘英、王作祥、仲新华、李中然、戴贤兴、王爱竟。

电气化铁路接触网钢支柱
第3部分：环形钢管支柱

1 范围

GB/T 25020的本部分规定了电气化铁路接触网环形钢管支柱的产品分类、技术要求、试验方法、检验规则、标志和出厂证明书、保管及运输等。

本部分适用于电气化铁路接触网环形钢管支柱(以下简称钢管柱)，城市轨道交通采用的同类接触网钢管支柱可参照本部分执行。

2 规范性引用文件

下列文件中的条款通过GB/T 25020的本部分的引用而成为本部分的条款。凡是注日期的引用文件，其随后所有的修改单(不包括勘误的内容)或修订版均不适用于本部分，然而，鼓励根据本部分达成协议的各方研究是否可使用这些文件的最新版本。凡是不注日期的引用文件，其最新版本适用于本部分。

GB/T 470 锌锭(GB/T 470—2008,ISO 752:2004,MOD)

GB/T 699 优质碳素结构钢

GB/T 700—2006 碳素结构钢(ISO 630:1995,NEQ)

GB/T 709—2006 热轧钢板和钢带的尺寸、外形、重量及允许偏差(ISO 7452:2002,ISO 16160:2000,NEQ)

GB/T 1591 低合金高强度结构钢

GB/T 2694—2003 输电线路铁塔制造技术条件

GB/T 3181 漆膜颜色标准

GB/T 4956—2003 磁性基体上非磁性覆盖层 覆盖层厚度测量 磁性法(ISO 2178:1982,IDT)

GB/T 5117 碳钢焊条

GB/T 5118 低合金钢焊条

GB/T 5210 色漆和清漆 拉开法附着力试验(GB/T 5210—2006,ISO 4624:2002,IDT)

GB/T 5293 埋弧焊用碳钢焊丝和焊剂

GB/T 8110 气体保护电弧焊用碳钢、低合金钢焊丝

GB/T 8162 结构用无缝钢管

GB/T 9286 色漆和清漆 漆膜的划格试验(GB/T 9286—1998,eqv ISO 2409:1992)

GB/T 9761 色漆和清漆 色漆的目视比色(GB/T 9761—2008,ISO 3668:1998,IDT)

GB/T 11374 热喷涂涂层厚度的无损测量方法(GB/T 11374—1989,neq ISO 2064:1980,ISO 2063)

GB/T 12470 埋弧焊用低合金钢焊丝和焊剂

GB/T 13452.2 色漆和清漆 漆膜厚度的测定(GB/T 13452.2—2008,ISO 2808:2007,IDT)

GB/T 13912 金属覆盖层 钢铁制件热浸镀锌层技术要求及试验方法(GB/T 13912—2002,ISO 1461:1999,MOD)

GB 50205—2001 钢结构工程施工质量验收规范

3 术语和定义

下列术语和定义适用于本部分。

3.1

标准检验弯矩　standard test bending moment

支柱在承载能力极限状态下，基础顶面处(支柱法兰盘底面)悬挂方向的弯矩标准值，即支柱的标称容量，用“M_k”表示，此时风速对应结构设计风速。

3.2

柱顶挠度检验弯矩　test bending moment for mast top deflection

为正常使用极限状态下柱顶挠度检验弯矩，包括悬挂荷载与风荷载，用“M_s”表示，此时风速对应风偏设计风速。

3.3

导高处挠度检验弯矩　test bending moment for contact wire height deflection

为正常使用极限状态下接触线高度(导高)处的挠度检验弯矩，仅包括风荷载作用，用“M_w”表示，此时风速对应风偏设计风速。

3.4

纵向焊缝　longitudinal weld

沿钢管长度方向分布的焊缝。

3.5

横向焊缝　transverse weld

垂直于钢管长度方向分布的焊缝。

3.6

局部厚度　partial thickness

在基本测量面内进行规定次数厚度测量的算术平均值。

3.7

干膜厚度　dry film thickness

每层漆变硬时的厚度。

4　分类与命名

4.1　分类

产品按外形分为：等径钢管支柱和锥形钢管支柱(锥度为 1∶100)两种，支柱外形见图 1。支柱的规格、外径(底径)、长度及检验弯矩见表 1 和表 2。

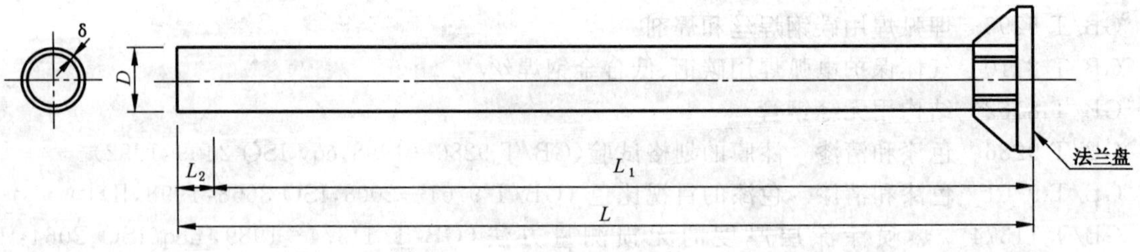

a)　等径钢管柱

L——柱高；
L_1——荷载点高度；
L_2——柱顶至荷载点距离(0.25 m)；
D——底径或直径；
d——梢径；
δ——壁厚。

图 1　钢管柱外形示意图

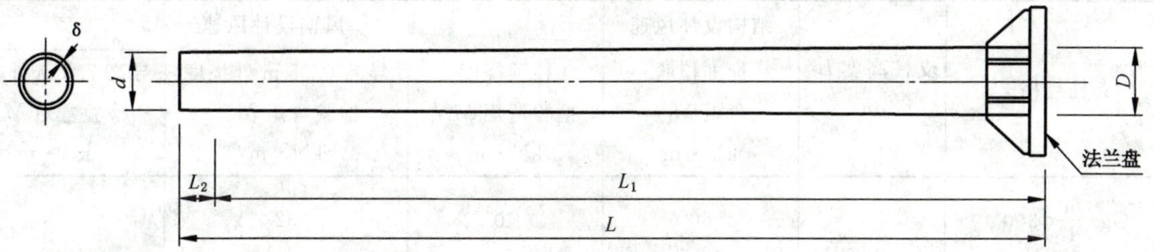

b) 锥形钢管柱

图 1（续）

表 1 电气化铁路接触网等径钢管支柱

支柱规格	支柱高度 L/m	结构设计风速	风偏设计风速		
		标准检验弯矩 M_k/kN·m	柱顶挠度检验弯矩 M_s/kN·m	导高 6.35 m 处挠度检验弯矩 M_w/kN·m	导高 7.5 m 处挠度检验弯矩 M_w/kN·m
$\text{Gg}\frac{60}{\text{L}}\Phi300$	8～11	60	56	39	28
$\text{Gg}\frac{80}{\text{L}}\Phi300$		80	72	48	36
$\text{Gg}\frac{100}{\text{L}}\Phi300$		100	80	53	40
$\text{Gg}\frac{120}{\text{L}}\Phi300$		120	96	64	48
$\text{Gg}\frac{140}{\text{L}}\Phi300$		140	100	70	51
$\text{Gg}\frac{160}{\text{L}}\Phi300$		160	110	75	55
$\text{Gg}\frac{60}{\text{L}}\Phi350$	8～11	60	60	47	36
$\text{Gg}\frac{80}{\text{L}}\Phi350$		80	80	54	42
$\text{Gg}\frac{100}{\text{L}}\Phi350$		100	100	63	46
$\text{Gg}\frac{120}{\text{L}}\Phi350$		120	120	80	56
$\text{Gg}\frac{140}{\text{L}}\Phi350$		140	140	93	65
$\text{Gg}\frac{160}{\text{L}}\Phi350$		160	160	107	75
$\text{Gg}\frac{180}{\text{L}}\Phi350$		180	180	115	85

注：支柱高度 $L \leqslant 9$ m 时，按导高 6.35 m 检验；支柱高度 $L > 9$ m 时，按导高 7.5 m 检验。

表 2　电气化铁路接触网锥形钢管支柱

支柱规格	支柱高度 L/m	结构设计风速	风偏设计风速	
		标准检验弯矩 M_k/kN·m	柱顶挠度检验弯矩 M_s/kN·m	导高 6.35 m 处挠度检验弯矩 M_w/kN·m	导高 7.5 m 处挠度检验弯矩 M_w/kN·m
Ggz $\frac{60}{L}\Phi 300$	8～11	60	40	32	23
Ggz $\frac{80}{L}\Phi 300$		80	50	40	28
Ggz $\frac{60}{L}\Phi 350$	8～11	60	55	40	30
Ggz $\frac{80}{L}\Phi 350$		80	70	54	38
Ggz $\frac{100}{L}\Phi 350$		100	85	65	48
Ggz $\frac{120}{L}\Phi 350$		120	100	78	56

注 1：支柱高度 $L\leqslant 9$ m 时，按导高 6.35 m 检验；支柱高度 $L>9$ m 时，按导高 7.5 m 检验。

注 2：表中支柱锥度为 1∶100。

4.2　钢管柱规格表示方法

4.2.1　规格结构

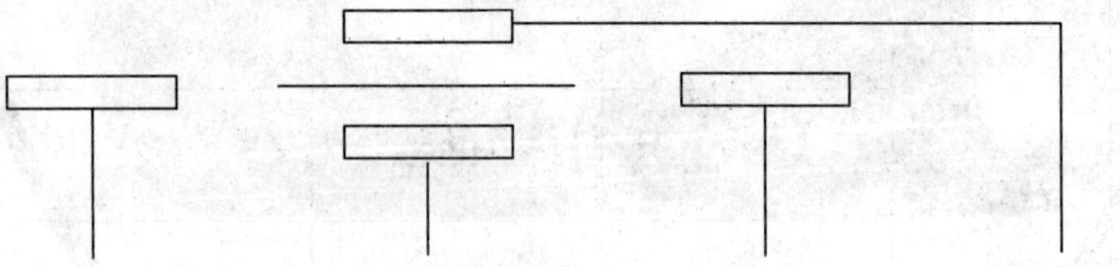

4.2.2　符号含义

钢管柱代号：Gg 表示等径钢管支柱；Ggz 表示锥形钢管支柱。

标称容量：表示钢管柱垂直线路方向的标称容量，单位为千牛米（kN·m）。

钢管柱高度：表示钢管柱高度，单位为米（m）。

钢管柱外径：表示钢管柱外径，锥形钢管柱表示钢管柱底径，单位为毫米（mm）。

4.2.3　规格示例

示例：Gg $\frac{100}{9}\Phi 350$

表示标称容量为 100 kN·m 的等径钢管柱，其柱高为 9 m，外径为 350 mm。

4.3　锚柱

所有钢管柱都可作为打拉线下锚柱使用，但悬挂方向的弯矩与由于下锚所产生悬挂方向的附加弯矩之和不应大于钢管柱的标准检验弯矩，下锚所产生的垂直分力可忽略不计。

5　技术要求

5.1　一般要求

钢管柱应符合本部分要求，并按技术文件制造，但经供需双方协议，也可设计生产其他规格的钢管柱。

5.2 原材料要求

5.2.1 钢材

5.2.1.1 钢材采用 Q235B、Q345 钢、20 号钢，钢材应具有质量证明书，其质量应符合 GB/T 700—2006、GB/T 709—2006、GB/T 1591 和 GB/T 699 的规定。无缝钢管应符合 GB/T 8162 的规定。

5.2.1.2 当钢管柱工作温度低于－20 ℃时，不得采用沸腾钢。

5.2.1.3 钢材表面质量应符合 GB 50205—2001 的规定。

5.2.2 焊接材料

钢管柱所用焊接材料应具有质量证明书，并应符合下列要求：

a) 手工焊接采用的焊条应与主体金属力学性能相适应，并应符合 GB/T 5117 和 GB/T 5118 的规定；

b) 自动焊接或半自动焊接采用的焊丝和相应的焊剂应与主体金属力学性能相适应，并应符合 GB/T 5293、GB/T 8110 和 GB/T 12470 的规定。

5.2.3 锌锭

钢管柱所用锌锭应具有出厂质量证明书，其质量应符合 GB/T 470 的规定。

5.3 制造要求

5.3.1 焊缝

钢管柱宜采用折弯机折压成型，可有 1 条或 2 条对称纵向焊缝。柱高小于或等于 11 m 时，钢管柱不允许有中间横向焊缝，也可采用无缝钢管制造。

5.3.2 下料

5.3.2.1 钢板下料宜采用数控氧-乙炔切割或机械剪切，热切割时应采取相应的冷却措施。

5.3.2.2 碳素结构钢在环境温度低于－20 ℃时，低合金结构钢在环境温度低于－15 ℃时，不应进行剪切。

5.3.2.3 气割前应将钢材切割区域表面的铁锈、污物等清除干净，气割后应清除熔渣和飞溅物。

5.3.3 焊接

5.3.3.1 纵向焊缝应采用气体保护焊打底，自动埋弧焊焊接。其他焊缝可采用二氧化碳气体保护焊或手工电弧焊。

5.3.3.2 焊缝应达到：外形均匀、成型良好，焊道与焊道、焊道与基本金属间过渡较平滑，焊渣和飞溅物基本清除干净。

5.3.3.3 影响镀锌质量的焊缝缺陷应进行修磨或补焊，且补焊的焊缝应与原焊缝间保持圆滑过渡。

5.3.3.4 未注明焊缝质量等级的焊缝，按三级焊缝质量检验，焊缝外观质量及焊缝高度应符合 GB 50205—2001 的规定。

5.3.4 折弯、矫正及制孔

5.3.4.1 碳素结构钢在环境温度低于－16 ℃时，低合金结构钢在环境温度低于－12 ℃时，不应进行折弯成型和冷矫正。

5.3.4.2 焊接后的支柱弯曲应进行矫正，矫正后的支柱弯曲允许偏差应符合表 3 的规定。

表 3 各部尺寸允许偏差

<table>
<tr><th>序号</th><th colspan="2">项 目 名 称</th><th>项点类别</th><th>允许偏差/mm</th></tr>
<tr><td>1</td><td colspan="2">柱高</td><td>B</td><td>±20</td></tr>
<tr><td>2</td><td colspan="2">弯曲度</td><td>A</td><td>L/1 000</td></tr>
<tr><td>3</td><td rowspan="2">直径</td><td>≤300 mm</td><td rowspan="2">B</td><td>±5</td></tr>
<tr><td></td><td>>300 mm</td><td>外径的±1.5%</td></tr>
</table>

表 3（续）

序号	项目名称		项点类别	允许偏差/mm
4	法兰盘	螺栓孔中心距	B	±1.5
		端板厚度	B	±1.0
注：A 为关键项点，B 为主要项点。				

5.3.4.3　孔边缘不应有裂纹、飞刺和大于 1.0 mm 的缺棱。

5.3.4.4　制孔的允许偏差应符合 GB 50205—2001 的规定。

5.4　锌层及涂层技术要求

5.4.1　热浸镀锌

钢管柱宜采用热浸镀锌防腐，当采用其他防腐技术时，应满足相关标准要求。钢管柱的热浸镀锌应在制作质量检验合格后进行。热浸镀锌应符合 GB/T 13912 和 GB/T 2694—2003 的规定。钢管柱应设热浸镀锌工艺孔。

5.4.2　外观质量与外形尺寸

5.4.2.1　钢管柱锌层表面应具有实用性光滑，不允许有锌刺、滴瘤和多余结块，其外观质量应符合表 4 和 GB/T 13912 的规定。

5.4.2.2　热浸镀锌后应对钢管支柱进行矫正，矫正后其外形尺寸应符合表 3 的规定。

表 4　外观质量

序号	项目名称	项点类别	技术要求
1	表面	B	目测锌层表面应连续完整，具有实用性光滑，无粗糙，无起皮，无残留的溶剂渣。允许存在发暗或浅灰色的色彩不均匀区域
2	漏镀	B	每根钢管支柱漏镀面不应超过 10 处，每个漏镀面的面积不应超过 10 cm^2
3	锌灰粘附面积	B	小于 2%外表面积，如大于 2%外表面积应人工进行清理返修
4	锌刺	B	不允许。如有，应清除锌刺部分
5	滴瘤、结块	B	不允许
6	过酸洗	B	不允许
注：B 为主要项点。			

5.4.3　修复

热浸镀锌漏镀面应用罐装冷喷锌或富锌底漆、面漆各一道进行修复，干膜锌含量不应小于 92%。

5.4.4　锌层附着量和锌层厚度

钢管柱壁厚小于 5 mm 时，锌附着量不应低于 460 g/m^2，即任何局部锌层厚度不应低于 65 μm；壁厚大于或等于 5 mm 时，锌附着量不应低于 610 g/m^2，即任何局部锌层厚度不应低于 86 μm。

5.4.5　锌层附着性

锌层应与金属基体结合牢固，应保证没有剥落或起皮现象，按 GB/T 2694—2003 规定的试验方法进行锤击试验后，锌层不凸起、不剥离。

5.4.6　锌层均匀性

锌层应均匀，用硫酸铜溶液浸蚀四次后不应露铁。

5.4.7　涂料涂装

5.4.7.1　热浸镀锌钢管柱有涂装要求时，可采用氟树脂涂料（简称：氟碳涂料）双重防腐涂装体系，其技术指标参见附录 A。当采用其他涂装体系时，应满足本部分相关技术要求。

5.4.7.2 表面涂层颜色应具有景观效果，且不得与铁路信号:红、绿、黄色相干扰，并应符合 GB/T 3181 的规定。

5.4.7.3 涂装样板制作参照 HG/T 3792 的规定，按指定的颜色制作热浸镀锌钢板涂装样板，样板颜色的目视比色按 GB/T 9761 的规定进行。

5.4.7.4 涂装应在钢管柱热浸镀锌检验合格后进行，在钢管柱出厂前完成。不需喷涂的预留孔部位，应采取适当的喷涂屏蔽措施。

5.4.7.5 涂装工艺要求如下：

a) 热浸镀锌后应及时进行喷涂作业，间隔时间不应超过 7 d；

b) 热浸镀锌层表面的污渍、锌灰、锌瘤及毛刺等，应清除干净；

c) 对于在涂装之前已经破坏的锌层需要用环氧富锌底漆进行修补方可进行下一步涂装；

d) 氟碳涂料涂装作业时，环境温度不应低于 5 ℃，相对湿度不应大于 80%。雨天、雾天及风沙场合不允许作业。

5.4.7.6 涂层质量要求如下：

a) 涂料涂层表面应平整均匀，不允许有剥落、起泡、裂纹、气孔，允许有不影响防护性的轻微橘皮、流挂、刷痕和少量杂质；

b) 涂层的色差与样板比较，色差目测不明显，色差 $\Delta E \leqslant 2$；

c) 涂层干燥后的干膜总厚度不应低于 80 μm；

d) 涂层的附着力可采用拉力试验法或划格试验法试验。采用拉力试验法时，附着力不应低于 5.9 MPa；采用划格试验法时，附着力不大于 2 级。

5.5 结构性能

5.5.1 标准检验弯矩

钢管柱加载至标准检验弯矩时，锌层、涂层不剥离，不凸起。

5.5.2 柱顶挠度检验弯矩

钢管柱加载至柱顶挠度检验弯矩时，其柱顶挠度不应大于 $\frac{1.5L}{100}$(L 为柱高)。

5.5.3 导高处挠度检验弯矩

钢管柱加载至导高处挠度检验弯矩时，其导高处挠度不应大于 50 mm。

5.5.4 承载力检验弯矩

钢管柱加载至承载力检验弯矩(为标准检验弯矩的 150%)时，不应屈服，焊缝不开裂，锌层、涂层不剥离，柱体不产生鼓曲塑性变形(表面凹或凸)。

6 试验方法

6.1 检验用仪器设备

检验用仪器设备及尺寸测量量具的技术要求见表 5。

表 5 检验用仪器设备及尺寸测量量具的技术要求

序号	检测仪器名称	量程	准确度	分度值
1	拉力传感器及测试仪	(0～100)kN	1%	0.1 kN
		(0～50)kN	1%	0.1 kN
2	游标卡尺	(0～300)mm	±0.02 mm	0.02 mm
		(0～1 000)mm	±0.02 mm	0.02 mm

表 5(续)

序号	检测仪器名称	量程	准确度	分度值
3	涡流测厚仪	(0～500)μm	±5 μm	1 μm
4	磁性测厚仪	(0～500)μm	±5 μm	1 μm
5	锌层附着性试验装置	锤头重 210 g		
6	钢直尺	(0～300)mm (0～1 000)mm	±0.5 mm	1.0 mm
7	钢卷尺	(0～20)m	±0.5 mm	1.0 mm
8	经纬仪	26 倍		

6.2 外观及尺寸

钢管柱的外观质量检查主要以目测为主。钢管柱的外形基本尺寸用钢卷尺、钢直尺和游标卡尺测量。

6.3 锌层及涂层质量检验

6.3.1 锌层质量检验

6.3.1.1 锌层厚度测量

取两端和中部三处外观质量合格、面积为 1 cm^2 的矩形表面为基本测量面,每个基本测量面测量五个点,取其算术平均值作为局部厚度。

6.3.1.2 锌层附着性

按 GB/T 2694—2003 的规定进行检验。

6.3.1.3 锌层均匀性

按 GB/T 2694—2003 的规定进行检验,试样由企业提供与支柱相同工艺条件下的测试面积不小于 100 cm^2 的试板。

6.3.2 锌层和涂层总厚度的测定

按 GB/T 4956—2003 的规定用磁性测厚仪测定,测点位置按 GB/T 11374 的规定进行。

6.3.3 涂层质量检验

6.3.3.1 涂层厚度

涂层干燥后的干膜厚度用涡流测厚仪测定,并符合 GB/T 13452.2 的规定。

6.3.3.2 涂层附着力检验

按 GB/T 5210 做拉开试验或按 GB/T 9286 做划格试验。

6.4 结构性能检验

6.4.1 结构性能检验要求

结构性能检验应在锌层及涂层质量检验合格后进行。

6.4.2 结构性能检验方法

结构性能检验采用立式试验方法,钢管支柱受力方向为水平。试验方法布置如图 2。

6.4.3 钢管柱的加荷程序

正式测试前应对支柱预加 50%的标准检验弯矩值以消除安装间隙,按标准重新紧固螺栓,卸荷后测量挠度初始值。

第一步:由零按导高处挠度检验弯矩 25%的级差加荷至导高处挠度检验弯矩值,每次静停时间不少于 1 min,测量并记录支柱的挠度值。

第二步:由导高处挠度检验弯矩卸荷至零,静停时间不少于 3 min,测量并记录其挠度值。

第三步:由零按柱顶挠度检验弯矩 20%的级差加荷至柱顶挠度检验弯矩的 80%,每次静停时间不少于 1 min；再按柱顶挠度检验弯矩 10%的级差继续加荷至柱顶挠度检验弯矩值，每次静停时间不少于 3 min，观察支柱的变形情况及锌层涂层是否剥离，测量并记录支柱的挠度值。

第四步：由柱顶挠度检验弯矩按 50%的级差卸荷至零，每次静停时间不少于 3 min，测量并记录其挠度值。

第五步：由零按标准检验弯矩 20%的级差加荷至标准检验弯矩，测量并记录其挠度值，递增至标准检验弯矩的 120%，每次静停时间不少于 1 min，再按标准检验弯矩 10%的级差继续加荷，递增至标准检验弯矩的 150%（即承载力检验弯矩），每次静停时间不少于 3 min，观察支柱的变形情况及锌层是否剥离，焊缝是否开裂，柱体是否产生塑性变形（表面凹或凸），测量并记录支柱的挠度值。

第六步：按标准检验弯矩 50%的级差卸荷至零，每次静停时间不少于 3 min，测量并记录其挠度值。

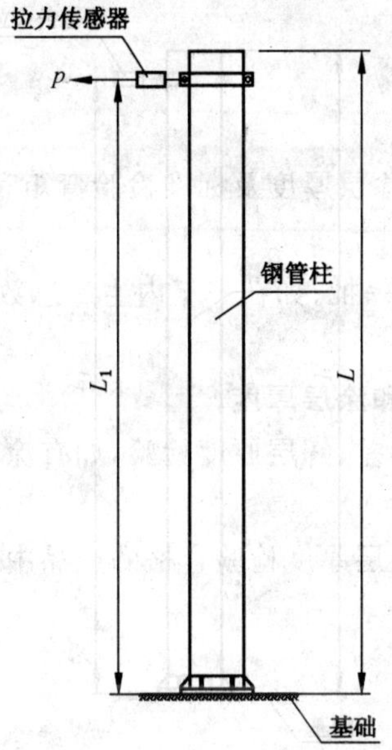

p——水平荷载，单位为千牛(kN)；

L——支柱高度，单位为米(m)；

L_1——荷载点高度，单位为米(m)。

图 2　试验方法布置

6.4.4　测量要求

支柱试验时，将经纬仪放置于垂直悬挂方向，任一级荷载下的支柱挠度，可用经纬仪直接测出。

6.4.5　基础要求

钢管柱试验基础应稳定可靠，不应有基础转角变形。

6.4.6　试验结果评定

6.4.6.1　弯矩计算[见式(1)]

$$M_{\mu i} = p_{\mu i} \cdot L_1 \qquad \cdots\cdots (1)$$

式中：

$M_{\mu i}$——任一级荷载作用下的弯矩值，单位为千牛米(kN·m)；

$p_{\mu i}$——任一级荷载加荷值，单位为千牛(kN)；

L_1——荷载点高度，单位为米(m)。

6.4.6.2　试验结果评定

实测承载力检验弯矩应符合式(2)要求：

$$M_{\mu}^{o} \geq [\rho_{\mu}] \cdot M_{k} \qquad \cdots\cdots (2)$$

式中：

M_{μ}^{o}——支柱达到承载力检验标志时的实测弯矩值，单位为千牛米(kN·m)；

β_{μ}——支柱承载力综合检验系数允许值为 1.5；

M_{k}——标准检验弯矩，单位为千牛米(kN·m)。

6.4.6.3 **挠度检验**

钢管柱挠度检验结果应符合式(3)要求：

$$f_{s}^{0} < [f_{j}] \quad \cdots\cdots\cdots\cdots (3)$$

式中：

f_{s}^{0}——柱顶挠度检验弯矩下柱顶挠度的实测值，单位为毫米(mm)；

$[f_{j}]$——本部分 5.5 中规定的柱顶挠度检验弯矩下挠度的允许值，单位为毫米(mm)。

7 检验规则

7.1 出厂检验

7.1.1 检查项目

包括外观质量、尺寸偏差、锌层和涂层厚度及标准检验弯矩和挠度检验。

7.1.2 批量

同一规格的钢管柱，每 2 000 根为一批；如在一年内生产总数不足 2 000 根，也应作为一个验收批。

7.1.3 抽样

7.1.3.1 外观质量、尺寸偏差和锌层和涂层厚度

所有钢柱均进行外观质量、尺寸偏差、锌层厚度检验，如有涂装要求钢管柱尚需进行涂层厚度检验。

7.1.3.2 结构性能

从外观质量、尺寸偏差及锌层和涂层厚度检验合格的产品中，每批随机抽取 1 根进行标准检验弯矩和挠度检验。

7.1.4 判定

7.1.4.1 外观质量和尺寸偏差

每根钢管柱：A 类项点应全部合格；B 类项点的不合格判定数等于 3(Re=3)。不合格钢管柱应剔除。

7.1.4.2 锌层、涂层厚度

每根钢管柱锌层厚度、涂层厚度分别符合本部分 5.4.4 和 5.4.7.6c)的规定，则判定该产品锌层厚度、涂层厚度合格，如有不合格产品应剔除，并重新进行防腐处理。

7.1.4.3 结构性能

钢管柱进行标准检验弯矩和挠度检验时，均符合本部分 5.5 的规定，则判定该产品的结构性能合格。如其中有一项不合格时，允许从同批产品中再抽取 2 根进行复验，其中仍有 1 项不合格时，则判定该批产品结构性能不合格。

7.1.4.4 修复

外观缺陷允许修补的产品应修补完好，经检验合格后，可按合格品验收。

7.1.4.5 总判定

外观质量、尺寸偏差、锌层厚度、涂层厚度及结构性能均合格，则判定该批产品为合格。

7.2 型式检验

7.2.1 检验条件

有下列情况之一时，进行型式检验：

a) 当首次投产或结构、材料、工艺有较大改变时；

b) 停产一年或异地生产时；

c) 出厂检验结果与上次型式检验有较大差异时；

d) 当同一规格的钢管柱累计生产 4 000 根或在三年内生产总数不足 4 000 根时。

7.2.2 检验项目

包括外观质量、尺寸偏差、锌层和涂层质量及标准检验弯矩、挠度和承载力检验弯矩检验。

7.2.3 抽样

7.2.3.1 外观质量、尺寸偏差、锌层和涂层厚度

每批随机抽取5根进行外观质量、尺寸偏差、锌层厚度，如有涂装要求的钢管柱尚需进行涂层厚度检验。

7.2.3.2 锌层均匀性能

试样由企业提供相同工艺条件下的测试面积不小于100 cm^2 的试板。

7.2.3.3 锌层附着性及涂层附着力

从外观质量、尺寸偏差、锌层厚度均合格的产品中随机抽取2根。

7.2.3.4 结构性能

从外观质量、尺寸偏差、锌层及涂层质量均合格的产品中随机抽取2根。

7.2.4 判定

7.2.4.1 外观质量和尺寸偏差

受检钢管柱：A类项点应全部合格；每根钢管柱的B类项点的不合格判定数等于3(Re=3)。

7.2.4.2 锌层及涂层质量

锌层厚度、附着性、均匀性及涂层质量判定如下：

a) 受检钢管柱锌层厚度均符合本部分5.4.4的规定，则判定锌层厚度合格；

b) 锌层附着性符合本部分5.4.5的规定，则判定锌层附着性合格；

c) 锌层均匀性能符合本部分5.4.6的规定，则判定锌层均匀性能合格；

d) 涂层质量符合本部分5.4.7.6的规定，则判定涂层质量合格。

7.2.4.3 结构性能

受检钢管柱进行标准检验弯矩、承载力检验弯矩和挠度检验时，均符合本部分5.5的规定，则判定结构性能合格。其中有一项不合格时，则判定结构性能不合格。

7.2.4.4 总判定

外观质量、尺寸偏差、锌层及涂层质量和结构性能均合格，则判定型式检验为合格。

8 标志与出厂证明书

8.1 钢管柱采用标志牌，其内容应包括：制造厂名、产品名称、规格型号和生产日期。

8.2 钢管柱包装应按协议要求的包装方法和包装限重等规定进行。如协议无规定时，一般不包装。

8.3 出厂质量证明书包括下列内容：

a) 证明书编号；

b) 执行标准编号；

c) 制造厂厂名(或厂标)及地址；

d) 产品规格数量及制造年月；

e) 质量检验结果；

f) 制造厂检验部门签章。

9 保管及运输

9.1 钢管柱存放场地平整坚实，无积水。钢管柱应按种类、型号分区存放，钢管柱底层木垫枕应有足够的支撑面，以防止支点下沉。相同型号的钢管柱叠放时，各层钢管柱的支点应在同一垂直线上，堆放不

应超过五层，层间应设垫层，以防止钢管柱被压坏或变形。

9.2 吊装钢管钢管柱每次不应超过 2 根，且宜采用两点吊装。

9.3 钢管柱在装车、运输和卸车时，应妥善固定，保证不发生变形，不损伤涂层。钢管柱发运应按交通运输部门的规章办理。

9.4 不允许用人工从车上推下钢管柱的方式卸车。

附　录　A
（资料性附录）
氟碳涂料涂装体系的技术要求

A.1　涂料涂装体系

涂料涂装体系见表 A.1。

表 A.1　涂装体系

序号	涂层名称	每道干膜最小厚度/μm	至少道数	干膜(锌层)最小厚度/μm	涂层总厚度/μm
1	基体热浸锌层	—	—	86	—
2	底漆	40	1	40	80
3	氟碳面漆	20	2	40	

A.2　底漆技术要求

底漆符合表 A.2 的要求。

表 A.2　底漆的技术要求

项　　目		单位	技术要求
涂层颜色和外观		—	灰色，颜色均一，漆膜平整
黏度(涂 4 杯)		s	≥60
干燥时间	表干	h	≤1
	实干	h	≤24
耐冲击		cm	≥50
附着力	拉开法	MPa	≥5.9
	划格法	级	≤2
耐盐水性		h	48

A.3　氟碳面漆技术要求

面层涂料要具有超高的耐候性，具有优异耐酸、耐碱、耐盐及其他化学物质腐蚀的化学性能及优异的力学性能，并符合表 A.3 和 HG/T 3792 的规定。

表 A.3　氟碳面漆的技术要求

项　　目		单位	技术要求
溶剂可溶物氟含量		%	≥22
涂层颜色和外观		—	颜色均一，漆膜平整
不挥发份	实体色	%	≥55
	金属色		≥45
黏度(涂 4 杯)		s	≥30
重涂性		重涂无障碍	

表 A.3（续）

项　　目		单位	技 术 要 求
干燥时间 （24 ℃，相对湿度 50%）	表干	h	≤2
	实干	h	≤24
耐弯曲		mm	≤2
耐冲击		cm	≥50
附着力	拉开法	MPa	≥5.0
	划格法	级	≤2
耐碱性（5%NaOH）		h	168
耐酸性（5%H_2SO_4）		h	168
耐水性		h	168
耐人工气候老化		h	4 000 h 不起泡，不脱落，不开裂 粉化≤1，变色≤2，失光≤2

参 考 文 献

[1] HG/T 3792 交联型氟树脂涂料.

ICS 29.280
S 82

中华人民共和国国家标准

GB/T 25020.4—2010

电气化铁路接触网钢支柱
第4部分：H形支柱

Steel pole for overhead contact system of electrified railway—
Part 4: H section pole

2010-09-02 发布　　　　2010-12-01 实施

中华人民共和国国家质量监督检验检疫总局
中国国家标准化管理委员会　发布

前　言

GB/T 25020《电气化铁路接触网钢支柱》分为四个部分：

——第1部分：格构式支柱；

——第2部分：方形钢管支柱；

——第3部分：环形钢管支柱；

——第4部分：H形支柱。

本部分为GB/T 25020的第4部分。

本部分参照采用DIN 1025-2-1995《热轧工字钢　第2部分：宽工字钢　IPB系列、尺寸、质量、断面性能》，DIN 1025-4-1994《热轧工字钢　重型宽缘工字钢　IPBV系列、尺寸、质量、截面特征》和DIN EN 10034《工字钢及H形钢截面　形状及尺寸公差》。

本部分的附录B是规范性附录，附录A是资料性附录。

本部分由中华人民共和国铁道部提出。

本部分由中铁电气化局集团有限公司归口。

本部分起草单位：中国铁道科学研究院铁道建筑研究所、中铁电气化局集团有限公司、中铁电气化勘测设计研究院有限公司、中铁电气化局集团保定制品有限公司、铁道部产品质量监督检验中心、上海衡峰氟碳材料有限公司、中铁工程设计咨询集团有限公司、宝鸡接触网器材检测中心、中铁电气化局集团宝鸡器材有限公司。

本部分主要起草人：魏齐威、刘峰涛、安湘英、季增元、戴贤兴、刘谦、李中然、张宏武、陈润涛。

电气化铁路接触网钢支柱
第4部分:H形支柱

1 范围

GB/T 25020的本部分规定了电气化铁路接触网H形钢支柱的产品分类、技术要求、试验方法、检验规则、标志和出厂证明书、保管及运输等。

本部分适用于电气化铁路接触网H形钢支柱(以下简称H形钢柱),城市轨道交通采用的同类接触网H形钢柱可参照本部分执行。

2 规范性引用文件

下列文件中的条款通过GB/T 25020的本部分的引用而成为本部分的条款。凡是注日期的引用文件,其随后所有的修改单(不包括勘误的内容)或修订版均不适用于本部分,然而,鼓励根据本部分达成协议的各方研究是否可使用这些文件的最新版本。凡是不注日期的引用文件,其最新版本适用于本部分。

GB/T 470 锌锭(GB/T 470—2008,ISO 752:2004,MOD)

GB/T 700—2006 碳素结构钢(ISO 630:1995,NEQ)

GB/T 1591 低合金高强度结构钢

GB/T 2694—2003 输电线路铁塔制造技术条件

GB/T 3181 漆膜颜色标准

GB/T 4956—2003 磁性基体上非磁性覆盖层 覆盖层厚度测量 磁性法(ISO 2178:1982,IDT)

GB/T 5117 碳钢焊条

GB/T 5118 低合金钢焊条

GB/T 5210 色漆和清漆 拉开法附着力试验(GB/T 5210—2006,ISO 4624:2002,IDT)

GB/T 5293 埋弧焊用碳钢焊丝和焊剂

GB/T 8110 气体保护电弧焊用碳钢、低合金钢焊丝

GB/T 9286 色漆和清漆 漆膜的划格试验(GB/T 9286—1998,eqv ISO 2409:1992)

GB/T 9761 色漆和清漆 色漆的目视比色(GB/T 9761—2008,ISO 3668:1998,IDT)

GB/T 11263—2005 热轧H型钢和剖分T型钢

GB/T 11374 热喷涂涂层厚度的无损测量方法(GB/T 11374—1989,neq ISO 2064:1980,ISO 2063)

GB/T 12470 埋弧焊用低合金钢焊丝和焊剂

GB/T 13452.2 色漆和清漆 漆膜厚度的测定(GB/T 13452.2—2008,ISO 2808:2007,IDT)

GB/T 13912 金属覆盖层 钢铁制件热浸镀锌层技术要求及试验方法(GB/T 13912—2002,ISO 1461:1999,MOD)

GB 50205—2001 钢结构工程施工质量验收规范

3 术语和定义

下列术语和定义适用于本部分。

3.1

标准检验弯矩　standard test bending moment

H形钢柱在承载能力极限状态下，基础顶面处(H形钢柱法兰盘底面)悬挂方向的弯矩标准值，即钢柱的标称容量，用“M_k”表示，此时风速对应结构设计风速。

3.2

柱顶挠度检验弯矩　test bending moment for mast top deflection

为正常使用极限状态下柱顶挠度检验弯矩，包括悬挂荷载与风荷载，用“M_s”表示，此时风速对应风偏设计风速。

3.3

导高处挠度检验弯矩　test bending moment for contact wire height deflection

为正常使用极限状态下接触线高度(导高)处的挠度检验弯矩，仅包括风荷载作用，用“M_w”表示，此时风速对应风偏设计风速。

3.4

扭矩标准值　standard torsion moment

H形钢柱在承载能力极限状态下，作用在柱顶处的扭矩标准值。

3.5

环境温度　ambient temperature

制作时现场的温度。

3.6

局部厚度　partial thickness

在基本测量面内进行规定次数厚度测量的算术平均值。

3.7

干膜厚度　dry film thickness

每层漆变硬时的厚度。

4　分类与命名

4.1　分类

产品分为两个系列：系列1和系列2。H形钢柱的规格、高度及检验弯矩等见表1和表2。

表1　电气化铁路接触网H形钢柱系列1

钢柱规格	截面尺寸($h\times b\times t_1\times t_2$)	柱高 L/m	标准检验弯矩 M_k/kN·m	柱顶挠度检验弯矩 M_s/kN·m	导高处挠度检验弯矩 M_w/kN·m	扭矩标准值/kN·m	扭矩力臂 S/mm
GH 240X/7.5	240×240×10×17	7.5	120	115	70	2	123
GH 240X/8		8.0	120	110	67	2	132
GH 240X/8.5		8.5	110	105	66	2	153
GH 240X/9		9.0	110	100	64	2	162
GH 240X/9.5		9.5	110	95	48	2	171
GH 240X/10		10.0	100	92	48	2	198
GH 240X/10.5		10.5	100	88	46	2	208
GH 240X/11		11.0	100	85	45	2	218

表 1（续）

钢柱规格	截面尺寸（$h\times b\times t_1\times t_2$）	柱高 L/m	标准检验弯矩 M_k/kN·m	柱顶挠度检验弯矩 M_s/kN·m	导高处挠度检验弯矩 M_w/kN·m	扭矩标准值/kN·m	扭矩力臂 S/mm
GH 260X/7.5	260×260×10×17.5	7.5	150	150	92	2	99
GH 260X/8		8.0	150	140	90	2	105
GH 260X/8.5		8.5	150	140	87	2	112
GH 260X/9		9.0	140	130	85	2	127
GH 260X/9.5		9.5	140	125	63	2	134
GH 260X/10		10.0	140	120	62	2	141
GH 260X/10.5		10.5	130	115	60	2	160
GH 260X/11		11.0	130	110	60	2	168
GH 280X/7.5	280×280×10.5×18	7.5	190	190	117	2	78
GH 280X/8		8.0	180	180	113	2	88
GH 280X/8.5		8.5	180	180	111	2	93
GH 280X/9		9.0	180	170	110	2	99
GH 280X/9.5		9.5	170	160	81	2	110
GH 280X/10		10.0	170	155	80	2	116
GH 280X/10.5		10.5	160	150	80	2	130
GH 280X/11		11.0	160	144	78	2	136
GH 300X/7.5	300×300×11×19	7.5	230	230	151	4	129
GH 300X/8		8.0	230	230	150	4	137
GH 300X/8.5		8.5	220	220	145	4	153
GH 300X/9		9.0	220	220	143	4	162
GH 300X/9.5		9.5	220	210	106	4	171
GH 300X/10		10.0	210	200	105	4	189
GH 300X/10.5		10.5	210	195	102	4	198
GH 300X/11		11.0	200	190	102	4	218
GH T 240X/7.5	270×248×18×32	7.5	240	240	145	10	308
GH T 240X/8		8.0	240	240	144	10	329
GH T 240X/8.5		8.5	240	225	139	10	350
GH T 240X/9		9.0	230	215	138	10	387
GH T 240X/9.5		9.5	230	205	100	10	409
GH T 240X/10		10.0	230	195	100	10	430
GH T 240X/10.5		10.5	220	185	100	10	473
GH T 240X/11		11.0	220	180	95	10	495

注 1：表中截面尺寸，h 表示 H 形钢的截面高度，单位为毫米(mm)，b 表示截面宽度，单位为毫米(mm)，t_1 表示腹板厚度，单位为毫米(mm)，t_2 表示翼缘厚度，单位为毫米(mm)。

注 2：表中检验弯矩按 10 kN 轴力(不含自重)确定。

注 3：支柱高度 $L\leqslant 9$ m 时，按导高 6.15 m 检验；支柱高度 $L>9$ m 时，按导高 7.25 m 检验。

表 2　电气化铁路接触网 H 形钢柱系列 2

钢柱规格	截面尺寸 ($h \times b \times t_1 \times t_2$)	柱高 L/m	标准检验弯矩 M_k/kN·m	柱顶挠度检验弯矩 M_s/kN·m	导高处挠度检验弯矩 M_w/kN·m	扭矩标准值/kN·m	扭矩力臂 S/mm
GHd 250X/8	250×250×9×14	8.0	100	100	63	—	—
GHd 250X/9		9.0	100	95	60	—	—
GHd 294X/8	294×200×8×12	8.0	60	60	60	—	—
GHd 294X/9		9.0	60	60	60	—	—
GHd 294X/11		11.0	40	40	40	—	—
GHd 300X/8	300×300×10×15	8.0	170	170	119	—	—
GHd 300X/9		9.0	160	160	112	—	—
GHd 300X/11		11.0	150	150	82	—	—
GHd 340X/8	340×250×9×14	8.0	140	140	124	—	—
GHd 340X/9		9.0	130	130	117	—	—
GHd 340X/11		11.0	110	110	85	—	—
GHd 390X/8	390×300×10×16	8.0	240	240	223	—	—
GHd 390X/9		9.0	230	230	213	—	—
GHd 390X/11		11.0	200	200	150	—	—
GHs 300X/8	2×300×150×6.5×9	8.0	140	140	84	10	564
GHs 300X/9		9.0	140	125	81	10	636
GHs 300X/11		11.0	140	105	57	10	779
GHs 294X/8	2×294×200×8×12	8.0	230	215	128	10	344
GHs 294X/9		9.0	230	195	126	10	387
GHs 294X/11		11.0	220	165	90	10	496

注 1：表中截面尺寸 h 表示 H 形钢的截面高度，单位为毫米(mm)，b 表示截面宽度，单位为毫米(mm)，t_1 表示腹板厚度，单位为毫米(mm)，t_2 表示翼缘厚度，单位为毫米(mm)。

注 2：表中检验弯矩按 8 kN 轴力(不含自重)确定。

注 3：支柱高度 $L \leqslant 9$ m 时，按导高 6.15 m 检验；支柱高度 $L > 9$ m 时，按导高 7.25 m 检验。

4.2　H 形钢柱规格表示方法

4.2.1　规格结构

4.2.2 符号含义

H形钢柱代号：GH和GH T表示符合系列1的H形钢柱；GHd表示符合系列2的单H形钢柱；GHs表示符合系列2的双H形钢柱。

截面标称高度：表示H形钢柱截面标称高度，单位为毫米(mm)。

柱底法兰盘代号：表示H形钢柱柱底法兰盘代号。

钢柱高度：表示H形钢柱高度，单位为米(m)。

4.2.3 规格示例

示例：GH 240X/9.5

表示符合系列1的H形钢柱，其截面标称高度为240 mm，法兰盘型号为X(X按设计图纸确定，可为A、B、C、D、E)，柱高为9.5 m。

4.3 锚柱

H形钢柱用于打拉线下锚柱使用时，应考虑由于下锚所产生的附加弯矩和垂直力对H形钢柱的影响。

5 技术要求

5.1 一般要求

H形钢柱应符合本部分要求，并按技术文件制造，但经供需双方协议，也可设计生产其他规格的H形钢柱。

5.2 原材料要求

5.2.1 钢材

5.2.1.1 钢材采用Q235B或Q345钢，钢材应具有质量证明书，其质量应符合GB/T 700—2006和GB/T 1591的规定。

5.2.1.2 所有H形钢柱，不允许采用沸腾钢。

5.2.1.3 H形钢表面质量应符合GB/T 11263—2005的规定，其他钢材表面质量应符合GB 50205—2001的规定。

5.2.2 焊接材料

H形钢柱所用焊接材料应具有质量证明书，并应符合下列要求：

a) 二氧化碳气体保护焊和手工电弧焊接采用的焊丝、焊条应与主体金属力学性能相适应，并应符合GB/T 5117和GB/T 5118的规定；

b) 自动焊接和半自动焊接采用的焊丝和相应的焊剂应与主体金属力学性能相适应，并应符合GB/T 5293、GB/T 8110和GB/T 12470的规定。

5.2.3 锌锭

H形钢柱所用锌锭应具有出厂质量证明书，其质量应符合GB/T 470的规定。

5.3 制造要求

5.3.1 制作要求

柱高小于或等于11 m时，H形钢柱应整根制作，不允许拼接。

5.3.2 下料

5.3.2.1 H形钢定长下料宜采用氧-乙炔或等离子切割。

5.3.2.2 钢板下料宜采用数控氧-乙炔切割或机械剪切，热切割时应采取相应的冷却措施。

5.3.2.3 碳素结构钢在环境温度低于−20 ℃时，低合金结构钢在环境温度低于−15 ℃时，不应进行剪切。

5.3.2.4 气割前应将钢材切割区域表面的铁锈、污物等清除干净，气割后应清除熔渣和飞溅物。

5.3.3 焊接

5.3.3.1 纵向焊缝应采用气体保护焊打底，自动埋弧焊焊接。其他焊缝可采用二氧化碳气体保护焊或手工电弧焊。

5.3.3.2 焊缝应达到：外形均匀、成型良好，焊道与焊道、焊道与基本金属间过渡较平滑，焊渣和飞溅物基本清除干净。

5.3.3.3 焊缝缺陷应进行修磨或补焊，且补焊的焊缝应与原焊缝间保持圆滑过渡。

5.3.3.4 未注明焊缝质量等级的焊缝，按三级焊缝质量检验，焊缝外观质量及焊缝高度应符合GB 50205—2001 的规定。

5.3.4 矫正及制孔

5.3.4.1 焊接后的H形钢柱弯曲应采用机械矫正方法进行矫正，矫正后的H形钢柱弯曲允许偏差应符合表3的规定。

表3 外观质量

序号	项目名称	项点类别	技术要求
1	表面	B	目测锌层表面应连续完整，具有实用性光滑，无粗糙，无起皮，无残留的溶剂渣。允许存在发暗或浅灰色的色彩不均匀区域
2	漏镀	B	每根H形钢柱漏镀面不应超过10处，每个漏镀面的面积不应超过 10 cm^2
3	锌灰粘附面积	B	小于2%外表面积，如大于2%外表面积应人工进行清理返修
4	锌刺	B	不允许。如有，应清除锌刺部分
5	滴瘤、结块	B	不允许
6	过酸洗	B	不允许
注：B为主要项点。			

5.3.4.2 孔边缘不应有裂纹、飞刺和大于1.0 mm的缺棱。

5.3.4.3 制孔的允许偏差应符合GB 50205—2001 的规定。

5.4 锌层及涂层技术要求

5.4.1 热浸镀锌

5.4.1.1 H形钢柱宜采用整体热浸镀锌，并应在制作质量检验合格后进行。热浸镀锌应符合GB/T 13912 和 GB/T 2694—2003 的规定。

5.4.1.2 H形钢柱不得扭曲，其外观质量应符合表3和GB/T 13912 的规定。

5.4.1.3 热浸镀锌后应对H形钢柱进行矫正，矫正后其外形尺寸应符合表4的规定。

表4 各部尺寸允许偏差

序号	项目名称	项点类别	允许偏差/mm
1	H形钢柱高度	B	+60,0
2	H形钢柱横截面高度	B	+4,−2
3	H形钢柱横截面宽度	B	±4

表 4（续）

<table>
<tr><th>序号</th><th colspan="3">项 目 名 称</th><th>项点类别</th><th>允许偏差/mm</th></tr>
<tr><td rowspan="5">4</td><td rowspan="5">H 形钢柱柱身预留孔相邻孔中心距</td><td colspan="2">横 向</td><td rowspan="5">B</td><td>±1.2</td></tr>
<tr><td rowspan="4">纵向</td><td>≤400</td><td>±1.2</td></tr>
<tr><td>>400～1 000</td><td>±2.0</td></tr>
<tr><td>>1 000～2 000</td><td>±3.0</td></tr>
<tr><td>≥2 000</td><td>±4.0</td></tr>
<tr><td rowspan="3">5</td><td rowspan="3">H 形钢柱翼缘厚度(t_2)</td><td rowspan="2">系列 1</td><td>10≤t_2<20</td><td rowspan="3">B</td><td>+2.5，−1.5</td></tr>
<tr><td>30≤t_2<40</td><td>+2.5，−2.5</td></tr>
<tr><td colspan="2">系列 2</td><td>±1.0</td></tr>
<tr><td>6</td><td colspan="3">弯曲度</td><td>A</td><td>1.5L/1 000</td></tr>
<tr><td>7</td><td colspan="3">法兰盘外形尺寸</td><td>B</td><td>±2</td></tr>
<tr><td>8</td><td colspan="3">螺栓孔中心距</td><td>B</td><td>±1.5</td></tr>
<tr><td>9</td><td colspan="3">螺栓孔相应对角线偏差</td><td>B</td><td>±5.0</td></tr>
<tr><td>10</td><td colspan="3">端板厚度</td><td>B</td><td>±1.0</td></tr>
<tr><td colspan="6">注：A 为关键项点，B 为主要项点。</td></tr>
</table>

5.4.1.4　热浸镀锌漏镀面应用罐装冷喷锌或富锌底漆、面漆各一道进行修复，干膜锌含量不应小于 92%。

5.4.1.5　H 形钢柱的锌附着量不应低于 610 g/m²，即任何局部锌层厚度不应低于 86 μm。

5.4.1.6　锌层应与金属基体结合牢固，应保证没有剥落或起皮现象，按 GB/T 2694—2003 规定的试验方法进行锤击试验后，锌层不凸起、不剥离。

5.4.1.7　锌层应均匀，用硫酸铜溶液浸蚀四次后不应露铁。

5.4.2　**涂料涂装**

5.4.2.1　热浸镀锌钢柱有涂装要求时，可采用氟树脂涂料（简称：氟碳涂料）双重防腐涂装体系，其技术指标参见附录 A。当采用其他涂料涂装体系时，应满足本部分相关技术要求。

5.4.2.2　表面涂层颜色应具有景观效果，且不应与铁路信号：红、绿、黄色相干扰，并应符合GB/T 3181 的规定。

5.4.2.3　涂装样板制作参照 HG/T 3792 的规定，按指定的颜色制作热浸镀锌钢板涂装样板，样板颜色的目视比色按 GB/T 9761 的规定进行。

5.4.2.4　涂装应在 H 形钢柱热浸镀锌检验合格后进行，在 H 形钢柱出厂前完成。不需喷涂的预留孔部位，应采取适当的喷涂屏蔽措施。

5.4.2.5　涂装工艺要求如下：

a）热浸镀锌后应及时进行喷涂作业，间隔时间不应超过 7 d；

b）热浸镀锌层表面的污渍、锌灰、锌瘤及毛刺等，应清除干净；

c）对于在涂装之前已经破坏的锌层需要用环氧富锌底漆进行修补方可进行下一步涂装；

d）氟碳涂料涂装施工时，环境温度不应低于 5 ℃，相对湿度不应大于 80%。雨天、雾天及风沙场合不允许施工。

5.4.2.6　涂层质量要求如下：

a）涂料涂层表面应平整均匀，不允许有剥落、起泡、裂纹、气孔，允许有不影响防护性的轻微橘皮、流挂、刷痕和少量杂质；

b) 涂层的色差与样板比较，色差目测不明显，色差 $\Delta E \leqslant 2$；

c) 涂层干燥后的干膜总厚度不应低于 80 μm；

d) 涂层的附着力可采用拉力试验法或划格试验法试验。采用拉力试验法时，附着力不应低于 5.9 MPa；采用划格试验法试验时，附着力不大于 2 级。

5.5 结构性能

5.5.1 纯弯检验

5.5.1.1 H 形钢柱加载至标准检验弯矩(表 1、表 2)时，锌层、涂层不剥离，不凸起。

5.5.1.2 H 形钢柱加载至导高处挠度检验弯矩(表 1、表 2)时，其接触线高度(导高)处挠度不应大于 50 mm。

5.5.1.3 H 形钢柱加载至柱顶挠度检验弯矩(表 1、表 2)时，其柱顶挠度不应大于 $\frac{1.5L}{100}$(L 为柱高)。

5.5.1.4 H 形钢柱加载至承载力检验弯矩(为标准检验弯矩的 150%)时，不应屈服，焊缝不开裂，锌层、涂层不剥离，柱体不产生鼓曲塑性变形(表面凹或凸)。

5.5.2 弯扭检验

5.5.2.1 H 形钢柱加载至扭矩标准值(表 1、表 2)时，其接触线高度处扭转角不应大于 6°。

5.5.2.2 H 形钢柱加载至承载力检验弯矩(为标准检验弯矩和扭矩标准值的 150%)时，不应屈服，焊缝不开裂，锌层、涂层不剥离，柱体不产生鼓曲塑性变形(表面凹或凸)。

6 试验方法

6.1 检验用仪器设备

检验用仪器设备及尺寸测量量具的技术要求见表 5。

表 5 检验用仪器设备及尺寸测量量具的技术要求

序号	检测仪器名称	量 程	准 确 度	分 度 值
1	拉力传感器及测试仪	(0～100)kN	1%	0.1 kN
		(0～50)kN	1%	0.1 kN
2	游标卡尺	(0～300)mm	±0.02 mm	0.02 mm
		(0～1 000)mm	±0.02 mm	0.02 mm
3	涡流测厚仪	(0～500)μm	±5 μm	1 μm
4	磁性测厚仪	(0～500)μm	±5 μm	1 μm
5	锌层附着性试验装置	锤头重 210 g		
6	钢直尺	(0～300)mm (0～1 000)mm	±0.5 mm	1.0 mm
7	钢卷尺	(0～20)m	±0.5 mm	1.0 mm
8	经纬仪	26 倍		

6.2 外观及尺寸

6.2.1 H 形钢柱的外观质量检查主要以目测为主。

6.2.2 H 形钢柱的外形尺寸用钢卷尺、钢直尺和游标卡尺测量。

6.3 锌层及涂层质量检验

6.3.1 锌层质量检验

6.3.1.1 锌层厚度测量

取两端和中部三处外观质量合格、面积为 1 cm^2 的矩形表面为基本测量面，每个基本测量面测量五个点，取其算术平均值作为局部厚度。

6.3.1.2 锌层附着性

按 GB/T 2694—2003 规定进行检验。

6.3.1.3 锌层均匀性

按 GB/T 2694—2003 规定进行检验，试样由企业提供相同工艺条件下的测试面积不小于 100 cm^2 的试板。

6.3.2 锌层和涂层总厚度的测定

按 GB/T 4956—2003 的规定用磁性测厚仪测定，测点位置按 GB/T 11374 的规定进行。

6.3.3 涂层质量检验

6.3.3.1 涂层厚度

涂层干燥后的干膜厚度用涡流测厚仪测定，并符合 GB/T 13452.2 的规定。

6.3.3.2 涂层附着力检验

按 GB/T 5210 做拉开试验或按 GB/T 9286 做划格试验。

6.4 结构性能检验

6.4.1 结构性能检验应在锌层及涂层质量检验合格后进行。

6.4.2 结构性能试验方法见附录 B。

7 检验规则

7.1 出厂检验

7.1.1 检查项目

包括外观质量、尺寸偏差、锌层和涂层厚度及标准检验弯矩和挠度检验。

7.1.2 批量

同一规格的 H 形钢柱，每 2 500 根为一批；如在一年内生产总数不足 2 500 根，也应作为一个验收批。

7.1.3 抽样

7.1.3.1 外观质量、尺寸偏差、锌层和涂层厚度

所有 H 形钢柱均进行外观质量、尺寸偏差、锌层厚度检验，如有涂装要求的 H 形钢柱尚需进行涂层厚度检验。

7.1.3.2 结构性能

从外观质量、尺寸偏差及锌层和涂层厚度检验合格的产品中，每批随机抽取 1 根进行标准检验弯矩和挠度检验。

7.1.4 判定

7.1.4.1 外观质量和尺寸偏差

每根 H 形钢柱：A 类项点应全部合格；B 类项点的不合格判定数等于 3(Re=3)。不合格 H 形钢柱应剔除。

7.1.4.2 锌层、涂层厚度

每根 H 形钢柱锌层厚度、涂层厚度分别符合本部分 5.4.1.5 和 5.4.2.6c)的规定，则判定该产品锌层厚度、涂层厚度合格，如有不合格产品应剔除，并重新进行防腐处理。

7.1.4.3 结构性能

H 形钢柱进行标准检验弯矩和挠度检验时，均符合本部分 5.5 的规定，则判定该产品的结构性能合格。如其中有一项不合格时，允许从同批产品中再抽取 2 根进行复验，其中仍有 1 项不合格时，则判定该批产品结构性能不合格。

7.1.4.4 修复

外观缺陷允许修补的产品应修补完好，经检验合格后，可按合格品验收。

7.1.4.5 **总判定**

外观质量、尺寸偏差、锌层厚度、涂层厚度及结构性能均合格，则判定该批产品为合格。

7.2 **型式检验**

7.2.1 **检验条件**

有下列情况之一时，进行型式检验：

a) 当首次投产或结构、材料、工艺有较大改变时；

b) 停产一年或异地生产时；

c) 出厂检验结果与上次型式检验有较大差异时；

d) 当同一规格的 H 形钢柱累计生产 5 000 根或生产满三年但总数不足 5 000 根时。

7.2.2 **检验项目**

包括外观质量、尺寸偏差、锌层和涂层质量及标准检验弯矩、挠度和承载力检验弯矩检验，转换柱尚需进行柱顶挠度检验弯矩和扭矩标准值同时作用下的弯扭检验。

7.2.3 **抽样**

7.2.3.1 **外观质量、尺寸偏差、锌层和涂层厚度**

每批随机抽取 5 根进行外观质量、尺寸偏差、锌层厚度，如有涂装要求的 H 形钢柱尚需进行涂层厚度检验。

7.2.3.2 **锌层均匀性能**

试样由企业提供相同工艺条件下的测试面积不小于 100 cm^2 的试板。

7.2.3.3 **锌层附着性及涂层附着力**

从外观质量、尺寸偏差、锌层厚度均合格的产品中随机抽取 2 根。

7.2.3.4 **结构性能**

从外观质量、尺寸偏差、锌层及涂层质量均合格的产品中随机抽取 2 根。

7.2.4 **判定**

7.2.4.1 **外观质量和尺寸偏差**

受检 H 形钢柱：A 类项点应全部合格；每根钢柱的 B 类项点的不合格判定数等于 3(Re=3)。受检 H 形钢柱均合格，则判定该批产品外观质量和尺寸偏差合格。

7.2.4.2 **锌层及涂层质量**

锌层厚度、附着性、均匀性及涂层质量判定如下：

a) 锌层厚度均符合本部分 5.4.1.5 的规定，则判定锌层厚度合格。

b) 锌层附着性符合本部分 5.4.1.6 的规定，则判定锌层附着性合格。

c) 锌层均匀性能符合本部分 5.4.1.7 的规定，则判定锌层均匀性能合格。

d) 涂层质量符合本部分 5.4.2.6 的规定，则判定涂层质量合格。

7.2.4.3 **结构性能**

受检 H 形钢柱进行标准检验弯矩、承载力检验弯矩和挠度检验时，均符合本部分 5.5 的规定，则判定结构性能合格。其中有一项不合格时，则判定结构性能不合格。

7.2.4.4 **总判定**

外观质量、尺寸偏差、锌层及涂层质量和结构性能均合格，则判定型式检验为合格。

8 标志与出厂证明书

8.1 H 形钢柱在距柱底 1.2 m 处田野侧设置标志牌，其内容应包括：制造厂名、产品名称、规格型号和生产日期。

8.2 H 形钢柱包装应按协议要求的包装方法和包装限重等规定进行。如协议无规定时，一般不包装。

8.3 出厂质量证明书应包括下列内容：

a) 证明书编号；

b) 执行标准编号；

c) 制造厂厂名(或厂标)及地址；

d) 产品规格数量及制造年月；

e) 质量检验结果；

f) 制造厂检验部门签章。

9 保管及运输

9.1 H形钢柱存放场地平整坚实，无积水。H形钢柱应按种类、型号分区存放，H形钢柱底层木垫枕应有足够的支撑面，以防止支点下沉。相同型号的H形钢柱叠放时，各层H形钢柱的支点应在同一垂直线上，堆放不应超过五层，层间应设垫层，以防止H形钢柱被压坏或变形。

9.2 吊装H形钢柱每次不应超过2根，且宜采用两点吊装。

9.3 H形钢柱在装车、运输和卸车时，应妥善固定，保证不发生变形，不损伤涂层。H形钢柱发运应按交通运输部门的规章办理。

9.4 不允许用人工从车上推下H形钢柱的方式卸车。

附 录 A
（资料性附录）
氟碳涂料涂装体系的技术要求

A.1 涂料涂装体系

涂料涂装体系见表 A.1。

表 A.1 涂装体系

序号	涂层名称	每道干膜最小厚度/μm	至少道数	干膜（锌层）最小厚度/μm	涂层总厚度/μm
1	基体热浸锌层	—	—	86	
2	底漆	40	1	40	80
3	氟碳面漆	20	2	40	

A.2 底漆技术要求

底漆符合表 A.2 的要求。

表 A.2 底漆的技术要求

项目		单位	技术要求
涂层颜色和外观		—	灰色，颜色均一，漆膜平整
黏度（涂 4 杯）		s	≥60
干燥时间	表干	h	≤1
	实干	h	≤24
耐冲击		cm	≥50
附着力	拉开法	MPa	≥5.9
	划格法	级	≤2
耐盐水性		h	48

A.3 氟碳面漆技术要求

面层涂料要具有超高的耐候性，具有优异耐酸、耐碱、耐盐及其他化学物质腐蚀的化学性能及优异的力学性能，并符合表 A.3 和 HG/T 3792 的规定。

表 A.3 氟碳面漆的技术要求

项目		单位	技术要求
溶剂可溶物氟含量		—	≥22%
涂层颜色和外观		—	颜色均一，漆膜平整
不挥发份	实体色	—	≥55%
	金属色		≥45%
黏度（涂 4 杯）		s	≥30
重涂性		重涂无障碍	

表 A.3(续)

项目		单位	技术要求
干燥时间(24 ℃,相对湿度50%)	表干	h	≤2
	实干	h	≤24
耐弯曲		mm	≤2
耐冲击		cm	≥50
附着力	拉开法	MPa	≥5.9
	划格法	级	≤2
耐碱性(5% NaOH)		h	168
耐酸性(5% H_2SO_4)		h	168
耐水性		h	168
耐人工气候老化		h	4 000 h 不起泡,不脱落,不开裂粉化≤1,变色≤2,失光≤2

附　录　B
（规范性附录）
H 形钢柱结构性能试验方法

B.1　试验布置

B.1.1　H 形钢柱的结构性能检验分为纯弯检验和弯扭检验。

B.1.2　H 形钢柱结构性能检验采用立式试验方法，受力方向为水平，不施加轴力。

B.1.3　H 形钢柱纯弯检验的试验布置如图 B.1 所示。

B.1.4　H 形钢柱弯扭检验的试验布置如图 B.2、图 B.3 及图 B.4 所示。

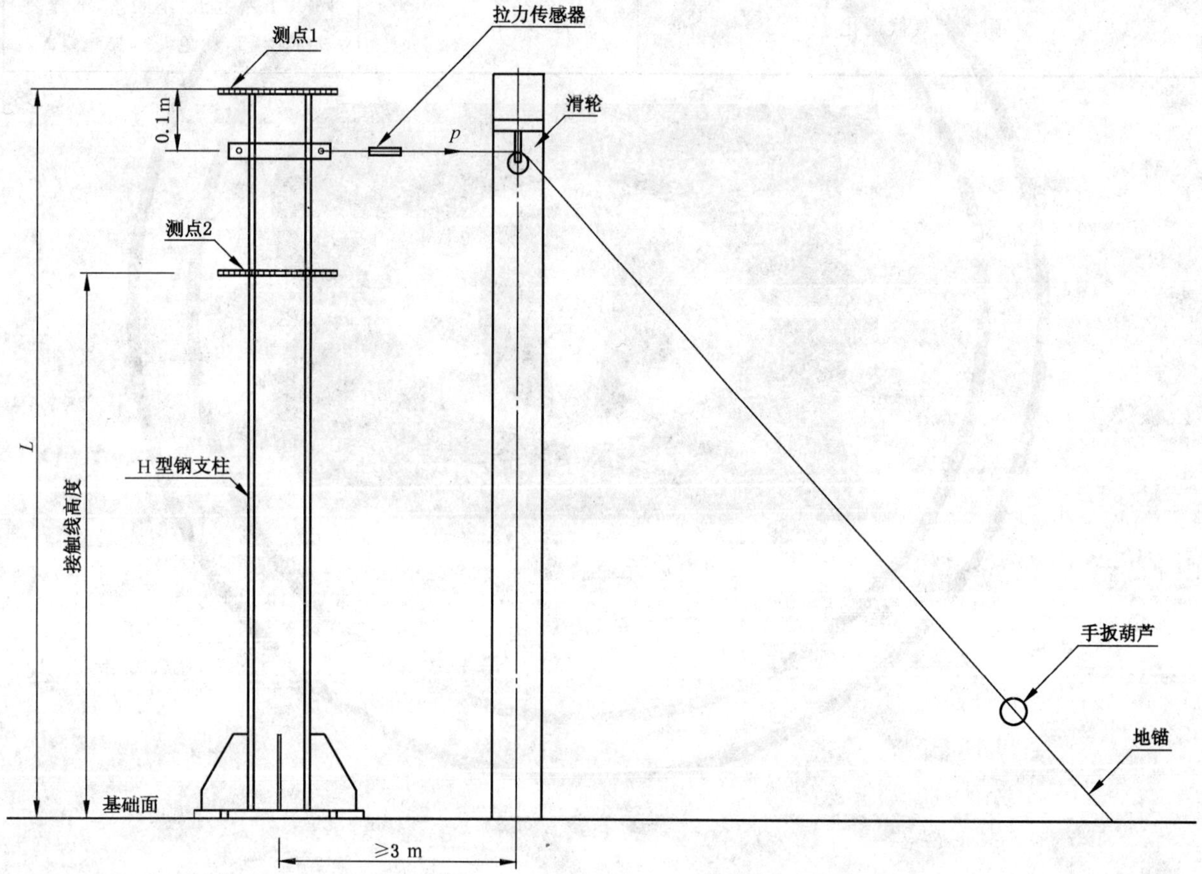

图 B.1　H 形钢柱结构性能纯弯试验布置图

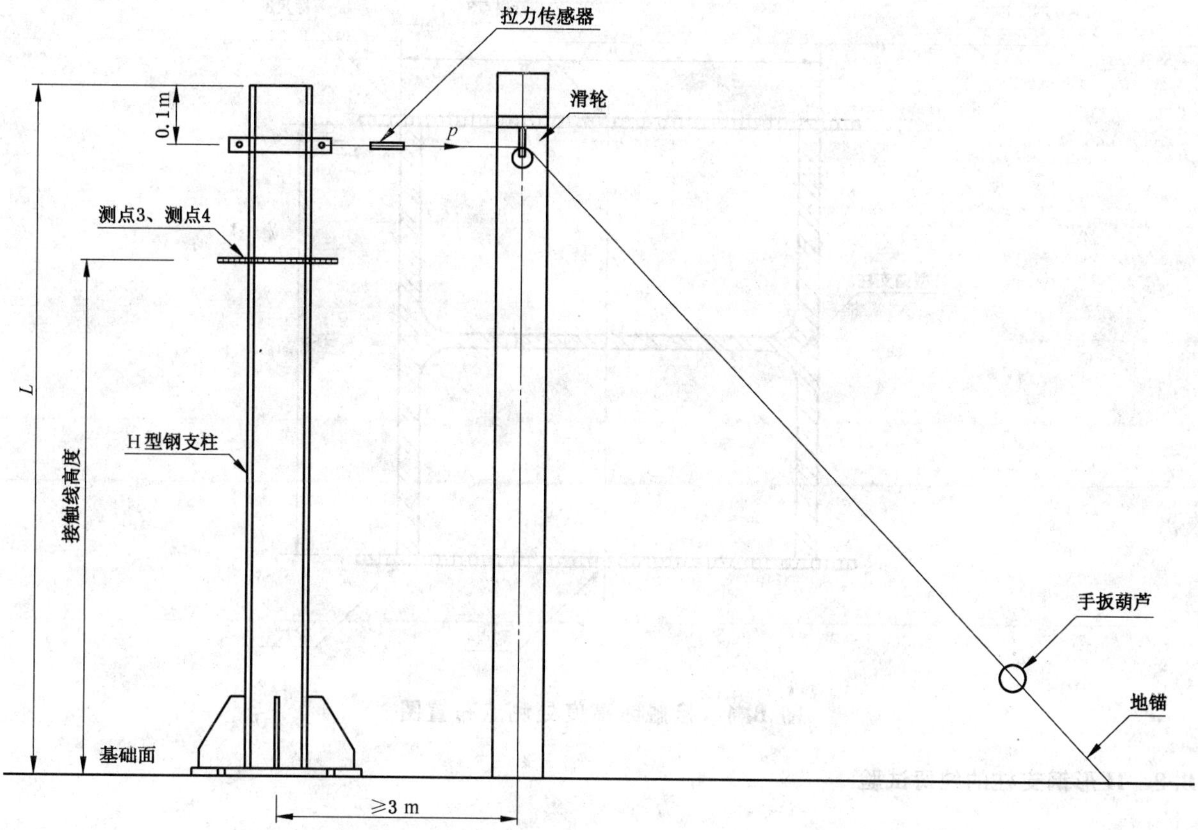

图 B.2　H形钢柱结构性能弯扭试验布置图

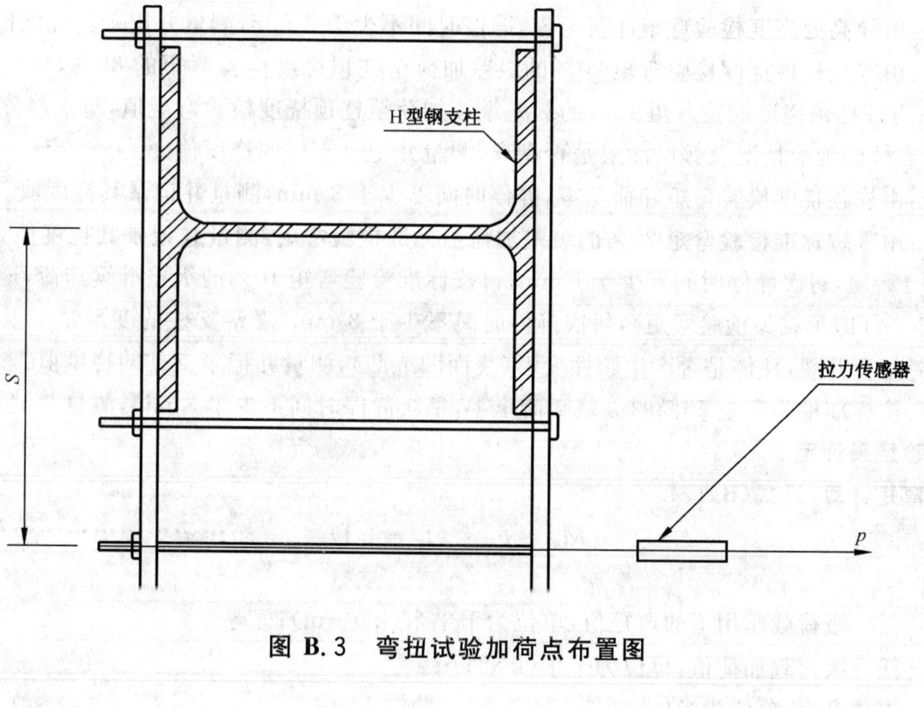

图 B.3　弯扭试验加荷点布置图

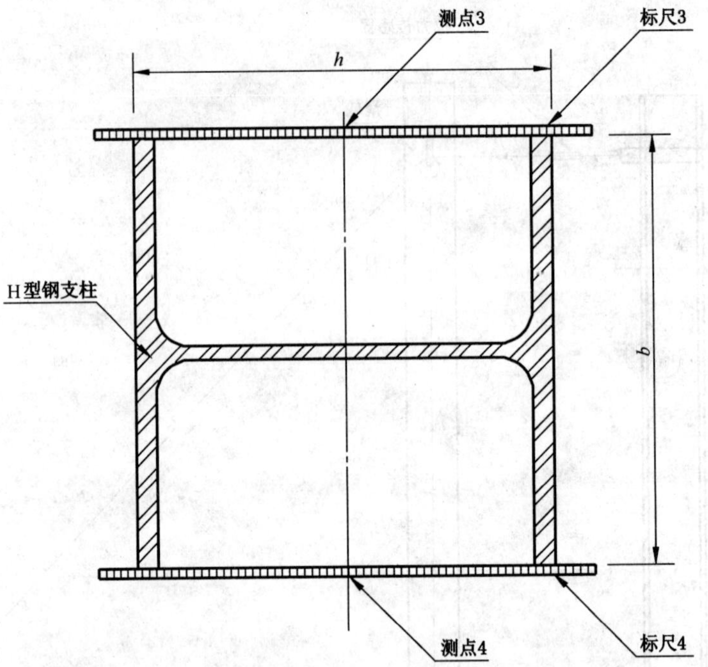

图 B.4 接触线高度处测点布置图

B.2 H形钢支柱的纯弯试验

B.2.1 H形钢柱的加荷程序

正式测试前应对支柱预加50%的标准检验弯矩值以消除安装间隙，按标准重新紧固螺栓，卸荷后测量挠度初始值。

第一步：由零按导高处挠度检验弯矩25%的级差加荷至导高处挠度检验弯矩值，每次静停时间不少于1 min，测量并记录支柱的挠度值。

第二步：由导高处挠度检验弯矩卸荷至零，静停时间不少于3 min，测量并记录其挠度值。

第三步：由零按柱顶挠度检验弯矩20%的级差加荷至柱顶挠度检验弯矩的80%，每次静停时间不少于1 min；再按柱顶挠度检验弯矩10%的级差继续加荷至柱顶挠度检验弯矩值，每次静停时间不少于3 min，观察支柱的变形情况及锌层涂层是否剥离，测量并记录支柱的挠度值。

第四步：由柱顶挠度检验弯矩卸荷至零，静停时间不少于3 min，测量并记录其挠度值。

第五步：由零按标准检验弯矩20%的级差加荷至标准检验弯矩，测量并记录其挠度值，递增至标准检验弯矩的120%，每次静停时间不少于1 min，再按标准检验弯矩10%的级差继续加荷，递增至标准检验弯矩的150%（即承载力检验弯矩），每次静停时间不少于3 min，观察支柱的变形情况及锌层涂层是否剥离，焊缝是否开裂，柱体是否产生塑性变形（表面凹或凸），测量并记录支柱的挠度值。

第六步：按标准检验弯矩50%的级差卸荷至零，每次静停时间不少于3 min，测量并记录其挠度值。

B.2.2 试验结果评定

B.2.2.1 弯矩计算[见式(B.1)]

$$M_{\mu i}=p_{\mu i}\times(L-0.1) \qquad \text{(B.1)}$$

式中：

$M_{\mu i}$——任一级荷载作用下的弯矩值，单位为千牛米（kN·m）；

$p_{\mu i}$——任一级荷载加荷值，单位为千牛（kN）；

L——支柱高度，单位为米（m）。

B.2.2.2 试验结果评定

实测承载力检验弯矩应符合式(2)要求：

$$M_{\mu}^{\circ} > [\beta_{\mu}] \times M_{k} \quad \cdots\cdots\cdots\cdots\cdots\cdots \text{(B.2)}$$

式中：

M_{μ}°——H形钢柱达到承载力检验标志时的实测弯矩值，单位为千牛米(kN·m)；

β_{μ}——H形钢柱承载力综合检验系数允许值为1.5；

M_{k}——标准检验弯矩，单位为千牛米(kN·m)。

B.2.2.3 挠度检验

H形钢柱挠度检验结果应符合式(3)要求：

$$f_{s}^{0} < [f_{j}] \quad \cdots\cdots\cdots\cdots\cdots\cdots \text{(B.3)}$$

式中：

f_{s}^{0}——支柱挠度的实测值，单位为毫米(mm)；

$[f_{j}]$——本部分5.5中规定的挠度允许值，单位为毫米(mm)。

B.2.2.4 测量要求

试验时，将经纬仪放置于垂直悬挂方向，任一级荷载下的挠度，可用经纬仪直接测出。

B.3 H形钢柱的弯扭试验

B.3.1 H形钢柱弯扭试验的加荷程序

H形钢柱弯扭试验的加荷方式按图B.3。

正式测试前应对支柱预加50%的标准检验弯矩值以消除安装间隙，按标准重新紧固螺栓，卸荷后测量挠度初始值。

第一步：由零按标准检验弯矩20%的级差加荷至标准检验弯矩的80%，每次静停时间不少于1 min；然后按标准检验弯矩10%的级差继续加荷至标准检验弯矩，每次静停时间不少于3 min，观察支柱的变形情况及锌层涂层有否剥离，测量并记录支柱的挠度值。

第二步：由标准检验弯矩按50%的级差卸荷至零，每次静停时间不少于3 min，测量并记录其挠度值。

第三步：由零按标准检验弯矩20%的级差加荷至标准检验弯矩，测量并记录其挠度值，递增至标准检验弯矩的120%，每次静停时间不少于1 min，再按标准检验弯矩10%的级差继续加荷，递增至标准检验弯矩的150%，每次静停时间不少于3 min，观察支柱的变形情况及锌层涂层是否剥离，焊缝是否开裂，柱体是否产生塑性变形(表面凹或凸)，测量并记录支柱的挠度值。

第四步：按50%的级差卸荷至零，每次静停时间不少于3 min，测量并记录其挠度值。

B.3.2 试验结果评定

B.3.2.1 弯矩计算[见式(B.4)]

$$M_{\mu i} = p_{\mu i} \times (L - 0.1) \quad \cdots\cdots\cdots\cdots\cdots\cdots \text{(B.4)}$$

式中：

$M_{\mu i}$——任一级荷载作用下的弯矩值，单位为千牛米(kN·m)；

$p_{\mu i}$——任一级荷载加荷值，单位为千牛(kN)；

L——支柱高度，单位为米(m)。

B.3.2.2 扭矩计算[见式(B.5)]

$$M_{ni} = P_{\mu i} \times S \times 10^{-3} \quad \cdots\cdots\cdots\cdots\cdots\cdots \text{(B.5)}$$

式中：

M_{ni}——任一级荷载作用下的扭矩值，单位为千牛米(kN·m)；

$p_{\mu i}$——任一级荷载加荷值，单位为千牛(kN)；

S——荷载点至支柱截面中心线的距离，单位为毫米(mm)。

B.3.2.3 试验结果评定

实测检验弯矩应符合式(B.6)要求：

$$M_{\mu}^{o} > [\beta_{\mu}] \times M_{k} \quad \cdots\cdots (B.6)$$

式中：

M_{μ}^{o}——H形钢柱达到承载力检验标志时的实测弯矩值，单位为千牛米(kN·m)；

β_{μ}——H形钢柱承载力综合检验系数允许值为1.5；

M_{k}——标准检验弯矩，单位为千牛米(kN·m)。

B.3.2.4 扭转角检验

H形钢柱接触线高度处扭转角检验结果应符合式(B.7)要求：

$$\alpha_{d}^{0} < [\alpha_{j}] \quad \cdots\cdots (B.7)$$

式中：

$[\alpha_{j}]$——本部分5.5中规定钢柱接触线高度处扭转角的允许值，单位为度(°)；

α_{d}^{0}——钢柱接触线高度处扭转角的计算值，单位为度(°)，见式(B.8)；

$$\alpha_{d}^{0} = \tan^{-1}[(d_{3} - d_{4}) \div b] \quad \cdots\cdots (B.8)$$

式中：

d_{3}、d_{4}——分别为H形钢柱接触线高度处测点3和测点4的位移实测值，取绝对值，单位为毫米(mm)；$(d_{3} - d_{4})$取绝对值；

b——钢柱截面宽度，单位为毫米(mm)。

B.3.2.5 测量要求

试验时，将两台经纬仪放置于垂直悬挂方向(钢柱的一侧一台)，任一级荷载下的测点位移，可用经纬仪直接测出。

参 考 文 献

[1] HG/T 3792 交联型氟树脂涂料.
[2] DIN 1025-2-1995 热轧工字钢 第2部分:宽工字钢 IPB系列、尺寸、质量、断面性能.
[3] DIN 1025-4-1994 热轧工字钢 重型宽缘工字钢 IPBV系列、尺寸、质量、截面特征.
[4] DIN EN 10034 工字钢及H形钢截面 形状及尺寸公差.